2020年联合国世界水发展报告

# 水与气候变化

联合国教科文组织　编著
中国水资源战略研究会
（全球水伙伴中国委员会）　编译

中国水利水电出版社
www.waterpub.com.cn
·北京·

## 内 容 提 要

《联合国世界水发展报告》由联合国教科文组织发起的世界水评估计划牵头，联合国水机制的各成员机构及合作单位共同撰写，是联合国关于全球水问题的旗舰报告。报告每年出版一册，专注于和水相关的不同战略问题。2020 年的报告主题为“水与气候变化”，在更广泛的可持续发展议程的背景下，说明了水和气候变化之间的关键联系。


**图书在版编目（CIP）数据**

2020年联合国世界水发展报告. 水与气候变化 / 联合国教科文组织编著 ; 中国水资源战略研究会（全球水伙伴中国委员会）编译. -- 北京 : 中国水利水电出版社, 2024.10

ISBN 978-7-5226-1214-0

Ⅰ. ①2… Ⅱ. ①联… ②中… Ⅲ. ①气候变化－研究报告－世界 Ⅳ. ①TV213.4②P467

中国国家版本馆CIP数据核字(2023)第003060号

**北京市版权局著作权合同登记号：图字：01-2022-5833 号**

**审图号：GS 京（2022）0255 号**

| | |
|---|---|
| 书　　名 | 2020 年联合国世界水发展报告<br>水与气候变化<br>2020 NIAN LIANHEGUO SHIJIE SHUI FAZHAN BAOGAO<br>SHUI YU QIHOU BIANHUA |
| 外文书名 | The United Nations World Water Development Report 2020<br>Water and Climate Change |
| 原著编者 | 联合国教科文组织　编著 |
| 译　　者 | 中国水资源战略研究会（全球水伙伴中国委员会）编译 |
| 出版发行 | 中国水利水电出版社<br>（北京市海淀区玉渊潭南路 1 号 D 座　100038）<br>网址：www.waterpub.com.cn<br>E-mail：sales@mwr.gov.cn<br>电话：(010) 68545888（营销中心） |
| 经　　售 | 北京科水图书销售有限公司<br>电话：(010) 68545874、63202643<br>全国各地新华书店和相关出版物销售网点 |
| 排　　版 | 北京时代澄宇科技有限公司 |
| 印　　刷 | 北京中献拓方科技发展有限公司 |
| 规　　格 | 210mm×297mm　16 开本　14.75 印张　450 千字 |
| 版　　次 | 2024 年 10 月第 1 版　　2024 年 10 月第 1 次印刷 |
| 定　　价 | **118.00** 元 |

Published in 2022 by the United Nations Educational, Scientific and Cultural Organization (UNESCO), 7, place de Fontenoy, 75352 Paris 07 SP, France, and China Water & Power Press (CWPP), No.1 Yuyuantan Nanlu, Haidian District, Beijing, 100038, China



原标题：The United Nations World Water Development Report 2020 :Water and Climate Change。2020 年由联合国教科文组织出版（ISBN 978-92-3-100371-4）。

# 序一

联合国教科文组织总干事奥德蕾·阿祖莱（Audrey Azoulay）

气候在不断变化，世界正面临危险。

大约有 100 万种动植物濒临灭绝。淡水物种大幅度减少，自 1970 年以来下降了 84%。人类也受到影响：目前约有 40 亿人每年至少有一个月会遭受物理性干旱，且气候危机已经加剧了这种情况。

随着全球变暖，水已经成为我们感受气候变化的主要方式之一。

然而，“水”这一概念很少出现在国际气候协定中，尽管其在粮食安全、能源生产、经济发展和减贫等问题上发挥着关键作用。

我们必须挖掘水的潜力，因为目前全球变暖减缓行动的进展仍落后于我们所追求的目标，尽管人们已经普遍遵守了《巴黎协定》（*the Paris Agreement*）。

探究水的潜力正是我们针对水与气候变化主题编制《2020 年联合国世界水发展报告》的目的所在。这份水发展报告显示，水并非一定是问题——它也可以成为解决方案的一部分。水有助于减缓和适应气候变化。湿地保护、保护性农业和其他基于自然的解决方案有助于隔离生物质和土壤中的碳。改善废水处理有助于减少温室气体排放，同时可产生可再生能源——沼气。

该报告由联合国教科文组织协调和编制，并经联合国水机制组织内部持续密切合作形成。该报告的完成还要归功于意大利政府和翁布里亚大区，感谢他们持续支持世界水评估计划。同时，感谢本报告所有参与者的共同努力。

水不仅事关发展——它更是一项基本人权，对世界和平与安全至关重要。解决水资源问题，我们绝不能掉以轻心。要想为后代留下一个宜居的世界，我们就必须直面这一挑战。

Audrey Azoulay

奥德蕾·阿祖莱

# 序二

联合国水机制主席兼国际农业发展基金主席吉尔伯特·洪博（Gilbert F. Houngbo）

气候变化影响全球水资源，同时也受全球水资源的影响。气候变化会降低水资源可得性的可预测性，并影响水质。气候变化还会增加极端天气事件的发生概率，从而威胁全球社会经济的可持续发展和生物多样性，进而反过来对水资源产生深远影响，进一步给水资源可持续管理带来挑战。相反，水资源管理方式也是影响气候变化的驱动因素。因此，水是实现全球可持续发展目标的最终纽带。《2030 年可持续发展议程》（*2030 Agenda for Sustainable Development*）及其 17 个可持续发展目标很大程度上依赖于水资源管理的改善。在联合国成员国 2015 年 3 月通过的《仙台减轻灾害风险框架》（*Sendai Framework for Disaster Risk Reduction*）中，水资源管理对减少涉水灾害（此类灾害对社会和民生影响最大）的发生和影响至关重要。《巴黎协定》的实施取决于水资源管理的改善。许多国家根据《联合国气候变化框架公约》（*UN Framewonrk Convention on Climate Change*）为减少温室气体和适应气候变化影响而制定的国家自主贡献中就此给予了明确肯定。例如，在许多国家的国家自主贡献中，与水资源相关的适应行动被列为第一要务。

在可持续发展的背景下，《2020 年联合国世界水发展报告》主要说明水与气候变化之间的关键联系。这份报告也是应对气候变化带来的各种挑战的具体行动指南。结合世界各地的案例经验，报告提出的措施涉及三个领域：第一，使人们能够适应气候变化的影响；第二，提高生计韧性；第三，减少气候变化的驱动因素。关键是，提高农业用水效率，同时确保对小农户等弱势群体供水的措施，与多项可持续发展目标息息相关。涉及的可持续发展目标包括消除饥饿（可持续发展目标 2）、水资源可得性和可及性（可持续发展目标 6）、气候行动（可持续发展目标 13）和促进生态系统服务的可持续利用（可持续发展目标 15）等。

报告的结论是：要减少气候变化的影响和驱动因素，需要我们在地球有限水资源的使用和再利用方面做出实质性改变。通过联合国水机制成员和合作伙伴的共同努力，报告整合了实现这一目标所需的经验和专门知识。感谢他们为该出版物的编制所做的贡献。感谢联合国教科文组织及其世界水评估计划协调了报告的编写工作。我相信，这份报告一定能够帮助政策制定者利用在不断变化世界中改善水资源管理所带来的广泛机遇，应对气候变化带来的各种挑战。

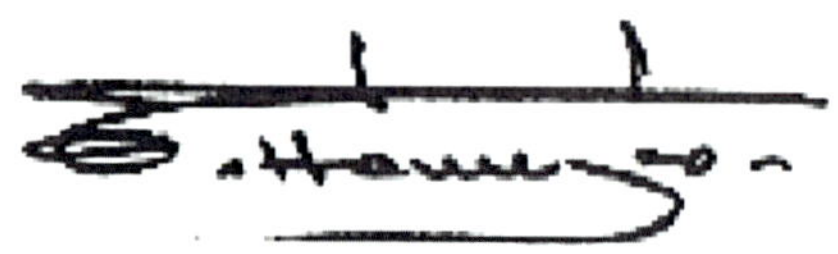

吉尔伯特·洪博

# 前言

联合国教科文组织世界水评估计划副协调员米凯拉·米莱托（Michela Miletto）和主编理查德·康纳（Richard Connor）

气候变化以各种方式影响着生态系统以及人类社会和经济，而水是体现这些影响的主要媒介。某些情况下，这些影响非常显著——例如，风暴、洪水和干旱的频率和强度不断增加。全球水循环的变率增加使不同时间、不同地区的水资源更加紧张。气候变化造成的涉水影响还包括对粮食安全、人类健康、能源生产和生物多样性的负面影响，更不用说世界上弱势的女性和儿童的日常生计了。这些反过来又会导致（并已经导致）社会不平等、社会动荡、大规模移民和冲突。

国际层面已经通过了一些全球框架来应对这些挑战。然而，尽管《2030 年可持续发展议程》（及其 17 个可持续发展目标，包括水和应对气候变化的具体目标）、2015 年《巴黎协定》和《仙台减轻灾害风险框架》都设定了宏伟目标和具体目标，但实现这些目标的实际进展却一直滞后不前，特别是在这些主要全球协议如何与气候变化进行关联方面。

在更广泛的可持续发展议程背景下，《2020 年联合国世界水发展报告》就围绕水与气候变化之间的关键联系而展开。该报告并不是针对气候变化对水文循环的影响而进行的纯粹技术探讨，而是侧重于从适应、减缓和提升恢复力方面来探讨如何应对气候变化的挑战、机遇和潜在响应——这些问题可通过改善水资源管理和使用方式，以及以可持续的方式为所有人提供供水和卫生服务等方式予以解决。报告试图解决未来几十年世界将继续面临的两个最严重的危机：水资源安全和气候变化危机。

在气候变化问题上，人们长期以来一直认为减缓主要是针对能源，而适应主要是针对水资源。这种观点把问题过于简化了。当然，水领域需要适应气候变化——不但要应对洪水的影响，还要解决日益增加的农业和工业水资源紧张。但同时，水资源管理也可以为减缓气候变化发挥非常重要的作用。具体的水资源管理干预措施，如湿地保护、保护性农业和其他基于自然的解决方案，有助于隔离生物质和土壤中的碳，而改善废水处理有助于减少温室气体排放，并可提供可再生能源——沼气。

仅靠改善水资源管理的适应性并不能解决气候危机，仅采取减缓措施也不能解决水资源危机或实现供水和卫生方面的可持续发展目标。但忽视水在气候变化适应和减缓过程中的作用，以及未能抓住气候变化框架提供的改善水资源管理的机会，肯定会影响解决危机的重大进展。

我们努力对当前的认知现状做出平衡、基于事实且客观的描述，涵盖最新进展并强调在气候变化背景下改善水资源管理带来的挑战和机遇。尽管这份报告的主要读者是国家层的决策者、水资源管理人员、学术界和与水发展有关的广大社团组织，然而我们同样期待来自气候变化领域的科学家、从业者和各方的谈判代表能够对该报告给予高度重视。

作为这个系列的第七份年度专题报告，这份最新版《2020 年联合国世界水发展报告》是以下主导机构共同努力完成的：联合国粮食及农业组织、斯德哥尔摩国际水研究所、联合国开发计划署、联合国教科文组织政府间水文计划、联合国教科文组织世界水评估计划、联合国人居署、联合国大学水资源环境与健康研究所、世界卫生组织、世界气象组织和世界银行；区域性观点由全球水伙伴、海外发展研究所、联合国非洲经济委员会、联合国欧洲经济委员会、联合国拉丁美洲和加勒比经济委员会、联合国亚洲及太平洋经济社会委员会、联合国教科文组织内罗毕办事处和联合国西亚经济社会委员会提供。本报告还在很大程度上得益于联合国水机制其他成员和合作伙伴的投入和贡献，以及众多科学家、专业人士和非政府组织提供的各类相关材料。与其他版本类似，该报告已将性别观点纳入主流，并考虑了各个领域的性别问题。

我们谨代表世界水评估计划秘书处，向上述机构以及联合国水机制的成员和合作伙伴，向共同编写这份独特而权威的报告的作者和其他撰稿人表示最深切的感谢，希望这份报告能对全世界产生多重影响。

非常感谢意大利政府为该计划提供资金，并感谢翁布里亚大区将世界水评估计划秘书处设在佩鲁贾的 Villa La Colombella 古城。他们的贡献对编写本报告起到了很大帮助。

特别感谢联合国教科文组织总干事阿祖莱女士为世界水评估计划和《2020 年联合国世界水发展报告》的编写提供的重要支持。在国际农业发展基金主席兼联合国水机制主席洪博先生的指导下，本报告得以出版。

向世界水评估计划秘书处的所有同事表示最诚挚的感谢，他们的名字均列于致谢名单上。没有他们的专业和奉献精神，本报告不可能完成。同时，衷心感谢 Stefan Uhlenbrook，感谢其在 2015 年 11 月至 2019 年 9 月担任联合国教科文组织世界水评估计划协调员期间，在报告设计和编写过程中发挥的关键作用。

最后，谨以此报告献给全世界的青年，他们呼吁人们针对气候变化采取行动，其信念鼓舞人心，响彻全球。

米凯拉 · 米莱托　　　　理查德 · 康纳

# 译者序

《联合国世界水发展报告》由联合国教科文组织（UNESCO）发布，是对全球水发展状况进行综合分析的权威年度出版物。报告关注全球日益严重的水问题，与世界水日主题相呼应，分析全球水资源的不同管理方式，以及对水资源产生影响的跨学科问题，如能源、气候变化、农业和城市发展等，探讨如何以更加可持续的方式管理水问题。

2015 年始，联合国教科文组织驻北京办事处和中国水利水电出版社将报告引入中国，由中国水资源战略研究会（全球水伙伴中国委员会）每年组织编译出版中文版本，得到广泛关注和认可。

《2020 年联合国世界水发展报告》主题为“水与气候变化”。报告指出，气候变化引发的水文变化将影响水的可用性，进而威胁全球数十亿人切实享有水和卫生设施的人权。在世界许多地区，水资源可持续管理已经面临巨大压力，气候变化将加剧水资源可持续管理方面的挑战。粮食安全、人类健康、城乡居住、能源生产、工业发展、经济增长和生态系统等方面都对水高度依赖，因此也很容易受到气候变化影响。通过加强水资源管理来适应和减缓气候变化，对实现可持续发展至为关键，也对《2030 年可持续发展议程》《巴黎协定》和《仙台减轻灾害风险框架》等目标的实现至关重要。

我国人多水少、水资源时空分布严重不均，水安全问题事关我国经济社会稳定发展和人民健康福祉，一直是我国面临的严峻挑战，气候变化也将加剧我国水资源管理的挑战。报告提出的相关经验和措施，对于中国应对水挑战，有着借鉴作用。

本报告由中国水资源战略研究会（全球水伙伴中国委员会）秘书处组织编译。参加翻译和审校的中国水利水电科学研究院人员有（按姓氏笔画排序）：马依琳、王妍炜、王婷、田雨、吴娟、孟圆、张代娣、郭重汕、游进军、蔡金栋等，全文由蒋云钟和王妍炜负责统稿。

本书的编译工作得到水利部国际合作与科技司的关心指导和大力支持，在此表示衷心的感谢！

中国水资源战略研究会（全球水伙伴中国委员会）

2021 年 10 月

# 编写团队

**出版负责人**

Stefan Uhlenbrook（2015 年 11 月至 2019 年 9 月）和 Michela Miletto

**主编**

Richard Connor

**流程协调员**

Engin Koncagül

**出版助理**

Valentina Abete

**美术设计**

Marco Tonsini

**文字编辑**

Simon Lobach

**联合国教科文组织世界水评估计划秘书处（2019 年至 2020 年）**

协调：Abou Amani

副协调：Michela Miletto

项目组：Richard Connor、Angela Renata Cordeiro Ortigara、Engin Koncagül、Natalia Uribe Pando、Paola Piccione 和 Laurens Thuy

出版：Valentina Abete 和 Marco Tonsini

联络：Simona Gallese

管理和支持：Barbara Bracaglia、Lucia Chiodini 和 Arturo Frascani

信息技术与安全：Fabio Bianchi、Michele Brensacchi、Francesco Gioffredi 和 Tommaso Brugnami

实习生：Marianna Alcini、Daria Boldrin、Han Chen、Cora Craigmile Boguna、Maria de Lourdes Corona、Charlotte Moutafian、Bianca Maria Rizzo 和 Yani Wang

# 致谢

联合国教科文组织世界水评估计划秘书处认可联合国粮食及农业组织，斯德哥尔摩国际水研究所，联合国开发计划署，联合国教科文组织政府间水文计划，联合国人居署，联合国工业发展组织，联合国大学水、环境与健康研究所，世界卫生组织，世界气象组织和世界银行的宝贵贡献，这些机构分别牵头了各章节的编写才使得本报告得以完成。衷心感谢全球水伙伴、海外发展研究所、联合国各区域委员会（联合国非洲经济委员会、联合国欧洲经济委员会、联合国拉丁美洲和加勒比经济委员会、联合国亚洲及太平洋经济社会委员会和联合国西亚经济社会委员会）和联合国教科文组织内罗毕办事处共同负责关于区域性观点的第 10 章。还要感谢联合国水机制的成员与合作伙伴以及所有其他组织和个人在整个编撰过程中提供的有益贡献和意见。

世界水评估计划秘书处感谢意大利政府的慷慨财政捐助，使得世界水评估计划秘书处能够正常运作并编撰系列《联合国世界水发展报告》，并感谢翁布里亚大区提供各类设施。

感谢联合国教科文组织在阿拉木图和新德里的办事处将《2020 年联合国世界水发展报告》执行摘要翻译成俄语和印地语。由于中国水利水电出版传媒集团和联合国教科文组织驻北京办事处以及巴西国家水务局、巴西合作署和联合国教科文组织驻巴西办事处之间的宝贵合作，执行摘要的中文和葡萄牙文版本得以实现。执行摘要的德文和韩文译本分别由联合国教科文组织德国委员会和韩国的联合国教科文组织二类中心——国际水安全与可持续管理中心负责完成。

# 目录

# 执行摘要

气候变化将影响人类在基本生存层面水资源的可用性、水质和水量，进而潜在威胁数十亿人切实享有水和卫生设施的人权。气候变化引发的水文变化，将加剧水资源可持续管理方面的挑战。在世界许多地区，水资源可持续管理已经面临巨大压力。

粮食安全、人类健康、城乡居住、能源生产、工业发展、经济增长和生态系统等方面都对水高度依赖，所以很容易受到气候变化影响。因此，通过加强水资源管理来适应和减缓气候变化，对实现可持续发展至为关键，也对《2030 年可持续发展议程》、《巴黎协定》和《仙台减轻灾害风险框架》等目标的实现至关重要。

## 对水资源的影响

在过去 100 年中，全球用水量增长了 6 倍，并且由于人口增加、经济发展和消费方式转变等因素，全球用水量仍以每年约 1% 的速度稳定增长。在供水不稳定性和不确定性加持下，气候变化将加剧当前缺水地区的形势，并对当今水资源仍然丰富的地区造成压力。通常情况下，物理意义上的水资源短缺是一种季节性现象而非长期现象，而气候变化很可能导致一些地区全年的季节性水资源可利用量发生变化。

热浪、极端强降雨、雷暴和风暴潮等极端天气事件发生频率和强度的不断增加，是气候变化的主要表现。

水体温度升高、溶解氧减少以及淡水水体自净化能力降低等因素，会对水质造成不利影响。洪水期间或者污染物浓度较高的干旱期间，还会进一步出现水污染和病原体污染的风险。

> 气候变化的大部分影响将在热带地区表现出来，而大多数发展中国家都位于这一区域

许多生态系统，特别是森林和湿地，也处于危险之中。生态系统的退化，不仅会导致生物多样性丧失，还会影响与水相关的生态系统服务的提供，如水的净化、碳的捕获和储存、自然状态下的洪水防护以及农业、渔业和娱乐用水的提供等。

气候变化的大部分影响将在热带地区表现出来，而大多数发展中国家都位于这一区域。小岛屿发展中国家通常在环境和社会经济方面易受灾害和气候变化影响，许多国家面临日益严重的水资源短缺压力。在全球范围内，干旱区面积预计将显著扩张。冰川加速融化将会对山区及其邻近低地的水资源产生负面影响。

尽管越来越多的证据表明，气候变化将影响水资源的可用性和分布，但仍然存在一些不确定性，尤其是在局部地区和某些流域。尽管在特定情景条件下，人们对使用不同大气环流模型模拟“温度升高”方面没有太多分歧，但在“降水趋势”方面存在更多的可变性和不确定性。通常，与年度降水总量和季节性过程的趋势相比，极端水文事件（降水强度增加、炎热和持续性干旱等）表现出更加清晰的变化趋势。

## 适应和减缓

适应和减缓措施是管理和减少气候变化风险的补充策略。

适应策略包括自然、工程和技术方面选择的组合，以及社会和体制措施，以减轻气候变化的危害或利用气候变化带来的有利机会。适应策略选项存在于所有水利相关部门，应在可行的情况下开展研究和应用。

减缓策略包括人为干预措施，以减少温室气体的排放或增加其收集。尽管所有主要水利部门都有减缓措施，但很大程度上尚未得到认可。

## 国际政策框架

在《2030 年可持续发展议程》中，通常情况下，在实现不同可持续发展目标方面，水是未被意识到的但必不可少的关联因素。因此，无法适应气候变化，不仅会对实现可持续发展目标 6（水目标）造成威胁，还会危及大多数其他可持续发展目标的实现。尽管可持续发展目标 13（"采取紧急行动应对气候变化及其影响"）包括具体的目标和指标，但目前尚无正式机制将该目标与《巴黎协定》的目标联系起来并行推进。

发展、消除贫困和可持续性的挑战，以及减缓和适应气候变化的挑战，关系错综复杂，特别是与水相关的方面

尽管《巴黎协定》本身并未提及水，但水几乎是所有减缓和适应战略中必不可少的组成部分。在大多数预期的国家自主贡献中，水被确定为适应行动的第一要务，并且直接或间接地与所有其他优先领域相关。同样，《仙台减轻灾害风险框架》本身几乎没有提及水，尽管水与所有优先行动相关，并且是所有 7 个目标的核心。

发展、消除贫困和可持续性的挑战，以及减缓和适应气候变化的挑战，关系错综复杂，特别是与水相关的方面。鉴于水在适应和减缓气候变化中的作用，水可以在可持续发展目标和《巴黎协定》等政策框架中发挥关联作用。

## 水资源管理、基础设施和生态系统

气候变化给与水相关的基础设施带来了额外风险，因此需要采取持续不断的适应措施。

气候变化加剧了与水相关的极端事件，进而导致供水、卫生设施和个人卫生基础设施的风险增加，例如卫生设施系统受损或下水道泵站受淹。粪便相关原生动物和病毒的持续传染，可能造成严重的健康危害和交叉污染。

对于蓄水基础设施，为实现其对环境和社会影响的最小化，以及所提供服务的最优化，有必要重新评估大坝的安全性和可持续性，并对改建或拆除的可能性进行评估。

在世界许多地区，地下水和含水层的储水量最大，通常比地表水储水量大几个数量级。与地表水相比，地下水受季节和多年气候变化的影响较小，并且较不容易遭到破坏。

在未来规划中，越来越需要考虑"非常规"水资源。在实现安全处理、安全使用的前提下，回用水（或再生水）是常规水资源许多用途的可靠替代。海水淡化可以增加淡水供应，但通常能耗较高，因此如果使用的是不可再生能源，则海水淡化会产生温室气体。对于平流雾资源丰富的地区，诸如人工降雨或雾水收集等大气水分收集是一种低成本、易维护的方法。

在实现安全处理、安全使用的前提下，回用水（或再生水）是常规水资源许多用途的可靠替代

与水资源管理和卫生设施相关的大部分温室气体，要么来自为设施供电的能源消耗，要么来自水和废水处理生化过程的能源消耗。提高用水效率，减少不必要的水消耗和水流失，都可以减少能源消耗，从而减少温室气体的排放。

湿地拥有陆地生态系统中最大的碳储量，其碳储量是森林的两倍。考虑到湿地具有多种综合效益，包括减轻洪水和干旱灾害、净化水和保护生物多样性等，对湿地进行恢复和保护至关重要。

## 减少灾害风险

与极端事件相关的当前影响和未来预期风险，要求为适应气候变化和减少灾害风险提供可持续的解决方案。

现有的适应气候变化和减少灾害风险战略，主要包括硬措施（工程）和软措施（政策手段）。硬措施包括加强蓄水设施、气候防护基础设施以及通过引入耐淹和耐旱的农作物品种来提高农作物韧性。软措施包括洪水和干旱保险、预报和预警系统、土地利用规划以及能力建设（教育和认知）等。

硬措施和软措施通常共同生效，相辅相成。例如，城市规划可以通过科学合理地设置排水系统，提供安全收集和储存洪水的空间，以提高抵御洪水风险的韧性。因此，城市充当着“海绵”角色，减少洪水侵袭并将降水作为资源进行利用。

诸如社交媒体和移动电话服务之类的现代通信方法，为帮助改善通信和预警有效性提供了重要手段。干旱和洪水监测系统也是降低风险的重要组成部分。

决策过程中广泛的性别平等和普遍的社区参与是减少灾害风险战略的关键要素。水资源管理和灾害风险管理的机构间协调需要进一步改善，特别是在跨境流域。世界大多数地方，跨境流域管理仍然呈现碎片化。

## 人类健康

气候变化对与水相关的健康影响，主要包括与极端天气事件（如沿海和内陆洪水）相关的，通过食物、水和其他病媒造成的传染病、死亡和伤害，以及由于干旱和洪水造成的营养不足或食物短缺。对与疾病、伤害、经济损失和流离失所相关的心理健康影响也可能十分重大，尽管难以量化。

气候变化可能会减慢或破坏在获取安全管理的水和卫生设施方面取得的进展

在联合国千年发展目标（2000—2015 年）完成时，全球 91% 的人口使用了经改善的饮用水源，68% 的人口使用了经改善的卫生设施。为实现依据“可持续发展目标”制定的新的、更高标准的水资源安全管理和卫生保障，为对应缺乏上述优质服务的 22 亿人和 42 亿人提供保障，仍有许多工作要做。

如果系统设计和管理不能适应气候变化，那么气候变化可能会减慢或破坏在获取安全管理的水和卫生设施方面取得的进展，并导致资源的无效使用。进一步说，气候变化也将减慢或破坏在消除和控制与水和卫生设施相关疾病方面的进展。

## 粮食和农业

农业用水管理面临的特殊挑战是双重的。首先是需要调整现有生产方式（采取防洪和排水措施），以应对水资源短缺和过剩发生概率的增大。其次是通过采取减少温室气体排放并提高水资源利用率的气候减缓措施，来使农业“脱碳”。

在很大程度上，雨养农业的适应范围取决于作物品种应对温度变化和耐受土壤缺水的能力。灌溉可以重新安排和强化作物耕作日程，从而为以前仅依赖降水的土地提供关键的适应机制。

就 $CO_2$ 当量排放而言，农业温室气体的最大来源是牲畜肠道发酵产生的和牧场肥料堆积释放的甲烷。对于林业而言，最大的减缓渠道是减少因森林砍伐和森林退化而产生的排放。

农业方面减少温室气体排放主要有两种途径：通过地表和地下有机物的积累来固碳，以及通过有效的土地管理和水资源管理减少排放，包括可再生能源利用，例如太阳能抽水等。

气候智能农业是一套公认的高效利用信息的方法，用于土地和水资源管理、土壤保护以及农艺实践，可隔离碳并减少温室气体排放。气候智能农业方法有助于在干燥条件下保持土壤结构、有机物和水分，并使用农艺技术（包括灌溉和排水），调整或延长耕作日程以适应季节和年际气候变化。

## 能源和工业

气候变化造成的与水相关的影响给商业和发电行业带来风险。水资源短缺可能导致制造业或发电业被迫中断。影响还可能渗透到运营方面，影响原材料供应，破坏供应链，并损坏设施和设备。

> 气候变化造成的与水相关的影响给商业和发电行业带来风险

能源是气候变化倡议的焦点，因为全世界约三分之二的因人类活动产生的温室气体来自能源的生产和使用。同时有许多减少温室气体和减少用水量的可能。首先是降低能源需求和提高能源效率。一个大有希望的方向是增加低需水、低碳可再生能源技术的使用，诸如光电和风能等，与化石燃料能源生产相比，其成本越来越具有竞争力。尽管水力发电将继续在减缓气候变化和增强能源行业适应性方面发挥作用，但需要评估单个项目的整体可持续性，如考虑蒸发产生的潜在耗水量以及水库的温室气体，更不用说潜在的生态环境以及社会经济方面的影响。

对于企业而言，水资源短缺是促使废水再利用和提高用水效率的主要驱动力之一。相关技术的应用可以对设施的日常操作进行检查，例如对冲洗水使用的检查、对泄漏的检测。更进一步讲，企业可以对其自身水资源使用足迹进行评估，并延伸至其供应商的“水足迹”，如果他们是用水大户，则可能产生深远的影响。

## 人类居住

气候变化对城市供水系统的影响，一方面包括温度升高、降水减少和更严重的干旱，另一方面包括强降水和洪水事件的增加。正是这些极端情况使城市空间规划和基础设施提供变得更加困难。

供水和卫生设施的实体基础设施也可能被破坏，导致供水污染、未经处理的废水和雨水排入生活环境。洪灾后，病媒传染疾病，如疟疾、裂谷热和钩端螺旋体病等较为常见。

城市水韧性的概念超越传统的城市边界。如果供水依赖遥远水源，则规划需要大大超出城市范围，并考虑城市扩张对远距离水源淡水生态系统以及依赖它们的当地社区的长期影响。

在小型的城市和农村居住区，农业用水以及某些情况下的工业用水，会导致家庭生活用水量减少。根据水和卫生设施人权，家庭生活用水供应必须被优先考虑。

## "纽带"方法：证明关联性

一个行业的适应和减缓行动可以直接影响其用水需求，从而可以增加或减少其他行业的本地或区域可用水量（包括对水质的影响）。在水需求减少的情况下，此类行动可带来跨行业和跨地域的多重收益，而水需求增加则可能导致需要在有限的供水分配上进行权衡取舍。

水的使用需要能源。因此，任何用水量的减少都有可能减少水行业的能源需求，从而有助于减缓气候变化（如果上述能源来自化石燃料）。与之相对，能源生产也需要水。从需求角度看，风力、光电和某些类型的地热发电等可再生能源对水的需求量极低，是迄今为止最好的能源替代方案。

农业节水措施在一定程度上可以增加水的可利用量，并减少抽、提水所需的能源，进而减少能源生产所需的水。农业中增加可再生能源的使用（如太阳能光伏水泵），为减少温室气体排放和支持小规模农业生产生活提供了更多机会。由于农业用水量占全球总用水量的69%，因此减少粮食损失和浪费也能对水和能源需求产生重大影响，进而减少温室气体排放。

保护性农业使土壤能够保留更多的水、碳和养分，并具有附加的生态效益。经科学管理的森林、湿地和草原，其生物量和土壤通过碳固定的方式，提供了减缓气候变化的机会，在养分循环和生物多样性方面也具有显著的附加效益。

经改进的水处理方法，尤其是废水处理方法，提供了一系列减缓气候变化的机会。未经处理的废水是温室气体的重要来源。由于全球超过 80% 的废水未经处理就排放到环境中，因此在排放前对有机物进行处理可以减少温室气体的排放。未处理或部分处理废水的再利用，可以减少与抽水、深度处理相关的能源消耗；如果废水在排放地点或附近被再利用，则可以减少运输的能源消耗。废水处理过程中产生的沼气，可被回收并用于为处理厂供电，抵消部分能量消耗并进一步增强节能效果。

## 行政治理

气候和水资源管理都需要监督和协调机制。部门分割和权力斗争可能对不同规模对象的整合过程构成严峻挑战。这就要求：① 提高公众对于气候风险讨论和管理的参与度；② 开展多层次的适应能力建设；③ 优先考虑降低社会弱势群体面临的风险。

"良好治理"涉及遵守人权基本准则，包括有效性、响应度和责任制，公开和透明，参与履行与政策和体制安排有关的关键治理职能，规划和协调，法规和许可等。对于资源整合，水资源综合管理提供了一个使社会、经济和环境中的利益相关者参与的解决方案。

在气候风险管理过程中提高公众参与度，是为多层次建设适应能力、避免体制陷阱以及优先减轻社会弱势群体风险的一种方法。同时，还需要在地方一级提供科学信息和数据，并将其作为参考资料纳入当地多利益相关者的决策过程。

尽管各国政府对领导国家的气候变化适应和减缓措施以及开展相关水治理负有主责，但变革过程总是由合力推动。许多迹象表明，年轻人越来越关注气候变化。在许多国家，城市也已经成为气候行动的先行者，许多领先企业已做出承诺减少其水足迹和温室气体排放，致力于减轻水资源短缺和气候变化的影响。

许多迹象表明，年轻人越来越关注气候变化

贫穷、歧视和脆弱性是密切相关的，并且通常相互交织。来自少数民族地区、偏远地区、弱势地区的妇女和女童，可能遭受多种形式的排斥和压迫。当灾难袭来时，这种不平等现象会加剧，导致穷人更有可能受到影响。相对于非贫困人口而言，贫困人口可能会遭受更多损失。

## 资金

当前的资金水平不足以实现国际社会所公认的水和卫生设施普及和可持续管理目标。水项目支持者应致力于提高水行业在气候资金中所占的份额，并强调水与其他与气候相关行业的联系，以确保更多资金投向水管理领域。

两种乐观前景正有助于增大水项目获得利用气候资金的机会。第一个趋势是，人们越来越多地认识到，水和卫生设施项目的实施有利于减缓气候变化影响。在 2016 年减缓措施占气候资金的 93.8%，但水工程投入仅占该资金 1% 的背景下，这种趋势可能会特别有利。第二个趋势是，人们对气候变化适应措施的投入越来越重视。

获得气候资金可能具有竞争性，而且比较困难，尤其是对于那些可能超越国界的复杂水项目。有收益的气候项目是那些与气候变化影响有明确联系、熟悉并严格遵守融资程序的项目，有时还需要有其他资金来源。在收益方面，为了赢得认可，希望使用气候资金的项目必须着力于明确气候变化的原因和（或）后果。着重沟通交流、减轻风险并在健康等其他领域有共同利益的项目被认为更具有收益。

专门考虑边缘化群体适应能力需求的差异化策略，也应纳入更大的“水—气候”变化计划和项目中。

## 技术创新

在技术创新、知识管理、科学研究和能力建设等方面的挑战，可以通过创新的研究和开发，促进新工具、新方法的产生，同等重要的是，需要加速现有知识和技术在所有国家和地区的应用。但是，这些行动只有伴随着认识提高以及与教育和能力发展计划同步实施，才能达到预期目标，实现现有知识的广泛传播，并促进现有技术和新技术的融合应用。

基于卫星的地球观测，可以帮助确定降水、蒸散发、冰雪覆盖及融化、径流和水资源储量（包括地下水位）等的变化趋势。虽然遥感可以揭示传统方法难以便捷观测到的大规模的过程和特征，但其时间和空间分辨率可能不足以适用于较小规模的应用和数据分析。尽管如此，在国家统计数据、实地观测和数值模拟模型的支持下，遥感可以有助于全面评估与水相关的气候变化影响。

高速互联网网络及其全球覆盖、云计算和虚拟存储能力的增强，极大地促进了数据采集领域的发展。用于监控耗水量的无线传感器已经被开发，并且越来越多地用于远程计量。大数据分析技术的应用，可以通过收集处理与水相关信息和数据的连续流来帮助获取知识，从而提取可借鉴的信息和见解用于进一步改善水资源管理。“全民科学”和“众筹服务”有可能为预警系统做出贡献，并为验证洪水预报模型提供数据。

## 区域前景

国家对水资源开发、利用、保持和保护的监管，是水治理的基本支撑，并且是实施《巴黎协定》中国家自主贡献的主要手段。

虽然有三分之二的国家在其国家自主贡献中概述了水项目的总体情况，但只有十分之一的国家提出了能够称得上详细的项目提案，这些提案要么来自国内的水规划程序，要么来自先前的气候资金提案。但是，国家自主贡献方案充分认识到了体制改革的必要性，而且往往与基础设施投资一起被放在优先位置。

改善责任机构之间的合作与协调，确保行动基于可靠的信息和证据，以及增加获得气候变化适应性投资的公共和私人融资渠道，这些支持革命性转变的区域性方法，可在国家层面实施过程中发挥关键作用。

## 撒哈拉以南非洲地区

气候变化对非洲水资源的影响已经很严重，非洲南部近年的降雨减少就证明了这一点。在人类健康方面，与水相关的气候变化影响包括通过病媒和水媒传播的疾病（包括在安全饮用水、卫生设施和个人卫生获取方面的进一步挑战）、营养不良以及预期对粮食安全的影响等。在农业系统中，特别是在半干旱地区，传统的基于生计的方法似乎不足以应对气候变化的长期影响。

适应和减缓气候变化的政策和行动包括：投资和改进供水、卫生设施和个人卫生设施的气候变化适应能力，支持提高抗御旱灾和洪灾的韧性；扩大社会保障，推广保险等金融产品；在水资源的使用和管理中强化性别平等；通过雨养农业系统中的集水、覆盖和减少耕种来改善农业用水的有效性。

对于许多非洲国家来说，能源对其实现经济转型具有十分重要的政治意义。它可以为促进区域合作以应对水—能源—气候纽带关系的挑战提供催化剂，并可能促进对区域性电网的投资开放以及能源交易体制机制的形成。

## 欧洲、高加索和中亚地区

气候预测表明，北欧地区降水将增加，而南欧地区降水将减少。政府间气候变化专门委员会着重指出该地区在灌溉、水力发电、生态系统和人类居住等方面正面临着日益严峻的挑战。

面对各种极端状况，提高区域有效适应能力和增强抗灾韧性的关键行动包括：强化用水效率和提升节水战略；监测并共享水量和水质数据；提高适应气候变化和减少与水相关灾害风险行动的一致性；并从多种渠道（如国际、国家和私人层面）吸引资金。

在跨境流域，技术和资金援助可以从较富裕的国家流向较贫穷的国家，实现上下游共享。但是，即使有资金支持，跨境水资源管理也面临着潜在的政治方面的困境。这表明需要找到一个政治方面有效的切入点，并围绕该切入点开展合作。在某些情况下，气候变化本身可能就是有效激活合作机会的关键要素。

## 拉丁美洲和加勒比地区

气候多变性和各种极端事件已经严重影响了该地区。在南美洲和中美洲，已观测到的径流和水资源可利用量变化预计还将持续，并影响脆弱地区。

在气候变化影响大背景下，快速城市化、经济发展和不平等是给水系统造成压力的主要社会经济驱动因素。在大多数国家，贫穷现象仍然存在，这加剧了与气候变化相关的脆弱性。经济上的不平等也能转化为水和卫生设施获取方面的不平等，反之亦然。水传播疾病风险的增加对贫困人群的影响更大。农村地区的脆弱性也很高，气候变化因素限制了经济发展选项，并推动了人群的迁徙。

对于本区域的许多国家而言，气候变化发生在行业间对水资源激烈竞争的背景下，这些竞争发生在不同城市和地区之间、能源和农业行业之间以及生态系统需求之间。

众多发展战略中很少提及跨境“水—气候”问题，这表明拉丁美洲和加勒比地区在跨境水资源合作方面正面临着更广泛的挑战。

## 亚洲和太平洋地区

在亚洲和太平洋地区，针对次区域范围内气候变化给水领域造成的影响问题，相关预测各种各样，差别很大，但普遍缺乏可信度。该地区极易遭受气候引发灾害和极端天气事件的影响，这给贫穷和脆弱群体造成了不成比例的负担。与水有关的气候变化造成的影响与影响水质和水量的其他社会经济趋势相互作用，这些社会经济趋势包括工业化（正在改变行业需水量并增加污染物排放）、人口增长和快速城市化等。后者也增大了与水有关的自然灾害（如洪水）发生频次。

气候变化和对水日益增长的需求，将对该地区地下水资源造成更大压力。由于灌溉需求的增加，该地区的某些区域已经面临严峻的地下水资源压力。

在国家一级，已确定的应对“水—气候”变化行动的优先事项包括：加强水治理和提高水生产率，以对农业、能源、工业、城市和生态系统等之间的用水需求竞争进行管理；促进基于自然的解决方案，以减少温室气体排放并提高抗灾韧性；并在整个项目和政策周期中整体降低气候变化和灾害风险。

亚洲的跨境流域迫切需要在投资、信息以及机制（如治理、能力和伙伴关系）等领域开展区域间合作。

## 西亚和北非地区

整个区域对气候变化的脆弱性是中度到重度，并且大致从北到南逐渐增加。虽然蒸散发受到水资源短缺的限制，但是径流和蒸散发通常与降水变化趋势相同。

最容易受到气候变化影响的地区是非洲之角、萨赫勒地区和阿拉伯半岛的西南部地区，这些区域包括该地区几个最不发达的国家。尽管他们受气候变化的影响程度各不相同，但都显示出较低的适应能力。

气候变化构成的全方位挑战与适应能力相对的不是它们之间的相互作用，而直接反映着复杂的社会经济和政治动能并在全球各地区，主权国家和地方当局层面上影响水资源的保护和利用。水资源的政治化和武器化、流离失所群体和水基础设施退化等，一直是那些受冲突影响的国家所面临的主要挑战。水资源获取和控制方面的不平等现象依然存在，特别是在城乡差别和性别差别方面。

区域利益相关者已经确定了许多与水相关的优先事项和机会，包括：使城市发展更具可持续性；强化数据、研究和创新；增强遭受洪水和干旱灾害以及受到粮食不安全威胁的脆弱社区的抗灾韧性；促进减缓、适应和可持续发展之间的政策协同；以及通过国际气候基金、开发当地市场和投资产品等方法获得增加融资的途径。

## 前进的道路

鉴于水和气候在不同经济部门和整个社会中具有的跨领域特征，需要在各个层面上解决取舍问题和利益冲突，以便协商形成综合和协调的解决方案。这就要求在气候变化背景下，采取公平、广泛参与、多个利益相关方协商的方式开展水治理。

有越来越多的机会，将适应和减缓计划更名副其实地、系统地落实到水投资中，从而使这些投资及相关活动对气候变化投资者更具吸引力。此外，与水有关的各种气候变化倡议还可以带来共同利益，例如创造就业机会、改善公共卫生、减少贫困、促进性别平等和改善生计等。

尽管有越来越多的证据表明，气候变化正在影响全球水文循环，但在较小的地理和时间尺度上预测其影响时，仍然存在很大的不确定性。但是，这种不确定性不能被视为无所作为的借口。相反，它应成为一系列行动的动力，诸如扩大研究范围、促进实用分析工具和创新技术开发、采取确定无误的方法，以及推动机构和人员能力建设，以促进有见地的、科学的决策。

水与气候领域之间需要加强合作的需求，已经远远超出了科学研究领域。一方面，当务之急是气候变化领域，特别是气候谈判专家，应更加重视水的作用，并认识到水在解决气候变化危机中的重要作用；另一方面，水领域也必须同样地、或是更多地将精力集中于推动对于水在适应和减缓方面重要性的认识，为国家自主贡献提出具体的与水有关的项目提案，并加强规划实施和监测国家自主贡献中水相关活动的手段和能力。

通过水将适应和减缓气候变化结合起来，是一个多赢提议。第一，它有利于水资源管理以及改善供水和卫生设施服务的提供；第二，它直接有助于应对气候变化的原因和影响，包括降低灾害风险；第三，它直接和间接地有助于实现若干可持续发展目标（如饥饿、贫困、健康、能源、工业、气候行动等，更不用说可持续发展目标 6——“水目标”本身）和一系列多个全球目标。

当前关于气候变化和其他全球环境危机，众多研究和文章呈现“沮丧悲观”的态度。而本报告在政策、融资和实地行动方面，提出了一系列切实可行的对策，以支持集体目标和个人愿望的实现，为实现一个可持续的繁荣世界提供支撑。

## 序言

# 气候变化背景下的水资源状况

玻利维亚安第斯高原上的美洲驼

**世界气象组织** | Bruce Stewart
**联合国教科文组织政府间水文计划** | Wouter Buytaert，Anil Mishra 和 Sarantuyaa Zandaryaa
**世界水评估计划** | Richard Connor，Jos Timmerman 和 Stefan Uhlenbrook
**参与编写者：** Rio Hada（联合国人权事务高级专员办事处）

序言将概述世界水资源的状况以及气候变化对水文循环的潜在影响，包括水的可用性和质量、供水需求、与水有关的灾害和极端事件以及生态系统。对知识缺口、局限性和不确定性也进行了探讨。

## 简介

关于人类对气候系统的影响以及人为产生的温室气体在全球变暖中的作用，科学界现已达成了强烈的共识（政府间气候变化专门委员会，2014a；2018a）。温室气体排放率为历史最高水平（世界气象组织，2019）。即使排放量符合目前根据《巴黎协定》做出的关于国家自主贡献的政治承诺，科学界也高度相信，2030 年后全球平均温度将超过工业化前水平至少 1.5℃（政府间气候变化专门委员会，2018a）。

气候变化以多种方式影响着全球水资源，包括复杂的时空模式、反馈效应以及物理和人类进程之间的相互作用（Bates 等，2008）。这些影响将增加对水资源可持续管理的挑战，世界许多地区已经面临严重的水资源紧缺压力（世界水评估计划，2012），同时还受高度气候多变性和极端天气事件的影响。值得注意的是，这影响到满足人类基本需求的水的可用性、质量和数量，威胁数十亿人切实享受水与卫生设施的人权。虽然气候变化影响在局部可能非常特殊（政府间气候变化专门委员会，2019a），但当前趋势和未来预测表明，气候已然发生了重大变化，世界许多地方频繁出现极端天气事件（政府间气候变化专门委员会，2014a）。因此，最重要的是，水资源管理人员在将水作为社会资源（这是可持续发展的基础）进行管理时，需考虑到气候变化的潜在影响。

气候变化引起的水文变化会对社会构成重大风险，包括控制水循环的水文气象过程的变化，以及能源生产、粮食安全、经济发展和社会不平等等风险（图 1）。因此，通过水资源管理来适应和减缓气候变化对可持续发展至关重要，这也是实现《2030 年可持续发展议程》《巴黎协定》和《仙台减轻灾害风险框架》所必需的条件。

## 气候变化

科学证据明确表明气候系统正在日益变暖，且科学界对人类活动的作用已达成共识。自前工业化时代以来，温室气体人为排放量急剧增加（图 2），大气中二氧化碳、甲烷和一氧化二氮的浓度（图 3）达到了至少 80 万年以来的最高水平（政府间气候变化专门委员会，2014a；2018a；世界气象组织，2019）。

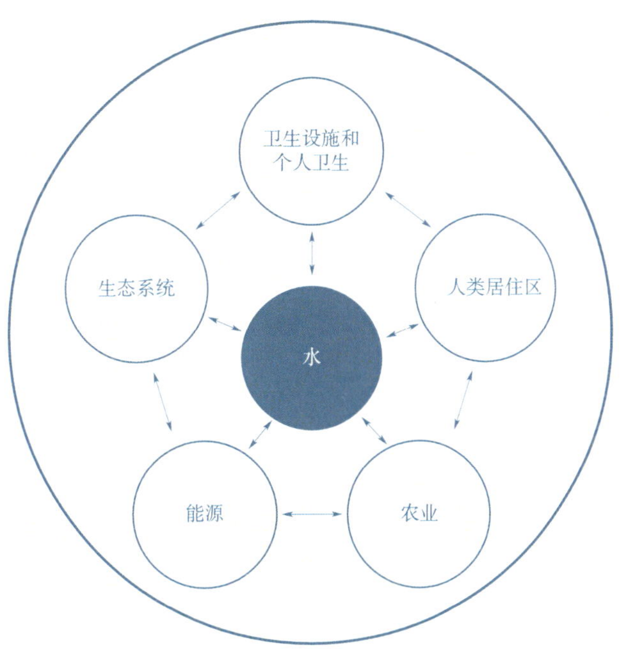


图 1 受气候多变性和气候变化影响的水资源与其他主要社会经济部门间的相互作用

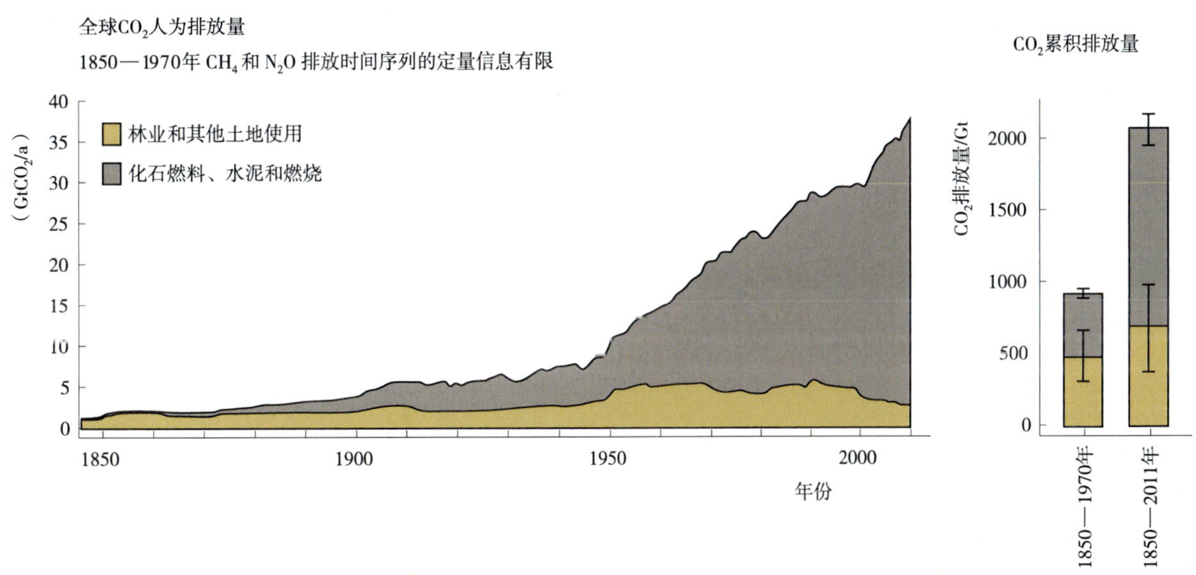


来源：政府间气候变化专门委员会（2014a，图 1.5，第 45 页）。

图 2 1850—2011 年全球 $CO_2$ 人为排放量

整个气候系统受温室气体的影响以及其他人为驱动因素的影响，这极有可能是 20 世纪中期以来气候变暖的主要原因（政府间气候变化专门委员会，2014a）。从全球来看，自 19 世纪以来，地球平均表面温度上升了约 0.9℃（图 4）。气候变暖主要发生在过去 35 年里，历史记录表明最热的 5 年均发生在 2010 年之后。根据世界气象组织和《哥白尼气候变化计划》（*Copernicus Climate Change Programme*）的最新数据，2019 年 7 月的数据可能打破自有分析以来最热月份的记录（世界气象组织，2019）。海水温度也呈上升趋势（Cheng 等，2019）。

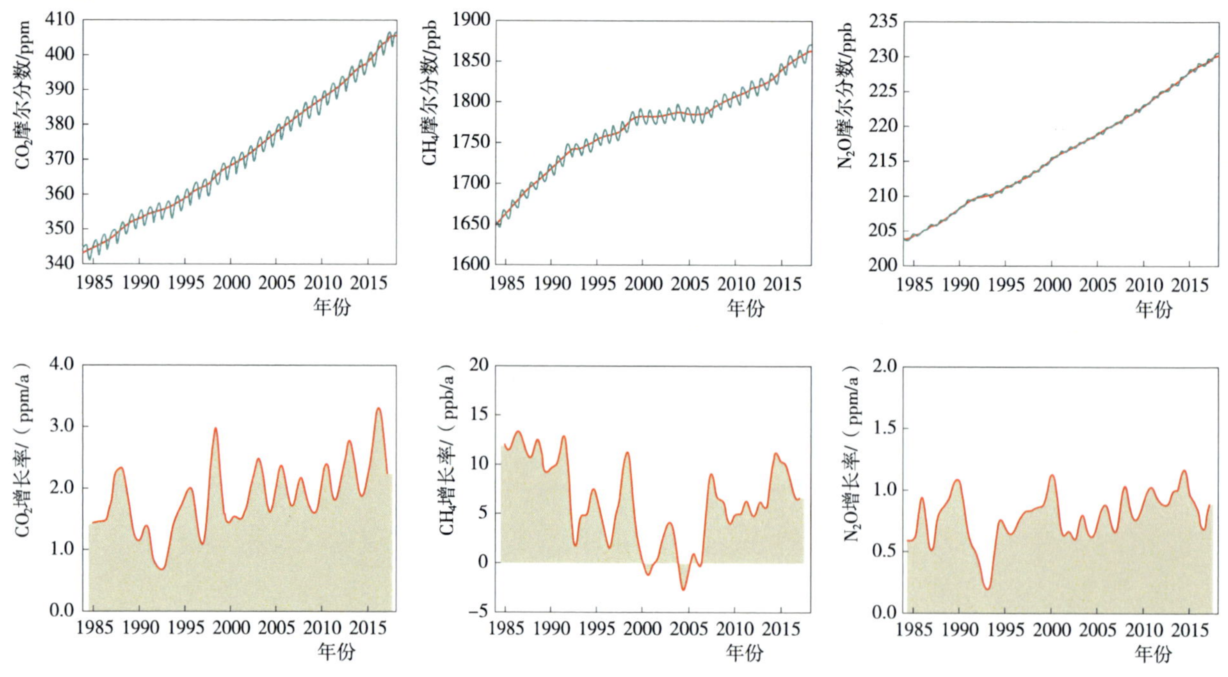


注：第一排分别代表 1984—2017 年 $CO_2$（ppm；左）、$CH_4$（ppb；中）和 $N_2O$（ppb；右）的全球平均摩尔分数（浓度测量）。红线是排除季节变化后的月平均摩尔分数；蓝点和蓝线表示月平均摩尔分数。第二排中增长率代表 $CO_2$（ppm/a；左）、$CH_4$（ppb/a；中）和 $N_2O$（ppb/a；右）摩尔分数连续年平均值的增长情况。

来源：世界气象组织（2019，图 3，第 9 页）。

图 3　大气中温室气体的含量不断增加

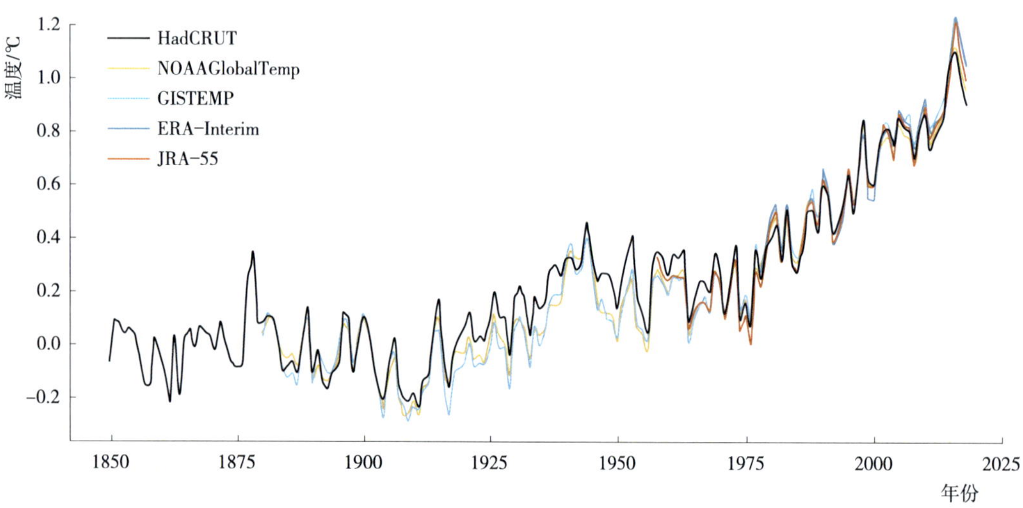


来源：气象局 © 英国皇家版权所有。

图 4　基于 5 个全球温度数据集 1850—1900 年基准的全球平均温度异常

自 20 世纪中期以来，我们还观察到极端天气和气候事件的强度和频率也发生了变化。其中一些变化与人类影响有关，包括极端低温的减少、极端暖温的增加、极高海平面的增加以及一些地区强降水事件的增加（Min 等，2011）。

温室气体的持续排放将导致气候系统所有组成部分进一步变暖并发生持久变化，增加了对人类和生态系统造成严重、普遍和不可逆转影响的可能性（联合国贸发会议，2016）。

虽然温度趋势十分明显（图 5），但在许多区域，例如，许多最不发达国家所在的亚热带地区，年降水量的趋势更不确定。例如，在代表性温室气体浓度路径 8.5（RCP8.5）下，大气环流模型仅对三分之一地表的未来降水量方向达成一致（政府间气候变化专门委员会，2014a）。气候模型的不确定性很大，特别是在年降水量增减过渡区域，这并不排除极端天气和水资源受到重大影响的可能性。即使温度和气候的微小变化（即低端温室气体排放情景）也会对资源和极端天气产生重大影响。

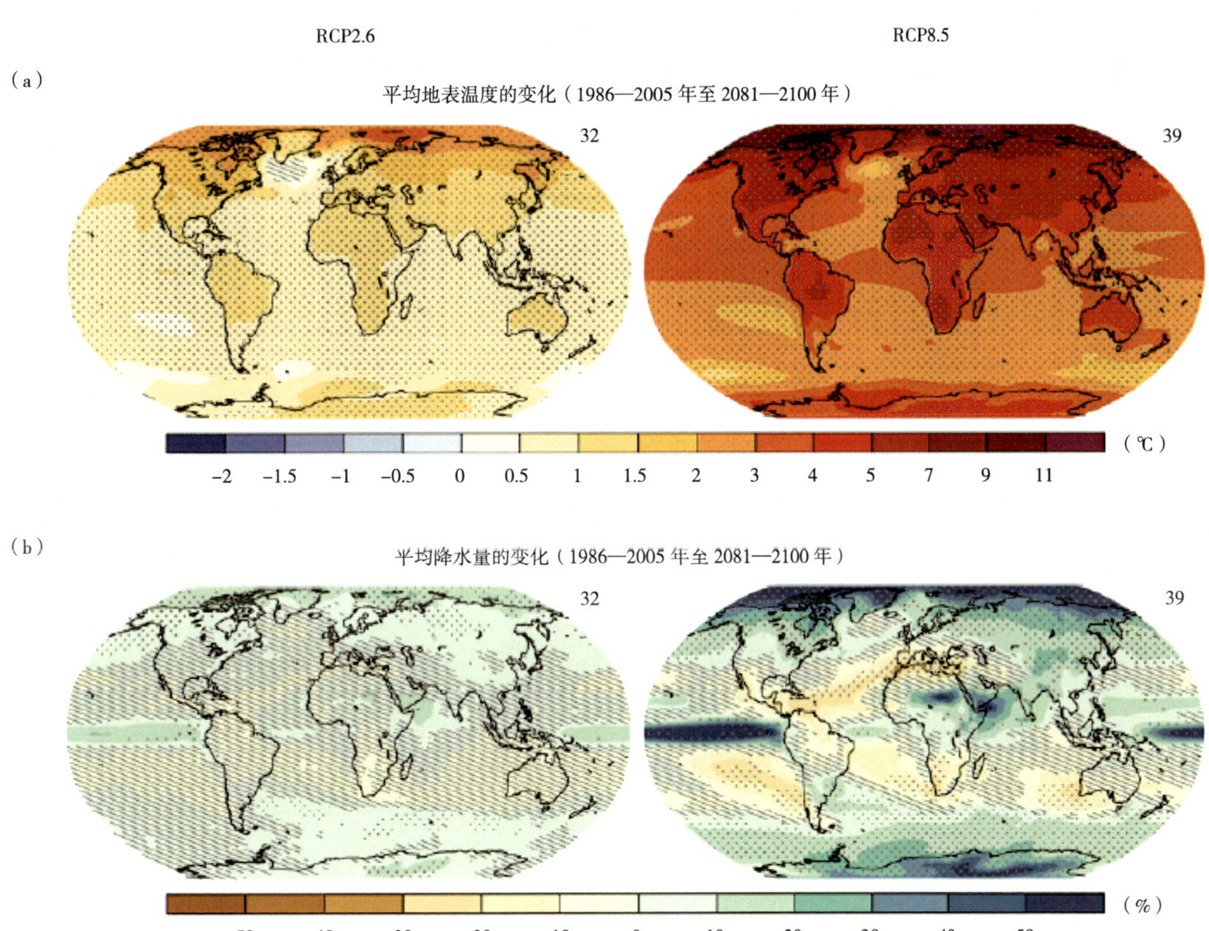


注：在 RCP2.6（左）和 RCP8.5（右）情景下，2081—2100 年（a）年平均地表温度变化和（b）年平均降水量变化可用模型预测的平均值，以百分比表示。显示了与 1986—2005 年的相对变化。用于计算多模型平均值的 CMIP5 模型数量参见每个面板右上角所示。点画点表示预测变化与自然内部变异性相差较大区域（即 20 年平均值大于两个内部变异性标准差），90% 的模型与变化迹象相吻合。阴影线（对角线）显示预测变化小于 20 年自然内部变化平均值的标准偏差。

来源：改编自政府间气候变化专门委员会（2014a，图 2.2，第 61 页）。

图 5　耦合模型相互比较项目第 5 阶段（CMIP5）多模型的平均预测

与降水量的年平均值相比（尤其是在亚热带地区），全球模型在很大程度上与未来极端天气的增加一致（Hattermann 等，2018）。根据非常可信的气候预测表明，极端降水事件将在许多地区更加强烈和频繁地发生，热浪也会更加频繁且持续时间更长（图 6）。前者将增加全球洪水风险（Hirabayashi 等，2013），而后者预计将加剧干旱情况（Trenberth 等，2014）。这些风险在地理上分布不均，对于处于不同发展水平的国家，其中弱势的群体和社区通常面临更大的风险（政府间气候变化专门委员会，2014a）。

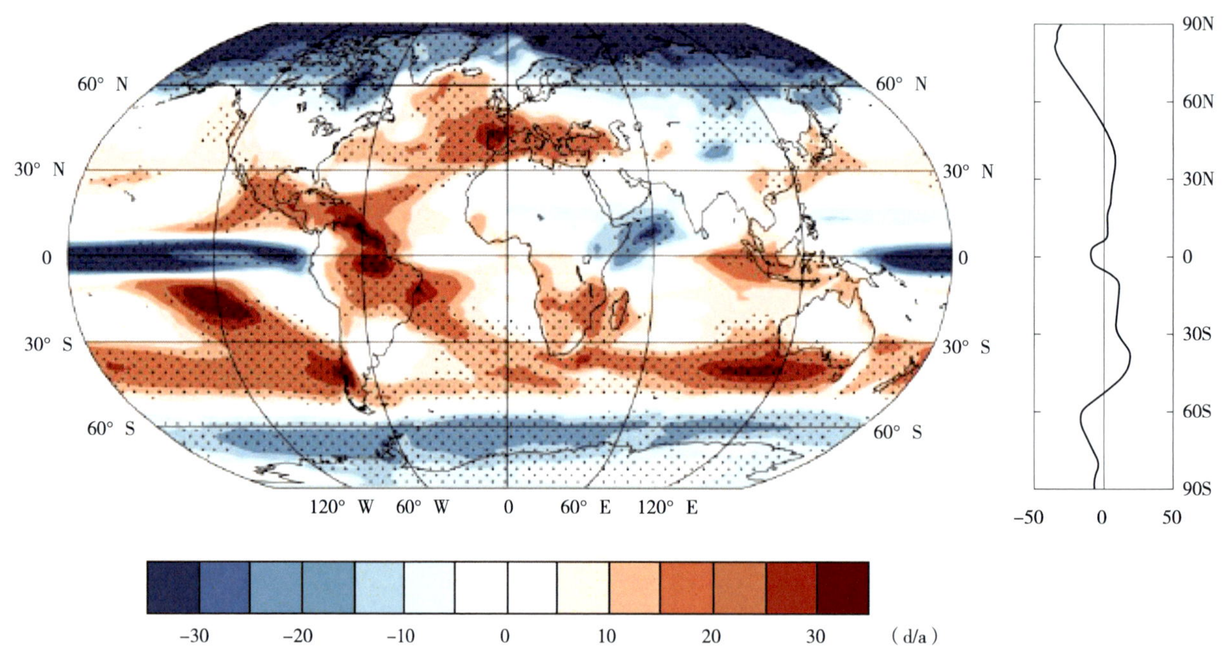


注：点画区域表示至少 70% 的模型与变化情况一致。右图：区域平均值。

来源：Polade 等（2014，图 2）。

图 6　采用 RCP8.5 强迫情景，描述相对于 1960—1989 年的历史时期，2060—2089 年，CMIP5 多模型集合平均干旱日（天 / 年）的频率变化

例如，在以尼日尔为主要流域的西非以及亚马孙上游地区，预测的年降水量存在很大的不确定性。同时，各种强有力的迹象表明，即使在整体更加湿润的气候条件下，干旱天数的比例也会提高（GIZ/adelphi/PIK，即将出版）（参见第 9.1.3 节）。

鉴于气候变化造成的各种威胁，在巴黎举行的第 21 次缔约方大会（COP21）（2015 年 12 月）中，《联合国气候变化框架公约》的缔约方达成了一项里程碑式的协议，以应对气候变化并加快、加强可持续低碳未来所需的行动和投资。《巴黎协定》的中心目标是，相较于工业化前水平，将本世纪内全球温升幅度控制在 2℃以内，加强全球对气候变化威胁的反应，并尽可能进一步将温升限制在 1.5℃以内。

> 虽然气温有明显的趋势，但在许多地区，年降水量的趋势更不确定

但是，即使这一目标得以实现，目前的一些趋势仍将继续，造成长期甚至是不可逆的变化。在今后的水资源管理中必须考虑到这一点。

## 气候与水

地球气候和陆地水循环有着非常密切且复杂的关系（图 7）。因此，气候变异性会进一步影响水资源。例如，降水不足会减少土壤水分、河流流量和地下水补给，但这些流量的影响大小取决于土壤性质、地质、植被和用水等当地条件。

由于所涉及过程的时间量程不同，对地下水亏缺（尽管与地表水相比，影响会较小，并且会相对延迟）的影响持续时间会更长，超过造成地下水匮乏的原始干旱气象，从而引发“记忆效应”（Changnon，1987）。另外，洪水可能会破坏关键的基础设施和服务，进而影响水的可用性、卫生和人类生计等其他方面。

同时，水文循环本身也是气候系统的一个重要组成部分，它控制着大气和陆地表面之间的相互作用，并为物质和能量的运输、储存和交换提供反馈机制（图 7）。

气候和水资源之间的联系受到各种人为因素的影响，包括但不限于土地利用和土地覆盖变化、水管制和取水系统以及水污染。通过“灰色”和“绿色”工程的结合，例如水资源基础设施的建设，以及农业和其他用水实践的发展，人类在其历史上一直在不断提高安全供水和卫生服务的可得性。而气候变化将以不同的方式影响这些战略，因此我们需要一种新型的气候智能型水资源管理方法。

## 气候变化涉水影响的现状

气候变化通过许多不同的过程影响陆地水循环。这些过程之间的反馈和相互作用并非都完全被理解或在相关尺度上可测量，因此很难对这些过程进行量化以及后果预测。此外，历来进行水资源开发和管理时，均假设水文时间序列处于平稳状态[1]（Milly 等，2008）。虽然收集到的历史水文数据针对有关过程和事件提供了有价值的信息，但这并不一定能代表未来的水文状况。此外，即使监测到水文变化，包括气候变化在内的原因归属仍然不确定（联合国水机制，2019）。

### 水的可用性和水资源紧张

降水量和温度的变化（图 8）将直接影响陆地水量预算（Schewe 等，2014）。由于全球气温上升的趋势，陆地表面的蒸发量预计会增加，但在最干旱的地区因为缺水导致蒸发量无法增加。如果降水量增加，可能会抵消所述蒸发量的增加。但是，对于许多区域，特别是降水量减小的区域，会导致不同季节的流量减少，水资源可用性下降（政府间气候变化专门委员会，2018a）。

关于水资源可用性下降问题，观察结果显示：非洲西部（Batisha，2012）、澳大利亚西南部（澳大利亚科学院，2019）、美国西北部沿太平洋地区（Kalra 等，2008）和中国黄河流域（Piao 等，2010）的河流，这种情况较为突出。水资源可用性的下降直接影响农业、工业和家庭供水的取水量，以及发电、航海、渔业、娱乐和环境等水资源的利用。虽然对环境的影响排至最后 , 但是这种影响也不容小觑。

降水和蒸发变化的综合影响也将决定未来土壤水分和地下水的趋势，并对土壤水分干旱期的频率和严重性产生潜在影响（Van Loon 等，2016）。例如，在亚洲中北部和东北部观察到土壤水分干旱加剧（Wang 等，2011）。

1　平稳时间序列是指均值、方差、自相关等统计特性，此类特性随时间变化均为常数。

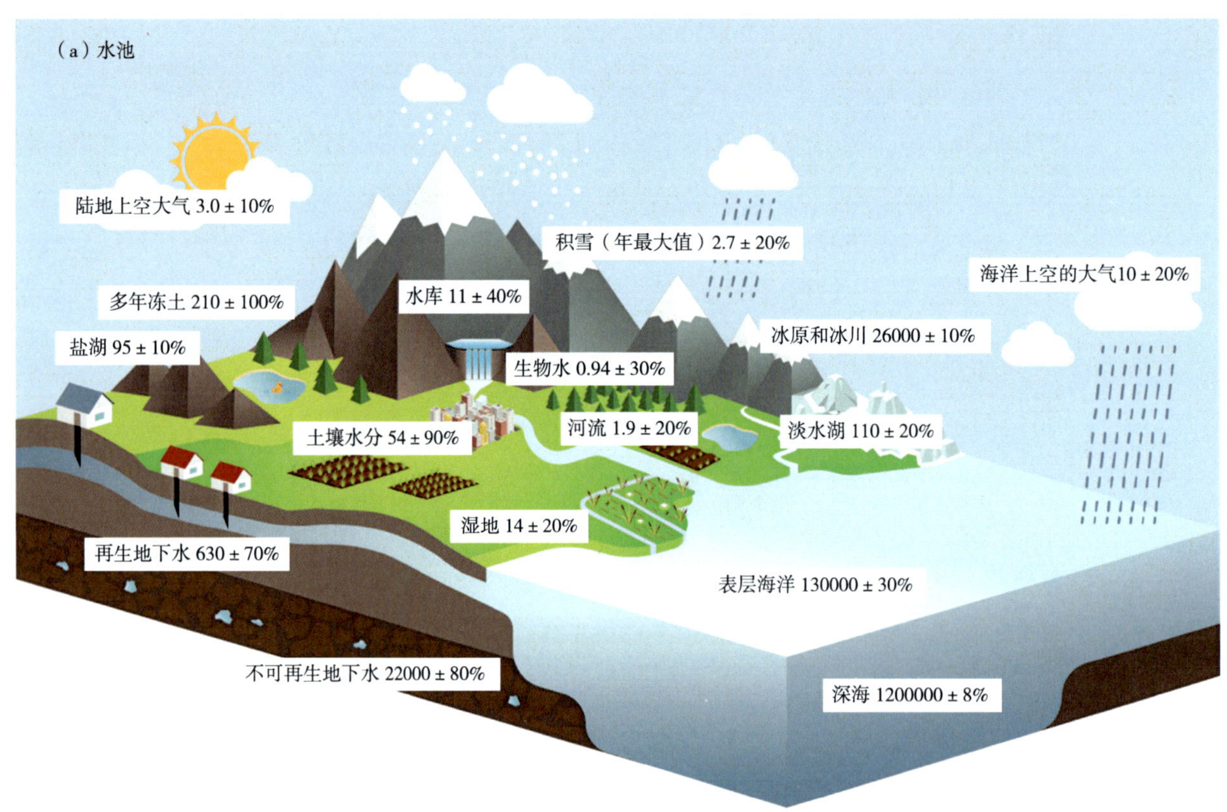


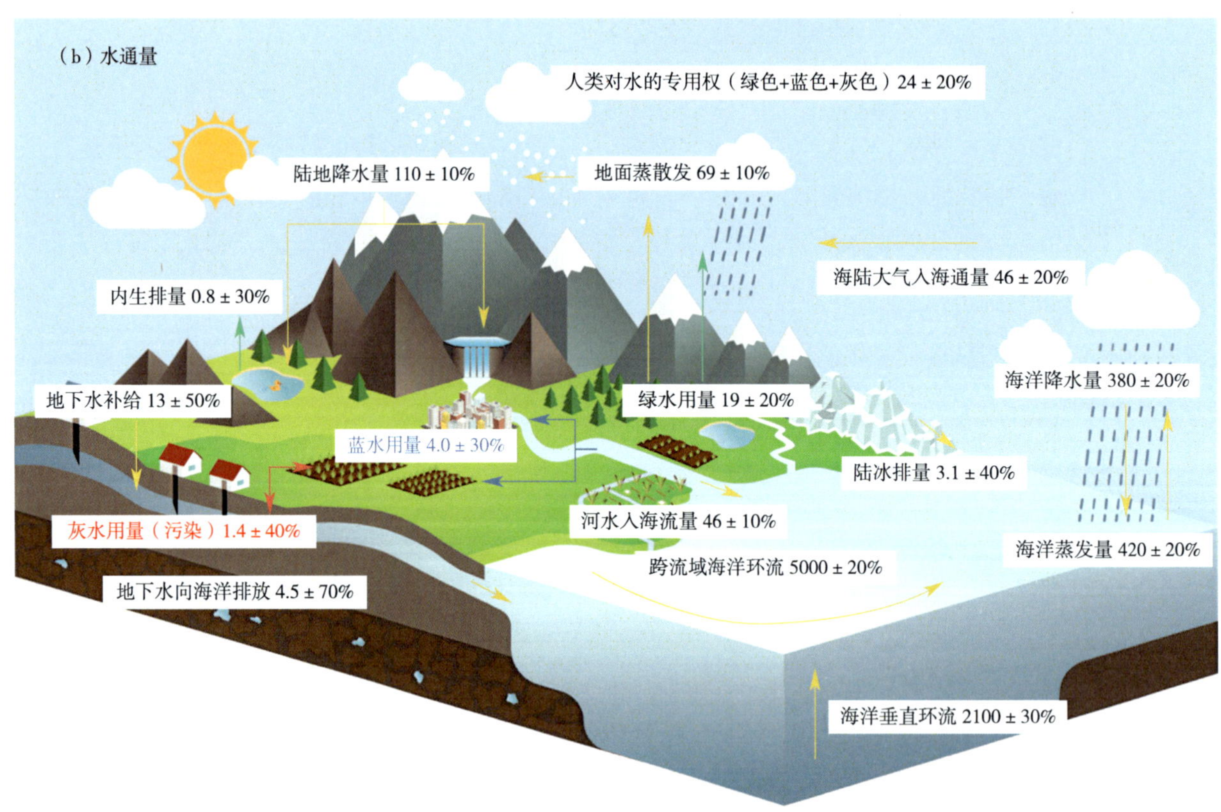


注：（a）水池（单位 $10^3$km$^3$），（b）水通量（单位 $10^3$ km$^3$/a），不确定性表示最新估计的范围，以 % 表示。在（b）中，人类总用水量（约 24 $10^3$ km$^3$/a）分为绿色（绿色箭头所示的人类农作物和牧场使用的土壤水分）、蓝色（蓝色箭头所示的农业、工业和家庭活动消耗性用水）、灰色（红色箭头所示稀释粉色阴影标示的人类污染物所需用水）。这种对水文循环的平均描述并不代表对多数水池和水通量的重要季节性变化和年际性变化。

来源：基于 Abbott 等（2019，图 3，第 537 页）。

图 7　全球水文循环图

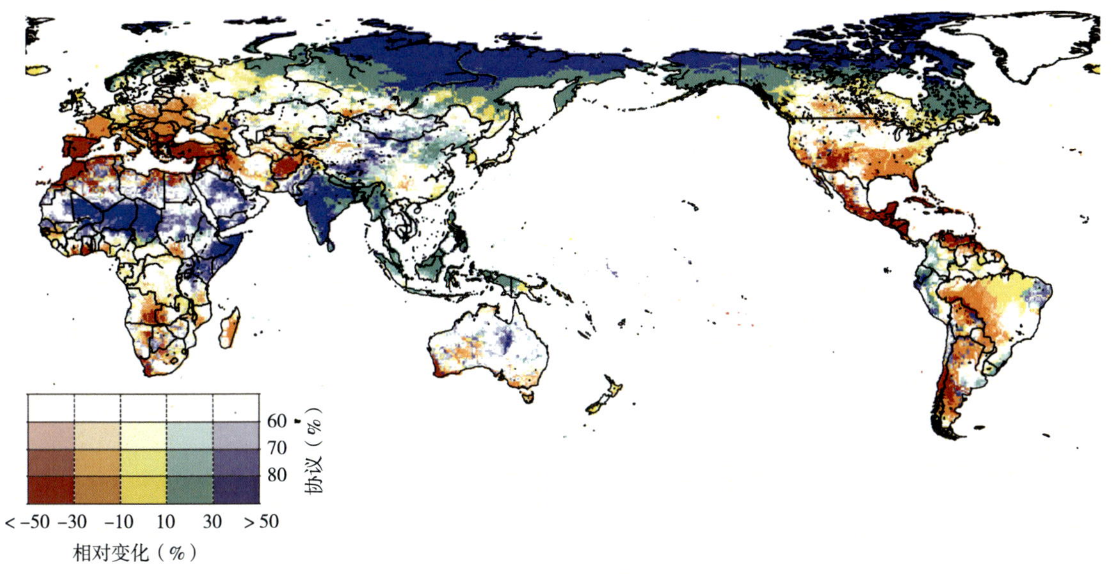


注：该图描述了 RCP8.5 情景下，与现今相比，在 2℃温升条件下，年排放量的相对变化。

来源：修改自 Schewe 等（2014，图 1，第 3246 页）。署名共享 3.0 IGO（CC BY-SA 3.0 IGO）许可证不适用于此图片。

图 8　水资源可用性的气候变化情景趋势

气候变化引起的冰层变化也很普遍，这会导致全球冰雪覆盖减少（Huss 等，2017）。估计很可能在整个 21 世纪，几乎所有地区的积雪、冰川和永久冻土都将继续减少（政府间气候变化专门委员会，2019a）。冰川加速融化预计将对山区及其相邻低地区的水资源产生不利影响，其中热带山区最为脆弱（Buytaert 等，2017）。尽管冰川的加速融化可能会暂时在局部地区导致流量增加，但冰川覆盖的减少往往会导致河流流量持续变化，并且导致基流长期减少，流量峰值季节性变化。在欧亚大陆和北美的河流中，观测到了冰雪覆盖的河流向早期峰值流量的转变（Tan 等，2011），而在安第斯山脉和喜马拉雅山脉，冰川对河流基流补给减少则越来越明显（Immerzeel 等，2010；Baraer 等，2015）。

这种变化可能会加剧水资源紧张，这是 21 世纪全世界面临的主要问题之一。在 20 世纪，用水量一直处于增长状态，且增长速度是人口增长速度的 2 倍（联合国粮食及农业组织，2013a）。再加上供水的不稳定性和不确定性，都将加剧目前缺水地区的情况，并且导致目前水资源丰富的地区也出现缺水。

水资源紧张已经影响到各个大陆（图 9）。物理性干旱通常是一种季节性现象，而不是一种长期现象（图 10），气候变化可能会导致一些地方全年均存在季节性水资源可用性的变化（政府间气候变化专门委员会，2014a）。大约 40 亿人每年至少有一个月生活在严重干旱条件下（Mekonnen 和 Hoekstra，2016）。约 16 亿人或者说世界人口的近四分之一，面临经济型缺水问题，这意味着他们缺乏获取水资源的必要基础设施（联合国水机制，2014）。

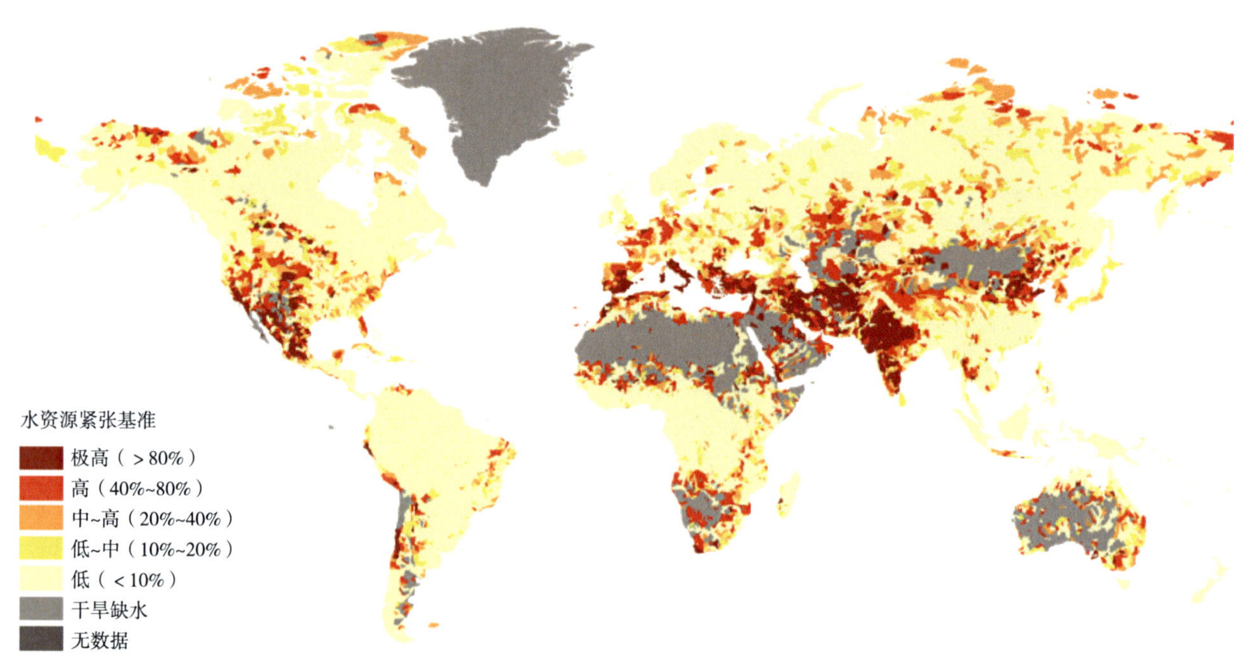


注：水资源紧张基准用于衡量总取水量与可用再生水供应之间的比率。取水包括家庭、工业、灌溉和牲畜的消耗性用水和非消耗性用水。可用再生水供应包括地表水和地下水供应，并考虑了上游消耗性用水户和大坝对下游水可用性的影响。数值越高表明用户之间的竞争越激烈。

来源：世界资源研究所（2019）“知识共享”国际许可协议 4.0 版本（CC BY 4.0）。

图 9　年度水资源紧张基准

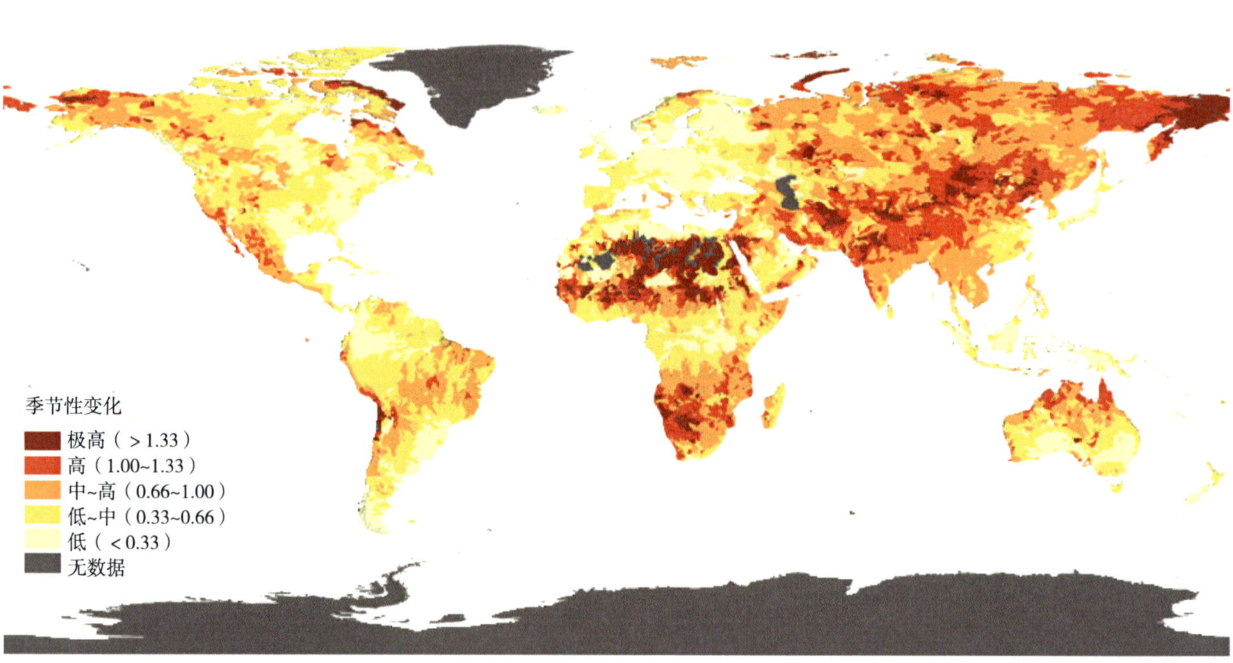


注：季节性变化衡量可用水供应年内的平均变化，包括再生地表水和地下水的供应。数值越大表示一年内可用供应量变化越大。

来源：世界资源研究所（2019）根据 CC BY 4.0 许可。

图 10　季节性变化

由于城市人口密度高，城市化进程加快，城市供水最容易受到影响。据估计，到2050年，由于气候变化，生活在570多个城市的6.85亿人将面临淡水供应量的进一步下降，下降率至少达到10%（图11）。安曼、开普敦和墨尔本等城市的淡水可用量可能下降30%~49%，而圣地亚哥的下降幅度可能超过50%（C40城市，2018）。

其社会影响和后果可能会非常严重。气候变化加剧水资源短缺，可能导致一些地区经济的损失高达其国内生产总值的6%，同时刺激移民并引发冲突（联合国粮食及农业组织/世界银行集团，2018）。

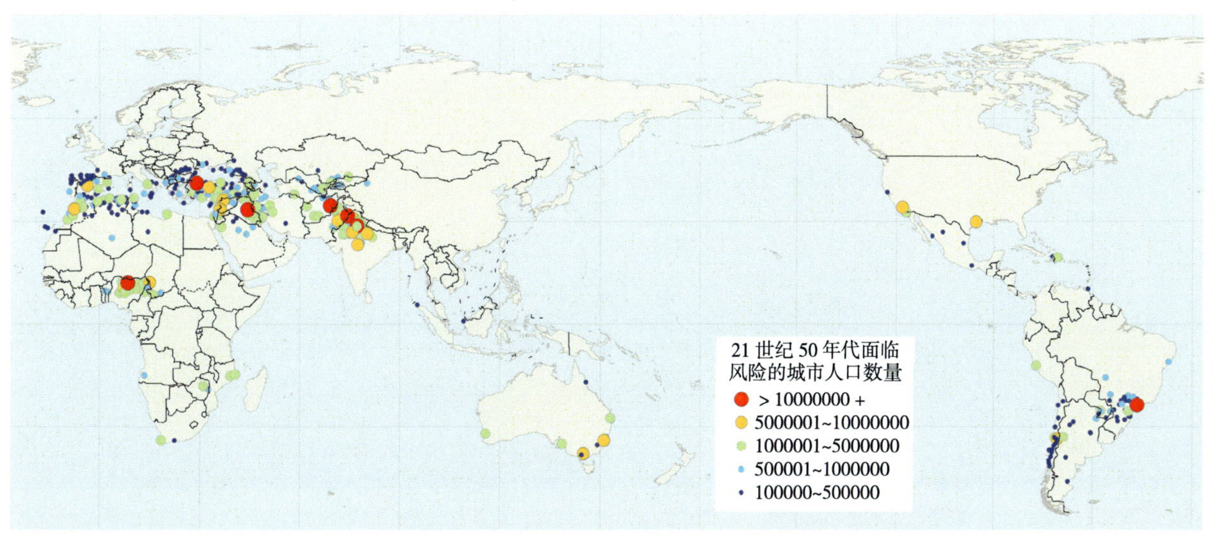


来源：由哥伦比亚大学气候系统研究中心气候影响小组提供，摘自都市气候变化研究网络（2018，图5，第25页）。

图11 城市可用水量下降

过去20年来，通过水对农业的影响，人们对气候变化的认识大大提高。汇总的结果表明，气候变化作为水资源可用性的函数，将从根本上改变全球粮食生产模式。预计低纬度和热带地区对作物生产力的影响为负，而高纬度地区则为正（联合国粮食及农业组织，2015a）。到2040年，即使《巴黎协定》的排放目标得以实现，降水量也会有所增加，这将有利于小麦、大豆、水稻和玉米的生产。预测表明，非洲、美洲、澳大利亚和欧洲的部分地区将更加干燥，而热带和北部地区将更加湿润（图12和图13）（Rojas等，2019）。由于水调节了气候变化对农业的大部分影响，世界许多地区日益严重的干旱使得气候适应性面临重大挑战。

## 水质

世界淡水资源正日益受到有机废物、病原体、肥料、农药、重金属以及新型污染物的污染。由于城市和工业废水排放量增加、农业（包括畜牧业）的集约化以及径流和水提取量的减少导致河流稀释能力降低，有机物造成的水污染日益严重（Zandaryaa和Mateo-Sagasta，2018）。水体富营养化是全球范围内普遍存在的一种现象，其原因是废水和农业径流管理不力，从而导致地表水中含有人为释放出的丰富的营养物质。由于水与卫生设施不安全，病原体污染是发展中国家最普遍的水质问题（世界卫生组织/联合国儿童基金会，2017）。新型污染物对发达国家和发展中国家的水质构成了新的全球挑战，对人类健康和生态系统构成了严重的潜在威胁。

注：这张地图显示，由于气候变化，一些国家小麦、大豆、玉米和水稻等主要农作物的部分种植土地将处于永久性更加干旱的状态（Rojas等，2019）。例如，在2020—2060年按照目前温室气体的排放趋势，澳大利亚目前小麦种植土地面积的28%会出现降水量减少的情况。

来源：改编自Anaconas（2019）。©2019国际热带农业中心/作者：L.Anaconas。根据CC BY-SA 4.0许可。

图12 面临更加干旱条件的主要作物

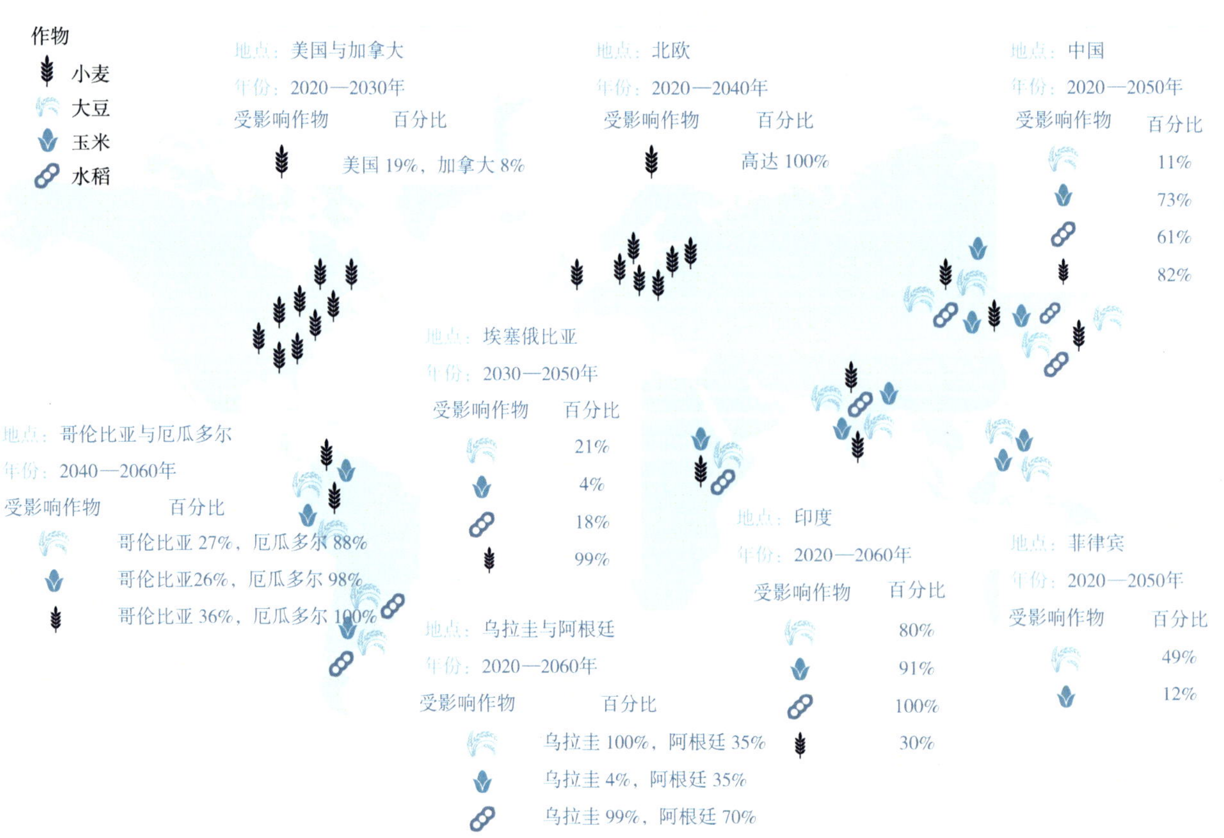


注：这张地图显示，由于气候变化，一些国家小麦、大豆、玉米和水稻等主要农作物的部分种植土地将处于永久性更加湿润的状态（Rojas等，2019）。例如，在2020—2060年间，按照目前温室气体的排放趋势，中国82%的小麦种植区域降水量将增大。

来源：改编自Anaconas（2019）。©2019国际热带农业中心/作者：L.Anaconas。根据CC BY-SA 4.0许可。

图13 面临更加湿润条件的主要作物

全球变暖导致水温升高，由此而引起的有害藻华不断增加。湖泊和河口是千百万人的饮用水源，同时也是生态系统服务功能的重要支撑。但是，在世界上的许多湖泊和河口中却出现了有害蓝藻的大量繁殖，这些蓝藻有毒，且会改变食物链，造成缺氧。例如，在中国，超过 60% 的湖泊均出现了富营养化和有害藻华（Shao 等，2014）。气候变化正在严重影响我们控制这些有害藻华的能力，甚至导致其几乎不可控制（Havens 和 Paerl，2015）。

在过去的 100 年里，全球用水量增加了 6 倍

淡水和沿海湿地已受到人类活动的不利影响，例如水流状况的改变和水质的恶化。气候变化可能进一步加剧世界湿地和水生生态系统的压力，对渔业和水产养殖产生负面影响（Poff 等，2002）。这些水质变化不仅影响经济和社会福利，还会影响关键环境流量、生态系统和生物多样性的可持续性（世界水评估计划，2017）。

## 需水量

在过去 100 年中（图 14），全球用水量增长了 6 倍，并且由于人口增加、经济发展和消费方式转变等因素，全球用水量仍以每年约 1%（AQUASTAT，未注明日期）的速度稳定增长。2012 年，经济合作与发展组织预测，2000—2050 年全球需水量将增长 55%，主要用于制造业（+400%）、火力发电（+140%）和家庭用水（+130%）（经济合作与发展组织，2012）。另一项研究得出的结论是，在一切照旧的情况下，到 2030 年，世界可能面临 40% 的全球水资源短缺困境（2030 WRG，2009）。

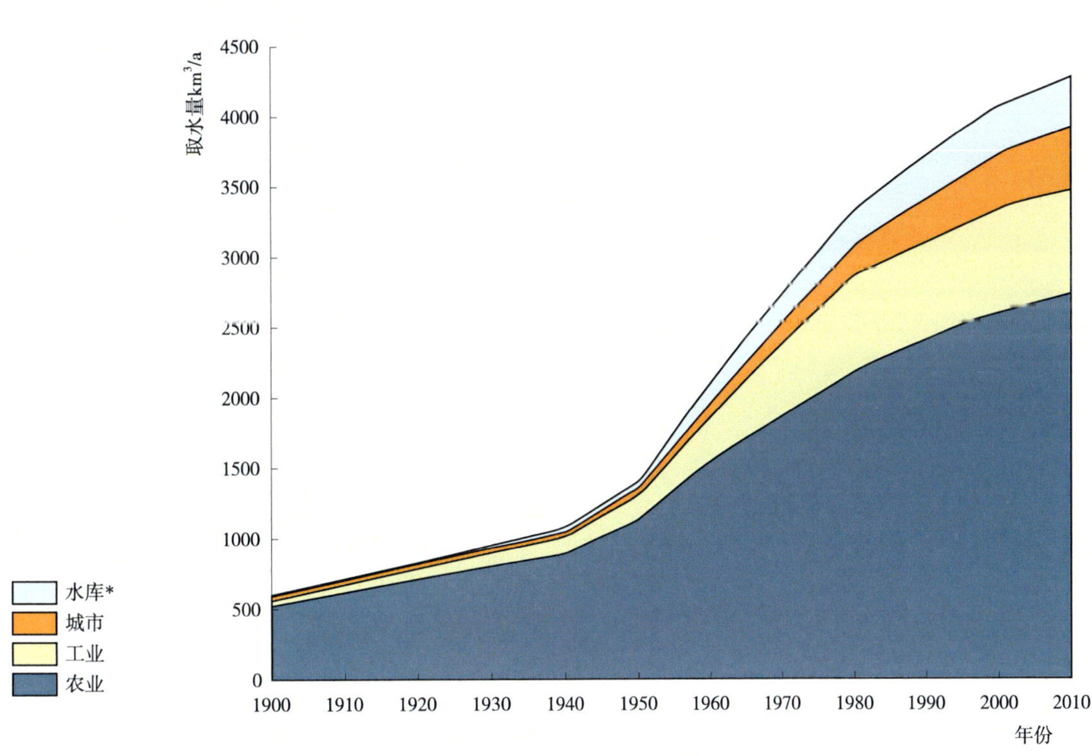


注：* 人工湖的蒸发。

来源：AQUASTAT（2010）。

图 14　1900—2010 年全球取水量

面对这些相互竞争的需求，增加灌溉用水量的空间将很小，目前灌溉用水量占所有淡水取水量的 69%（AQUASTAT，未注明日期）。虽然经济合作与发展组织预测未来全球灌溉用水量总体上将减少，但联合国粮食及农业组织估计 2008—2050 年，灌溉用水仍将增加 5.5%（联合国粮食及农业组织，2011a）。这种预测的差异凸显了全球范围内水需求增长预测的难度。但是，“不管未来全球水资源短缺程度如何，更重要的是地方水资源短缺程度如何，缺水可能会限制未来几十年的经济增长机会以及创造体面就业的机会。”（世界水评估计划，2016，第 23 页）。

全球变暖将进一步加剧这一趋势，因为水需求会随着温度的升高而增加（Gato 等，2007）。水务部门将面临维持水资源供需平衡的巨大压力。因此，评估气候变化对需水量的影响，关键是确保在变化的气候条件下满足需水量。温度和降水量是水需求建模中最常用的气候变量（Haque 等，2015）。

人口增长、收入增加、消费模式改变和城市扩张的综合效应将使需水量大幅上升，同时导致供水更加不稳定和不确定。这可能会在目前水资源丰富的地区造成水资源紧张，如中非和东亚（世界银行，2016a）。

## 与水相关的灾害和极端事件

气候变化条件下降水模式的变化预计会增加许多地区洪水和干旱事件的强度和频率（Hirabayashi 等，2013 年；Asadieh 和 Krakauer，2017）。这种变化也可能导致不利影响。例如，气候变化和植被变化将导致边坡失稳，从而导致突发洪水和滑坡的可能性更高（Gariano 和 Guzzetti，2016）。

近十年来，全球洪水和极端降水事件激增了 50% 以上，目前此类事件的发生率是 1980 年的 4 倍。其他极端气候事件，如风暴、干旱和热浪，近十年内增加了三分之一以上，记录频率是 1980 年的 2 倍（欧洲科学院科学咨询理事会，2018）。图 15 显示了 1980—2018 年按危险程度划分的世界天气相关自然灾害。

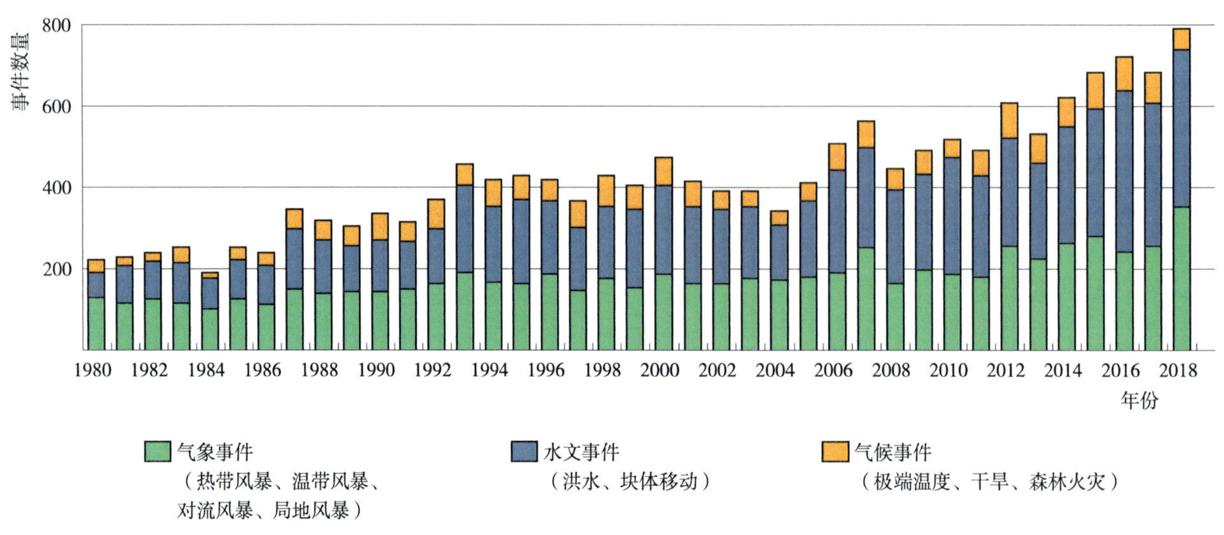


注：统计事件已至少造成一人死亡和 / 或产生标准化损失≥ 10 万美元、30 万美元、100 万美元或 300 万美元（取决于世界银行对受影响国家按收入水平进行的国别划分）。

来源：MunichRe，NatCatSERVICE（2019）。

图 15　1980—2018 年按危险程度划分的世界天气相关自然灾害

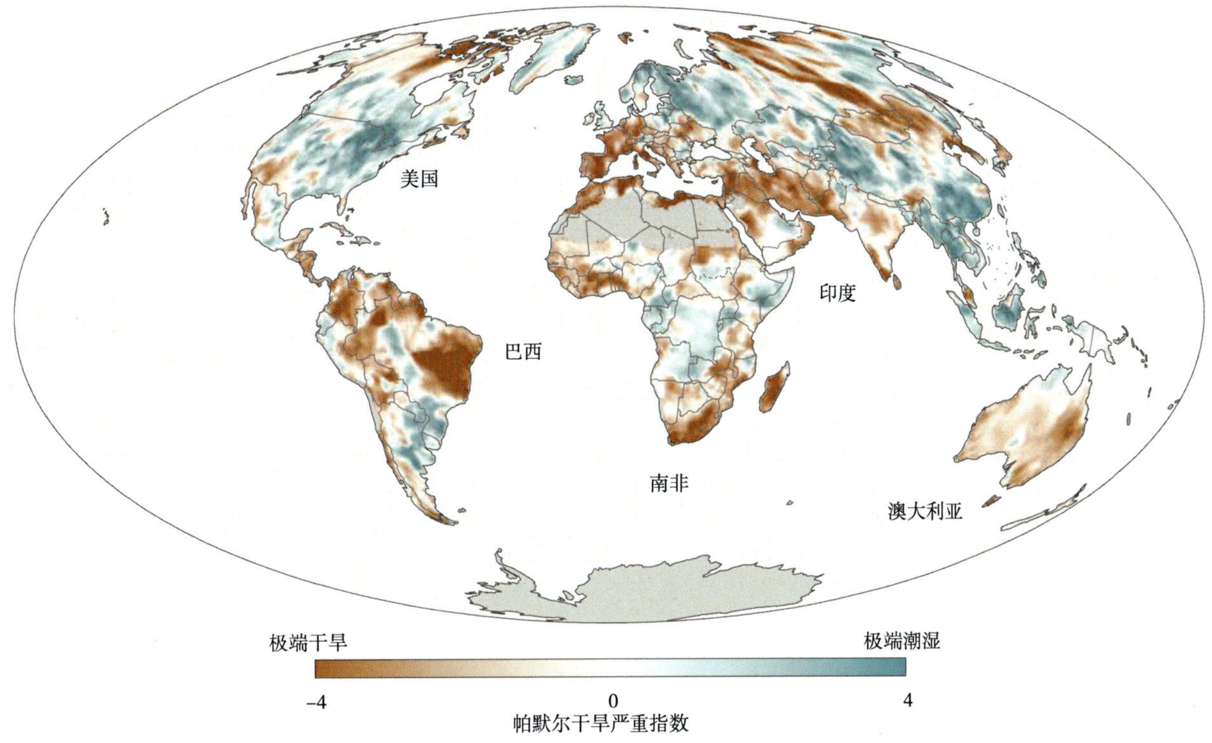


注：干燥条件呈棕色，潮湿条件呈蓝绿色。颜色越深，代表越潮湿或越干燥，接近正常的条件为近白色。

来源：Scott 和 Lindsey（2018），基于 Blunden 等（2018，图 2.32，第 S37 页）。.

图 16　2017 年基于帕默尔干旱严重指数的全球干旱模式

在过去 20 年中，两大涉水灾害——洪水与干旱——已造成 16.6 万多人死亡，另有 30 亿人受灾，总经济损失近 7000 亿美元（EM-DAT，2019）。在 20 年期间（1995—2015 年），干旱占自然灾害的 5%，影响了 11 亿人，造成 22000 多人死亡以及 1000 亿美元的损失。在过去的 10 年间，洪水发生频率由 1995 年的年均 127 次上升到 2004 年的 171 次（灾害流行病学研究中心 / 联合国减少灾害风险办公室，2015）。

图 16 显示了 2017 年基于帕默尔干旱严重指数的全球干旱模式，该指数使用区域温度和降水数据对干旱进行评估。与近年来相比，2017 年初全球范围的旱情暂时有所改善。全球干旱面积从 2015 年末开始达到数年来的最高水平，并在 2016 年全年保持高位，但到 2017 年初迅速下降。

## 与水相关的生态系统

湖泊、河流和植被湿地等与水有关的生态系统是世界上生物多样性最丰富的环境之一，为人类社会提供了多种益处和服务，这使其成为实现若干可持续发展目标至关重要的环节（世界水评估计划 / 联合国水机制，2018）。尽管仅占世界水资源的 0.01%，仅占地球表面的约 0.8%，但这些生态系统却为世界上近 10% 的已知物种提供了栖息地。在干旱环境中，泉水承载了一半以上的物种（联合国环境署 / 联合国水机制，2018）。此外，与水有关的生态系统具有重要的经济、文化、美学、娱乐和教育价值。这些生态系统有助于维持全球水文、碳和营养循环，并支持水资源安全，提供天然淡水，调节水流和极端条件，净化水并补充含水层。其他服务也依赖于这些生态系统。这些生态系统可为饮用水、农业、就业、能源生产、航海、娱乐和旅游业提供水源。此外，水的服务功能还不仅是为人类供水，水还供养动植物，而动植物本身也为人类提供服务，包括生物多样性、粮食、能源、旅游业、绿色基础设施等。

其中许多生态系统正在受到威胁，特别是森林和湿地，随之同样受到威胁的还有与之相关的生态系统服务。流经河流系统和来自沿海风暴潮的水流的变化也有可能会毁掉许多湿地，导致这些湿地目前所提供的过滤、缓冲和碳封存服务的丧失。人类活动（如水坝建设、湿地和森林的开垦）也对生态系统造成了巨大压力（Blumenfeld 等，2009）。炎热、干燥的条件将增加各类森林野火的风险，而山林中更长、更温暖的生长季可能导致害虫数量的爆发。

湿地也是巨大的碳库。仅泥炭地储存的碳就相当于地球森林储存量的两倍。健康的湿地具有碳汇功能，而退化的湿地却是温室气体的重要来源。1970—2015 年，湿地面积急剧下降（35%）（Crump，2017）。

世界上与水相关的生态系统现状令人惊慌，其中大多数已经退化并受到污染。据估计，在过去 100 年中，世界已失去了一半的自然湿地，同时也失去了相当数量的淡水物种（联合国环境署 / 联合国水机制，2018）。

约十分之一的已知植物、哺乳动物、鱼类、爬行动物、昆虫和软体动物，总计超过 126000 种生活在淡水生态系统中，尽管这些生态系统的覆盖率不到地球表面的 1%。根据淡水生命行星指数，其中约 880 个物种数量下降了 83%。风险最大的地区是新热带地区（–94%）、印度 – 太平洋地区（–82%）和非洲热带地区（–75%），其中爬行动物、两栖动物和鱼类最为脆弱（WWF，2018）。在 20 世纪，淡水鱼是世界上脊椎动物中灭绝率最高的。

水温升高还将改变淡水生态系统中的生物地球化学平衡，例如更加频繁的藻华和生长速度较快的病原体均可能导致水质恶化（Chapra 等，2017）。

### 水利基础设施

对水安全投资需求的预测各不相同，但都表明投资规模应大幅增加（参见第 12 章）。估计全球投资额从 2030 年的 6.7 万亿美元增长至 2050 年的 22.6 万亿美元不等（世界水理事会 / 经济合作与发展组织，2015）。为在 2030 年实现可持续发展目标 6 中供水、卫生设施和个人卫生设施目标，估计资本投资需要增加 3 倍（达到 1.7 万亿美元），运营和维护成本也将相应增加（Hutton 和 Varughese，2016）。联合国粮食及农业组织预测，与 2005—2007 年的投资水平相比，到 2050 年将需要 9600 亿美元的投资用于扩大和改善 93 个发展中国家的灌溉（Koohafkan，2011）。

> 气候变化给与水相关的基础设施带来了额外风险，因此需要采取持续不断的适应措施

不仅需要投资建设新的基础设施，还需要投资对现有设施进行运维，以提高效率并减少水损失。气候变化给涉水基础设施带来了额外的风险，因此需要逐渐重视并将其纳入适应措施。

需要对发展中国家进行投资，建立相应的水利基础设施，并对发达经济体的现有基础设施进行升级改造。许多发达国家依赖于老化的基础设施，而这些基础设施的设计和建造都是基于平稳水文时间序列的假设，许多水网的使用年限已接近设计寿命的尾声。例如，在英国，75% 的城市供水网络已超过 100 年（英国水务，2011）。

## 风险敏感地区——小岛屿发展中国家、半干旱地区、沿海腹地和山区

### 小岛屿发展中国家

小岛屿发展中国家通常在环境和社会经济方面易遭受灾害和气候变化的影响。这些国家的淡水供应服务资源也十分有限。小岛屿发展中国家的灾害发生频率远超全球的平均水平，而且由于气候变化，灾害发生频率及其强度可能会进一步增加（Gheuens 等，2019）。以上综合因素会影响小岛屿发展中国家的社会环境发展，降低这些国家的适应能力、资源和恢复力。海平面上升是许多低洼岛屿面临的一个主要问题：海水/淡水界面将向内陆移动，进而减少地下水可用量（联合国教科文组织政府间水文计划/联合国环境规划署，2016）。由于需求增加（如人口增长和旅游业发展）、供应减少（如污染和降水模式的变化），这些地区的淡水资源变得越来越有限，并且常常受到用水竞争和冲突的溢出效应影响。受威胁的生态系统和有限的经济资源进一步影响了小岛屿发展中国家的社区适应能力（Gheuens 等，2019）。

研究预测，未来干旱现象将持续恶化，到 2050 年，全球约 52% 的人口将生活在缺水地区（Kölbel 等，2018）。而由于其本身的脆弱性和淡水资源的稀缺，小岛屿发展中国家将更为深受其害。人口和旅游业增长、降水量减少和用水需求增加将导致大多数小岛屿发展中国家的淡水供应逐步减少。例如，图瓦卢在 2011 年已经出现了供水问题，当时连续 6 个月没有降水，全国 11000 人口中有 1500 人无法获得淡水（Gheuens 等，2019）。

### 半干旱地区

气候变化的影响加剧了干旱和半干旱地区（旱地）已然艰难的水资源管理挑战（世界水理事会，2009）。旱地是一种生态系统，如牧场、草地和林地，其特点是降水在时间和空间上具有很高的变异性，因此通常被定义为年潜在蒸散量（PET）大大超过年降水量（P）的区域，即 P/PET 比值小于 0.65（Huang 等，2017）。

Huang 等（2017）表明气候变化是造成干旱指数中长期趋势的主要原因。日益干旱、气候变暖和人口迅速增长在不久的将来会加剧土地退化和荒漠化风险，其中 80% 的扩大会发生在发展中国家。

20%~35% 的旱地已经出现了某种形式的土地退化，预计在不同的排放情景下，这种退化将显著扩大（国际自然及自然资源保护联盟，2018）。土地退化会降低水流的可靠性、数量和质量，进而损害水资源安全（生物多样性和生态系统服务政府间科学政策平台，2018）。

气候模型预测，北非等已经干旱的地区降水量还会减少。在南亚，兴都库什－喜马拉雅山融雪提前和冰川缓冲作用的丧失，将影响该次大陆地区相当一部分人口的季节性供水，并改变极端事件的发生频率和严重程度（世界水理事会，2009）。

生物多样性和生态系统服务政府间科学政策平台建议及时采取行动，避免、减少并扭转土地退化趋势，加强粮食安全和水资源安全。该委员会还注意到，虽然加强土地管理制度大大提高了世界许多地区的作物和牲畜产量，但如果管理不当，可能会导致土地严重退化，包括水土流失、肥力丧失、地下水和地表水过度开采、盐碱化，以及水生系统的富营养化（生物多样性和生态系统服务政府间科学政策平台，2018）。

### 沿海腹地

沿海地区极易受到海平面上升、洪水、风暴潮和强风的影响。6 亿多人（约占世界人口的 10%）生活在海拔不到 10m 的沿海地区（McGranahan 等，2007），这些地区正逐渐向城市化发展。在本世纪，海平面上升引起的洪水和风暴潮将威胁一些岛屿以及一些主要三角洲的生存能力，如尼罗河和湄公河三角洲（世界水理事会，2009）。除直接影响外，还将对供水与卫生基础设施造成严重影响。

### 山区

越来越多的证据表明，与低海拔地区相比，高山地区的变暖速度更快（Pepin 等，2015）。随着海拔升高而加速的变暖，使得山区特别容易受到气候变化的影响。特别是对山地冰川和雪盖的影响最为明显，几乎世界各地的冰川和雪盖都呈现出下降趋势（图 17）（Huss 等，2017），这进一步影响了下游人口的水资源（Immerzeel 等，2019）。尽管融水对下游水可用性的影响非常复杂（Buytaert 等，2017），但冰川和融雪水的确有助于保障世界许多地区的水安全。冰川融水是印度河上游、咸水和楚河 / 伊塞克湖流域等干旱和半干旱山区抵御干旱的一个特别重要的缓冲区（Pritchard，2019）。目前高山生态系统中与冰层有关的变化趋势预计将会持续，且影响还会加剧。由于预计积雪覆盖和冰川减少，以雪为主的河流流域和冰川补给河流流域的径流量和季节性将进一步变化。这可能对农业和水电行业以及水质产生负面影响（政府间气候变化专门委员会，2019a）。

同时，气候变化对山区的影响不仅限于冰川融化的加速和积雪的减少，还将导致植被、土壤和非冰川相关水文过程的变化（Tovar 等，2013）。这些变化影响了大量的生态系统服务，包括水的可用性、生物多样性、土壤肥力和碳封存（Buytaert 等，2011）。

## 局限和挑战

正如政府间气候变化专门委员会（2014a；2018a）所指出的，在充分了解气候变化对水资源的潜在影响之前，仍然存在各种局限。虽然在特定情景条件下，根据不同的大气环流模型模拟的温升基本一致，但预测的降水趋势存在更多的可变性和不确定性（政府间气候变化专门委员会，2014a）。到目前为止，最大的局限是气候变化与大气、陆地和海洋以及水资源之间复杂的相互作用的预测，存在预测的不确定性。

然而，如上所述，全球越来越多的证据表明，气候的变化超出了自然可变性的范围。这影响到水资源的可用性及其时空分布。Hattermann 等的一项研究（2018）表明，全球气温的小幅上升就可能对河流流量产生统计学意义上的显著影响，但这种影响往往被大气环流模型预测的降水趋势的不确定性所掩盖。温度升高通常会加剧水文循环（Kundzewicz 和 Schellnhuber，2004），但是蒸散通量等不同气候变量的反馈均为非线性反馈。

气候模型相关的不确定性掩盖了温升对水资源和极端情况的影响，特别是在年降水量增加和减少的过渡区域。通常情况下，极端趋势（降水量大、高温、长期干旱）比年降水总量更具有明确的方向性。水文模型又增加了另一层不确定性。采用考虑流域特性的区域模型可以减少水文模型中的不确定性（GIZ/adelphi/PIK，即将出版）。

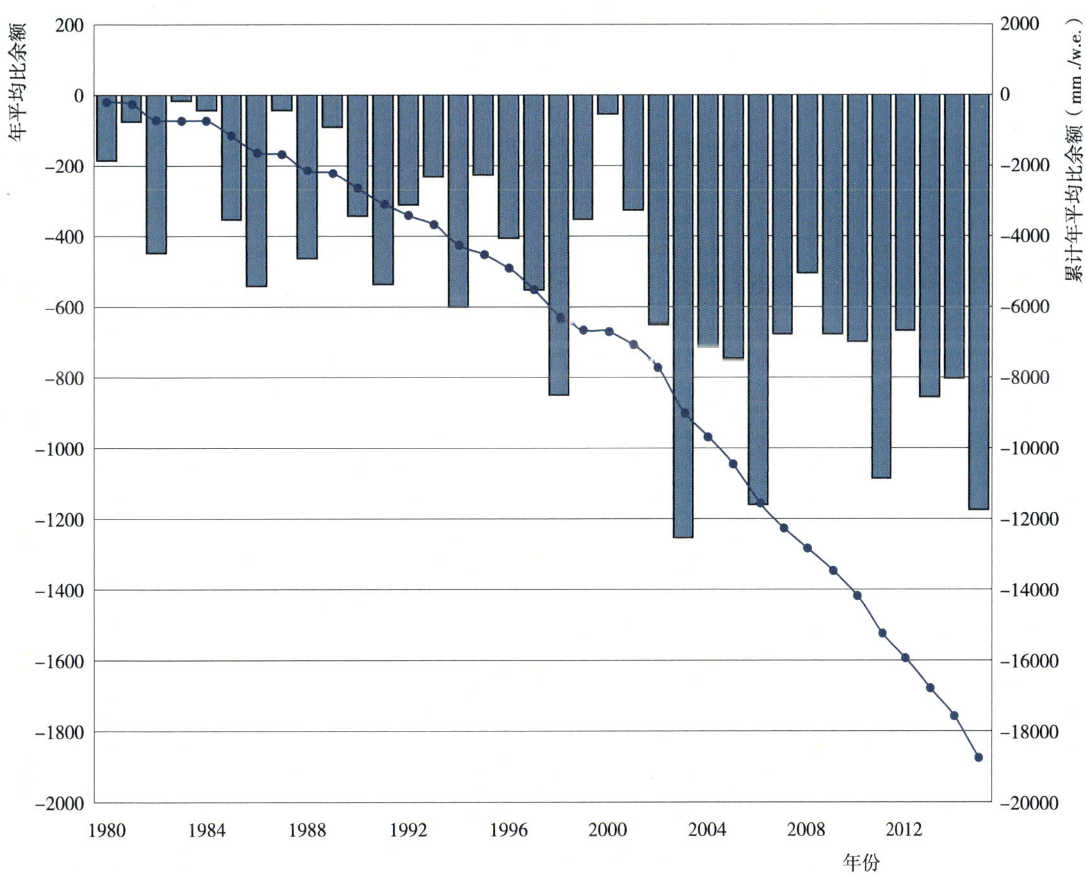


注：质量平衡水当量以 mm 表示。横条表示冰川的年平均平衡情况，曲线表示累计年平衡情况。

来源：Pelto（2016，图 2.13，第 S23 页）。

图 17　世界冰川监测服务处监测的 41 个参考冰川的物质平衡演变

尽管当前趋势和历史趋势越来越明显并且具有统计学上的重要意义，但对未来做出准确的预测仍然很难。大量研究，例如 Görgen 等（2010）对莱茵河流域的研究以及 Elshamy 等对尼罗河流域的研究（2009）采用了气候变化情景下的降尺度以及水文模型来预测气候变化对河流流量可能产生的影响。在某些情况下，预计夏季流量将最多减少 25%，而冬季流量可能最多增加 15%。然而，这两项研究都强调了这种降尺度方法的挑战性和局限性。虽然降尺度产生的气候信息比初始预测的气候信息尺度更加精细，但这一过程涉及更多信息、数据和假设，从而导致了结果的进一步不确定性和局限性（美国国际开发署，2014）。

虽然气候变化对特定极端天气事件（洪水和干旱）或其他事件影响的量化方法发展较快，但是关于什么是最好的方法尚未达成共识。这取决于全球气候模型能否充分捕捉到区域性天气现象，包括环流异常。因此，任何关于归因的声明均应始终伴随着坚定的科学证明，证明模型可以模拟全球和区域天气模式以及由极端事件引起的相关天气现象（美国国家科学院，2016）。

最后，在全球范围内对水资源状况和涉水风险进行评估变得更难，因为这需要有更加坚实的证据基础来支持规划和决策。在对发展中国家水文服务状况的评估中，世界银行集团（2018a）指出，只有 10% 的被调查国家拥有足够的涉水监测系统，而 80% 的被调查国家并未收集足够的涉水信息以满足用户需要。因此，加强全球水文监测和数据收集活动仍然是一项重大挑战。除了加强全球监测网络外，可能还需要探索新技术的潜力（Tauro 等，2018），并采用参与式监测方法和公民科学等新方法（Buytaert 等，2014）。

# 第 1 章

## 气候变化、水与可持续发展

西班牙瓦伦西亚阿尔布菲拉自然公园稻田里的苍鹭

**世界水评估计划** I Jos Timmerman，Richard Connor，Stefan Uhlenbrook 和 Engin Koncagül

**联合国教科文组织政府间水文计划** I Wouter Buytaert，Anil Mishra，Sarantuyaa Zandaryaa，Nicole Webley 和 Abou Amani

**世界气象组织** I Bruce Stewart

**参与编写者：** Rio Hada（联合国人权事务高级专员办事处）和 Marianne Kjellén（联合国开发计划署）

本章介绍性地描述了本报告的目标和范围，包括水与气候相关的主要概念，强调了挑战和潜在响应的跨部门性质，突出了潜在的最脆弱环节。

## 1.1 目标和范围

科学证据明确表明：气候正在变化，并将持续变化（政府间气候变化专门委员会，2018a），进而影响社会和环境。直接影响表现为对水文系统的影响，进而影响水的可用性、水质和极端事件，间接影响表现为水需求的变化，进而影响能源生产、粮食安全和经济等。气候变化将影响与水有关的疾病的传播，并将影响其他一些可持续发展目标的实现（世界银行，2016a）。这反过来又会导致其他安全风险，并限制现有的发展机会（PBL 荷兰环境评估署，2018）。

人口增长、经济发展、消费模式的变化、农业生产的加强和城市的扩张都将导致水需求的大幅增长（Wada 和 Bierkens，2014），而水的可用性则变得更加不稳定和不确定（联合国大学水、环境与健康研究所 / 联合国亚洲及太平洋经济社会委员会，2013；联合国粮食及农业组织，2017a；政府间气候变化专门委员会，2018a）。供水与卫生服务，包括水和废水处理设施，可能极易受到水文气候参数潜在变化的影响。如果全球升温 1.5℃，气候相关的健康、生计、粮食和能源安全、人类安全和经济增长风险就会增加，如果全球升温 2℃，这些风险会进一步增大。因此，将全球变暖控制在 1.5℃以内，更容易实现可持续发展目标（政府间气候变化专门委员会，2018a）。所以说，气候变化直接或间接地威胁到人权（联合国人权理事会，2018）。洪水和风暴等极端天气的发生概率不断上升。这不仅增加了溺水、受伤或人类住区受损的直接风险，还增加了水生疾病等间接后果（Watts 等，2018）。

能源和农业部门正逐渐地转向低排放生产系统，这对淡水需求和水污染具有普遍的积极影响。然而，温度升高，暴雨造成的泥沙、营养物和污染物荷载增加，干旱期间污染物浓度增加，洪水期间处理设施中断，以及海平面上升致使沿海地区盐水入侵导致地下水恶化，这些因素相互交织将导致水资源质量进一步恶化（政府间气候变化专门委员会，2014a；联合国环境规划署，2016）。供水、水质、洪水和干旱问题使公司不断遭遇运营中断（Newborne 和 Dalton，2016）。此外，生态系统的退化不仅会导致生物多样性的丧失，还会影响与水有关的生态系统服务的提供，例如净水、碳捕获与封存、自然防洪以及农业、渔业和娱乐用水的供应。对于那些生活和生计均依赖自然资源的人而言，这些发展具有严重的影响（PBL 荷兰环境评估署，2018）。在满足人类基本需求的不断增长的淡水需求的同时保护生态系统需要所有利益相关者的共同努力，以在社会、经济和生态需求之间找到可持续发展的平衡点（Timmerman 等，2017）。

越来越多的证据表明正在发生气象和水文变化（Blöschl 等，2017；Su 等，2018），并且预测在不久的将来这些变化将大幅增加，因此水资源管理对气候变化适应的紧迫性是毋庸置疑的。如果没有具体的适应措施，地表水和地下水资源供水减少将逐步扩大，延伸至目前尚不存在这一问题的一些地区，并在许多水资源已经紧张的地区进一步恶化（Gosling 和 Arnell，2016）。

除了采取迫切需要的适应措施以提高水系统的恢复力之外，还可通过改善水资源管理来适应并减缓气候变化。中水回用、保护性农业和可再生能源（水电、生物燃料、风能、太阳能和地热）等减缓措施可直接影响水资源（例如增加或减少水需求）。在制定和评估减缓方案时，必须认识到这种双向关系（Wallis 等，2014）。

适应和减缓是管理和减少气候变化风险的补充战略。在未来几十年内大幅减少温室气体排放量可以减少 21 世纪及后期的气候风险，增加有效适应的前景，降低长期减缓的成本和挑战，并有助于实现具有气候弹性的可持续发展途径（政府间气候变化专门委员会，2018a）。

所有相关水部门均具有一定的适应办法，应尽可能对这些办法进行调查和利用。各种水资源管理干预措施中也包含一些减缓措施。适应和减缓是一种活动，而韧性则是系统的一种特性。适应性以及某些减缓措施（例如通过森林恢复进行碳捕获与封存）可以增加或减少韧性（框注 1.1）。本报告旨在增进对什么最有效、在什么地方以及在什么情况下最有效的理解，同时考虑到（潜在的）共同利益、协同作用和取舍。本报告讨论的适应性是自然、工程和技术方案以及社会和体制措施的结合，所有措施均应强调灵活性、知识性和学习性（政府间气候变化专门委员会，2014a，2014b；世界水评估计划，2015）。

适应和减缓是管理和减少气候变化风险的补充战略

**框注 1.1　定义**

**适应**[1] 在本报告中，定义为自然系统或人类系统对实际或预期的气候刺激或其影响做出反应的调整过程。适应可缓和损害或利用有利时机（政府间气候变化专门委员会，2014b；《联合国气候变化框架公约》，未注明日期）。

**减缓**是一种人为的干预，可减少温室气体源，或增强温室气体汇集，以及其他物质源和其他物质的汇集。减缓可直接或间接地促进限制气候变化，例如通过减少颗粒物质的排放可直接改变辐射平衡（如黑碳），或通过控制一氧化碳、氮氧化物、挥发性有机化合物和其他污染物的排放，可改变对流层臭氧浓度，从而对气候产生间接影响（政府间气候变化专门委员会，2014b；《联合国气候变化框架公约》，未注明日期）。

**恢复力**的定义是，社会、经济和环境系统受到危害时，能够及时有效地抵抗、吸收、适应、转变并消除危害，包括维护并恢复其基本结构和功能，同时保持适应、学习和转变的能力（政府间气候变化专门委员会，2014b；联合国减少灾害风险办公室，未注明日期）。

1　其他定义：气候适应是指为管理气候变化的影响而采取的措施，主要是降低易损性和接触有害影响的可能，并充分利用任何潜在效益（政府间气候变化专门委员会，2018b，第 31 页）。

应当指出，减缓的效果与适应的效果出现在不同的时间和空间尺度。由于气候系统的惯性，减缓措施只会在几十年的时间尺度和广大地区产生效果。而适应措施在减少某一特定地区或区域的脆弱性方面却可以产生几乎立竿见影的效果，因此应根据其目标按照不同的时间维度，考虑采取适应措施。适应措施可用来应对短期变化（最多 10 年）、中期变化（10 至 30 年）或长期变化（30 年及以上）。

各行各业都有一些与水相关的适应方案，但这些方案的实施背景和对气候相关风险的降低潜力因部门和区域而异。一些适应对策涉及重大共同利益、协作和取舍。气候变化的加剧将加大许多适应方案的难度（政府间气候变化专门委员会，2014c）。

每一个主要的涉水部门也都有一定的减缓方案。如果采用综合办法，在减少能源使用的同时，降低终端使用部门的温室气体浓度，对能源供应实施脱碳处理、减少净排放量，以及加强陆地部门的碳汇等措施，则减缓措施可能更加有效（政府间气候变化专门委员会，2014c）。与适应方案一样，与水有关的减缓方案也能产生许多经济、社会和环境方面的共同效益（见第 9 章）。

本报告扩展了可持续发展议程范围，探讨了水与气候变化之间的主要联系。本报告侧重于在适应、减缓和改善恢复力方面应对气候变化的挑战、机遇和潜在对策——主要措施为加强水资源管理、减少与水相关的风险并以可持续的方式为所有人提供供水和卫生服务。由于气候对各个方面的影响并不确定（并且我们注意到这可能会带来意外的好处），因此综合解决方案应该是稳健（涵盖各种潜在未来）且灵活的（能够应对意外或其他未来状况）（斯德哥尔摩国际水研究所，未注明日期）。通过研究这些问题，本报告探讨了气候变化背景下的水安全问题[1]。

本报告的目的不是详细审查气候变化对水的潜在影响，而是力求为气候变化知识库提供基于事实、以水为重点的贡献。本报告是科学评估和国际政治框架的补充，其目标是：1）帮助水利界应对气候变化的挑战；2）让气候变化界了解水资源管理改进后能够带来的适应和减缓机遇。

本报告阐述了气候变化对水领域造成的主要挑战，并基于世界各地的应对案例及其效果，为应对这些挑战的具体行动提供指南。并且，本报告还论述了在不断变化的气候条件下水、人、环境与经济之间的相互关系。此外，本报告还说明了气候变化如何不能成为掩盖水管理不善的借口，以及气候变化如何成为改善水管理和水治理的积极催化剂。

## 1.2 跨部门挑战和综合性评估的必要性

社会和生态系统高度依赖水。因此，水管理对可持续发展的各个方面都至关重要。由于气候变化，许多地区水的可用性预计都将会减少，这给实现可持续发展带来了巨大压力。农业和能源是全球最大的用水者，因此是找到可持续解决方案的核心。工业部门对水的需求量很大，且增长迅速。

提供饮用水，要求必须有可得、可及的高质量水源。许多国家对废水的充分处理十分有限，甚至没有（世界水评估计划，2017），导致大量淡水不适合人类使用，也不能满足许多其他用途。最后，还有生态系统，无论是淡水、沿海、海洋还是陆地，都需要水来维持其生态服务的功能，而这些功能对于人类必不可少。

1 “水安全是指保障人民可持续获得足够数量的合格优质供水，以维持生计、造福人类并促进社会经济发展，确保防止水污染和涉水灾害，并且在和平和稳定的政治环境中对生态系统进行保护的能力。”（联合国水机制，2013）。

与水有关的气候风险关系到粮食、能源、城市、交通和环境系统等多部门，其影响相互交织甚至冲突。因此，必须采取跨部门的合作机制，这样不仅可以处理一个部门内部气候变化的潜在影响，还可以促成部门之间的相互合作。例如，将生物燃料的生产作为一项减缓措施，这就需要水和耕地，因此这部分水和耕地便无法用于生产粮食，从而就需要在水、能源安全和粮食安全之间进行权衡（见框注 9.1）。大坝通常用于水力发电，而水力发电作为一种减缓措施，可以替代矿物燃料发电进而减少温室气体排放，还有助于进行流量调节、防洪和汲水灌溉。然而，水库由于蒸散会“消耗”大量的水，在某些情况下甚至会成为温室气体的净排放者。此外，设计不合理或管理不善的水电站可能会对现有河流生态系统和渔业造成不利的生态影响，引发社会混乱和侵犯人权等（Bates 等，2008；世界银行，2016a）。因此，要实现可持续发展，需要对各个领域和各个方面展开研究，包括农业、能源、交通、工业、城市、人类健康、生态系统和环境，同时还要研究它们之间通过水而产生的相互关系。

必须进行综合评估，考虑各个领域之间的联系，以确定跨部门影响，并制定协调一致的应对措施，平衡不同领域的水依赖性目标和生态系统需求（Roidt 和 Avellán，2019）。世界各地的决策者面临着共同的挑战：提高部门政策取向的一致性，平衡经济增长与社会、环境和气候保护措施，更加有效地利用资源。需要找到共同的妥协点，以有效处理发展与环境保护之间以及各经济部门不同利益之间的取舍问题。同时，应用关联方法，可以确保能源、农业、生态系统和水效率等方面互惠互利（联合国粮食及农业组织，2014；国际可再生能源机构，2015）。这有助于确保行业政策之间的一致性，避免各个行业之间的潜在冲突。由于行业间影响也可以跨越国界，因此也应考虑跨境影响（联合国欧洲经济委员会，2018a）。

人们越来越意识到了基于自然的解决方案，这种方案受自然启发和支持，采用或模拟自然过程，有助于提高水资源管理，同时提供生态系统服务，促进各类次级协同效益，包括适应、减缓和抵御气候变化（政府间气候变化专门委员会，2014a；联合国环境规划署/联合国环境规划署－丹麦水利研究所伙伴关系/国际自然及自然资源保护联盟/大自然保护协会/世界资源研究所，2014；世界水评估计划/联合国水机制，2018）。例如，健康的湿地可以储存碳，同时降低洪水风险，改善水质，补给地下水，供养鱼类和野生动物，并产生娱乐和旅游效益（世界水评估计划/联合国水机制，2018）。在城市地区，可以采用绿色基础设施（或进行低影响开发）的方法适应预计的气候变化。这些方法也具有各种协同效益，如减缓气候变化及其他生态效益和社会效益。因此，基于自然的解决方案有助于应对气候变化对水资源的影响，并可通过支持可持续粮食生产、改善人类居住、提供供水与卫生服务，促进人类健康和生活品质，减少与水相关的灾害风险（联合国环境规划署/联合国环境规划署－丹麦水利研究所伙伴关系/国际自然及自然资源保护联盟/大自然保护协会/世界资源研究所，2014；世界水评估计划/联合国水机制，2018）。因此，基于自然的解决方案需要采用综合方法。

人们在设计适应措施时通常是为了应对气候变化的影响，不一定考虑对温室气体的影响，而制定减缓措施的时候也很少会考虑其适应潜力或对水资源的影响。然而，在设计和选择水管理的适应措施时，可同时纳入减缓措施。例如，有几种与水相关的基于自然的解决方案就具有增加碳捕获和封存的潜力。作为一种适应方案，湿地恢复可以改善水质和减少洪水，也有助于通过吸收 $CO_2$ 和碳捕获来减缓气候变化。许多情况下，与建工程的方案相比，该方案还可节省成本。然而，还需考虑净碳储存，包括可能的 $CH_4$ 和 $NO_x$ 排放。植树造林和重新造林也可能产生有益的水文和减缓效应（Bates 等，2008；Tubiello 和

Van der Velde，2011；Wallis 等，2014），但经证实，植被对水的需求也会产生不利影响（Schwärzel 等，2018），因此需要仔细规划，以便在不同情况下实现土壤水分渗透和深层渗透等有利影响（斯德哥尔摩国际水研究所，2018）。通过减少各个环节的能源需求，包括水和废水的加工、运输和处理，以及污泥和其他废物的更好加工和处置等，提高用水效率的措施可以有助于减缓气候变化。但反过来，减缓措施会对水资源产生负面影响。例如，如果电力来源不可再生，那么个人/私人车辆的电气化将仍然可能产生大量的温室气体和水足迹。这些都突出了全面协调决策和规划的必要性。

## 1.3 最弱势群体

温室气体驱动气候变化，而大部分人为排放的温室气体来自发达国家。19 世纪初，大气中的温室气体浓度开始积累增加，随着快速工业化时期的到来，温室气体浓度持续升高（Mgbemene 等，2016；Dong 等，2019；政府间气候变化专门委员会，2018a）。然而，气候变化影响主要体现在大部分发展中国家所处的热带地区。另一个差异是，发展中国家应对气候变化影响的能力较低，最贫穷的群体和社会最易受到冲击，不论轻微和重大。许多发展中国家缺乏财政资源来采取适应和减缓措施，对某些国家来说，其采取行动的能力还可能受到治理不善的影响（Das Gupta，2013）。此外，许多发展中国家缺乏与水有关的灾害管理以及水的供应、需求和使用方面的知识。

> 气候变化影响主要体现在发展中国家居多的热带地区

科学证据表明气候变化对全球的自然系统、人工干预系统和人类系统都存在众多显著影响（政府间气候变化专门委员会，2014a）。人们确信，前工业化时期到目前为止，人为排放导致的变暖将持续数百年甚至数千年，并将继续造成气候系统进一步的长期变化（政府间气候变化专门委员会，2018a）。尽管许多发展中国家强调发达国家在温室气体排放方面的历史责任，但许多发达国家仍不愿全面承担气候变化的责任。由此产生了气候正义的概念，旨在强调气候变化不只是一个环境和物理问题，更是一个道德和政治问题。鉴于此，《巴黎协定》还提到了公平、气候正义和人权等概念。

除气候变化之外，还有多种其他驱动因素对自然系统，尤其是对人类系统和人工干预系统都有影响（如土地使用变化、人口增长、技术发展）。这些因素的影响要么总体上大于温室气体的影响，要么导致难以确定温室气体排放作为驱动因素的相对重要性（Stone 等，2013）。在某些情况下，固有的水资源管理方式贫乏是造成水资源相关问题的重要因素。发展中国家已经可以获得一些资金用以改善其水资源管理和更好地适应气候变化，如根据《联合国气候变化框架公约京都议定书》设立的适应基金。要想获得这些资金，涉及一系列问题，其中之一是证明现有的问题在多大程度上可归因于气候变化。多种非温室气体驱动因素的潜在累积效应（“混杂因素”）可能会造成归因方面的困难，因此，发展中国家在获得资金支持以采取适当的适应和减缓气候风险管理方法时，面临“举证责任”方面的挑战（Huggel 等，2016）。

气候变化对水资源可用性在空间和时间上的影响，通过其对农业、渔业、健康和自然灾害的影响而最终不成比例地波及到贫困人群。世界上近 78% 的贫困人群（约 8 亿人）长期挨饿，20 亿人缺乏微量营养素（联合国粮食及农业组织，2017a）。这类人群主要生活在农村地区，主要依靠旱作农业、畜牧业或水产养殖业来养活自己和家人——而这些收入来源均高度依赖于气候和水，因此面临水文气象异常的风险。随着许多地区降水量变化的增加，这些地区将变得越来越脆弱，摆脱贫困的机会可能会进一步减少。此外，农业生产遭受的重大冲击可能引发粮食价格大幅上涨，并导致农村和城市地区居民的粮食不安全。由于较贫困家庭在粮食上的花费占收入的比例更大，因此这类家庭受到的影响最大（世界银行，2016a）。

贫穷妇女和女童对这些影响的感受更深，因为她们在获取供水、卫生设施和个人卫生设施以及其赖以谋生的水资源时往往遭遇不平等待遇。同样，原住民对气候变化的影响也特别敏感，特别是当他们无法应用传统知识和策略来适应环境变化和减缓影响时。儿童受到的影响更大，但他们和青年人一起，也可以影响和直接参与到了解、预防、准备、应对和适应气候变化和极端事件的相关工作中（Haynes 和 Tanner，2015）。《巴黎协定》就提到了这方面的代际公平（《联合国气候变化框架公约》，2015）。

气候变化和相关的水资源挑战不仅复杂且相互关联，且均属代际问题

随着气候变化，洪水、干旱和风暴潮的频率和强度将会增加。与富裕家庭相比，贫困家庭更易受到干旱和城市洪水的影响（第 8 章）。这主要因为农村贫困人口更多依赖于农业收入，而农业收入最易受到干旱影响。城市地区的贫困家庭更有可能生活在洪水易发区，因为土地稀缺，他们只能负担得起高风险区的较低地价（Winsemius 等，2015；世界银行，2016a）。

日益严重的水资源短缺和水资源多变性还可能导致人们更多地暴露于污水环境中，没有足够的水用于卫生设施和个人卫生，进而导致疾病负担加重（第 5 章）。这些将对那些缺乏足够卫生设施和可靠安全供水的贫困家庭造成更大的影响。气候变化将增加腹泻和其他水源性疾病的发病率，导致医疗费用增加并耽误工作或上学。这往往都是导致家庭贫困的原因（世界银行，2016a）。

除了更易受到极端事件的影响之外，风暴或洪水往往也会给贫困家庭造成更大程度的资产损失，因为他们的住所质量往往都很差，因而会遭到更多损坏。贫困群体拥有的资产往往大部分（并非全部）为有形资产，因此他们更易受极端事件的影响。他们获得保险、社会保护和信贷等灾后恢复支持的机会也很有限（Winsemius 等，2015；世界银行，2016a）。

虽然气候变化影响到社会所有群体，但对妇女和女童的影响却更甚，从而加剧了性别不平等，威胁到她们的健康、福祉、生计和教育。在干旱时期，妇女和女童可能需要花更长时间从更远的水源地取水，另外，由于入学率下降，女童的教育面临风险。由于无法获得安全用水、供水服务中断和水资源污染加剧，妇女和女童在洪水期间更多地面临水源性疾病的风险。气候变化还将危及发展中国家农村妇女的生计，因为她们主要依赖水资源进行粮食和作物生产。在发展中国家，妇女平均占农业劳动力的 43%（国际乐施会，未注明日期），相比之下，在欧洲约占 35%（欧盟统计局，2017），在美国约占 25%（USDA，2019）。在肯尼亚，这一比例要高得更多，2002 年约 86% 的农民是妇女（联合国粮食及农业组织，2002）。男性外迁可能会导致妇女在农业中需发挥主导作用，工作量也随之增加（Miletto 等，2017；联合国粮食及农业组织，2018a）。由于这些以及其他一些原因，需针对气候变化对妇女和男子的不同影响采取性别差异化方法，并让妇女参与气候相关政策的制定。气候变化分类数据（包括按性别分列的数据）对于制定适当的性别敏感性和变革性政策至关重要（Miletto 等，2019）。

供水减少会导致经济前景暗淡，尤其体现在农业和工业生产方面。气候变化对粮食短缺地区的影响更大，危及农牧生产、鱼类种群和渔业，这主要是因为贫穷国家的保护水平和总体水质较低（Winsemius 等，2015；联合国粮食及农业组织，2017a）。由于与水相关的农业、健康、收入和财产损失，一些地区可能会出现持续的经济负增长。不当的水资源管理政策会加剧气候变化的负面影响，相反恰当的政策则可在很大程度上消除这些负面影

响。因此，制定政策要有广泛和健全的知识和科学依据。随着水资源管理的不断改善，一些地区的经济将加速增长。“政府通过提高效率以及将水用于更具价值的用途来应对水资源短缺问题时，损失（就 GDP 而言）可能会大幅下降，甚至消失”（世界银行，2016a，第 14 页）。但关键是，将水用于这些高价值用途时，必须考虑到这样做对水资源、水与卫生人权以及对环境可能产生的负面影响。

一旦降水、干旱和洪水事件影响经济繁荣，就可能导致国家内部出现移民浪潮，甚至有可能激化为暴力事件——据统计，2017 年，共有 135 个国家和地区境内累积新增了 1880 万因受灾而流离失所的人（IDMC，2018）。此外，水资源短缺可能会导致体面就业机会的减少，因为全球劳动力中四分之三的工作岗位均依赖于水（世界水评估计划，2016）。冲突会进一步减少粮食供应，迫使许多受影响的人重新陷入贫困和饥饿（联合国粮食及农业组织，2017a）。在全球化和互联互通背景下，不能孤立看待这些问题，也不能将其归咎于某个特定的原因。一系列经济、社会和政治因素（特别是普遍存在严重不平等的地方）会促使人们从贫困地区迁至经济繁荣地区，这可能会导致社会紧张局势加剧（Foresight，2011）。因此，经济繁荣和减贫密切相关，后者高度依赖前者。在所有国家，平均收入每增加 1%，则该国家贫困线以下的人数减少 2%~3%（世界银行，2016a）。因此，水资源管理与国家的社会经济发展程度以及人民的脆弱性密切相关。

一些地区由于地理条件的原因而更易受到气候变化的影响。这些国家包括易受潜在降水模式变化影响的小岛屿发展中国家。当雨水是主要水源时，降水量的减少就会导致可用淡水的减少。海平面上升会进一步加剧这种脆弱性，因为盐水入侵会减少或污染地表水和地下水资源。包括小岛屿发展中国家在内的沿海地区普遍会受到气候变化引起的海平面上升和更极端风暴的影响。由于气温上升，山区积雪可能会融化。这可能会触发前永久冻土区松散岩石和土壤滑落，并加剧落石、泥石流和泥流危险，特别是在强降雨期间。其中一种风险就是冰川湖的形成和堰塞湖溃坝的威胁。所有这些风险都可能导致人员伤亡和财产受破坏。旱地由于降水量有限已经非常脆弱，加之气候变化，许多旱地的降水量会更少或变化更大，这将给农业生产带来更多压力，并增加荒漠化的风险。

气候变化和相关的水资源挑战不仅复杂且相互关联，且均属代际问题，今天所做的每一步决定都将影响后代。因此，必须为下一代考虑。过去几十年来，水与气候相关方面的学术课程和专业知识越来越丰富，因此这代人应对气候变化问题的能力与日俱增。

本文概述了人类与环境间不可抗拒且复杂的相互作用，特别是水与气候变化方面。还强调需采取适当的适应和减缓办法，使人类能够适应由此产生的不断变化的环境，同时以可持续且公平的方式增长和发展。良好的水资源治理和不断改善的水资源管理是取得成功的基本条件和必要条件。以下章节将进一步详细探讨这些问题，并讨论全球、区域和地方挑战的应对方法。

# 第2章

## 国际政策框架

第七十一届联合国大会在纽约开幕

**斯德哥尔摩国际水研究所** I Maggie White[1]

**世界水评估计划**

**参与编写者**：John Matthews 和 Ingrid Timboe（全球水适应联盟）；Yoshiyuki Imamura（国际水灾害与风险管理中心）；Marianne Kjellén（联合国开发计划署）；Rio Hada（联合国人权事务高级专员办事处）；Francesca Bernardini，Sonja Koeppel 和 Hanna Plotnykova（联合国欧洲经济委员会）

本章概述了一系列主要的国际政策框架，强调了这些政策框架在韧性水资源管理方面存在的差距和加强框架之间联系的机会，以及这些差距和机会对全球气候行动和可持续发展的进步可能起到的抑制或促进作用。

## 2.1 简介

在过去的 40 年里，国际社会主要通过联合国决策过程来关注不安全的水与卫生问题，关注为满足人类、经济和环境需求而日益增长的世界水资源需求的挑战。与此同时，气候变化已成为人类福祉和切实享有所有人权的存在性威胁，进一步危及数亿人的水安全以及全球生态系统。因此，应对气候变化的国际政策框架必须考虑水的因素，因为水是减少碳排放和适应气候变化的关键。不幸的是，水管理和国际政策之间的根本性脱钩仍然普遍存在。

2002 年可持续发展世界首脑会议及其千年发展目标，以及另外两项主要的全球协定（即《巴黎协定》和《仙台减轻灾害风险框架》）为 2015 年通过的《2030 年可持续发展议程》奠定了基础。这些国际政策框架为应对最紧迫的全球性挑战迈出了历史性的一步，但仍受早期协议中一些问题的困扰。虽然 2030 年议程在精神层面承认可持续发展目标互联的重要性，但可持续发展目标的整合始终未予以落实，减贫、健康和卫生、环境退化、气候变化和灾害风险等问题仍然仅局限在全球和国家层面的各个“系统”中单独进行解决。此外，各项全球议程间的整合也一直未予以落实。

## 2.2 主要协议概述

### 2.2.1 《2030 年可持续发展议程》

《2030 年可持续发展议程》描述了一个全球发展的轨迹，在这个轨迹中整套可持续发展目标构成了“改变我们的世界”的途径，以实现我们期待的未来，同时确保不让任何人掉队。该议程指出不平等现象日益加剧、自然资源枯竭、环境退化和气候变化是我们这个时代面临的最大挑战。还认识到，社会发展和经济繁荣取决于淡水资源和生态系统的可持续管理，并强调可持续发展目标整合的重要性（联合国大会，2015）。

---

1 受联合国开发计划署 – 斯德哥尔摩国际水研究所水治理基金委托。

在 2030 年议程中，水是实现可持续发展目标的一个（通常）未经确认但至关重要的连接因素（图 2.1）。正如人人享有水和卫生设施的人权可持续发展目标（可持续发展目标 6、可持续发展目标 5）中所述，水不仅对人类的基本需求至关重要，对于海洋（可持续发展目标 14）和陆地（可持续发展目标 15）生态系统、粮食生产（可持续发展目标 2）和能源（可持续发展目标 7）、生计（可持续发展目标 8）和工业（可持续发展目标 9、12）以及提

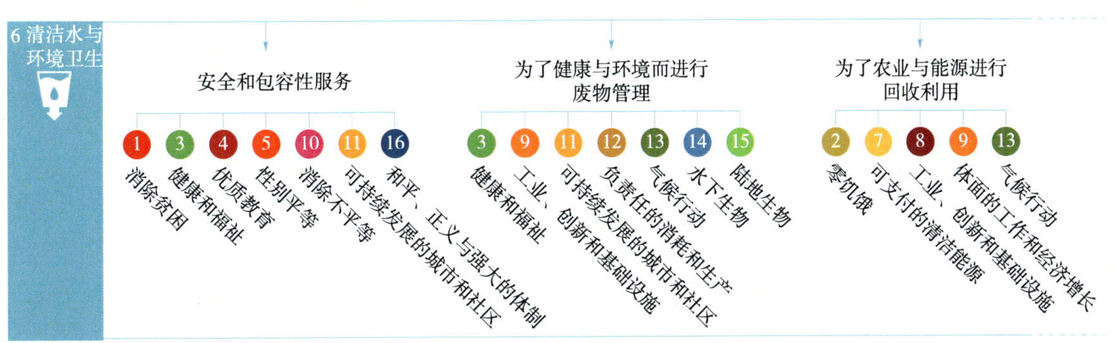


来源：瑞典斯德哥尔摩环境研究所（2018）。

图 2.1　连接分散的因素

供可持续且健康的生活环境（可持续发展目标 1、3、11）亦同样重要（瑞典，2018）。

水在减缓和适应气候变化方面发挥着至关重要的作用（可持续发展目标 13），并借此促进建设韧性、公正、和平且包容的社会（可持续发展目标 16）（White，2018）。

虽然可持续发展目标 13“采取紧急行动应对气候变化及其影响”包括具体目标和指标，但其也明确承认，《联合国气候变化框架公约》是谈判和监督气候变化全球应对方案的主要国际论坛（见 2.2.2）。可持续发展目标 13 中的一些目标和指标（图 2.2）不一定具体说明与水有关的问题，但都与水有关或依赖于水（13–1、13–2、13–B）。但可持续发展目标 13 还表明，各项可持续发展目标之间以及 2030 年议程与其他全球框架之间完全脱节。例如，目前还没有将可持续发展目标 13 与《巴黎协定》的目标联系起来并行推进的正式机制。

鉴于水在适应和减缓气候变化方面的作用，水可以成为可持续发展目标与《巴黎协定》等政策框架之间的纽带。

2030 年议程的整合办法表明，社会、发展、可持续增长和环境等各个方面具有共生关系。然而，在 2018 年 7 月举行的高级别政治论坛上，对所有可持续发展目标中的目标 6 进行审查并提交自愿国家报告时，各国承认，各个可持续发展目标的推动都是各自为政，而且他们实现可持续发展目标 6 的工作并未走上正轨，在最贫穷和最脆弱的社区尤为如此

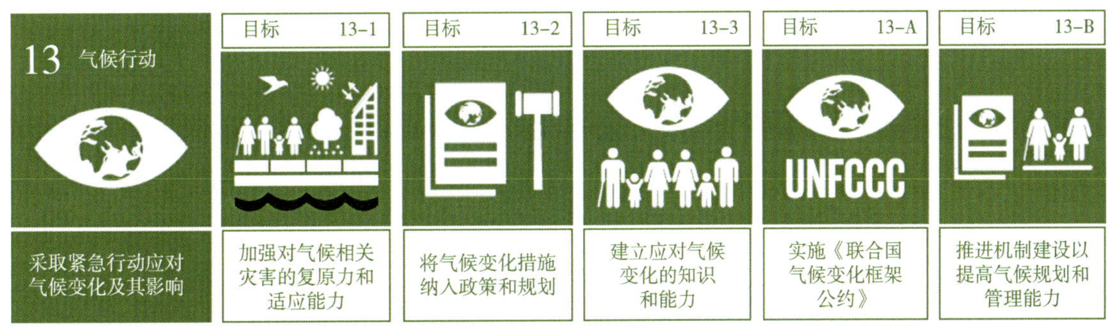


来源：联合国可持续发展目标知识平台和人人项目。

图 2.2　SDG13：水相关与依赖于水的目标

（高级别政治论坛，2018）。

此外，与其他可持续发展目标一样，可持续发展目标 6 也有普遍适用的渐进目标。然而，各国政府必须根据本国的实际情况、能力、发展水平和优先事项，决定如何将其纳入国家规划进程、政策和战略中（联合国，2018）。在气候领域，由《巴黎协定》第 21 次缔约方大会（2015 年联合国气候变化大会，第 21 次缔约方大会）商定的特定国家级机制解决该问题（见下文和第 11 章）。因此，在履行气候承诺时，以综合且系统的方式将涉水问题纳入主要工作流程并加以解决，这是国家和地方两级联合执行全球议程的独特机会。

### 2.2.2 《巴黎协定》

《联合国气候变化框架公约》在 1992 年里约地球峰会期间正式通过，于 1994 年生效。《联合国气候变化框架公约》中，采用“议定书”作为法律工具来实现《公约》的目标。第 21 次缔约方大会通过的《巴黎协定》很快得到批准，并于 2016 年在摩洛哥马拉喀什举行第 22 次缔约方大会的前夕生效。

《巴黎协定》的长期目标是“将全球平均气温较前工业化时期上升幅度控制在 2℃以内，并努力将温度上升幅度限制在 1.5℃以内，同时认识到这将大大降低气候变化的风险和影响”（《联合国气候变化框架公约》，2015，第 2 条）。该协定重点是应对气候变化适应和减缓问题，以及实现这一目标所需的资金需求。不幸的是，2019 年第 25 次缔约方大会的结果似乎表明，实现《巴黎协定》的长期目标可能比先前预期的更加困难。

### 协定如何发挥作用

根据《巴黎协定》，各缔约方承诺确定、规划和定期报告其采取的气候变化适应和减缓措施。这些措施被称为国家自主贡献，每 5 年审查一次。国家自主贡献可设计为渐进式，且关于适应措施的国家自主贡献报告完全自愿提交。

除了国家自主贡献之外，还鼓励《联合国气候变化框架公约》各缔约方制定国家适应计划。这些计划旨在确定中长期适应需求，并制定解决这些需求的战略。理想情况下，国家适应计划需考虑到 2030 年议程，并酌情纳入可持续发展目标及其具体目标。因此，在可持续发展目标和国家自主贡献宏伟目标高度一致的情况下，实施国家自主贡献和国家适应计划有助于各国实现其可持续发展目标，而实现可持续发展目标有助于各国适应和减缓气候变化（Hamill 和 Price-Kelly，2017；Northrop 等，2016）。

此外，《巴黎协定》明确承认需解决损失和损害，因为仅靠适应措施无法避免许多气候变化的影响。协定规定，损失和损害可能存在各种形式——既有极端天气事件的直接影响，也有缓慢影响，如海平面上升造成的海岸线消失（第 2.2.3 节）。就此，水管理干预措施可发挥桥梁作用，起到补救效果，包括所谓基于自然的解决方案，进而帮助社区和生态系统预防和适应灾害并实现灾后恢复。

《巴黎协定》还承认非国家缔约方（如地方当局、私营部门、学术界、民间组织、国际和非政府组织、基金会、妇女、原住民和青年团体）在目标实现方面发挥的重要作用（《联合国气候变化框架公约》，2015）。《全球气候行动议程》（Global Climate Action Agenda）（称为《马拉喀什伙伴关系全球气候行动议程》）（《联合国气候变化框架公约》，2019）使非国家缔约方同样能为《联合国气候变化框架公约》做出贡献，强调解决方案，并实地展示具体行动。在水利界的倡议下，水在马拉喀什伙伴关系全球气候保护措施的议程[1]中拥有了正式的“发言权”，这意味着每届缔约方大会上都有《联合国气候变化框架公约》批准的水与气候相关活动，水也成为了马拉喀什伙伴关系全球气候保护措施议程中的常设专题小组之一。

自《巴黎协定》批准以来，已采取切实步骤减少温室气体并启动适应措施，有 160 多个国家和欧洲联盟提交了预期的国家自主贡献（Northop 等，2016）。然而，正如政府间气候变化专门委员会的最新特别报告所指出，要实现该协定的目标，还有很长的路要走（政府间气候变化专门委员会，2018b）。斐济总理兼第 23 次缔约方大会主席 Frank Bainimarama 在第 24 次缔约方大会闭幕全体会议上强调了提高决心的必要性，他指出，要实现该协定的目标，世界需要“提高 5 倍的决心，付出 5 倍的行动”（联合国新闻，2018）。

## 《巴黎协定》中水的定义——一个隐藏的宝藏

尽管《巴黎协定》中未提及水，但水几乎是所有减缓和适应战略必不可少的一部分——如陆地生态系统中的碳储存、新兴的清洁能源技术、极端天气事件的适应（White，2018）。水成为了预期的国家自主贡献大多数适应行动的第一优先事项，并与所有其他优先领域直接或间接相关（图 2.3）。大多数已识别的危险也与水有关（图 2.4）。

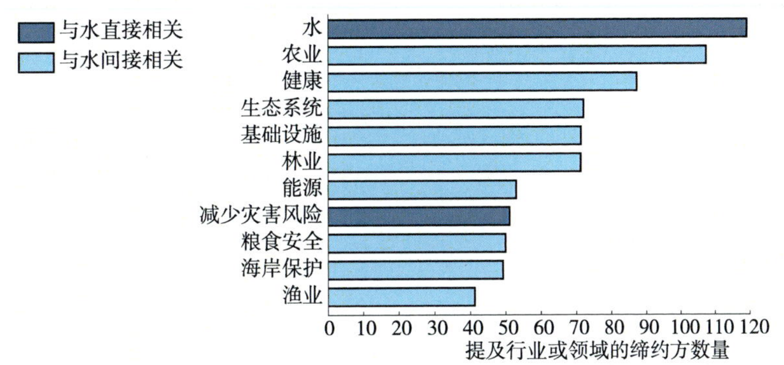


来源：改编自《联合国气候变化框架公约》（2016，图 16，第 69 页），包括全球水伙伴的分析。.

图 2.3 通报的国家自主贡献适应内容中确定的适应行动优先行业和领域

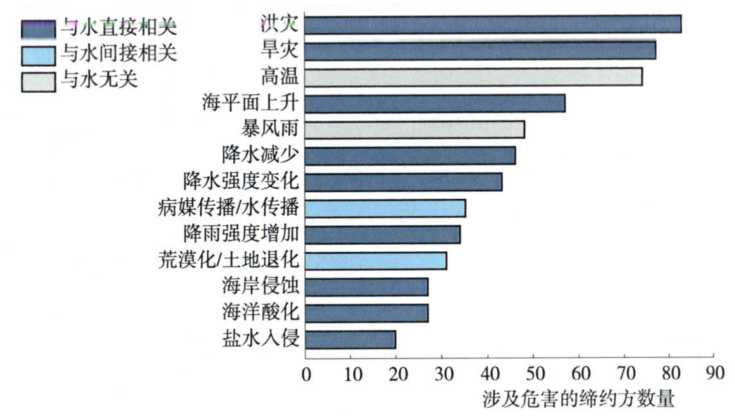


来源：改编自《联合国气候变化框架公约》（2016，图 14，第 64 页），包括全球水伙伴的分析。

图 2.4 通报的国家自主贡献适应内容中确定的关键气候灾害

1 参与组织包括全球水适应联盟、ARUP 公司、CDP、CEO 水之使命、荷兰三角洲研究院、联合国粮食及农业组织、FWP、流域组织国际网络、斯德哥尔摩国际水研究所、苏伊士集团、联合国教科文组织、世界资源研究所和世界水理事会（非详尽清单）。2016 年 7 月，斯德哥尔摩国际水研究所代表几个国际组织协调并向第 21 次和 22 次缔约方大会的倡导者提交了一封正式信函，促进在马拉喀什伙伴关系全球气候保护措施的议程中对水给予特别关注。

此外，由于许多可持续发展目标及其相关目标是通过这些预期的国家自主贡献优先事项实现的，将与水有关的承诺转化为国家适应 / 行动计划，可使各国和各城市有机会以综合、全面、有效、高效和可持续的方式来满足各项需求，从而创建有韧性的社会。

除《联合国气候变化框架公约》以外，国家自主贡献伙伴关系等独立团体正在努力将可持续发展目标与国家自主贡献和国家适应计划联系起来。涉水国际组织都可加入这个伙伴关系，共同支持各国在 2020 年实现更加远大并经过审核的国家自主贡献，进一步将水纳入国家自主贡献和国家适应计划的操作阶段。

### 2.2.3 《2015—2030 年仙台减轻灾害风险框架》

2015 年 3 月 18 日，联合国会员国通过了《2015—2030 年仙台减轻灾害风险框架》（以下简称《仙台框架》）。该框架不具约束力，由 7 个标准的全球目标和 4 个优先行动事项组成，旨在实现“大幅度减灾风险，减轻生命、生计和健康方面以及个人、企业、社区和国家的经济、物质、社会、文化和环境资产方面的损失”（联合国减少灾害风险办公室，2015a）。

为实现这一成果，会员国必须在 2020 年前制定公开的国家和地方减灾风险战略（目标 E）。此外，还邀请了非成员利益相关方来宣传展示这些自愿承诺，帮助联合国减少灾害风险办公室监督和推广实现《仙台框架》目标的相关行动。

在《仙台框架》之前，全球减少灾害风险战略主要侧重于救灾活动。《仙台框架》的主要目的之一是促进积极预防和改进重建战略，旨在提高地方、国家和国际各级各领域内部及跨领域的韧性，降低突发灾害和缓慢灾害带来的长期风险（优先事项 3 和 4）。从救灾到防灾再到备灾的转变仍然是一个持续的过程，整个过程受多种灾害驱动因素（包括气候变化、不平等、人口变化和人口分布以及环境退化）间复杂相互作用的影响（Briceño，2015）。

虽然《仙台框架》的内容直接提及水的地方并不多，水却贯穿于每个优先行动，是所有 7 个目标的核心。洪水和风暴占最严重自然灾害的近 90%（Adikari 和 Yoshitani，2009）。涉水灾害对即使很小的气候变化也特别敏感，因此这些灾害的频率、程度和强度会随着时间的推移而变化（Milly 等，2005）。

早在《仙台框架》之前，人们就认识到水、气候变化和灾害之间的明确联系。2007 年以来，联合国水与灾害问题高级专家和领导人小组一直致力于提高人们对水灾害间联系的认识（框注 2.1），并努力弥合各自政策社群之间的鸿沟。

### 2.2.4 《国际水公约》

关于水的全球法律和政府间框架，如《联合国国际水道非航行使用法公约》（United Nations Convention on the Law of Non-Navigational Watercourses）（以下简称《水道公约》）和《保护与使用越境水道和国际湖泊公约》（Convention on the Protection and use of Transboundary Watercourses and International Lakes）（以下简称《水公约》），为解决气候变化对水资源的影响提供了一个框架。

国际水法的许多条款均支持气候变化适应措施，如公平合理使用原则、“无重大损害”原则和预防原则（联合国欧洲经济委员会 / 流域组织国际网络，2015）。因此，尽管《水公约》未明确提及气候，但其通过要求缔约方预防、控制和减少对水资源的跨境影响（包括适应和减缓气候变化有关的影响），为合作提供了一个强有力的工具。

在区域一级，《水与健康议定书》通过改善水资源管理和减少气候变化引起的与水相关的疾病，来帮助保护人类健康和福祉。

虽然一些国家已经批准或签署了跨境水框架准则，但不遵守准则的现象和扩大跨境合作的障碍依然存在。不过，目前迫切需要的应对气候变化合作，恰恰可以激励跨境流域间更广泛的合作。

## 2.3 水是支持全球协定执行的纽带

谈到 2030 年议程中的水与气候变化，可持续发展目标 6 和可持续发展目标 13 对所有其他可持续发展目标都有直接或间接影响。发展、消除贫穷和可持续性的挑战与适应和减缓气候变化的挑战错综复杂地交织在一起，特别是涉及水的部分。水不是一个领域，而是一个纽带，气候变化会影响我们社会的方方面面（经济、社会和环境）（White，2018）。需要强有力的政治意愿和领导力来强调水在全球协定执行中的重要性并将其纳入主流（图 2.5）。

国家元首、成员国和联合国已牵头启动了若干倡议，目的是缩小分歧，并找到更有效的可持续方式实现全球协定目标（框注 2.1）。这些倡议承认水是全球议程执行的纽带和推动者。然而，在具体行动中落实这些全球建议和政策时，却存在着差异。

虽然这些努力也许值得称赞，但如果能够将水、减少灾害风险和气候变化界各自的见解、观点和金融机制进一步整合，对上述各界都将是互惠互利的，既可提高成本效益，还有助于确保他们各自的选择不会影响其他各方或无意间增加其他各方的风险（Matthews 等，2018）。

水往往被视为一个独立领域，而实际上应该将水视作一个纽带，这点至关重要。例如，虽然在适应议程中水已经被摆在了相对重要的位置上，但国家自主贡献并未提供改善国家层面水管理决策、政策和部门间体制机制的方案，以实现目标并避免棘手的权衡和冲突。2019 年 9 月举行的第 74 届联合国大会在这方面取得了一些进展（框注 2.2）。

水不仅仅是供水、卫生设施和个人卫生设施以及水资源管理。水是地球上所有生命的基础，是一项基本人权。将水纳入全球气候、发展和减少灾害风险进程可以成为将气候变化问题与所有其他可持续发展目标相关联的一种手段。把水放在这些战略的核心位置是根本的前进之路，可帮助水社区向气候界和更广泛的受众群传递信息。

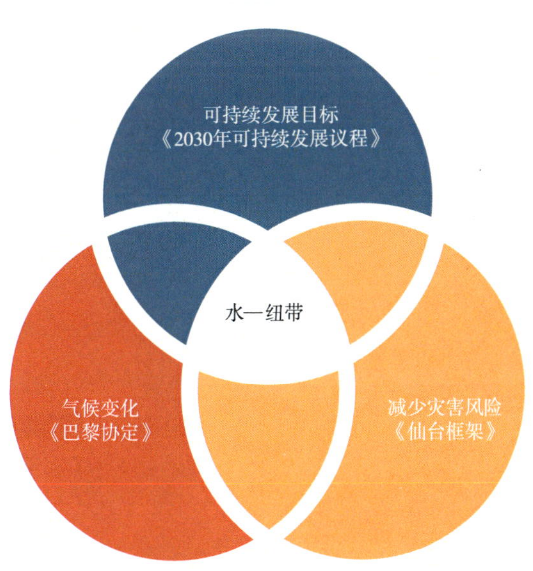


来源：联合国水机制（2019，第 9 页）。©2019 联合国。经联合国许可。

图 2.5　水是 2015 年支持全球协定执行的纽带

### 框注 2.1　国家元首和联合国发起的高级别倡议

2016 年，时任联合国秘书长潘基文（Ban Ki-moon）和世界银行行长金墉（Jim Yong Kim）启动了一个水资源高级别小组，由若干国家元首、政府代表和一名特许任期两年的特别顾问组成。2018 年 3 月，高级别小组发布了相关报告《珍惜每一滴水：水行动议程》(水资源高级别工作组，2018a)，强调了实现各种可持续发展目标时水发挥的积极作用。该报告的建议有助于阐明可持续发展目标、《巴黎协定》和《仙台框架》之间的相互依存关系，特别是抗灾能力和减少涉水灾害影响方面。

水与灾害问题高级专家和领导人小组（水与灾害高层专家组 / 联合国秘书长水与卫生顾问委员会）是应联合国秘书长水与卫生顾问委员会（联合国秘书长水与卫生顾问委员会）的要求于 2007 年成立的，目的是通过发布报告和每半年联合召开一次联合国水与灾害问题特别专题会议，来提高全球认识，推进解决水与灾害问题的具体行动。水与灾害问题高级专家和领导人小组旨在敦促各国采取预防行动，以应对气候变化、人口增长和快速城市化导致的涉水灾害日益频繁以及更多影响。该小组呼吁不再将减少灾害风险、水资源管理和气候适应视为单独议题。

2018—2028 年水促进可持续发展国际行动 10 年在第 71 届联合国大会上通过后于 2018 年 3 月启动，旨在推动应对与水有关的挑战，包括安全用水和卫生设施不足、水资源和生态系统压力日益增加以及干旱和洪水风险加剧。10 年的主要目标之一是国际社会以协调有效的方式大力执行现有计划和项目，如《2030 年可持续发展议程》《仙台框架》和《巴黎协定》，以进一步加强合作、合作伙伴关系和能力建设。2023 年 10 年中期审查将强调如何将水作为执行全球议程的一个有利因素解决水资源问题（联合国，2018b）。

### 框注 2.2　第 74 届联合国大会（2019 年 9 月）的进展

2019 年 9 月，在联合国大会第 74 届会议期间，举行了几次关于气候行动、可持续发展和发展融资的峰会。国家元首和国家代表团齐聚纽约，重申各自落实上述议程的承诺。联合国秘书长安东尼奥 · 古特雷斯呼吁召开峰会，特别要求各国“不要只带着漂亮的演讲来参加峰会……真正的入场券是大胆的行动和更加远大的抱负”(联合国秘书长，2019)，强调了局势的紧迫性。

联合国大会一致通过的高级别政治论坛的政治宣言确认了 2030 年议程的下一个五年周期，并强调各国致力于“不让任何人掉队”；减少灾害风险，建立国家、经济体、社区和个人抵御经济、社会和环境冲击和灾害的能力；以及改善全球和国家层面的数据收集和报告（高级别政治论坛，2019）。此外，世界各国领导人听取了秘书长关于可持续发展目标的进度报告（联合国，2019）和《全球可持续发展报告》(秘书长任命的独立科学家小组，2019)，并承认全面系统办法的重要性，强调要考虑目标和具体目标的相互联系。

最后，在联合国气候行动峰会上，全球适应委员会提交了其旗舰报告《即刻应对：加强气候韧性，呼吁全球领导力》，并呼吁将 2020 年定为适应行动年。水在全球适应委员会报告中占据重要位置，并宣布了一个专门的水行动记录，以通过韧性水管理来促进适应（全球适应委员会，2019）。

这些峰会的主要成果之一是，在公民和青年运动的推动下，世界各国领导人呼吁采取雄心勃勃的 10 年行动以确保“不让任何人掉队”，并宣布了推进履行承诺的具体行动。并再次承诺确保持久保护地球及其自然资源，包括淡水，并保护和保存我们星球的海洋和陆地资源，认识到它们在适应和减缓气候变化影响方面的关键作用。许多国家和国家元首还强调了实现水资源管理和卫生目标的重要性。

主要挑战在于如何将所有这些意图和倡议汇集成一个全面一致的过程，以便协调和扩大行动计划，而不是在全球、区域、国家和地方分别单独平行执行各个进程。明确在这些峰会上宣布的水倡议，并强调这些倡议间如何相互补充才能确保向前迈进以及有效解决发展融资峰会（2019）上确定的筹资机会和瓶颈。

# 第 3 章

## 水资源可用性、基础设施和生态系统

污水处理设施的鸟瞰图

联合国大学水、环境与健康研究所 | Vladimir Smakhtin，Duminda Perera 和 Manzoor Qadir

联合国教科文组织政府间水文计划 | Alice Aureli 和 Tales Carvalho-Resende

参与编写者：Neil Dhot（AquaFed）；Angelos Findikakis（国际水利与环境工程学会）和 Karen G. Villholth（国际水资源管理研究所）；Jason J. Gurdak（旧金山州立大学）；Sarantuyaa Zandaryaa（联合国教科文组织政府间水文计划）；Stephan Hülsmann（UNU-FLORES）；Kate Medlicott（世界卫生组织）；Richard Connor 和 Jos Timmerman（世界水评估计划）

本章确立了气候变化与水资源管理各方面之间的联系。在蓄水（包括地下水）、供水和卫生基础设施方面提出了适应和韧性建设方案，并描述了非常规供水方案，还介绍了水资源管理系统的减缓方案。

## 3.1 对水资源和基础设施的影响

### 3.1.1 缺水、生态系统退化和水污染

正如序言所述，气候变化加剧了干旱问题。根据人们对干旱的定义和解释（Falkenmark 等，1989；Seckler 等，1999），气候变化对不同地区带来的挑战也截然不同。经济性缺水通常指由于缺乏水利基础设施而导致的干旱（《2007 年农业用水管理综合评估》），通常发生在非洲以及南美洲和南亚的部分地区。在这些地区兴建水利基础设施是缓解干旱问题的唯一途径，但在此过程中应该考虑到当前已经观察到的（或可能发生的）气候变化的影响。而物理性缺水则是由于人类使用先进的基础设施过度取水或因自然干旱而导致的缺水，通常发生在澳大利亚、中亚地区、中东地区、北非地区、中国北部和非洲南部。

水资源维持着陆地（森林、草原等）和淡水生态系统（河流、湖泊和湿地）的生态循环，具有重要的功能，如供水、自然净化、粮食生产、开展文化经济活动。然而，除了气候变化的影响之外，工业、采矿和农业活动产生的污染物、未经处理的城市和农村废弃物、石油泄漏以及有毒废弃物导致生态系统加速退化，对生物多样性和淡水生态系统造成了严重的负面影响，也威胁到了至关重要的生态系统。约 100 万种动植物濒临灭绝，淡水物种大幅度减少，自 1970 年以来下降了 84%。1700 年时存在的全球湿地到 2000 年时 85% 以上已经消失，并在以森林消失的三倍速度继续消失。自 1970 年以来，湿地区域的外来入侵物种（如亚洲鲤鱼、水葫芦、海狸鼠）数量增加了 70%（生物多样性和生态系统服务政府间科学政策平台，2019）。水资源枯竭和水污染是生物多样性丧失和生态系统退化的主要原因，而这反过来又降低了生态系统的韧性，使社会更易受到气候和非气候风险的影响。

最常见的问题之一便是富营养化（主要由于卫生条件较差和营养物质管理不当）导致水质变差，进而影响供水、渔业和娱乐休闲活动。例如，就美国而言，每年因富营养化造成的损失估计约为 22 亿美元（Dodds 等，2009）。由于水温升高、溶解氧降低以及淡水生

物自净能力降低，气候变化将会加剧水质退化。同时，由于气候变化，旱涝灾害可能也会加剧。洪灾或干旱期间污染物浓度较高，会进一步增加水污染和病原体污染风险。

城市化是一个重要的污染源，特别是在发展中国家，尤其是对地下水而言，由于固体废弃物处置不当和卫生基础设施管理体系不完善，进而导致地下水污染。即使在管理良好的卫生体系中，当干旱来临时也会限制供水能力，导致无法使用抽水马桶和采取恰当的卫生措施，使得人们只能改为随地解手或露天排便。因此，气候变化会间接增加地下水的污染风险（McGill，2019）。

### 3.1.2 对水利基础设施的威胁

气候变化增加了水利基础设施的风险

气候变化增加了水利基础设施的风险。较为严重且频繁发生的洪灾增加了水处理和给水基础设施损坏的风险，从而可能造成服务中断。沿海低洼城市的给水和废水处理基础设施更容易发生严重洪灾（Cain，2017）。废水处理厂所需处理的因洪灾引起的污染事件越来越多。气候变化导致降水强度和模式变化性增加，严重影响城市排水系统性能，使得强降水和洪灾期间废水和雨水的溢出总量增加（Tavakol-Davani 等，2016）。

另一个新出现的全球性问题是水利基础设施的老化（Ansar 等，2014；Grant 和 Lewis，2015；Zarfl 等，2015），尽管不同地区的老化模式有所不同。在蓄水基础设施方面，这一问题表现为沉淀物增加、运行和维护成本上升、结构变化、损坏风险增加以及整体运行效率下降因为结构接近其设计使用寿命。随着气候变化，河流流量改变，也会影响基础设施的老化情况。由于气候变化，增加了水文稳定性的不确定性，因此有必要重新评估蓄水坝的安全性和可持续性，并评估对其进行改造或停止使用的必要性，以最大限度地减少其对环境和社会的影响，优化其性能。皮托克（Pittock）和哈特曼（Hartmann）（2011）指出了气候变化对现有蓄水坝管理产生的若干影响，包括由于频繁、极端和突然来水而导致的溃坝；由于气候变化，大坝无法发挥其预期的作用而失效；以及由于气候变化而导致的大坝运行变化，如增加库容以及来水出流控制。

目前出现的拆坝趋势，在一定程度上也与基础设施老化有关。拆除的这些水坝要么不安全、过时，要么不符合社会发展和环保要求。拆坝的规模和速度在不断增加，尤其是在欧洲和美国等建坝历史悠久的地区［欧洲拆坝组织（Dam Removal Europe），未注明日期；Thomas-Blate，2018］。就美国而言，2017 年就拆除了 80 多座水坝，在过去 30 年里，21 个州总共拆除了约 1275 座水坝。但拆除的主要是一些规模较小的水坝。目前，全球许多基础设施老化的水坝已无任何价值或价值已十分有限。最好的处理方式便是拆除，但这个过程一般耗时较长，且费用较高。

向城市地区或者灌溉地区的输水往往比蓄水更有难度（水资源政策中心，2018），因为在输水过程中必须应对幅度和频率不断增加的峰值流量，而这越来越难以预测。许多地区将需要投入大量的抵御气候变化的基础设施，以提高应对气候变化的输水可靠性。

气候变化加剧了与水有关的极端情况，增加了供水、卫生设施和个人卫生设施损坏的风险，如卫生系统损坏或下水道泵站被淹。粪便及相关原生生物和病毒的传播会导致严重的健康危害和交叉污染。气候变化加剧了水质下降，增加了净水成本。此外，气候变化可能会损害现有蓄水方案的有效性，包括地表蓄水和地下蓄水，前者是由于温度升高导致蒸发量增加，后者是由于气候变化引起海平面上升进而导致海水入侵沿海含水层。气候变化导致海平面升高，还会导致海水侵入到沿海地区的下水道中（Laugier 等，2010；Rasmussen 等，2013）。水利基础设施对气候变化的适应性在很大程度上取决于如何应对因上述气候变化而日益加剧的缺水和水质污染方面的挑战。

## 3.2 在不断变化的气候条件下加强水安全的备选方案

### 3.2.1 传统水利基础设施的创新与适应

如第 3.1.2 节所述，气候变化对传统水利基础设施方案提出了挑战。重视多功能基础设施项目，可能在一定程度上有助于应对挑战（Branche，2015）。此类项目通常可同时满足抗旱、防洪、区域发展和其他需求，同时可提供公共服务（航运、流域管理、维持“生态”河流流量等），体现水的跨部门和多用途的性质。可实施基于自然的解决方案，以更好地适应气候变化，提高水管理基础设施（包括运营和维护）的效率、效力和稳健性，并有助于减缓气候变化问题。

修建水库是一种传统的地表水蓄水方法，但未来修建水库，特别是修建大型水库，可能会受到淤积、可用径流、环境问题等越来越多的条件限制。还有一个限制未来水库建设的因素就是，那些最具成本效益和可行性的坝址，至少在发达国家，已经基本开发完毕。虽然基于自然的解决方案不太可能取代一些大型的已建的蓄水基础设施，但更有利于生态蓄水，如自然湿地、土壤水分保持（通过可持续土地管理）和更有效地补给地下水（第 3.2.2 节），有助于提高地表蓄水作业的总体成效（世界水评估计划 / 联合国水机制，2018）。充分结合传统基础设施和基于自然的解决方案十分重要。例如，加强上游水管理，供人类使用和生态循环，同时在沿海地区利用处理过的废水补给含水层（MAR），以防止海水入侵，并重复利用城市用水。如果水资源和土地利用规划政策和管理部门考虑到基于自然的解决方案并加大投资，则这种混合用水方法将会得到迅速发展。有证据表明，基于自然的解决方案投资仍然远远低于水资源管理基础设施总投资的 1%（世界水评估计划 / 联合国水机制，2018）。

随着气候变化和其他变化驱动因素的影响越来越大，美国等大型蓄水设施发展历史较长的国家（Ho，2017）需要全面修订其国家和地区蓄水设施的运营、规划和管理战略（Scanlon 和 Smakhtin，2016）。以往并未重视基础设施发展所带来的生态影响以及未来成本，如超出经济设计寿命的维护成本或拆除成本。而如今立法逐步加强，越来越重视生态和环保问题。气候变化的影响越来越大，因此，需要创新各种形式的蓄水设施（如框注 3.1 所述；世界水评估计划 / 联合国水机制，2018，框注 2.1，第 39 页）。

对最不发达国家和小岛屿发展中国家而言，不断提升供水、卫生设施、个人卫生设施的韧性尤为重要，这些国家应对气候变化影响的能力相对较弱。根据世界卫生组织（世界卫生组织，2015a）报道，就卫生系统而言，应对气候变化的适应和恢复措施应包含六大类，包括技术和基础设施、融资、政策和治理、劳动力、信息系统和服务。表 3.1（世界卫生组织，2018a）总结了一些主要的卫生技术和卫生管理系统方面可能的适应措施。

总体而言，传统的水利基础设施越来越容易受到气候变化的影响，并且可能会使运营成本越来越高，或者会对社会和环境产生不良影响。另外，缺乏任何一种水利基础设施都会使一个国家更容易受到水文条件变化的影响。对于经济性缺水的国家而言，需要加大投资力度，以发展更多的水利基础设施，如蓄水、可靠供水和卫生系统等基础设施，同时需要充分考虑到未来气候的不确定性和（日益增加的）可变性。

表 3.1　具体卫生系统适应气候变化的方案示例

| 卫生系统 | 潜在影响 | 适应方案示例 | 整体韧性 |
| --- | --- | --- | --- |
| | | 现场系统 | |
| 干式和低量冲水马桶 | • 土体稳定性降低导致基坑稳定性降低<br>• 卫生间溢流造成的环境和地下水污染<br>• 洪水淹没业主的旱厕<br>• 由于洪水侵入导致卫生间坍塌 | • 就地取材，对旱厕进行衬砌<br>• 设计符合当地情况的卫生间：高架厕所；建设较小、经常清空的旱厕；高架旱厕底座；压实旱厕周围的土壤；设置适当的间隔；采用适当的地下水技术；周围配备防护设施<br>• 在极其容易受到影响的地区，设置低成本的临时设施<br>• 在不易受到洪水、侵蚀等影响的地区，可设置现场卫生系统<br>• 提供定期、价格合理的旱厕清空服务<br>• 合理处理粪便，确保其进入下水道或能被转运至安全区域<br>• 在极端事件期间 / 之后，采取措施维护卫生间基础设施的安全和卫生 | 高（通过可能的设计变更，提高适应能力） |
| 化粪池 | • 缺水日益严重，加剧了供水问题，同时，也对水箱的功能产生了一定的影响<br>• 地下水位上升、极端事件和 / 或洪灾，会损坏水箱结构、淹没排水场和房屋、漂浮水箱、污染环境 | • 为化粪池和管道上的止回阀安装密封盖，以防止回流<br>• 确保下水道的通风口高于预期的洪水线<br>• 在极端事件期间 / 之后，采取措施维护水箱的卫生和安全 | 中低（具备一定的适应能力；易受干旱和组合式下水道水流泛滥的影响） |
| | | 外部系统 | |
| 常规的下水道系统（如合流式下水道和重力式下水道） | • 极端降水事件导致大量的、未经处理的废水排放到环境中<br>• 极端降水事件会导致原污水回流至建筑物<br>• 极端事件损坏下水道，并导致泄漏，进而造成环境污染<br>• 海平面上升提高沿海下水道的水位，造成洪水逆流<br>• 日益严重的缺水问题减少下水道中的水流量，导致固体沉积物增加，进而造成堵塞 | • 采用深埋隧道运输和蓄水系统拦截 / 储存合流式下水道的溢流<br>• 重新设计，将雨水和污水分开<br>• 在可行的情况下，分散布置水利系统，以限制 / 控制不良影响<br>• 设置其他的雨水储存设施<br>• 采用特定的格栅和限流管道<br>• 在管道上安装止回阀，以防止回流<br>• 在适当的情况下，安装小口径或其他低成本的设备，以降低独立系统的运行成本<br>• 在极端事件期间 / 之后，采取措施维护基础设施的安全和卫生 | 中低（具备一定的适应能力；易受干旱和组合式下水道水流泛滥的影响） |

续表

| 卫生系统 | 潜在影响 | 适应方案示例 | 整体韧性 |
| --- | --- | --- | --- |
| 改良的下水道系统（如小口径和埋深较浅的下水道） | • 洪水和极端事件破坏下水道，尤其是埋深较浅的下水道<br>• 小口径下水道：管道基础设施受损，导致土壤涌入下水系统，并造成固体沉积 / 增加堵塞风险<br>• 埋深较浅的下水道：水资源日益匮乏，导致下水道中的水流减少，固体沉积物增加，堵塞风险升高 | • 在管道上安装止回阀，以防止回流<br>• 铺设简化的污水管网，以抵御洪水侵蚀和上浮，或缩短管网并将其与分散式污水处理厂相连，以减少下水道过载和故障<br>• 在极端事件期间 / 之后，加强卫生与安全行为的宣传推广 | 中等（具备一定的适应能力；易受洪水影响，但与传统污水处理系统相比，受到缺水影响的程度较低） |
| 粪便处理 | • 极端天气事件或洪水破坏 / 损坏污水处理系统，导致排放的污水无法及时处理而溢出，进而造成环境污染<br>• 极端降水破坏污物稳定池<br>• 极端事件破坏低洼区域的处理厂，造成环境污染<br>• 日益严重的缺水问题增加了水利基础设施的堵塞风险，降低了河流或池塘接纳污水的能力 | • 设置洪水、内涝和径流防御设施（如堤坝），并进行合理的集水管理<br>• 投入预警系统和应急设备（在场外储备的移动泵、非电力处理系统）<br>• 制定处理厂的恢复预案<br>• 在可行的情况下，将处理厂设置在不易受到洪水淹没或侵蚀的地区<br>• 提供安全的方法，人工清空含水率较低的污泥 | 中低（具备一定的适应能力；易受水资源可得性增加 / 减少的影响；承载能力降低可能会导致对污泥处理要求的提高） |

来源：世界卫生组织（2018a，表 3，第 54–56 页）。

### 3.2.2 地下水储存和水资源联合管理

在世界上的许多地区，水主要来源于含水层，其储存能力往往比地表水高出几个数量级（Hanak 等，2011）。含水层的地理跨度和区域跨度通常很大，因而为分散的各个区域提供了水源、储水，以及一些内置的输水通道。地下水对季节性和多年气候变化的缓冲作用更强，较之地表水更不容易受到影响（Green 等，2011）。

较之河川径流，一般农村和贫困社区更容易获得浅层地下水，因为从河流取水并输送分配到分散的农户需要有一定的基础设施。然而，包括非洲大部分地区在内的一些地区普遍缺乏水井等基础设施以及建设和维护这些基础设施的技术能力，也不掌握当地含水层系统的水文地质特征，不利于地下水资源的开发和可持续利用，更不利于含水层储水能力的增强（联合国教科文组织政府间水文计划，2015a；2015b）。

含水层的储水不仅包括含水层中已经存在的地下水，还包括额外储水的可能性（如能获得相关数据）。地下水人工回补（MAR）有多重功能（Dillon 等，2018；世界水评估计划 / 联合国水机制，2018；GRIPR，未注明日期），包括储水最大化、补充枯竭含水层、提高水质、加强洪水管理以及减轻沿海含水层的海水入侵或地面沉降。通过整合或“联合使用”的管理策略，地下水人工回补既可使用传统水源（通常为地表水），也可使用非常规水源（例如再生水或淡化水）。利用废水进行地下水人工回补的情况一直在增加（GRIPP，未注明日期）。

### 框注 3.1　沿海水库作为沿海城市的供水选择

建立和使用沿海水库是解决沿海特大城市供水问题的一种新途径，这些水库成为河口或河口附近的储水设施。该类储水设施的建设方式要么是拦河建坝，要么是沿着河岸或海岸线建造储水池。这些水库通常有一个闸门系统，通过对系统的精密调度运行来获取淡水，降低洪水风险，并尽可能减少盐水入侵。包括香港特别行政区、上海市和新加坡市在内的许多沿海城市都在利用沿海水库供水。例如，2010年建成的中国长江口青草沙沿海水库，用于为上海近 50% 的居民供水（Lin 等，2018）。中国几个沿海水库的设计方案和整体最佳实践都得到了提升。然而，盐水入侵、污染控制、藻华、沉淀堆积和生态系统失衡等挑战是沿海水库设计、建设和运行需要考虑的重要因素。其他国家也已经或正在探索将沿海水库作为当地供水补充的实践，包括印度（Sitharam，2018）、马来西亚（Chong 等，2018）、荷兰和澳大利亚（Yang 和 Ferguson，2010），而荷兰在沿海水域管理方面已经拥有丰富的历史经验和专业知识。如位于高潮差地区，沿海水库还可用于潮汐发电，提供可再生能源（Angeloudis 等，2016）。

来源：改编自 Lin 等（2018 年，图 12，第 8 页）。

图　中国长江口青草沙沿海水库鸟瞰图

虽然地表水库有迅速储水和排空的潜力，可形成灵活的供水，也有助于洪水管理，但大型地表水库造价高昂，且有可能对生态环境造成破坏（Hanak 等，2011）。含水层的补给和排空速度相对更慢，因而更适合长期储水。对一系列储水方案进行联合使用，例如在雨季更多地使用地表水（并在含水层中储存更多的水），在旱季则依靠地下水，就有可能扩大一个地区的总体储水能力。

某些地区的地下水利用尚不足，如非洲和中亚的部分地区。只有约 75% 的非洲人将地下水用于小规模供水，即作为他们的主要饮用水源，特别是在依赖掘井和钻井的农村地区（Tuinhof 等，2011）。而非洲只有约 1% 的耕地是采用地下水灌溉，因此在很大程度上，这种可用来进行农业灌溉的可靠水源仍未得到充分利用（Altchenko 和 Villholth，2015）。许多其他地区，包括美国的部分地区、中国和印度北部的印度恒河平原，都存在过度开采地下水资源的情况，这导致地下水位严重下降（Tiwari 等，2009；Wada 等，2010；Famiglietti，2014；Richey 等，2015）。气候变化可能会加剧气温升高等现象，导致降水量蒸发增加，从而导致地下水补给减少（Taylor 等，2012）。

地下水补给也可能受到气候变化的其他影响：在干旱和半干旱地区，气候变化可能导致或加大降水强度（见框注 9.2），使地下水补给出现更多间歇性和局部化（Cuthbert 等，

2019）。通过各种形式的地下水人工回补对地表水和地下水进行恰当管理，可有助于减少洪峰流量和水灾，同时缓解地下水枯竭的问题（Muthuwatta 等，2017）。

在低洼岛屿、环礁和许多小岛屿发展中国家，储水是一个至关重要的问题。由于海平面上升，这些地区最容易受到气候变化的影响。海平面上升对洪水风险有直接影响，但也由于海水入侵而缩小了地下淡水透镜体的规模。在许多小岛屿发展中国家，恰当管理和使用地下水对于持续获得饮用水供应至关重要。世界各地的沿海地区都在更加积极地采用地下水人工回补措施，来增加淡水的储水量，并在一定程度上尽量减少海水入侵（GRIPP，未注明日期）。但这些国家地下水人工回补的情况并未进行广泛报道（Hejazian 等，2017）。小岛屿发展中国家适应气候变化需要更多的地下水人工回补工程，在雨季收集淡水或雨水用于补充淡水透镜体，帮助社区度过干旱期（联合国教科文组织政府间水文计划，2015b）。

### 3.2.3 非常规水资源

人口和粮食需求的增长导致用水需求也日益增大，但由于水资源有限，供水压力越来越大，特别是在物理性缺水的地区。由于传统水资源开发在效率提升和开发途径方面存在上限，使得这一问题显得更加突出（世界银行，2017a）。因此越来越有必要将各种“非常规”和/或局部未充分利用的水资源（图 3.1）都纳入未来的水资源管理和水规划中（Qadir 和 Smakhtin，2018）。非常规水资源是指通过专门收集/获取过程或技术产生的水资源。非常规水资源使用前可能需要进行相应的处理，若用于灌溉，可能还需要配合一些田间管理（Qadir 等，2007）。

污水/废水

淡化水

大气水捕获（水雾、云种散播）

图片来源：污水/废水：Manzoor Qadir（联合国大学水、环境与健康研究所）；淡化水：阿拉伯湾海岸的现代海水淡化厂（2016 夏）；© Stanislav71/shutterstock.com；以及大气水捕获：Rector Ignacio Súnchez（Pontificia Universidad Católica de Chile）到访 Alto Patache；© Nicole Saffie，CC BY-NC-SA 2.0 许可。

图 3.1 非常规水资源/技术示例

面对气候变化的影响，安全回用水（或称“再生水”）是传统水资源的可靠替代（世界水评估计划，2017）。主要挑战仍然在于如何从过去对未处理或部分处理废水的无计划使用转变为对中水的安全回用。污水未经处理或处理不当会滋生微生物和新型污染物，导致人类和环境健康风险。某些国家，特别是干旱和半干旱地区的国家，将处理过的废水用于灌溉。经证明，使用中水进行农业灌溉，有利于缓解日益严重的干旱和极端气候事件的影响（Drechsel 等，2015；Hettiarachchi 和 Ardakanian，2016；世界水评估计划，2017）。由于干旱加剧，旱情持续，越来越多的城市（比如印度和美国的城市）正在采用直接或间接的（通过地下水人工回补）饮用水再利用方案应对反复出现的干旱问题。在纳米比亚温得和克市（Windhoek）已成功施行饮用水再利用方案长达 50 多年（框注 3.2）。在欧洲一些地区，人们越来越将再生水视为一种替代水资源。根据欧洲回用水（Water Reuse Europe）计划（2018）的数据，欧洲的中水回用率只有 2%，但预计未来会有所增长，其中葡萄牙和西班牙的增长潜力最大。

**海水和苦咸水淡化。**淡化是一种通过去除苦咸水中的溶解盐进而增加淡水供应的方式。根据 Jones 等（2019）的估计，全球在运行的海水淡化厂共有约 16000 座，淡化水产量约为 9500 万 $m^3/d$，其中约 50% 生产于中东地区和北非地区。然而，由于能耗高，海水淡化成本依然相对较高——即便成本价格正变得越来越具有竞争力。从成本和相关环境影响来看，海水淡化的副产品——高盐浓缩物（盐水）的生产和处置也是一个棘手的问题。鉴于海水的无限性和可再生能源成本的下降，未来海水淡化有可能显著改善供水，甚至可能在 2050 年前取代 100km 沿海地带现有的家庭和工业用水供应（Sood 和 Smakhtin，2014）。

**大气水分收集。**在南美、北美和中东的部分地区已经得到了应用，有关措施包括云种散播或在平流雾多的地区进行雾水收集。在全球范围内，已经确定了许多潜力较大的雾水收集点（Klemm 等，2012）。与海水淡化的巨大潜力不同，雾水收集作为一种低成本、低维护的方法，主要对当地具有重要意义（Qadir 等，2018）。

**近海含水层。**人们越来越关注近海地下水的方案。据估计，位于海岸线 100km 范围内浅海水（<500m）下方的近海含水层中有 50 万 $km^3$ 的淡水/苦咸水（Post 等，2013）。世界许多地方观测到近海低盐度地下水（Person 等，2017）。Post 等（2013，第 76 页）却认为“近海地下水并不能解决全球水危机”，但“……它可以作为长期战略中其他方案的比选方案”。

**海水对淡水的物理输送。**这些方案是目前最“虚幻”的，但实现方案的想法和努力变得越来越强烈（Rafico，2014）。可以用油轮或袋子将水从大型河流的三角洲/河口地区，如亚马孙河或刚果河（两条河流的年流量总量接近 8000$km^3$，约为全球废水总量的 20 倍），输送到开普敦等地区，在最近的 2017—2018 年干旱期间，开普敦几乎已到了无水可用的地步（Schreiber，2019）。已有人对远距离送水方案的可能性进行了评估，即将水从很远以外的水资源丰富地区输送到水资源匮乏地区，如纳米比亚和南非（Valentine，2017）。同样，也已有人提出了冰山运输的方案——或整体拖拽冰山，或用油轮运输“刨冰”（Ruiz，2015）。这些备选方案目前还只是停留在概念阶段，因为成本太高，还需要大规模的油轮船队，可计算的损失率也很高。

**框注 3.2　纳米比亚温得和克市直接饮用水再生的 50 年**

50 多年来，温得和克市一直直接从二级污水中再生饮用水。事实证明，再生直接饮用水是补充温得和克稀缺水资源和对抗反复干旱影响的一种安全且经济可行的方法（Du Pisani 等，2018）。在温得和克市约 40 万居民目前的饮用水供应中，25%~30% 是再生水（Lahnsteiner 和 Lempert，2007）。

在缺乏相关现有立法、法规、政策或指导方针的情况下，温得和克市决定以消费者安全为本，施行直接饮用水再生计划（Law 等，2015）。这一做法使非常规饮用水来源获得了信任与认可（Boucher 等，2010）。

1968 年投产的第一间再生水工厂的产能为 4800$m^3/d$，所应用的工艺多年来也不断调整。其产能后来提升至 7200$m^3/d$（1986），后来又提升至 1.44 万 $m^3/d$（1994）。最新的再生水工厂于 2002 年投产，产能为 2.1 万 $m^3/d$（Honer，2019）。

由 AquaFed 提供。

生产和 / 或使用某些非常规水资源，如淡化水或废水，可能会引发环境影响和 / 或相关健康风险。因此，需要对这些非常规水资源的各个方案进行健康和环境风险评估，并制定相关减缓方案（Grangier 等，2012；世界水评估计划，2017；Qadir，2018；Jones 等，2019）。某些非常规水源，如回用水，通过生成可再生能源增强了对气候变化的抵御能力，例如在废水处理过程中回收能源（Drechsel 等，2018）。

大气水分收集在南美、中东和北美的部分地区已经得到了应用，有关措施包括云种散播或在平流雾多的地区进行雾水收集

总之，面对气候变化，利用非常规水源增加供水是可替代的解决方案，用以满足日益增长的水需求，特别是在物理性缺水的地区和国家。目前，在非常规水资源中，再生水被视为前景最好的水源。再生水在现实生活中的成功应用越来越多，其全球市场也在不断扩大，特别是灌溉市场。为了增加农业和其他领域的中水回用，需要制定和实施有效的法规和监测手段，规避环境风险和人类健康风险。未来几十年，其他非常规水源和技术的应用也可能会继续发展。

## 3.3 水资源管理的减缓方案[1]

### 3.3.1 供水与卫生领域

与水资源管理和卫生设施相关的温室气体排放大部分来自：为系统供电的能源；水处理和废水处理过程中涉及的生化反应。

据报道，温室气体排放量的 3%~7% 来自水和废水设施（Trommsdorf，2015），但这些估算还不包括未处理废水产生的相关排放。事实上，未处理废水是温室气体的重要来源。鉴于发展中国家 80%~90% 的废水既未回收也未处理（Corcoran 等，2010；世界水评估计划，2017），供水和卫生领域的排放——以及该领域对减缓气候变化的重大潜力——不容忽视。

该领域的耗电主要用于水和废水的提取（40%）、输送（25%）和处理（20%），约占全球发电量的 4%。由于海水淡化增加，至 2040 年，水领域的能耗预计将翻一番（图 3.2；国际能源署，2016）。废水处理的能耗在未来几十年也可能增加，但这点并不一定，因为全球范围内节能工厂的潜力一直在迅速提高（Freyberg，2016）。提高用水效率以及减少非必要的耗水和水流失，均可降低能耗，从而减少温室气体排放。据估计，至 2040 年，全球水领域的能源消耗将减少 15%（国际能源署，2016）。

2005 年，垃圾填埋场、露天下水道和潟湖中形成的 $CH_4$ 和 $N_2O$ 约占全球非 $CO_2$ 排放量的 13%（美国环保局，2012）。这些排放中约有 58% 来自垃圾填埋场，其中一部分来自废水处理过程中的污泥处置（Guo 等，2012）。来自废水的非 $CO_2$ 排放预计将会增加（US EPA，2012）。

废水中的有机物所含能量超过了污水处理所需的能量（Li 等，2015）。因此，废水中的能量可以成为水领域提高能源效率的重要来源。集中处理厂可收集大量形成中的 $CH_4$，并将其用于能源生产，从而减少能源使用过程中的直接和间接排放。欧美的一些废水处理设施实现了可再生能源现场生产，提高了能源使用效率，从而促进了“净零”能源和能源高效实践的发展（Rothausen 和 Conway，2011；Maktabifard 等，2018）。

1　该部分主要借鉴报告《停止漂浮，开始游泳：水与气候变化——相互关联和未来行动的前景》（GIZ/adelphi/PIK，即将出版）的一份高级草案。

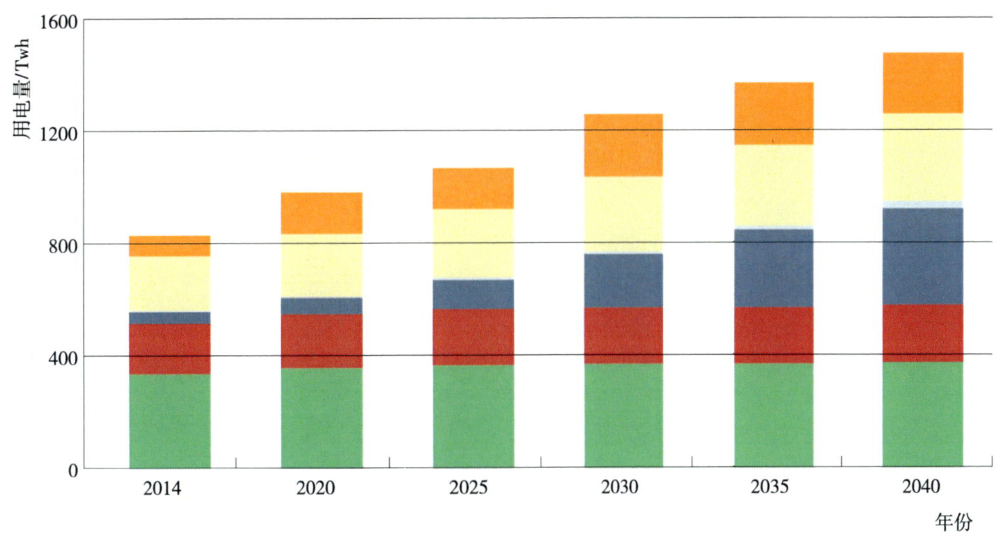


来源：国际能源署（2018），版权所有。

图 3.2　2014—2040 年水领域不同工艺的用电量

废水可作为营养物质或某些金属（即工业废水）等原材料的来源，进一步减少专门提取这些原材料用作肥料所需的能量（Wang 等，2018a）。

因此，通过提高用水效率和减少水损失，包括再利用（未经处理或部分处理的）废水及其成分，供水和卫生系统不仅可以直接、实质性地实现温室气体减排，而且更具成本效益。

除了废水处理基础设施外，大坝水库也是一个容易被忽视的非 $CO_2$ 排放源（世界银行，2017b）。大坝水库中有机物质分解产生的 $CH_4$ 的碳排放可能相当于全球 $CO_2$ 排放量的 1.5%。由于世界某些地区新建大坝（Zarfl 等，2016），土地利用发生变化或者土地管理不善，造成水土流失增加，这一数字可能还会上升。此外，废水排放和富含肥料的径流的增加会加剧富营养化。到 2100 年，仅湖泊和水库产生的甲烷排放预计就将增加 30%~90%（Beaulieu 等，2019）。

水利基础设施的创新利用也可以成为一种能源。例如，重力驱动的饮用水管道可配备涡轮机以发电。例如，维也纳的饮用水来自山泉，通过两条长途管道运输。除了发电，安装水轮机还可以将管道水压降至适合城市饮用水基础设施的水平（世界水评估计划，2014）。

### 3.3.2　与水相关的生态系统

包括泥炭地在内的湿地[1]拥有陆地生态系统中最大的碳储量，是森林的两倍（Crump，2017；Moomaw 等，2018）。然而，湿地正承受着巨大的压力，其损失率比森林高 3 倍（《拉姆萨尔湿地公约》，2018）。管理不善的湿地不仅不能助力碳汇，反而可能成为温室气体排放的来源。例如，泥炭地由一层厚厚的泥炭组成，这是数千年来形成的碳储量。将脱水后的泥炭地用于农业或其他用途，会导致泥炭分解，向大气中释放 $CO_2$ 和其他温室气体（见第 6 章和第 9 章）。结果导致碳储量减少。2017 年，全球约 15% 的泥炭地退化或遭到破坏，其中农业是主要原因。燃烧和脱水的泥炭地占全球人为排放 $CO_2$ 的近 5%（Crump，

1　湿地是一种永久性或季节性被水淹没的独特生态系统，以无氧过程为主。主要的湿地类型有沼泽、湿地和泥炭地（泥沼和碱沼），还包括红树林和海草草甸（Keddy，2010）。

美国华盛顿特区某个水利基础设施项目的隧道

2017）。除此之外，湿地对全球变暖十分敏感；从长期来看，气候变暖会降低泥炭地积累碳的速度（Gallego-Sala 等，2018）。

Griscom 等（2017）提出，到 2030 年，通过基于生态系统的减缓措施，可减排温室气体约三分之一，其中湿地的贡献率将占 14%。考虑到湿地的多种综合效益，包括减缓洪水和干旱灾害、净化水和保护生物多样性等，湿地保护将是一项重要的减缓措施。

# 第 4 章

# 与水相关的极端情况和风险管理

2019 年 11 月 12 日意大利威尼斯洪水

**联合国大学水、环境与健康研究所** | Duminda Perera 和 Vladimir Smakhtin

**参与编写者**：Frederik Pischke（全球水伙伴）；Miho Ohara（国际水灾害与风险管理中心）；Angelos Findikakis（国际水利与环境工程学会）；Micha Werner（荷兰代尔夫特水教育学院）；Giriraj Amarnath（国际水资源管理研究院）；Sonja Koeppel 和 Hanna Plotnykova（联合国欧洲经济委员会）；Stephan Hülsmann（UNU-FLORES）；Claudio Caponi（世界气象组织）

本章重点介绍适应气候变化与减少灾害风险之间的联系，强调如何通过结合“硬措施”和“软措施”构建更具韧性的系统。

## 4.1 气候和水的极端情况对水管理的挑战

热浪、极端强降水、雷暴和气旋、台风或飓风造成的风暴潮等极端事件发生的频率和强度不断增大，是气候变化的主要表现，导致人类社会越来越容易遭受与水相关的灾害。2001—2018 年，约 74% 的自然灾害与水有关；过去 20 年，仅洪水和干旱造成的死亡总数就超过 16.6 万人；洪水和干旱影响了 30 多亿人口，造成了近 7000 亿美元的总经济损失（EM-DAT，2019）[1]。每年各大洲的死亡人数、受影响人数和经济损失都不尽相同，亚洲和非洲在各方面所受影响都最大（图 4.1~ 图 4.3）。

> 与极端事件相关的当前影响和未来预期风险，要求为适应气候变化和减少灾害风险提供可持续的解决方案

气候变化会改变极端事件发生的时间、强度和持续时间，使极端事件变得更加严重（Blöschl 等，2017）。例如，在某些情况下，气候变化造成冬季的干旱，可能比夏天的干旱对农业和水资源系统造成的影响更大（联合国粮食及农业组织，2018b）。与极端事件相关的当前影响和未来预期风险，要求为适应气候变化和减少灾害风险提供可持续的解决方案。适应气候变化和减少灾害风险的共同目标是减少气候变化的影响，最大程度地减少极端事件发生时的后果并增强灾后的恢复力，特别是在发展中国家和小岛屿发展中国家的脆弱社区。

在极端事件中保护人权至关重要，因为这些事件会引发国家的政治、社会和经济动荡，损害健康、生存以及粮食和水安全。国际社会目前正在努力实施《仙台框架》（见第 2.2.3 节），旨在通过为减少灾害风险及时设计的 7 个目标和 4 个优先事项，使世界在 2030 年更加安全（联合国减少灾害风险办公室，2015a）。

1 CRED 的紧急事件数据库（EM-DAT）用于提供全球、大陆、国家和区域尺度的灾害统计。

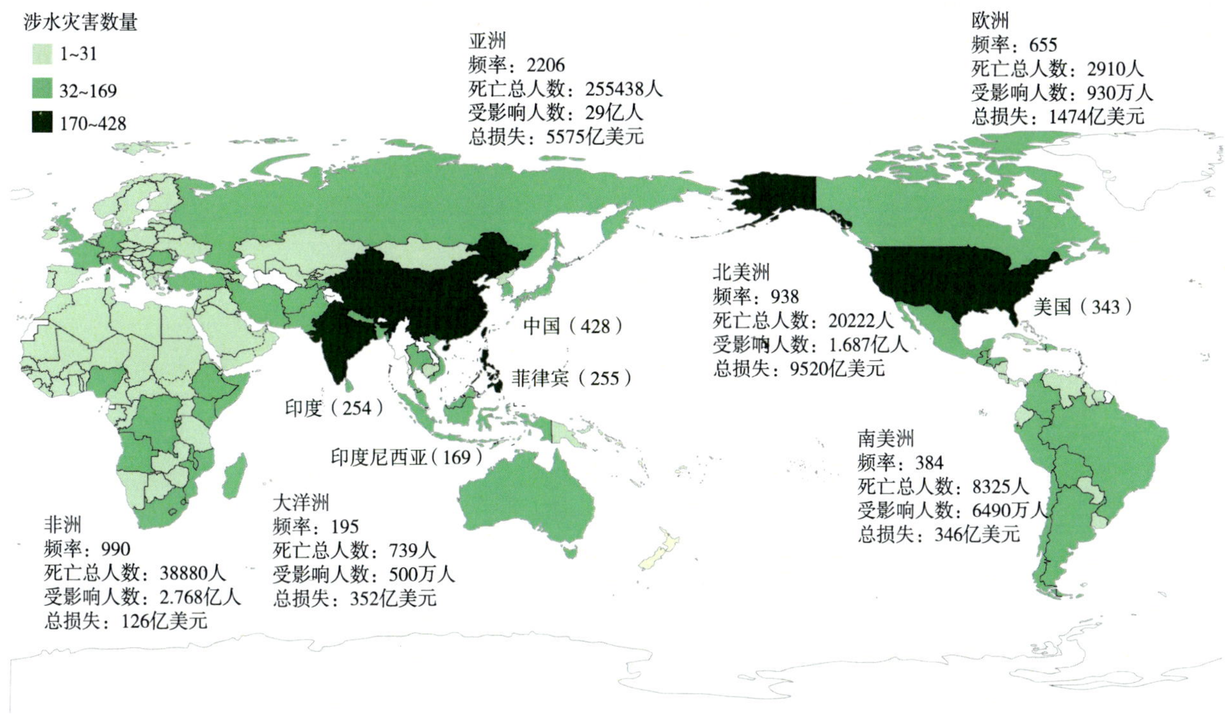

涉水灾害数量
1~31
32~169
170~428
亚洲
频率：2206
死亡总人数：255438人
受影响人数：29亿人
总损失：5575亿美元
欧洲
频率：655
死亡总人数：2910人
受影响人数：930万人
总损失：1474亿美元
北美洲
频率：938
死亡总人数：20222人
受影响人数：1.687亿人
总损失：9520亿美元
美国（343）
中国（428）
菲律宾（255）
印度（254）
印度尼西亚（169）
南美洲
频率：384
死亡总人数：8325人
受影响人数：6490万人
总损失：346亿美元
大洋洲
频率：195
死亡总人数：739人
受影响人数：500万人
总损失：352亿美元
非洲
频率：990
死亡总人数：38880人
受影响人数：2.768亿人
总损失：126亿美元

来源：由联合国大学水、环境与健康研究所根据 EM-DAT 数据绘制。

图 4.1　2001—2018 年涉水灾害（干旱、洪水、滑坡和风暴潮）的空间分布

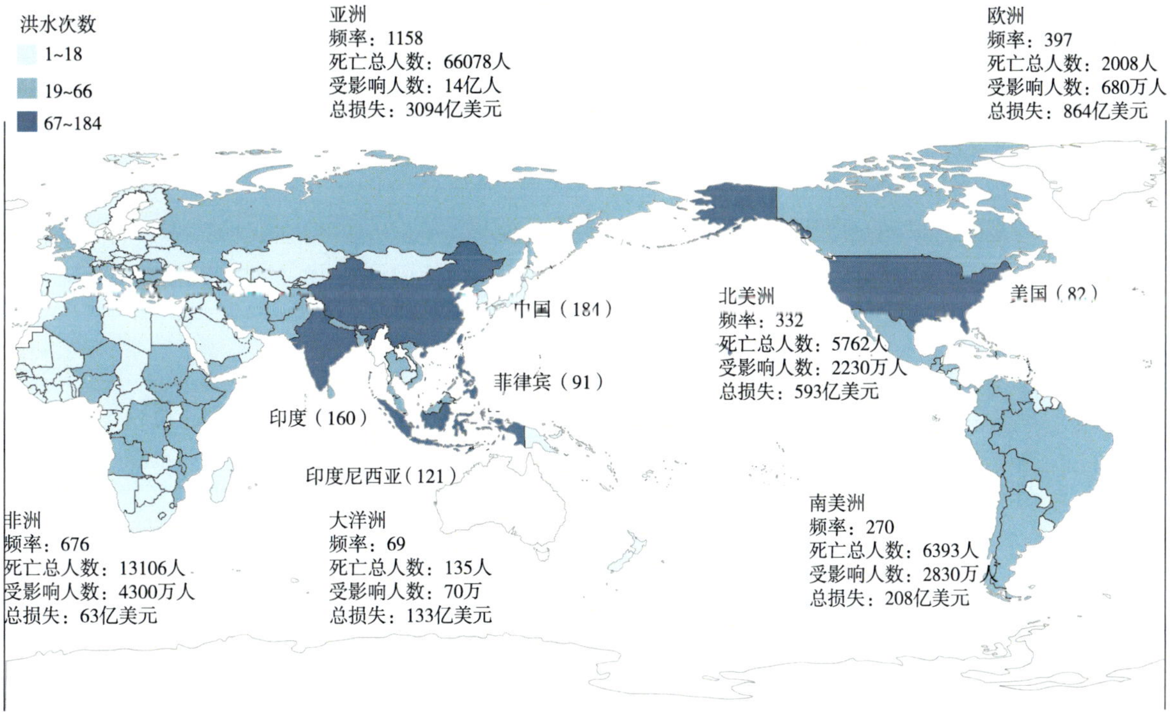

洪水次数
1~18
19~66
67~184
亚洲
频率：1158
死亡总人数：66078人
受影响人数：14亿人
总损失：3094亿美元
欧洲
频率：397
死亡总人数：2008人
受影响人数：680万人
总损失：864亿美元
中国（184）
北美洲
频率：332
死亡总人数：5762人
受影响人数：2230万人
总损失：593亿美元
美国（82）
菲律宾（91）
印度（160）
印度尼西亚（121）
南美洲
频率：270
死亡总人数：6393人
受影响人数：2830万人
总损失：208亿美元
非洲
频率：676
死亡总人数：13106人
受影响人数：4300万人
总损失：63亿美元
大洋洲
频率：69
死亡总人数：135人
受影响人数：70万
总损失：133亿美元

来源：由联合国大学水、环境与健康研究所根据 EM-DAT 数据绘制。

图 4.2　2001—2018 年洪水的空间分布

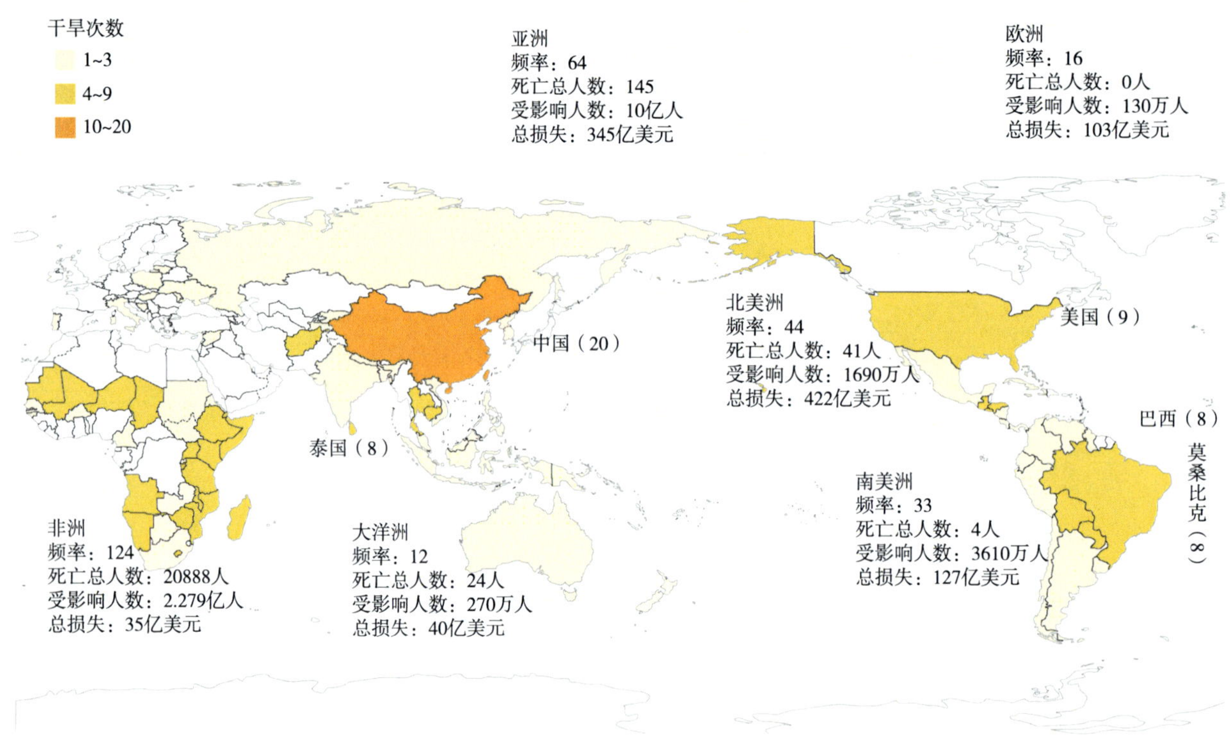


来源：由联合国大学水、环境与健康研究所根据 EM-DAT 数据绘制。

图 4.3　2001—2018 年干旱的空间分布

## 4.2　适应气候变化和减少灾害风险的硬措施和软措施

有助于克服极端情况影响、适应气候变化、减少灾害风险的战略手段主要包括硬措施（工程）和软措施（政策手段）。硬措施包括引入抗洪抗旱作物品种，以增强蓄水、气候防护基础设施和作物恢复力。软措施包括洪水和干旱保险、预测和预警系统、土地利用规划以及上述各方面的相关能力建设（教育和认知）。通常情况下，硬措施和软措施共同发挥作用。例如，在实施结构性防洪措施，或通过作物多样化或引入抗灾作物品种（两者本质上都是硬措施）改善农业体系时，都需要有利的政策环境（表现为政策和体制支持的软措施）。

### 4.2.1　硬措施

**气候防护基础设施**

气候防护指在基础设施（包括极端事件下的水利基础设施）的设计、运行和维护过程中，对不同气候变化情景可能带来的风险和机遇的明确考虑和内化（联合国开发计划署，2011）。灾害风险评估是减少灾害风险战略重要的第一步，通常包括三个要素：以频率和严重程度（深度、范围、持续时间和相对速度）表示的灾害规模；人类活动在灾害中的暴露程度；风险因素的脆弱性（APFM，2007）。自下而上的气候评估是通过调查暴露程度、个人和社区在气候多变性面前的脆弱性以及描述风险的适应能力来进行（García等，2014）。而自上而下的气候评估则是依赖气候模型对可能的未来进行预测，并根据这些模型的输出做出响应（图 4.4）。尽管两种方法可以互补使用，但通常仅使用其中一种。联合国减少灾害风险办公室为开展国家灾害风险评估和建立对风险系统的全面了解提供了政策指导（联合国减少灾害风险办公室，2017）。

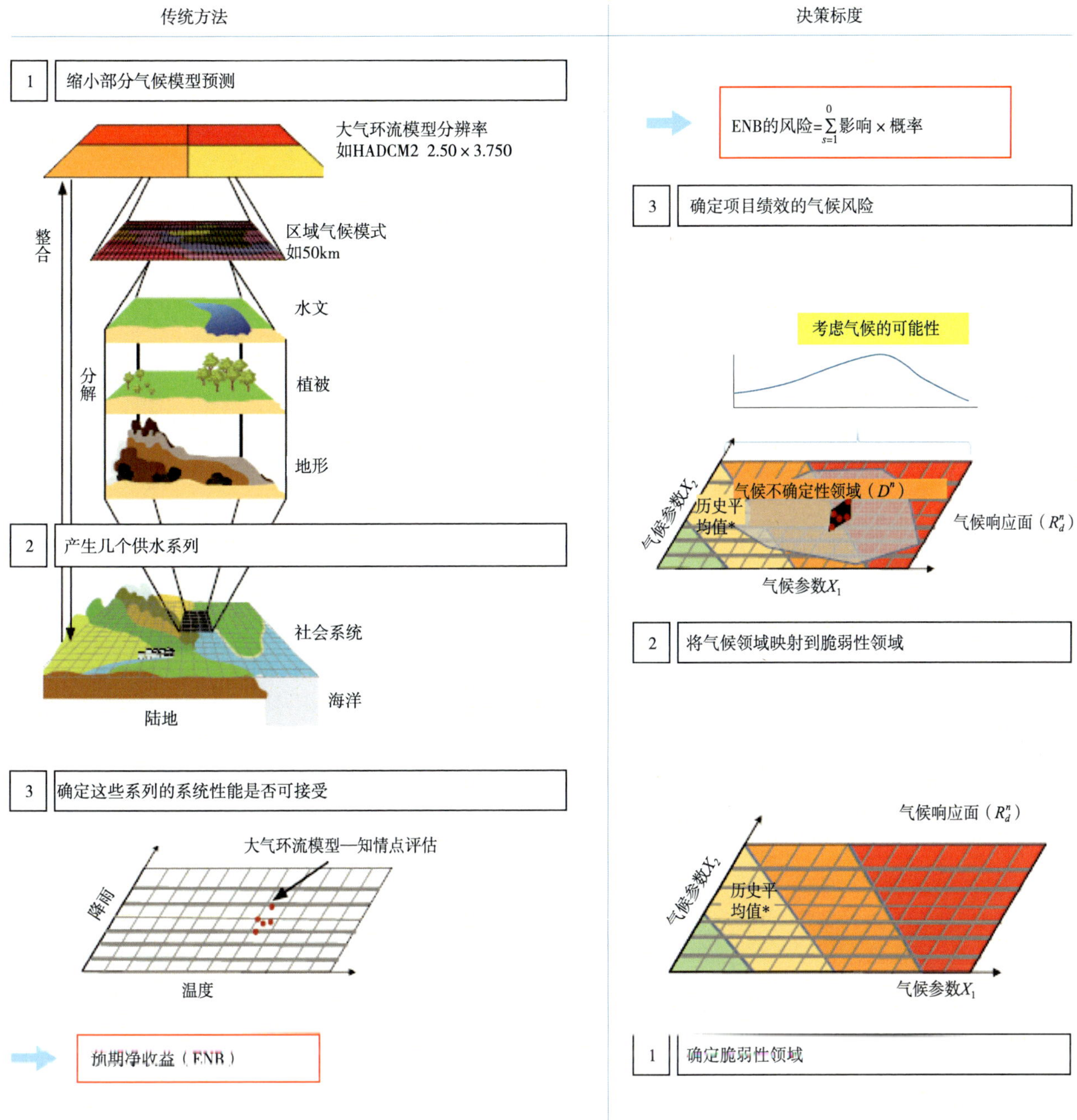


来源：García 等（2014，图 3.2，第 19 页）；© 世界银行 openknowledge.worldbank.org/handle/10986/21066. 经 CC BY 3.0 IGO 许可。

图 4.4　自上而下与自下而上的气候风险评估

建设水坝、引水道、防洪堤和排水系统等涉水基础设施时采取智能和适应性的方法，能够让我们认识到，由于气候变化造成的不确定性，无法将过去作为应对当前和未来极端事件的可靠指南。大坝就是需要具有气候防护能力的涉水基础设施之一。虽然修建大坝通常主要是为了储存水资源以备缺水季节，但提升蓄滞洪水的能力也同样重要——这两项功能可能存在管理上的冲突。为了更好地应对不断加剧的河流流量变化，可以采取各种措施，包括降低库水位，增加防洪库容（Sieber 和 Socher，2010），提升坝内取水的技术能力。这些措施可以使得在发生预期的洪水的时候更快速地降低水位。在不同深度增设出水口结构，可以通过分层取水对水质进行管理（Klapper，2003）。此类措施应与水库上游流域采取的措施配合实施。

**基于自然的解决方案**

“基于自然的解决方案受自然的启发和支持，并利用或模拟自然过程，以促进水管理的改善”（世界水评估计划 / 联合国水机制，2018，第 2 页）。基于自然的解决方案包括调整土地利用以增加地下蓄水能力，防止侵蚀和过度的地表径流，还包括修建前置库等技术措施（Paul 和 Pütz，2008）。基于生态系统的适应，对适应气候变化和减少灾害风险尤为重要，因为它将生物多样性和生态系统服务作为总体适应战略的一部分，以克服气候变化和极端事件的不利影响（国际自然及自然资源保护联盟，2017）。可以通过以下方式实施基于生态系统的适应：维护和恢复生态系统至良好的生态状态，利用生态系统作为自然“工程”景观以帮助减少灾害风险，应对气候变化，并将适应气候变化措施纳入湿地和其他生态系统管理策略和计划中，反之亦然（联合国欧洲经济委员会 / 联合国减少灾害风险办公室，2018）。

### 4.2.2 软措施

**预测和预警系统**

灾害意识和应灾准备是恢复力、减少灾害风险以及应对涉水灾害的基本内容。预警系统在减少灾害风险中具有重要作用，特别是在评估即将来临的洪水和干旱风险、加强决策策略、改善社区应灾准备以及通过及时有效的行动减缓极端事件造成的损害方面。联合国减少灾害风险办公室（未注明日期）将早期预警系统定义为“一种综合的灾害监测、预测和预警系统，以及灾害风险评估、通信和应灾准备活动系统和程序，旨在使个人、社区、政府、企业和其他各方能够在危险事件发生之前及时采取行动，降低灾害风险”。

由于过去几十年在气候和天气方面的预测和预测工具取得了重大进展和改进，现在风险社区通常能够有足够的准备时间来应对即将来临的灾害（世界气象组织，2015a；2015b；2016）。提供预测的时间尺度通常分为：实时预测，提前时间约为 0~6 小时；短期预测（0~3 天）；中期预测（3~15 天）；以及长期准季节（1~3 个月）到季节性预测（3~6 个月）（Golding，2009）。虽然时间尺度越小准确性越高，但最合适的时间尺度还是要取决于预测服务所支撑的决策过程。山洪预警适合采用实时预测和短期预测，而对于干旱管理计划，准季节到季节性预测才能更好地支撑其决策过程。

增加提前时间有助于提高预警系统的有效性，但这同时还需要与风险社区之间开展有效沟通，共同进行预警系统的开发和参与（Parker 和 Priest，2012；Cools 等，2016），特别是在跨境流域，由于国家内部和国家之间的政治冲突和治理不力，协调、合作和数据共享有时会受到限制（Bakker，2009a；2009b）。社交媒体和移动电话服务等现代通信方法为帮助改善通信和预警有效性带来了重要机会（Cumiskey 等，2015）（见第 13 章）。此外，还在不断努力提升的预警系统，不仅预报灾害信息，还预报灾害影响（世界气象组织，2015b）。这种基于影响的预报不仅提供对水文气象变量的预测，还旨在提供明确的、针对具体部门的极端事件的预期影响信息。同样，一些用于指导行动的预报计划，如基于预报的融资（Coughlan de Perez 等，2016）正在用于为人道主义响应提供支撑信息。可持续的经济和社会发展要求不断开发、审查和完善针对风险社区的预测、预报和预警系统，这反过来又要求数据、预报工具和训练有素的专家完美搭配，同时还要开展准确的风险管理行动（Leonard 等，2007）。将性别问题纳入预警系统非常重要，因为据报道，妇女和儿童在灾害中死亡的可能性是男性的 14 倍（联合国开发

社交媒体和移动电话服务等现代通信方法为帮助改善通信和预警有效性带来了重要机会

计划署，2013）。她们还在应急准备和响应以及减少灾害风险方面发挥着关键作用（联合国减少灾害风险办公室，2015b），前提是她们有能力这样做。

几十年来，业务预报和预警服务一直在发展，有许多案例（Pappenberger 等，2015；Adams 和 Pagano，2016 年；Smith 等，2017），包括流域范围和国家范围的预报预警系统（此类系统的概述见 Adams 和 Pagano，2016），以及大陆范围乃至全球范围的预报预警系统（Emmerton 等，2016）。然而，目前全球各地在洪水预警系统的可用性和运行状态方面情况并不一致，特别是在实现《仙台框架》和可持续发展目标（SDGs）等全球议程中设定的目标方面（Perera 等，2019）。此外，还存在许多技术、财政、体制和社会方面的挑战，包括水文气象网络不足、技术能力有限、预报人员匮乏，以及对预警系统的运行效果缺乏了解等。

干旱监测和干旱预警系统也存在类似的参差不齐，面临类似的挑战。干旱预警系统，如基于厄尔尼诺 / 南方涛动（ENSO）指数的季节性展望，可用于对干旱状况或持续干旱状况进行预警，以便做出积极的干旱管理决策，如淘汰牲畜、减少种植面积或种植不同作物。季节性干旱预报在东南亚和南美洲西部取得了成功（主要是由于这些地区靠近太平洋，而太平洋是厄尔尼诺 / 南方涛动的起源地）。然而，非洲的季节性干旱预报仍然不够精确。在运行的国家和地区范围的“干旱监测器”有很多（世界气象组织 / 全球水伙伴，2016）。

干旱管理界一直在重点推进干旱管理的三大支柱方法，包括：1）全面的干旱监测和预警系统；2）脆弱性和影响评估；3）适当的干旱风险缓解和应对行动（Pischke 和 Stefanski，2018）。该方法强调了通过利益攸关方的参与将这三大支柱相互联系起来的重要性，旨在制定和实施积极的干旱管理计划或政策。

> 干旱和洪水监测系统是减少风险的重要组成部分

干旱和洪水监测系统是减少风险的重要组成部分。然而，这些系统须纳入全面的干旱 / 洪水管理战略，该战略需要了解面临风险的人和事物都有哪些及其为何面临风险，同时根据设定的阈值确定减少风险的适当措施以及应对方法。洪水管理界已经制定了相关措施选择的指南（APFM，2013a；2013b）。

### 洪水和干旱保险

加强气候风险保险的可获得性，使社区能够提高其灾后恢复力，并通过及时提供赔付，在支持洪水和干旱等极端事件的灾后恢复方面发挥重要作用。保险若伴有采取预防措施的要求或激励措施，则可以支持灾害准备和管理，因而成为具有成本效益的减灾战略的重要因素（联合国减少灾害风险办公室，2017 年）。

保险通过对风险的成本估算和设定风险预防标准，为可接受的风险水平设定了最低门槛。较低的风险就意味着较低的保费，因此可激励抗灾能力建设（全球水伙伴，2018a）。基于指数的洪水保险计划（图 4.5）可以简化决策，并加快保险赔付，通过高科技方法对被洪水毁坏的农作物进行补偿，这种方法已被证明比传统的实地评估更有效（Amarnath 等，2017；Amarnath 和 Sikka，2018）。

台风“海贝思”过后的日本丸森

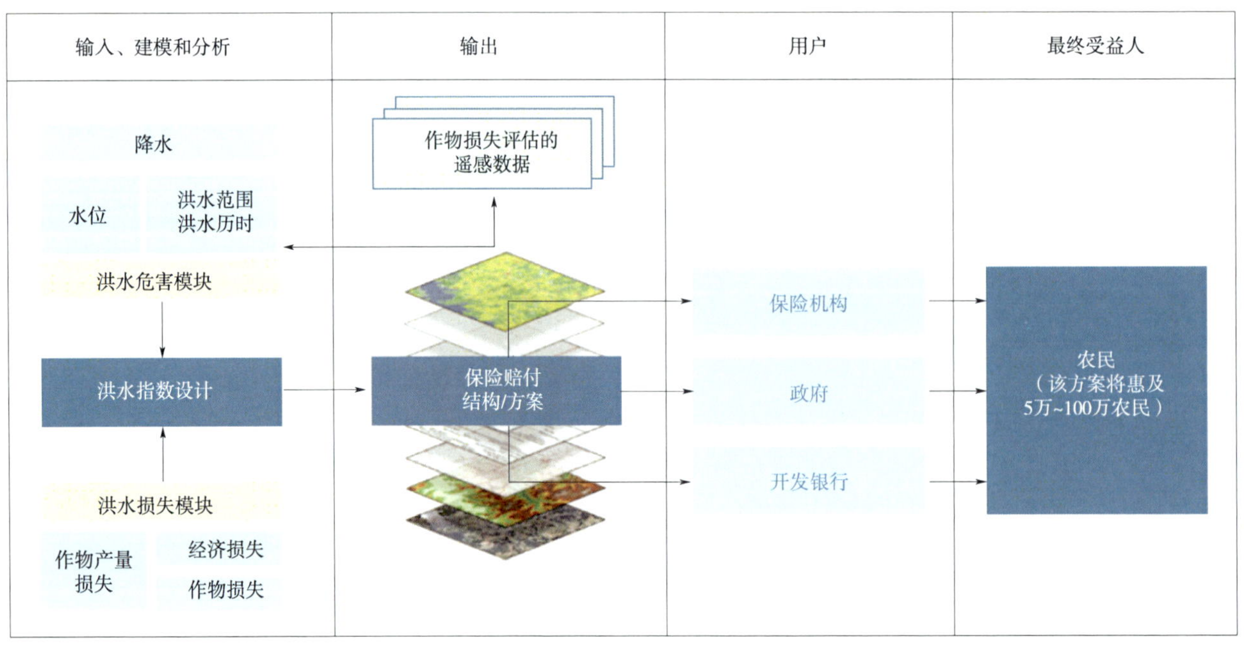


来源：Amarnath（2017）。

图 4.5　基于指数的洪水保险方案的概念框架（从设计到实施）

此外，保险公司还可以通过资本投资来调动大量资金投入恢复力建设。总的来说，保险降低了灾害带来的经济风险，因而可以帮助调动更多的外部资金。在风险转移机制下，还可以开发恢复力债券，鼓励投资恢复力建设的有关措施（Hermann 等，2016）。

**城市规划**

城市规划是软 / 非结构性措施之一，为减少灾害风险和适应气候变化提供了极好的机会。例如，城市规划可以通过科学合理设置排水系统，提供安全收集和储存洪水的空间，以提高抵御洪水风险的韧性。因此，城市就像“海绵”一样，可以控制海潮涌入并将雨洪作为资源进行利用（Liu 等，2016）。荷兰政府为确保荷兰免受洪水泛滥而实施的三角洲计划（van Herk 等，2013；Gersonius 等，2016），以及利用体育场等空间来蓄滞洪水的日本鹤见河多功能滞洪区（Ikeuchi，2012），都是将减少灾害风险措施纳入城市规划的成功案例。

**应急计划**

为备灾而制定洪水应急计划提高了灾害响应负责人的能力，并增强了当地的恢复力。实现这些目标的潜在工具之一是“基于证据的洪水应急计划”，这一计划是基于洪水模拟和定量风险评估等科学方法。具体包括 6 个步骤：1）了解当前情况；2）通过洪水淹没模拟进行风险识别；3）影响分析；4）制定应对策略；5）制定应急计划；6）共享该计划。该工具适用于任何洪水易发地区，已在菲律宾吕宋岛进行了测试（Ohara 等，2018）。

## 4.3 减少灾害风险的规划和评估方法

为了减少气候变化背景下的涉水灾害风险，必须将减少灾害风险纳入不同的部门政策和计划之中（Birkmann 和 Von Teichman，2010；Reinmar 等，2018）。在这一主流化的过程中，需要评估灾害和气候变化对各级各专题领域和部门的计划发展行动的影响。还需要明确哪些现有的部门政策和法律文书已经考虑到了减少灾害风险措施。

将性别平等和社区参与纳入决策过程应成为减少灾害风险战略的关键要素

利益攸关方的参与对于制定和实施减少灾害风险战略的各个步骤都至关重要。重要的是要确定减少灾害风险的利益攸关方及其责任，向其提供相关信息，促进其（各个部门，包括当地社区）积极参与，并加强利益攸关方的能力，以便更好地应对紧急情况。决策过程中的性别平等和社区参与是减少灾害风险战略的关键要素。消除对妇女歧视委员会（CEDAW，2018）《第 37 号整体建议》很好地阐述了气候变化背景下减少灾害风险的性别问题。

跨界流域层面上的减少灾害风险评估，可以使我们能够对整个流域的最严重风险进行评价，还可促进沿岸各国采取共同行动。缓解流域灾害有助于拓宽决策空间、增加可供选择的解决方案（联合国欧洲经济委员会，2009；2015）。通过协商和共同行动解决跨界涉水灾害，可以帮助沿岸国家之间实现互惠互利（例如实现成本分摊、数据共享、构建共同的预警体系）。还能使备灾工作更加有效，并有助于避免可能会对其他沿岸国家产生负面影响的单方面措施。联合国欧洲经济委员会 / 联合国减少灾害风险办公室（2018）提出了决策者和执行者在气候变化背景下应对跨界流域涉水灾害的相关方法和工具。

## 4.4 机遇

人类正在探索建设有恢复力的社会以及最大限度发挥适应气候变化和减少灾害风险之间协同作用的新知识和新方法（Birkmann 和 Von Teichman，2010；Reinmar 等，2018）（见第 13 章）。人工智能、“大数据”、复杂的气候和水文模型、先进的遥感技术、基于自然的解决方案和社交媒体都可能加快适应气候变化和减少灾害风险的全球议程。人工智能和机器学习有可能极大地改善环境监测、洪水预报和灾害通信（Sermet 和 Demir，2018）。社交媒体数据流可以为洪水监测中的未监测位置提供关键信息（Wang 等，2018b；Sit 等，2019）。决策支持系统（Demir 等，2018；Newman 等，2017）通过深思熟虑的博弈方法可以促进多种危害减缓中的参与性决策（Meera 等，2016；Carson 等，2018）。新兴技术可能不会完全取代传统的灾害风险降低措施，但可以补充这些措施，以提高应对涉水灾害的能力（Gan 等，2016）。

需要进一步改善水资源管理和灾害风险管理的机构间协调，特别是在跨境流域，因为在世界大多数地方，跨境流域管理仍然处于碎片化状态

要最大限度地发挥这些创新工具的效益，就需要弥合（或至少缩小）科学知识与决策者和从业者采取的措施之间的鸿沟。需要进一步改善水资源管理和灾害风险管理的机构间协调，特别是在跨境流域，因为在世界上大多数地方，跨境流域管理仍然处于碎片化状态。同样重要的是，这些发展必须与积极的政策和规划相联系。政府机构不仅要预测事件，而且应该知道事件发生时的程度和强度。政府应该有预先制定好的并且协商一致的行动计划，以及时做出适当响应，确保不良影响的损失能够得到控制，确保社区和企业能够尽快恢复正常。

# 第5章

## 水、卫生与气候变化相关的人类健康影响

马来西亚雅贡儿童学习如何正确洗手

**世界卫生组织** | Kate Medlicott，Jennifer De France，Elena Villalobos-Prats 和 Bruce Gordon

**参与编写者：** Halshka Graczyk（国际劳工组织）；Sarantuyaa Zandaryaa（联合国教科文组织政府间水文计划）；Javier Mateo-Sagasta（国际水资源管理研究院）；Rio Hada（联合国人权事务高级专员办事处）；Serena Caucci（UNU-FLORES）；Vladimir Smakhtin（联合国大学水、环境与健康研究所）和 Lesley Porie（Water.org）

本章重点关注气候变化引起的水质和水量变化对人类健康的影响。在气候变化相关的健康风险背景下，对发病率和死亡率趋势进行了审查，并提出了供水和卫生设施相关的应对方案。

## 5.1 简介

人们越来越相信，气候变化对健康有严重影响，其中许多影响与水相关。气候变化威胁到社会的方方面面，迟迟未能应对这一挑战则进一步加剧了人类生命和健康权所面临的风险（世界卫生组织，2018b）。如果目前的温室气体排放趋势继续下去，气候变化将对最贫穷和最弱势人口造成一系列健康影响，从而加深国家内部和国家之间的不平等。

气候变化预计产生的涉水健康影响主要包括粮食、水和病媒传播的疾病、与沿海和内陆洪水等极端天气事件相关的死亡和伤害，以及干旱和洪水造成的营养不良或粮食短缺。尽管难以量化，对与疾病、伤害、经济损失和流离失所相关的精神健康影响也不容忽视。即使只考虑健康风险，并对经济增长做出乐观的假设，到 2030 年，气候变化预计每年还会额外导致 25 万人死亡，因为气候变化阻碍了防治营养不良、疟疾和腹泻等致死问题的进展（世界卫生组织，2014）。

> 到 2030 年，气候变化预计将导致每年增加 25 万人死亡，因为气候变化阻碍了防治营养不良、疟疾和腹泻等致死问题的进展

气候变化的驱动因素（见第 1 章）造成了沉重的疾病负担（世界卫生组织，2018b）。着眼于减少温室气体排放量的减缓措施对于维持长期防治疾病的社会和环境条件仍然至关重要。还需要继续相关工作，以避免不确定但可能十分严重的涉水风险，包括使卫生系统不堪重负的极端天气事件、粮食系统崩溃、大规模人口流离失所和贫困加剧等，这些风险是健康的决定因素。这些因素有可能逆转健康和社会整体发展的进程。

气候变化对健康的影响可能会比温室气体的减排滞后几十年，因为影响健康的社会和环境决定因素的变化（如粮食短缺导致的移民）与相关的健康影响（如营养不良和发育迟缓、移民的精神健康影响）之间存在延迟。但有一个重要的机会，可以让我们通过协调一致的行动迅速解决气候变化和改善健康，那就是借鉴“同一份健康”方法的原则，将对人类、动物和生态系统的健康干预措施相结合，以改善公共卫生成果。加强水与卫生服务以及卫生系统的恢复力将拯救生命，保护人民免受气候变化的许多潜在健康影响。

近年来，国际社会取得了重要进展。全球气候和健康协定，包括其中最知名的《巴黎协定》（第 21 次缔约方大会或联合国气候变化大会的文件草案），明确规定了要采取更强有力的措施，保护人类健康免受气候风险的影响，并促进清洁发展措施给人们带来更多的健康惠益。目前已有一系列不同的涉水政策和技术方案用于支持各国将健康问题纳入适应和减缓政策，还有部分涉及卫生设施。现在需要的是更系统的、基于证据的和更大规模的实施（世界卫生组织，2015b）。

## 5.2 涉水发病率和死亡率趋势

> 许多食源性疾病还与粮食生产，收获后加工和／或食品制备中使用的水质差有关

实现获得安全、充足的水和适当卫生设施的人权，将提高数百万人的健康水平和生活质量，尤其是对最贫困者而言。个人、家庭和社区卫生也因此得到改善。此外，通过更好地管理水资源，减少病媒传播疾病的传播，如蚊子传播的病毒性疾病（Kibret 等，2016），并确保用于娱乐的河湖中的粪便污染和藻华浓度在安全范围之内，可以挽救许多生命，并在家庭和国民经济层面上产生广泛的直接和间接经济效益（世界卫生组织，2019a）。许多食源性疾病（表 5.1）还与粮食生产、收获后加工和／或食品制备中使用的水质差有关（世界卫生组织，2006）。最新评估表明，城市周边地区以未经处理的城市污水为主要灌溉水源的农田总面积已达到约 3600 万公顷，相当于德国的国土面积（Thebo 等，2017）。

表 5.1　气候变化可能加剧的不安全水和卫生设施的健康影响

| 健康影响 | 示　例 |
| --- | --- |
| 人类福祉 | 长距离和／或不安全的供水和卫生服务、洪水和干旱导致经济或教育发展耗费大量时间以及产生恐惧、焦虑和压力等负面情绪。疾病造成的医疗费用和／或疾病康复期间的收入损失引发的焦虑 |
| 微生物感染 | 由于缺乏卫生与清洁设施、水和粮食被污染或反复发生微生物感染（发育迟缓、肺炎、贫血）等原因而导致的粪－口感染（腹泻、霍乱、痢疾、伤寒、小儿麻痹症）和蠕虫感染。由于水资源管理不善导致的病媒传播疾病 |
| 人身伤害 | 水和环卫工人溺水和／或在工作场所受伤。洪水造成的人身伤害 |
| 化学中毒 | 饮用水中硝酸盐、氟化物、砷和其他化学污染物摄入含量升高 |
| 营养不良和发育迟缓（以及相关的认知障碍） | 由于使用不安全的水和卫生设施导致反复腹泻或蠕虫感染，从而引发环境性肠病、营养不良和发育迟缓。由于用于粮食生产的可用水量减少，食品供应不足，导致营养不良和发育迟缓 |
| 新出现的问题 | 社区和卫生设施中不良水质和卫生条件导致了抗微生物耐药性的加剧，同时废水排放中存在的抗生素残留物、耐药细菌和基因进一步推动了耐药性的发展。 |

来源：世界卫生组织（2011；2017；2018b）。

据保守估计，全球每年因供水和卫生设施不足而导致的可预防死亡人数近 200 万，同时还导致了1.23 亿可预防的伤残调整寿命年[1]，其中最大的负担落在 5 岁以下儿童身上（世界卫生组织，2019a）（表 5.2）。自 2000 年以来，水和卫生设施有关的所有主要疾病的死亡率呈下降趋势（世界卫生组织，未注明日期），这与供水和卫生设施的改善有关。然而，

1　伤残调整寿命年是衡量总体疾病负担的一种指标，表示为因健康欠佳、残疾或过早死亡而损失的年数。

在许多地区，由于供水、卫生设施和个人卫生设施不足，社会和经济负担不均衡地落在了妇女和儿童身上（例如，由于取水任务而失去工作或教育机会，或因厕所使用和月经卫生管理而产生羞耻和焦虑等情况持续存在）（Wendland 等，2017）。

表 5.2　2016 年因供水、卫生设施和个人卫生设施不足造成的疾病负担

| 疾病 | 死亡人数 | 伤残调整寿命年（千） | 人口归因分数 |
|---|---|---|---|
| 腹泻 | 828651 | 49774 | 0.60 |
| 土壤传播的蠕虫感染 | 6248 | 3431 | 1 |
| 急性呼吸道感染 | 370370 | 17308 | 0.13 |
| 营养不良 * | 28194 | 2995 | 0.16 |
| 沙眼 | <10 | 244 | 1 |
| 血吸虫病 | 10405 | 1096 | 0.43 |
| 淋巴丝虫病 | <10 | 782 | 0.67 |
| **供水、卫生设施和个人卫生设施小计** | **1243869** | **75630** | **NA** |
| 疟疾 | 354924 | 29708 | 0.80 |
| 登革热 | 38315 | 2936 | 0.95 |
| 盘尾丝虫病 | <10 | 96 | 0.10 |
| **水资源管理小计** | **393239** | **32740** | **NA** |
| 溺水 | 233890 | 14723 | 0.73（LMIC 为 0.74，HIC 为 0.54） |
| **水环境安全小计** | **233890** | **14723** | **NA** |
| **供水、卫生设施和个人卫生设施不足总计** | **1870998** | **123093** | **NA** |

注：LMIC：低收入和中等收入国家，HIC：高收入国家，NA：不适用。疾病负担是针对中低收入国家的预估。对腹泻、急性呼吸道感染和溺水的估计还包括高收入国家的疾病负担。

* 包括蛋白质能量营养不良（PEM）造成的疾病负担以及仅对 5 岁以下儿童的影响。

来源：世界卫生组织（2019，表 2，第 44 页）。

在联合国千年发展目标（2000—2015 年）完成时，全球 91% 的人口使用了经改善的饮用水源，68% 的人口使用了经改善的卫生设施（世界卫生组织 / 联合国儿童基金会，2015）。还需要做很多工作才能实现可持续发展目标所界定的新的、更高水平的、得到安全管理的供水和卫生设施服务，而目前仍分别有 22 亿人和 42 亿人缺乏这两项优质服务（世界卫生组织 / 联合国儿童基金会，2019）。安全管理的服务对于实现供水、卫生设施和个人卫生设施带来的健康收益至关重要（世界卫生组织，2014）。[1]

1　请参阅联合监测计划（世界卫生组织—联合国儿童基金会）和可持续发展目标基准的 2017 年方法更新，以了解改善饮用水、改善卫生设施以及安全管理的供水和卫生设施的定义（世界卫生组织—联合国儿童基金会，2018）。

## 5.3 与气候变化相关的健康风险

2015 年《巴黎协定》得出结论，气候变化已经影响人类健康，并且在全世界范围内的暴露程度和脆弱性都在增加。此外，即使升温 1.5℃，也会影响人类健康。预计弱势、最脆弱和最贫穷人口的身心健康将受到严重影响。因此，气候变化被认为是贫穷的乘数，到 2030 年可能造成 1 亿人陷入极端贫困（世界卫生组织，2018）。

> 气候变化被认为是贫穷的乘数，到 2030 年可能造成 1 亿人陷入极端贫困

气候变化对人类健康的直接影响包括暴露于较高温度中所造成的生理影响、呼吸道和心血管疾病及其伤害的发病率增加，以及干旱、洪水、热浪、风暴潮和野火等极端天气事件造成的死亡。对健康的间接影响源于生态变化，例如粮食和水的不安全状况和对气候敏感的传染病的传播，还源于社会对气候变化的反应，例如人口流离失所和获得卫生服务的机会减少。极端天气事件、与气候相关的流离失所、移民和文化丧失的心理健康影响可能是终身的。由于气候变化的间接影响可能源于较长的因果路径，因此很难预测或预防（世界卫生组织，2018）。

通过水进而受到气候变化影响的涉水疾病主要包括以粮食、水和带菌体为媒而传播的疾病（在洪水情况下尤其具有挑战性），还有沿海和内陆洪旱灾害相关的死亡和伤害。健康影响也可能是由于饮用水中病原体、毒素或化学物质的暴露增加，以及作物歉收导致的营养不良（世界卫生组织，2017）。健康影响将严重影响日常从事危险职业的人群，包括农业从业者（国际劳工组织，2016）。

表 5.3 总结了与气候多变性和变化相关的暴露程度决定健康影响的主要因果路径，主要是通过饮用水质量和数量产生作用。适应气候变化的水安全计划（WSPS）可以通过减轻这些影响来降低发病率。

由于气候情景的多变性和社会反应的中介效应，与气候变化相关的额外疾病负担的量化仍然存在许多不确定性（世界卫生组织，2018b）。然而，很明显，如果系统设计和管理不能适应气候变化，那么气候变化就会减慢或破坏在获取安全管理的水与卫生设施方面取得的进展，并导致资源的无效使用。进一步讲，气候变化也将减慢或破坏在消除和控制与水与卫生设施相关疾病方面取得的进展。先前对 2030 年前气候变化引发疾病变化的估计表明，与 2000 年相比，某些地区的腹泻风险增加了 10%（McMichael 等，2004）。此外，由于气候恢复力差，即使社区层面的水与卫生设施覆盖面损失相对较小，也会对人类健康产生严重的影响。特别是在卫生设施方面，例如，少数家庭时常淹水的厕所会污染整个社区，即使其他家庭的厕所没有受到影响，也有可能使整个社区的人暴露在疾病中。

> 气候变化会减缓或破坏在安全管理的水与卫生设施方面取得的进展

因此，确保为整个社区提供适应气候变化的水与卫生设施服务，对于保护公共健康至关重要（世界卫生组织，2018a；Wolf 等，2019）。此外，与气候变化相关的降水和地下水损失会增加对废水作为灌溉水源的需求。与此同时，洪旱灾害的增加会因为洪水期间的卫生系统溢流以及干旱期间的污染集中而加剧水污染（HLPE，2015）。除非采取足够的治理措施以及农场和市场控制措施，否则将导致更多的低水质灌溉，引起食源性疾病相应增加（Qadir，2018）。

随着水温的升高，某些疾病（包括疟疾、登革热、西尼罗河和莱姆病以及其他被忽视的热带病）载体的有利繁殖地的范围不断扩大，病媒传播疾病的能力正在提高。昆虫或动物媒介会将传染病传播到欧洲和北美等地，这些地区以前因为太冷而无法支持传播。例如，

自20世纪50年代以来，作为登革热主要传播者的蚊子，其媒介能力增加了约10%（世界卫生组织，2018b）。预计在当前流行区接壤的地区，疟疾的传播范围也将扩大，当前流行区的变化则较小。气候变化和人口增加预计也会大大加剧水坝对疟疾蔓延的影响，特别是在撒哈拉以南的非洲，因为水坝为蚊子提供了繁殖场所（Kibret等，2016）。

> 气候导致的水资源可用性变化会引发生态变化，并进一步导致粮食不安全和营养不良

气候导致的水资源可用性变化会引发生态变化，并进一步导致粮食不安全和营养不良。气候变化和极端事件是造成严重粮食危机的主要原因之一，其累积影响正在破坏粮食安全的各个方面，包括供应、获取、使用和稳定性。预计营养不良将成为气候变化对人类健康的最大威胁之一。温度升高2℃时，预计将有5.4亿～5.9亿人营养不良，年轻人和老年人受到的影响尤其严重。气温上升、洪水和干旱也会影响粮食安全。例如，温度升高会增加食物来源（如鱼类中的雪卡毒素）和食物中的病原体含量，而洪水会增加病原体的牲畜传播风险（世界卫生组织，2018）。

预计风暴潮和沿海洪水造成的死亡或受伤人数的比例变化会较大，内陆洪水的严重健康影响（如受伤和溺水）将增加，与营养不良造成影响的比例相似（世界卫生组织，2018）。水温升高导致的富营养化和有害藻华的增加尤其令人担忧。通过饮用水、鱼类和娱乐活动接触来自有害藻华的蓝藻毒素会导致人类和动物急性或慢性中毒（CRS，2018）。最近的一项研究表明，蓝藻毒素中毒的暴发在过去的30年里变得更加普遍（Trevino-Garrison等，2015）。

当人类健康受到损害时，发展的其他要素也面临风险。例如，成年人生病时，既不能工作也不能照顾他人。青少年生病时无法上学，甚至父母会抛开工作去照顾他们。同时，累积的医疗费用将加重家庭收入负担。因此，由于应对气候变化带来的额外健康负担，家庭会在经济上出现倒退，甚至面临经济移民（第8章）。未能把水、卫生设施和收入建立联系是导致发展方法忽视金融市场作为全球努力消除水与卫生设施危机的重要盟友的几个疏忽之一（Pories，2016）。世界卫生组织估计，普遍获得安全用水和卫生设施，可降低医疗保健成本、减少疾病、提高生产率，从而带来每年1700亿美元的经济效益（世界卫生组织，2012）。

## 5.4 供水和卫生设施应对方案

面对气候变化，实现可持续发展目标的健康、营养和水目标需要在各个领域开展干预措施，但又需要各领域措施之间的协调和联系（Ringler等，2018）。供水和卫生设施服务的适应措施对于避免与气候变化有关的潜在健康风险至关重要。就卫生设施而言，现场卫生设施和废水处理技术的选择及其管理方式也可以在减缓方面发挥作用（世界卫生组织/DFID，2009）。

为使水与卫生系统更能适应气候变化，可在健康系统的6个核心组成部分下考虑采取适应措施：政策和治理、融资、服务质量、技术和基础设施、劳动力和信息系统（包括监测、监督和研究）（世界卫生组织，2015c）。数据收集和监测系统、灾害应对和恢复计划以及行为改变方案等措施可以支持有效的适应。改善水与卫生设施服务提供者的融资机制，促进这些实体建立应急储备的能力，使其能够更好地应对气候事件。表5.4总结了关键的适应和减缓措施。第3章详细介绍了水领域额外的适应和减缓措施。

表 5.3　气候多变性和变化暴露的健康影响：因果路径

| 受气候变化影响的风险 | 对水资源的潜在影响 | 对健康和其他方面的潜在影响 |
|---|---|---|
| **水资源和饮用水供应** | | |
| 平均温度升高 | • 水传播病原体加速生长、存活、持久性、传播和毒性，以及氯残留物稳定性降低<br>• 形成更多消毒副产物<br>• 蒸散量增加，水资源可用性降低 | • 病原体引起的食源性和水传播疾病的风险增加<br>• 长期接触消毒副产物会增加患癌风险<br>• 与干旱的影响相似 |
| 干旱加剧 | • 洗涤、烹饪和卫生用水可用性降低，增加了水传播污染的风险<br>• 环境干燥时污染物浓度增加。该问题在地下水资源质量极低的地区尤为严重，例如在印度和孟加拉国、北美和拉丁美洲以及非洲的某些地区，砷、铁、锰和氟化物的浓度往往很高<br>• 地下水位下降和地表水流量减少可能导致水井干涸，增加汲水（潜在不安全）的距离，并加剧水源污染<br>• 降水不足导致河水流速降低，从而扩大媒介繁殖场所<br>• 热带地区粮食产量较低，导致粮食安全下降；粮食供应减少和价格上涨，减少粮食获取<br>• 为适应更频繁的干旱而增建水坝会加剧传播并改变疟疾感染模式（Kibret 等，2015） | • 食源性和水传播疾病负担增加<br>• 氟化物：牙齿和骨骼氟中毒<br>• 砷：皮肤变化（色素沉着变化、角化过度），癌症（皮肤、膀胱、肺）等<br>• 铁和锰：水变色，味道难闻<br>• 贫困地区粮食产量和摄入量减少以及传染病发病率上升的相互作用导致营养不良，增加健康影响的风险<br>• 营养不良和传染病的综合影响；儿童发育迟缓和消瘦等慢性影响 |
| 更多极端降水事件 | • 缺乏卫生用水，洪水对水与卫生基础设施造成破坏，以及溢流对水源的污染<br>• 更强的降水事件和风暴潮径流，导致地表水病原体、化学物质和悬浮沉积物的负荷增加<br>• 洪水造成污水系统溢流和污染，尤其是在基础设施较差的地方<br>• 降水的长期增加导致地下水位上升，从而降低自然净化过程的效率<br>• 地表水的增加会扩大病媒的繁殖场所，雨水的增加有利于植被生长，并增加脊椎动物宿主的数量<br>• 洪水促使脊椎动物宿主与人类的接触更密切<br>• 强降水可将幼虫从其栖息地汇集到水中冲洗掉，从而减少昆虫媒介和传染病（例如血吸虫病）中间宿主的数量 | • 食源性和水传播疾病以及接触潜在有毒化学品的风险增加<br>• 病媒传播疾病风险的增加或降低取决于当地生态 |
| 较高的淡水温度（氧气浓度降低、磷等营养物质浓度增加以及其他因素） | • 病原体的地理和季节分布不断变化，例如霍乱弧菌和血吸虫病<br>• 淡水中有害藻华（蓝细菌和其他细菌）的形成增加<br>• 与水相关病原体相关的微生物生长和繁殖的更有利条件<br>• 温度较高、含氧较少的水会释放出越来越多的底栖生物营养物质（如磷），进而促进浮游植物的活动，并将金属（如铁和锰）从湖泊沉积物中释放到水体中 | • 霍乱和血吸虫病等食源性、水传播和水基疾病的风险增加<br>• 肝损伤、肿瘤促进剂、神经毒性、皮肤病学和呼吸道毒性（长期影响取决于所接触的毒素）<br>• 味道和气味难闻<br>• 对水生态系统生产力的影响，对粮食供应和安全产生影响 |
| 海平面上升 | • 海平面上升的沿海地区将无法居住并影响人口迁移<br>• 海平面上升增加沿海含水层的盐度，预计相应地下水补给量也会减少 | • 水传播疾病的风险增加，高盐摄入对非传染性疾病的健康影响增加 |
| **卫生设施和废水管理** | | |
| 受气候变化影响的风险 | 对卫生设施的影响 | 对健康和其他方面的潜在影响 |
| 强降水（导致极端降水事件、洪水、山体滑坡等） | • 现场系统遭遇洪水导致溢出、溢流和环境污染（例如，供水、洪水、地表水、土壤） | • 水传播疾病和病媒传播疾病以及耐药性传播的风险增加<br>• 与营养不良相关的健康影响风险增加 |
| 降水和径流长期减少（导致长期干旱等） | • 供水减少阻碍了依赖水的卫生系统（如抽水马桶、下水道）的运行 | • 水传播疾病和病媒传播疾病的风险增加（例如，由于缺乏清洁用水，卫生设施和个人卫生条件不佳）<br>• 贫困地区粮食产量和摄入量减少导致营养不良相关风险和相关疾病增加<br>• 未经处理的废水用于粮食生产造成的相关水传播疾病和病媒传播疾病的风险增加 |
| 较高温度（导致地表水和土壤温度升高、热浪） | • 卫生系统的故障、崩溃或无法使用阻碍了安全的卫生行为（例如，热浪期间的强烈气味妨碍了厕所的正常使用） | • 不安全使用或不使用卫生系统造成的健康影响（例如，抑制排尿/排便冲动导致身体或心理异常） |

来源：源于世界卫生组织（2017；2019b）。

**表 5.4　由卫生系统相关方面组织的关键适应和减缓措施**

| 类别 | 示　例 |
| --- | --- |
| 政策与治理 | 以供水、卫生设施和个人卫生设施和健康脆弱性评估为依据的国家政策和战略，以确保投资的可持续性（世界卫生组织，2018a）。纳入“全球健康”方法，解决人类、动物和生态健康的决定因素 |
| 融资 | 利用风险管理方法确定与气候相关的其他风险的成本，并将其纳入水与卫生融资计划以及供水和卫生基础设施运营和融资计划中（世界卫生组织，2018a）<br>向低收入家庭提供信贷和（或）保险的金融普惠活动，可以使严重气候事件的受害者更容易从房屋或作物毁坏中恢复过来 |
| 服务的交付 | 在地方层面实施与气候有关的水与卫生风险管理方法，例如由服务提供商和市政当局实施的适应气候变化的水安全计划（世界卫生组织，2017，表 3，第 35 页，危害和控制措施的示例）和适应气候变化的卫生设施安全规划（世界卫生组织，2016 和 2018b，表 3.6，第 54 页，卫生系统适应方案）<br>通过安全利用农业废水和地下水补给解决干旱问题 |
| 技术和基础设施 | 减缓卫生设施和废水处理的排放，例如厕所和废水处理（WWTP）的排放；能源和沼气回收的潜力<br>增强健康、水和卫生系统的恢复力，例如，卫生保健设施中具有气候适应性的供水、卫生设施和个人卫生设施，与气候相关的准备情况以及具有气候适应性的水和卫生技术（世界卫生组织，2018a） |
| 劳动力 | 确保有足够的劳动力用于提供水和卫生服务以及提升工人意识。培训和保护到位，以防止气候风险导致的工作场所相关疾病和伤害（国际劳工组织，2016；世界卫生组织，2018b） |
| 信息系统（包括监测和监督） | 确保卫生监督和监测系统包括关于水和卫生服务的获取和使用的数据，并结合气候数据进行分析，以便为适应卫生方案以及水和卫生服务质量提供信息（世界卫生组织，2018b）<br>加强饮用水、灌溉用水和娱乐用水的监测和监督方案，尤其是在极端天气事件和涉水灾害期间（世界卫生组织，2018a） |
| 研究 | 确定并解决水、气候变化和人类健康之间的关键知识差距，包括水量和水质模型，以预测、改变和规划具有气候适应性的服务（Hofstra 等，2019） |

来源：本章作者。

虽然实施适应方案的很多工作并非卫生部门的责任，但卫生领域需要在供水和卫生服务的交付方面履行其核心职能。这些职能之一是促进部门间协调，确保健康保护纳入相关规范和标准。另一个主要职能是将与水和卫生设施相关的气候风险纳入健康政策、健康监督系统和健康促进活动，其中为实现疾病的初级预防和减少抗菌剂的使用，水和卫生设施必不可少。

南非约翰内斯堡索韦托镇的公共厕所

卫生部门全面负责卫生保健设施的气候韧性，包括卫生设施内具有气候适应能力的供水和卫生服务。此外，卫生领域负责确保医疗机构做好准备，以应对与极端事件相关的额外患者负担，并适应与气候变化相关的疾病负担的缓慢变化。

为了规划和采用最具成本效益的解决方案组合，开发模型和情景分析框架至关重要，这样才能更好地了解当地疾病负担的来源以及气候变化可能导致的未来变化，从而为水资源的气候适应和健康保护管理提供信息（Hofstra 等，2019）。

# 第 6 章

## 农业和粮食安全

干旱季节，卢旺达当地居民在山丘和山谷上筑梯田，以便保留表土、养分和水

**联合国粮食及农业组织** | Marlos De Souza，Yo Nishimura 和 Jacob Burke

**参与编写者**：Christophe Cudennec（国际水文科学协会）；Petra Schmitter，Amare Haileslassie 和 Mark Smith（国际水资源管理研究院）；Stephan Hülsmann，Serena Caucci 和 Lulu Zhang（UNU-FLORES）；Bruce Stewart（世界气象组织）

本章重点介绍了在气候影响下陆水联系将变得显而易见，以及水土资源管理实用方法能通过农业提供气候适应和减缓措施。此外，本章提供了一个让联合国气候变化大会进一步介入水资源管理的农业视角。

## 6.1 简介

气候是一种农业资源。几千年来，人类的作物生产、畜牧业、淡水养殖和近海渔业系统已经适应了温度和降水的分布。从这个意义上说，农业面临的风险来自日常的天气变化以及温度和降水的季节性和年际变化的长期模式，农民和商品交易商已充分认识到这一点。这些变化的速度和幅度越来越大，未来 50~100 年内的进一步变化前景令人担忧，特别是对没有其他生计来源的农村贫困人口而言。

尽管全球粮食系统总体上能够满足不断增长的热量需求，但仍有 8.21 亿人（或占全球人口的 11%）严重营养不良，而且这个数字按绝对值计算还在上升。虽然人们已经普遍认识到了与天气有关的突然冲击的影响，但长期贫困、经济混乱和市场偏远等因素早已造成了农村生产者对长期气候变化的脆弱性。干燥趋势、夜间温度升高、霜冻发生率或相对湿度增加，都将对农业生态功能产生长期影响，此外还会造成与天气有关的短期冲击。这种粮食生产模式的中断并非总能得到价格合理的替代（进口）供应的补救，粮食援助分配系统也并不总能满足对基本热量和营养补充剂的需求。因此，预计不断增加的气候变化和极端天气将威胁粮食安全，包括人们的健康获得和营养饮食（联合国粮食及农业组织 / 国际农业发展基金 / 联合国儿童基金会 / 世界粮食计划署 / 世界卫生组织，2018）。

气候变化下的农业用水管理面临双重特殊挑战。第一，需要调整现有生产模式，以应对更严重的水少（物理型和经济型）和水多（防洪和排水）问题。第二，需要通过减少温室气体排放和提高水资源可用性的气候减缓措施来促进农业“脱碳”，以响应相关政策。农业适应性举措的核心是农业用水管理，使得经济作物和某些粮食，特别是水稻，拥有灵活的生产周期。雨养土壤的土壤水分管理对于保持土壤结构、促进根系生长和植物碳吸收同样至关重要。

以上并非小规模的全球挑战。政府间气候变化专门委员会将农业、林业和其他土地利用称为“AFOLU 领域”，该领域的温室气体排放量估计占 2007—2016 年人为排放温室气体总量的 23%（政府间气候变化专门委员会，2019b）。农业统计数据报告（FAOSTAT，未注明日期）显示，截至 2016 年，土地总面积（1.301 亿 $km^2$）中的 37%（4870 万 $km^2$）运用了某些形式的农业管理。这些土地包括耕地、永久性作物、牧场和人工管理的湿地。土地使用的转换速度和高强度土地农业投入（特别是无机肥料）的趋势使得实行可持续适应措施和有效减缓措施的门槛更高。但若要使该领域对气候目标产生积极贡献，这些适应措施和减缓措施至关重要。

当前粮食生产系统产生的有害环境后果已经出现，特别是碳排放的增加、生物多样性的丧失和自然资源的耗损，都已日渐逼近“环境安全界限”（Springmann 等，2018；Willet 等，2019）。考虑到这些既定的土地和水资源极限，以可持续的方式来发展农业、在减少投入和降低排放水平的同时保持农业生产增长水平等全球倡议已然出现，统称为“气候智能型农业”（框注 6.1）。

气候智能型农业是已经获得认可的、具有全面信息支撑的一整套土地与水管理、水土保持和农业实践的综合性方法，这套方法考虑了对气候变化性的预测，并能实现碳封存和温室气体减排。在多数情况下，这些都是相对成熟的保护性农业措施（Corsi，2019），可系统运用于干旱条件下土壤结构、有机质和水分的维持，但其中也包含用于调整或延长农时，适应季节性和年际气候变化的农业技术（包括灌溉和排水）。灌溉和排水形成的灵活性使水资源管理成为备受瞩目的适应性举措，对临时和永久作物都有很好的碳封存作用。然而，这种灵活性的代价可能是当地水资源枯竭和水质恶化。必须同时考虑干旱和水质恶化的基于自然的解决方案。其中包括作为农业实践一部分的景观恢复（世界水评估计划 / 联合国水机制，2018）。

目前全球仍然存在 21 亿贫困人口和 7.67 亿极端贫困人口，其中 80% 生活在农村地区

目前全球仍然存在 21 亿贫困人口和 7.67 亿极端贫困人口，其中 80% 生活在农村地区。世界贫困区高度集中（95% 的农村贫困人口）在撒哈拉以南非洲地区以及南亚 / 东南亚（世界银行，2016b）。联合国粮食及农业组织估计，在仅占全球 12% 的农田上，有约 4.75 亿个小农场（面积不超过 2 公顷）生产生存物资和经济作物（联合国粮食及农业组织，2015b）。

气候变化将增加农村贫困率。即使是微小的季节性变化也会造成粮食不安全（因粮价上涨），并导致植物、动物和人类疾病发病率增加。此类气候性影响会逐步冲击农村收入和经济增长，严重折损农村贫困人群获取土地、水、森林和鱼类资源的机会。随着其主要资产基础的整体减少，农村贫困人口的长期恢复力将下降（联合国粮食及农业组织，2019）。

温度变化和热带地区极端天气发生率的综合影响，将使这些本已脆弱的人群进一步陷入极端贫困或完全退出农业。因此，气候变化被视为消除农村贫困的一大障碍。80% 的干旱影响由农村生产者承受，当地水资源的压力，特别是对提水技术的依赖将会增加（联合国粮食及农业组织，2019）。

因此，气候与土地的相互作用以及农业管理在产生或抵消温室气体排放中的作用，必须纳入政府间气候变化专门委员会气候变化与土地特别报告（政府间气候变化专门委员会，2019b）的主题当中，这一点非常重要。同样重要的是，鉴于根据第 4/CP.23 号决定《科罗尼维亚农业联合工作》（Koronivia Joint Work on Agriculture）、(《联合国气候变化框架公约》，2017）所做出的承诺，农业用水管理现在已明确成为气候谈判的一部分内容（框注 6.2）。

## 6.2 气候影响和农业底线：从趋势中区分冲击

全球变暖直接导致水循环加速和大气蒸发能力的增强，同时，农业部门又在努力追赶粮食需求的增长，这必将导致水需求的增加（联合国粮食及农业组织，2011b）。在综合分类表（表 6.1）中，阐述了气候对农业的影响范围和对农业水管理的影响，指明了主要农业系统的相对脆弱性和适应性，包括序言中强调的风险敏感领域。水管理响应举措列出了每种情况适用的适应性方法。

一般而言，温度分布变化的影响是可预测的，且可以根据气候模型预测采取长期适应

## 框注 6.1　气候智能型农业

可持续提高农业生产率和收入

适应气候变化并增强恢复力

尽可能减少和/或消除温室气体

来源：根据联合国粮食及农业组织（2017b）。

"气候智能型农业是一种改造和调整农业系统以有效支持发展、确保气候变化下粮食安全的行动方式。气候智能型农业旨在实现 3 个主要目标：可持续提高农业生产率和收入；适应气候变化并增强恢复力；尽可能减少和 / 或消除温室气体。"（联合国粮食及农业组织，未注明日期 a）。

"气候智能型农业并非一套放之四海而皆准的做法，而是一种涵盖农业生产内外不同要素的方法，结合了技术、政策、制度和投资。"（联合国粮食及农业组织，2017b）。

其中的适应措施包括：

- 干湿交替灌溉稻米；
- 间作降低冠层温度；
- 气候智能型害虫管理；
- 基于指数的风险管理工具。

减少温室气体排放的减缓措施包括：

- 太阳能抽水，减少石油能源投入和相关排放；
- 针对性管理地方施肥，以减少无机肥料投入，增加土壤有机质（碳）留存。

有关共同利益的措施包括：

- 保护性农业 * 增加土壤碳封存、保持土壤水分和避免土壤扰动的技术；
- 土壤肥力管理，减少温室气体无机肥料排放，提高持水能力。

查询有关气候智能型农业的更多信息，请访问：

- 原始资料和电子学习课程；[1]
- 相关概要。[2]

* "保护性农业是一种有利于永久土壤覆盖维持、最小化土壤扰动（即免耕、条播）和植物种类多样性的农业生产制度。保护性农业改善了地表上下的生物多样性和生物自然进程，从而有助于提高水和养分的利用效率，并有助于改善和维持作物生产"（联合国粮食及农业组织，未注明日期 b）。

1　www.fao.org/climate-smart-agriculture-sourcebook/en。
2　详见 www.fao.org/gacsa/resources/gacsa-csa-documents/en/。

表 6.1　主要农业系统中气候对水管理的影响类型

| 系统 | 现况 | 气候变化驱动因素 | 脆弱性 | 适应性 | 响应举措 |
|---|---|---|---|---|---|
| **1 融雪系统** | | | | | |
| 印度河 | 高度开发，出现缺水。受淤积和盐度限制 | 20 年来流量不断增加，随后地表水和地下水补给量大幅减少。改变了径流和峰值流量的季节性变化。高峰流量和洪水增加。盐度增加。一些地方生产力下降 | 很高（河道）；中高（水坝） | 改造空间有限（所有基础设施已经建成） | 供水管理：增加储水和排水；改善水库运行；改变作物和土地使用；改善土壤管理；管理水需求，包括地下水管理和盐度控制 |
| 恒河<br>布拉马普特拉河 | 地下水使用潜力高，长期存在水质问题。生产力低 | | 高（地下水位下降） | 中（仍有开发地下水的可能） | |
| 中国北方 | 极度干旱，生产力高 | | 高（全球性影响，粮食需求高对价格有很大影响） | 中（由于财富增加，适应性也在增强） | |
| 红河和湄公河 | 生产力高，洪水风险高，水质差 | | 中 | 中 | |
| 科罗拉多河 | 干旱，盐化 | | 低 | 中（资源压力过大） | |
| **2 三角洲** | | | | | |
| 恒河布拉马普特拉河 | 人口密集。浅层地下水，使用广泛。存在洪水适应可能；生产力低 | 海平面上升。风暴潮和基础设施破坏。气旋频率较高（东亚 / 东南亚）；地下水和河流中咸水入侵；洪水频率增加。地下水补给可能增加 | 很高（洪水、气旋） | 差，除了盐度 | 尽量减少基础设施建设；联合使用地表水和地下水；管理沿海地区 |
| 尼罗河 | 三角洲高度依赖径流和阿斯旺水库——上游可能进行开发 | | 高（人口压力） | 中 | |
| 黄河 | 干旱严重 | | 高 | 低 | |
| 红河 | 近期改造过的抽水灌溉和排水，但成本高昂 | | 中 | 高，除了盐度 | |
| 湄公河 | 三角洲地下水利用经过改造——易受上游开发影响 | | 高 | 中 | |

续表

| 系统 | 现况 | 气候变化驱动因素 | 脆弱性 | 适应性 | 响应举措 |
| --- | --- | --- | --- | --- | --- |
| **3 半干旱 / 干旱热带地区：融雪有限 / 地下水有限** | | | | | |
| 季风区：印度次大陆 | 生产力低。流域过度开发（地表水和地下水） | 降水量增加。降水量可变性增加。干旱和洪水增加。温度升高 | 高 | 低（地面灌溉）；中（地下水灌溉） | |
| 非季风区：撒哈拉以南非洲地区 | 土壤贫瘠；农业体系华而不实；水资源过度分配，某些地区存在人口压力。粮食安全普遍受到威胁 | 降水量可变性增加。干旱和洪水频率增加。降水量减少，温度升高。径流减少 | 很高。旱作系统产量下降。生产波动性增大 | 低 | 应对储水困境；增加地下水补给和使用；发展高价值农业（澳大利亚） |
| 非季风区：澳大利亚南部和西部 | 农业系统华而不实；水资源过度分配；来自其他领域的资源竞争 | | 高 | 低 | |
| **4 湿热带** | | | | | |
| 稻米：东南亚 | 地面灌溉。生产力较高，但已停滞不前 | | 高 | 中 | |
| 稻米：中国南方 | 联合使用地表水和地下水。相较中国北方地区，产量较低 | 降水量增加。气温略有上升。降水变化增加以及干旱和洪水 | 高 | 中 | 增加第二季和第三季储水量；干旱和洪水保险措施；作物多样化 |
| 稻米：澳大利亚北部 | 生态脆弱 | | 低 | 高 | |
| 非稻米：地表水或地下水灌溉 | | | 中 | 中 | |
| **5 温带地区** | | | | | |
| 欧洲北部 | 高价值农耕和牧场 | 降水量增加；生长季延长；生产力提高 | 地面灌溉：中；地下水灌溉：低 | 地面灌溉：低；地下水灌溉：高 | 新开发潜力。储水开发；排水 |
| 北美洲 | 谷物种植；地下水灌溉 | 径流减少，水资源紧张增加 | 中 | 中 | 提高生产力和产量；限定储水措施 |
| **6 地中海** | | | | | |
| 欧洲南部 | 高度干旱 | 降水量明显减少，气温升高，水资源紧张增加，径流减少 | 中 | 低 | 局部灌溉，转移至其他领域 |
| 非洲北部 | 高度干旱 | | 高 | 低 | 局部灌溉，补充灌溉 |
| **7 小岛** | | | | | |
| 小岛 | 生态系统脆弱；地下水超采 | 海水上升；咸水入侵；气旋和飓风出现频率增加 | 高 | 不定 | 控制地下水超采；管理水需求 |

来源：联合国粮食及农业组织（2011b，表 4.2，第 73–74 页）。

**框注 6.2　提高农业用水在联合国气候变化会议进程中的显现度**

在第 23 次缔约方大会（COP23，2017 年联合国气候变化大会）上，缔约方依照《联合国气候变化框架公约》就下一步的农业举措做出了一项决定。这项具有里程碑意义的决定被称为《科罗尼维亚农业联合工作》，是《联合国气候变化框架公约》下农业和粮食安全谈判向前迈出的重要一步。

本决定号召缔约方和利害关系方共同努力，确保农业发展既能确保气候变化下的粮食安全，又能减少排放。《科罗尼维亚农业联合工作》将重点讨论农业领域的 6 个主题，涉及粮食安全和气候变化对土壤、牲畜、肥料和水管理的社会经济影响。

《科罗尼维亚农业联合工作》首次把水纳入《联合国气候变化框架公约》的谈判进程，农业中的"水管理"无法脱离其他领域。因此将采用水资源综合管理方法，这意味着"其他非农业用水"也将在讨论中有所反映。

办法。然而，降水，特别是降水量的波动性增加（强度、持续时间和频率），对某些生产力最突出的农业系统采取适应性举措构成了挑战，同时也阻碍了将大气湿度纳入大气环流模型的尝试。在政府间气候变化专门委员会土地特别报告中，将模拟的水分胁迫范围归因于农业取水，说明了评估的各种模型预测具有不确定性（政府间气候变化专门委员会，2019b）。尽管如此，全球变暖，加之气候变化增加和水循环加快，将为部分群体提供新的农业气候机会（例如，生长季节延长），但同时也对部分群体构成了阻碍（例如，土壤缺水期延长或转移）。此类生产模式的转变是在经济环境下产生的，这种环境受制于自然资源选择范围的缩小，以及领域间土地和水资源的竞争。农业的总体结构转型（解放农业劳动力以及吸纳新技术）也将影响适应的类型和过程，以及减缓温室气体的排放。

全球粮食、纤维和工业作物的产量增长大体与需求一致。2027 年前农业生产消费的中期预测表明，随着需求逐渐减少，增长也将普遍减速（经济合作与发展组织 / 联合国粮食及农业组织，2018）。对 2050 年的长期预测（联合国粮食及农业组织，2017a）表明，低收入和中等收入国家的热量需求增长率较高，同时气候类型和相关极端事件的逐步变化导致生产风险增加，尤其是在中东地区（联合国粮食及农业组织，2017a）。这些宏观经济预测列出了气候变化对农业生产各个方面的预期影响。政府间气候变化专门委员会（2014a）和 Ray 等（2015）得出结论，认为高达三分之一的全球作物产量变化可以用气候变化解释，但这些影响尚未证明可以通过气候建模进行全面量化。农业用水需求的变化同样仍然难以预测。例如，2019 年政府间气候变化专门委员会关于气候和土地的评估指出，灌溉用水需求的模型预测范围很广，从目前 2005 年每年约 2500$km^3$ 的底线到 2100 年每年 2900 ~ 9000$km^3$ 的底线（政府间气候变化专门委员会，2019b）。

《政府间气候变化专门委员会第五次评估报告》（政府间气候变化专门委员会，2014a）研究了典型浓度路径设想下大型农业食品系统的预期气候作用力。这表明，为了适应水资源限制和 $CO_2$ 富集的综合影响，需要在雨养生产和灌溉生产之间进行某些转换（Elliot 等，2014）。此外，预计到 2040 年，影响农业生产的四种主要作物（小麦、大豆、稻米和玉米）的区域降水模式将发生变化（Rojas 等，2019）。这表明迫切需要采取具备共同效益的适应减缓措施，以保持农业生产水平。

### 6.2.1 农业用水需求

灌溉土地的用水量占全球用水量的 69%（AQUASTAT，2014），是受气温升高和干旱影响最大的用地。虽然目前这类土地的面积（约 330 万 $km^2$）仅占总土地面积的 2.5%（图 6.1），但占耕地面积的 20%，且产出约占全球农业产出的 40%（FAOSTAT，未注明日期）。在该情况下，取水、引水、用水和排水过程会产生一系列长期的外部环境影响，尤其是含水层枯竭、土壤盐碱化以及径流和排水污染。统计估算，地下水服务区域的面积约为 125 万 $km^2$（Siebert 等，2013），其中大部分的供能来自不可再生能源。此外，地面灌溉计划用于配水和排水的电泵也在激增。

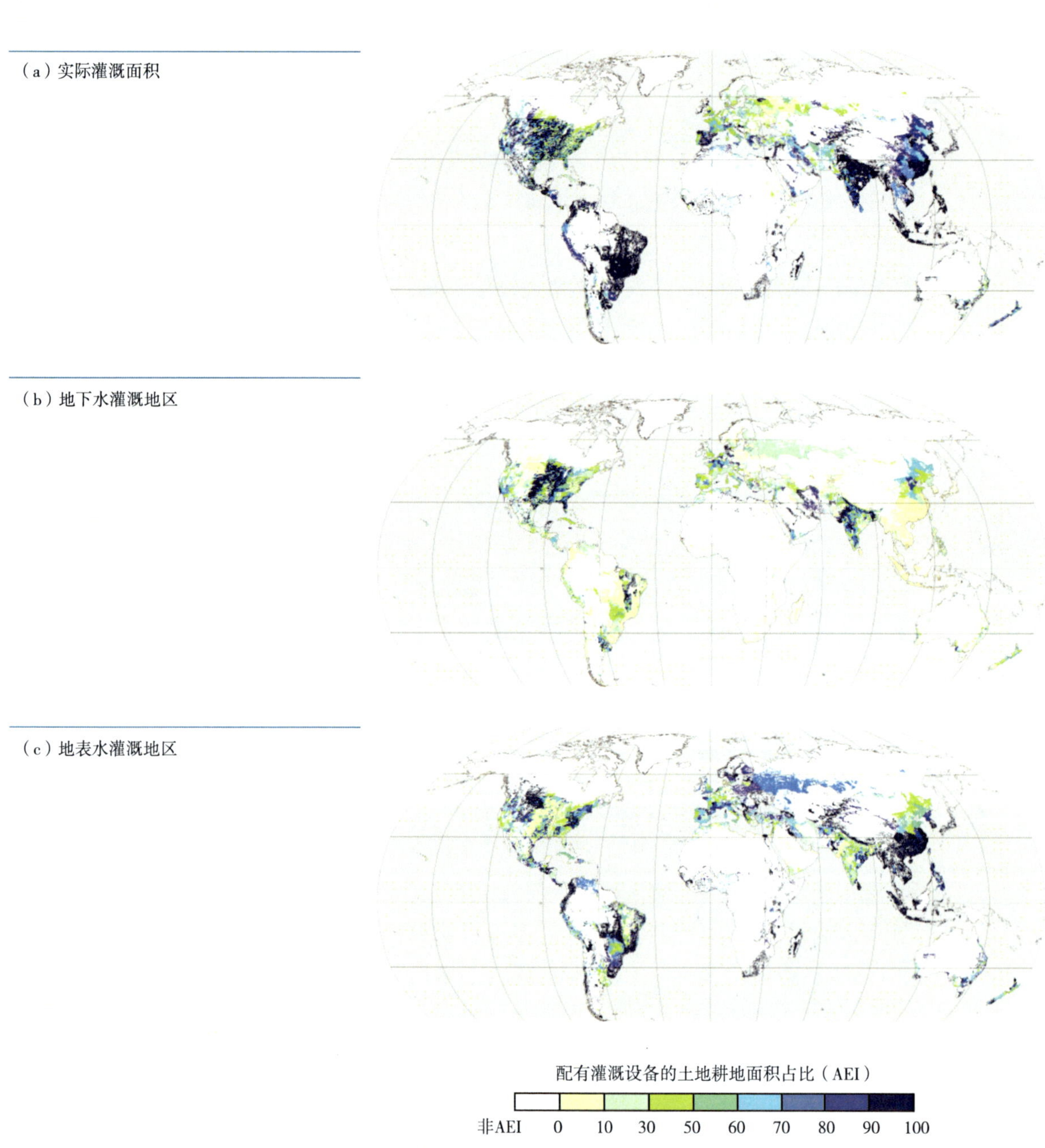


来源：FAO-AQUASTAT/Universität Bonn（2013）。

图 6.1 配有灌溉设备的面积占比

农业用水在全球用水中占主导地位，但来自其他领域的竞争正在减缓农业领域淡水分配的增长。根据 2010 年统计数据总报的全球基准估计，农业取水量为 2769km$^3$/a，高于 1990 年估计的 2300km$^3$/a（AQUASTAT，2014）。

灌溉土地作物生产的扩大和集约化是农业用水需求最重要的驱动力，而在当地，农林、牲畜以及水产养殖的储水也影响了流域和集水区的水分占比。《农业用水管理综合评估》（2007）和《风险管理系统》（联合国粮食及农业组织，2011a）报告指出，越来越多的证据表明，河流流域封闭、大规模农业系统崩溃现象正在发生，如依赖地下水灌溉的三角洲和冲积平原。在灌溉生产情况下，Hoogeveen 等计算得出的增量蒸发量超过自然速率（2015），为 1268km$^3$/a，这表明全球灌溉用水效率约为 50%，而取水量为 2769km$^3$/a。地表和地下水抽取量与通过有益蒸发（蒸腾、散热和杂草抑制）消耗的水量之间的差额，或通过回流或含水层补给得到循环利用，或以渠道和离岸蓄水或灌溉系统多余排水的形式蒸发损失掉。虽然旱地（包括牧场）的管理对蒸发过程的影响一般是中立的，但如果土壤结构受耕作和夯土破坏，失去渗透和土壤持水能力，对径流和直接补给进程的影响就会很大。

截至 2016 年的农业统计数据显示，配有灌溉设备的地区年增长率一直在减缓（Seibert 等，2015；联合国粮食及农业组织，2017a）。但这些地区仍然处于正增长状态。在这些不断扩大的区域，随着种植密度增加和灌溉技术应用，包括对合适的用地和作物使用加压滴灌和喷灌方法，耗水集约化明显增加。然而，认为灌溉技术应用能减少取水量的假设似乎无法成立。引入加压灌溉以“节约”水资源的国家计划证实，实施效果恰好相反：采用灌溉技术往往会扩大灌溉面积，反而增加耗水量（Perry 等，2009；Lopez-Gunn 等，2012；Scott 等，2014；Molle 和 Tanouti，2017；Grafton 和 Wheeler，2018）。与先进灌溉技术相关的农业用水增长在流域水分占比中表现十分明显，尤其是承压和非承压含水层的储水超采（Molle 和 Wester，2009）。

地下水在农业和农村发展中的作用经常被低估

地下水在农业和农村发展中的作用经常被低估（国际水文地质学家协会，2019）。来自其他领域的竞争，尤其是工业和基础设施供应对高质量地下水的经济需求影响了邻近的农村地区（Flörke 等，2018），其中数百万小农户依靠浅层地下水循环来缓解旱季水资源短缺和长期干旱。浅层和深层地下水抽水工程的范围，以及用于灌溉、水产养殖和牲畜饮水的小型水坝工程，在国家以下一级没有系统记录，使得配有灌溉设备地区和实际灌溉地区的抽水量估计存在一定程度的不确定性（Siebert 等，2015）。

牲畜的水足迹不仅局限于放牧用地的消耗性蒸散，如今还涉及很多供水系统，包括用于给活牲畜喂水和散热，以及生产饲料和进口蛋白浓缩（特别是大豆）或谷物（家禽饲料）灌溉用水的设施（Mekonnen 和 Hoekstra，2012；Ray 等，2015）。到 2030 年，肉类产量预计将增长显著——发展中国家的牛肉、猪肉、家禽和山羊产肉量预计将增长 77%，发达国家将在 2015—2017 年平均水平的基础上增长 23%（联合国粮食及农业组织，2017a）。预计非反刍动物（猪和家禽）的增长率最高。鉴于这种预期增长，牧场范围及干旱对这类家畜的影响波动不容忽视，因为饲料补充物（大豆和谷物）主要依靠雨养，除非另做灌溉以维持产量，否则很可能受到影响。中东和美国都采用灌溉豆类和牧草的零放牧饲养场模式，但这种模式在半干旱和温带气候中的应用也越来越普遍，否则牧草在干旱和涝渍情况下会遭到破坏。动物蛋白和乳制品的消费推动了牲畜数量的增长（Gerber 等，2013；联合国粮食及农业组织，2017a），饲料 / 草料 / 作物残留物的产生（在雨养和灌溉系统中），加之直接消耗地表水和地下水用于牲畜喂水和散热，使得畜牧领域的取水量持续增长。

据报告，内陆捕捞渔业的产量接近 1200 万 t（联合国粮食及农业组织，2018c），大部分来自非洲、亚洲和中国（联合国粮食及农业组织，2018d），包括湖泊、河流、湿地和水产养殖源。内陆渔业可受益于农业径流带来的营养物质富集，但也极易受富营养化、污染、栖息地退化和断流影响（联合国粮食及农业组织，2018d）。内陆捕捞渔业和淡水水产养殖系统（包括稻鱼系统）越发受到来自污染负担和内陆水道、水体的水力学管理压力，包括为灌溉而修建的大坝和水库、水力发电机以及农业用水需求和径流。总之，流量减少、污染物浓度升高和温度升高对鱼类死亡率有显著影响（联合国粮食及农业组织，2018d）。这是一个令人关切的问题，因为与海洋生态系统相比，淡水生态系统的缓冲能力相对较低，因此对气候相关的冲击相对更加敏感（联合国粮食及农业组织，2018d）。

据估计，生物燃料生产（乙醇和生物柴油）对农业用水影响很小（1.7%）（De Fraiture 等，2008），因为大多数甘蔗原料均为雨养作物。然而，由于目前主要生产国政出多门，同时全球原油价格低迷，预期生物燃料不会有大的增产（经济合作与发展组织 / 联合国粮食及农业组织，2019）。生物燃料（主要来自甘蔗和甜菜）的灌溉需要细化用水和能耗，以获得抵消化石燃料消耗和相关排放的技术净效益（见框注 9.1）。

随着农业生产力的提高（相对于土地和用水），作物选择和农时已经被相对稳定的气象条件所驯化。在高价值作物生产受到温度和干旱限制的地区，精确生产只能在“室内”进行，以尽量减少气候变化的影响。设有遮荫网、塑料覆膜和温室等的灌溉土地面积正在扩大。受此影响，在地中海和中国北部，丢弃在土壤中的塑料和塑料废物残留产生了巨大的环境影响（Gao 等，2019）。对更高温度的适应也影响到了各类牲畜的生产。集约化生产在“室内”进行，推动了灌溉饲料和饲料谷物的需求，同时造成了供能和供水需求点以及动物粪便污染源的集中（Gerber 等，2013）。

## 6.3 农业水管理在适应中的作用

### 6.3.1 适应的范围

在气候智能型农业框架下，系列适应性方法和技术正在推广，以在气候变暖和降水模式变化条件下维持农业生产水平（框注 6.1）。

旱作农业的适应范围在很大程度上取决于作物品种应对温度变化的能力，以及土壤缺水的管理能力。调理土壤以优化土壤持水，可能涵盖各种保护性农业技术，包括免耕和在土表覆盖作物残留，从而暂时提高土壤有机碳含量。在温带地区块根作物种植区域，使用塑料覆盖膜已是普遍做法，不仅可以保护早熟作物免受霜冻，还可以通过抑制大气蒸发损失保持土壤水分。植物育种（耐旱、抗倒伏）、农时（物候）调整、肥分目标和特定植物保护 / 虫害综合防治也都是气候智能型农业的要素。当然，旱作农业依然存在气候风险。无论进行多少土地和土壤准备工作，如果降水不足以应对整个生长季的土壤缺水，仍将出现作物歉收，且反复施行以上办法的可行度很低。因此，对正在直接投资于土地平整、种子改良和肥料的小农户进行季节性和每日天气预报十分重要。

灌溉可以使农业活动安排得以调整和加强，从而为以前仅依赖降水获得水源的土地（即雨养土地）提供一个关键的适应机制（框注 6.3）。这里的适应可能只是加速增强其计划性能（硬件和软件的现代化），以提高供水和排水服务的效率。这些是灌溉和排水文献中详细介绍的“无悔”方案（联合国粮食及农业组织，2011b；De Vries 等，2017），其中包括在系统中建立冗余，以防止洪水破坏，并加强补给和回流。田间对较高温度和蒸发的适应仅限于净遮荫或种植物遮荫（包括间作或农林业）。

### 6.3.2 可推广的实用农业水管理对策

气候智能型农业中的涉水要素已详细解释为一套可在生长季节保持土壤水分含量的土地和水管理技术，并可作为一整套考虑气候因素的当地措施来实施（图 6.2）（Aggarwal 等，2018）。现在已广泛采用多种气候控制形式（遮阳网、塑料覆膜和温室）下的精量灌溉和调亏灌溉来提高园艺产品的质量。太阳能替代柴油或汽油泵正在大规模推广，特别是在有补贴激励的情况下（Shah 等，2018）。由于有了更准确和更频繁的农业气象信息预报，很多已经根据以往长期气候而标准化的当地农业措施都会发生“调整”或重新安排。

来源：改编自 Aggarwal 等（2018，图 3）。根据 CC BY-NC 4.0 许可。图片：天气智能 © 联合国粮食及农业组织 /Marco Palombi；
节水 © 联合国粮食及农业组织 /A.Brack；种子 / 品种智能：© 联合国粮食及农业组织 /Sia Kambou；碳 / 营养智能 © 联合国粮食及农业组织 /Eduardo Soteras；机构 / 市场智能 © 联合国粮食及农业组织 /Daniel Hayduk。

图 6.2 地方层面的气候智能型农业水响应

哪些方法上的转变可以强化这些适应性响应？水资源管理和农业气象学能够取得进展的一个关键领域是开发可大规模推广并符合农民自己实地监测需求的运营信息产品。其中包括：

- 未来几个月甚至几年的季节性气候预测现已广泛使用（世界气象组织，2016）。及时、可操作和可靠的气候预测可以在农民的短期和长期决策中发挥重要作用。高产作物的种植日期和季节性耕种安排的不同选择为最依赖天气的经济领域的规划提供了一定的精细调整空间（国际经济中心，2014）。

**框注 6.3 半干旱地区气候多变性下的调亏灌溉和补充灌溉潜力：多哥的一个草原地区**

在西非人口不断增长且降水不稳定导致产量频繁下降的背景下，必须提高农业生产系统的稳定性和生产力，例如引入可能适用于该区域的替代灌溉战略并评估其潜力。为此，对多哥一个干旱草原的灌溉管理战略进行了评估，从无灌溉（NI）到控制性调亏灌溉和补充灌溉。结果表明，雨季降水量变化很大，这导致雨养条件下（NI）的预期产量变化很大。当在作物生长的关键点引入补充灌溉以弥补降水量不足时，这种可变性显著降低，所需水量也只有大约 150mm。对于旱季，两种灌溉管理策略（调亏灌溉和补充灌溉）都增加了当地玉米品种的产量潜力，最高可达 4.84 吨 / 公顷，同时降低了预期产量的可变性。然而，即使有调亏灌溉管理，在多哥北部的旱季仍需要 400mm 以上的水来灌溉。因此，在旱季引入全面灌溉需要大量的雨水收集和灌溉基础设施，这表明在试图弥补降水不足方面存在投入成本风险。

来源：摘自 Gadédjisso-Tossou 等（2018）。

- 现在更容易获取接近实时的天气信息，使农民能够据此就作物保护（破坏性降水、霜冻、病害）和作物保险范围做出决策。这类服务正在扩展到已普及移动电话网络的农村地区（尤其是亚洲或东南亚）。
- 在现场层面，随着低成本电磁传感器的部署以及与高分辨率遥感技术的结合，土壤水分原位监测技术不断取得进展（Manfreda 等，2018）。虽然目前的技术可能只适用于高价值的精细农业或研究项目，但根据实时土壤水分监测来安排灌溉，应该会降低成本。
- 将作业用水核算纳入气候智能型农业已经使得当地的农业水预算与流域级的水文和补水制度联系了起来。但如果要证明水资源管理在规模上是有效的，就必须与田野尺度的病虫害综合治理、蚯蚓养殖和稻米强化栽培等农业方案挂钩。相关举措的证据表明，农民愿意使用改进后的农业气象服务 / 信息，并参与收集当地农业气象数据。在定期卫星巡拍的协助下，灌溉系统和次流域级更详细的水核算使消费性利用和灌溉性能评估以及水使用权的监管成为可能。事实证明，联合国粮食及农业组织 WaPOR portal[1] 和国际水资源管理研究院的水资源核算 +[2] 方法是有效的工具。季节性比较已经在帮助各国政府调整用水政策。
- 农业水管理的投资规划现在更有可能评估气候风险。尤其是，通过评估“突破点”，特别是依赖水基础设施的农业系统，决策方法正作为一种自下而上的风险管理手段发挥作用（世界银行，2016b）。

除了现有灌溉方案的信息生成和软件 / 硬件调整外，在农业技术和监管规定允许的情况下，经过恰当处理的盐水和废水也正在得到利用（见第 3 章）。虽然海水淡化是能源密集型系统，但在没有其他淡水替代来源且旱季农产品市场较受欢迎的地方，边际成本的降低还是引发了人们将淡化海水用于灌溉。在符合生物安全法规的地方，如仅限用于饲料灌溉（见第 5 章），废水技术包正得到广泛应用（联合国粮食及农业组织，2010）。此外，将经过部分处理的废水回用于农业为缺水地区增加了水供应，也为植物提供了养分。

所有适应过程都涉及水环境和经济权衡。例如，在灌溉区，地下水储存的枯竭和回流造成的水质退化现象日益增多（Böhlke，2002；联合国粮食及农业组织 / 国际水资源管理研究院，2018）。人们还担心边缘生产者的未来，特别是半干旱地区的小农户，那里的资本

1 www.fao.org/in-action/remote-sensing-for-water-productivity/en/。
2 www.wateraccounting.org/index.html。

资源和获得作物保险等市场解决方案的机会都很有限。传统的雨水收集技术和含水层补给加强，包括沙坝，在农村供水和发展灌溉生产方面都有应用。偏远地区的干预措施通常为劳动密集型，因此可能适合于当地的就业创造计划（国际劳工组织，2019）。通过加强水管理，这些技术与土壤保持措施相结合，可以扩大土壤水分的可得性，覆盖作物发育的关键时期（例如，开花期）。然而，如果年降水量不足以补给地下水，导致当地含水层旱季出现水资源短缺，上述有关灌溉措施无法从当地含水层获得水源补给，那么这些措施仍然存在风险。

适应机会取决于规模，重要的是要区分以特定粮食和饲料部门的大规模商业生产者为特征的生产系统，与数百万拥有高度分散和多变供水渠道的小农户之间的不同。许多情况可能根本不需要投资，例如调整种植日历。而其他一些情况，则可能需要大规模投资于额外的水控制基础设施，如大范围保护灌溉系统以应对更极端的洪水事件。如何通过个体农民投资、国家补贴或农村发展资本支出等渠道为适应所需的增量成本提供资金，这是一个政策问题，并需要与技术干预措施相匹配。从水的角度来看，主要关注的长远问题是这种投资水平是否会降低农业生产者和所有涉水环境服务使用者的水资源风险。

## 6.4 农业、林业和其他土地利用产生的温室气体

政府间气候变化专门委员会决策者摘要指出："2007—2016 年，农业、林业和其他土地利用活动在全球人类活动排放的 $CO_2$ 中约占 13%，甲烷（$CH_4$）中约占 44%，一氧化二氮（$N_2O$）中约占 82%，占温室气体人为净排放总量的 23%（12.0+/-3.0Gt $CO_2$ 当量 /a）（中等置信度）"（政府间气候变化专门委员会，2019b，第 7 页）。

农业温室气体排放量的相对份额从 20 世纪末的约 30% 下降到 2010 年的 20%~25%，主要是由于能源部门的排放量大幅增加（联合国粮食及农业组织，2017a）。图 6.3 给出了农业、林业和其他土地利用"领域"的排放明细。森林地区的生物量增长将温室气体从大气中移除，并对碳封存产生大约 2Gt/a 的净正贡献，因此在图 6.3 中显示为负排放。然而，用于放牧、种植棕榈油和主要粮食作物的林地，随着其燃烧和转换速度加快，林地对温室气体的清除量估计已从 20 世纪 90 年代的约 2.82Gt/a 降至 2014 年的 1.82Gt/a（联合国粮食及农业组织，2016a）。

农业（不包括林业和土地使用）的净贡献估计约为 6.2Gt $CO_2$ 当量 /a，占温室气体人为排放总量的 10%~12%，估计约为 51Gt $CO_2$ 当量 /a（政府间气候变化专门委员会，2019b）。尽管如此，预计农业净排放量还将进一步增长。要想在 2030 年达到《巴黎协定》的目标（比工业化前水平高出 2℃），到 2030 年农业的减排量须达到约 1Gt $CO_2$ 当量 /a，但在合理的发展路径下，预计到 2030 年农业实际的减排量只能达到这一减排量的 21%~40%（Wollenberg 等，2016）。图 6.4 指出了牲畜肠道发酵是排放温室气体甲烷的重要来源（Gerber 等，2013）。全球牲畜链的温室气体模式显示了生产活动和产品之间的明显差异。

将自然湿地和湿地森林抽干，转化为旱作物或棕榈种植园的风险显而易见。近期的研究证实，东南亚原本储存在湿地泥炭中的碳被释放，这是火耕种植发展的结果（Wiggins 等，2018）。高分辨率光探测和测距（LiDAR）制图指出了排水后泥炭地发生火灾的风险（Konecny 等，2016）。然而，泥炭燃烧导致碳释放也可能发生在温带地区排干水的有机土壤地区。因此，排水管理是一个不可忽视的领域，特别是考虑到湿地和湿地森林的生产力。

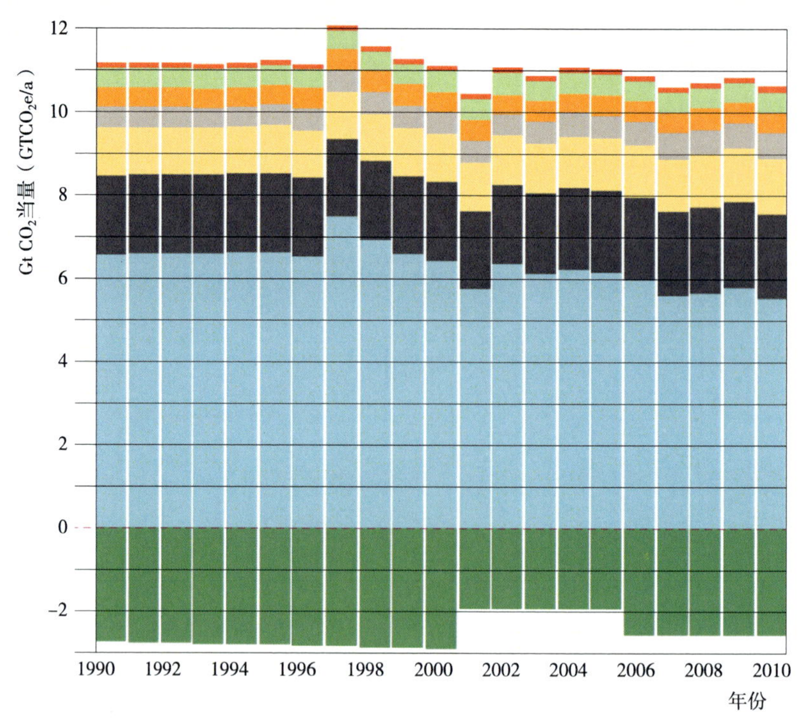


注："合成肥料"包括"留在牧场上的肥料"、"肥料管理"和"施于土壤的肥料"；"燃烧"包括"燃烧－作物残留物""燃烧－热带草原"和"作物残留物"。

来源：联合国粮食及农业组织（2017a，图 4.1，第 40 页）。

图 6.3　农业、林业和其他土地利用的排放量

## 6.5　农业水管理对减缓的作用

### 6.5.1　减缓范围

农业有两个减缓温室气体排放的主要途径：通过地上和地下生物量积累进行碳封存，以及通过土地和水管理减少排放，包括采用太阳能泵等可再生能源措施。减少温室气体的农业实践主要与植树造林和有机土壤的排水控制有关。如果这些土壤被过度排水和焚烧清理，它们可能会分解甚至燃烧。这两种干预措施对水管理都有直接影响。

林业最大的减缓潜力预计来自减少毁林和森林退化造成的排放。《联合国气候变化框架公约》报告的 REDD+ 成果（联合国减少发展中国家毁林和森林退化所致排放量合作方案）90% 以上来自减少毁林（联合国粮食及农业组织，2016a）。从长期来看，造林和再造林的渐进碳封存预计将保持类似的减缓水平（Griscom 等，2017）。

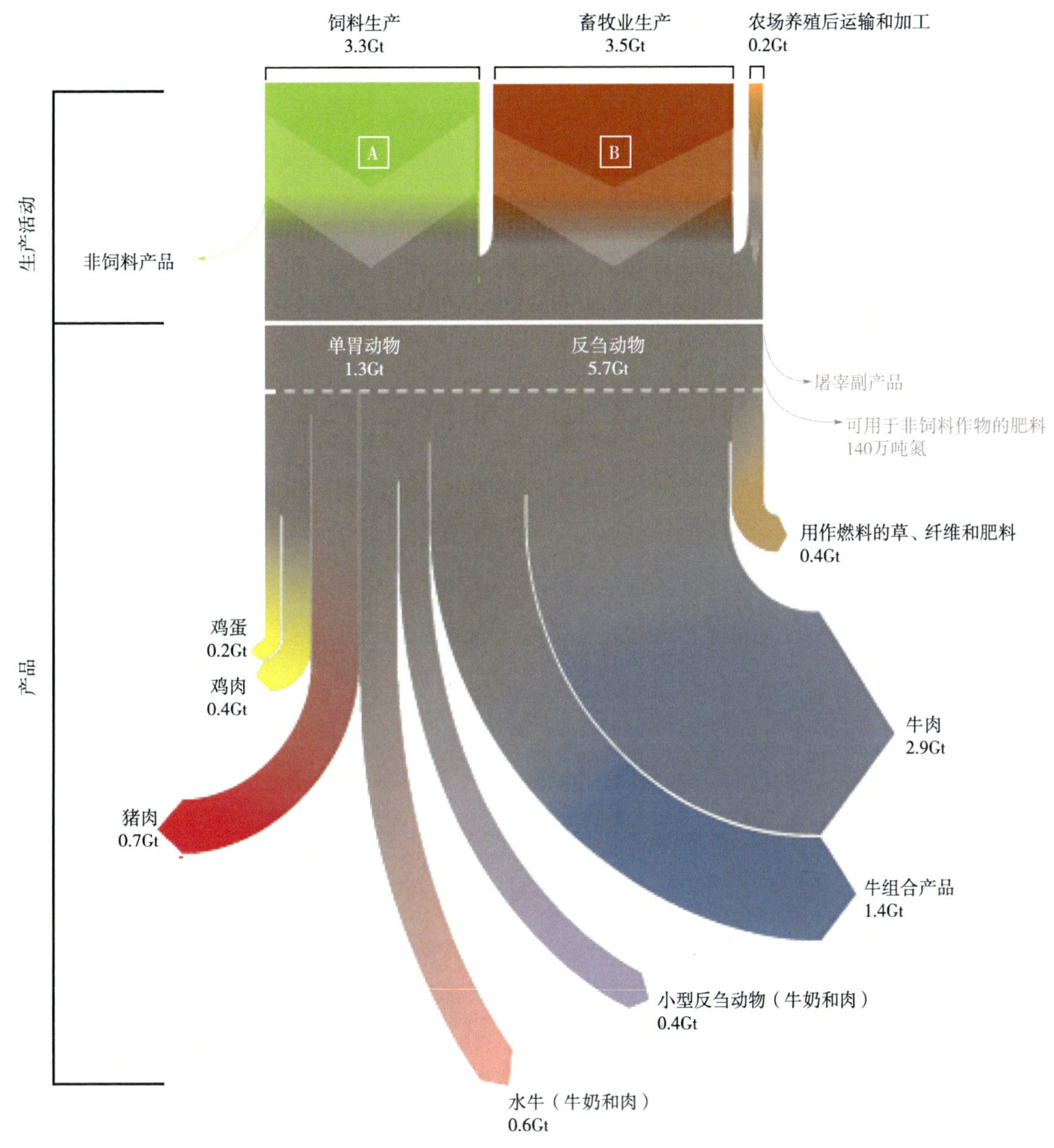


来源：Gerber 等（2013 年，图 5，第 18 页）。

图 6.4　全球牲畜供应链产生的温室气体

然而，就 $CO_2$ 当量吨而言，对农业温室气体排放量贡献最大的是通过牲畜肠道发酵释放的甲烷和堆积在牧场上的粪便——约 3.5Gt $CO_2$ 当量 /a（见图 6.3）。从水管理的角度来看，大面积的旱作牧场正是问题所在，但这一点可能不会立刻显现出来。

牲畜零放牧的趋势，特别是在中东地区和美国中西部，已经导致水需求集中在少数几个地方，给当地和区域含水层系统，特别是地下水带来压力，主要用于生产饲料和牲畜饮水 / 降温（Shah，2009；Alqaisi 等，2010；Dieter 等，2018）。

包括 1100 万 $km^2$ 的临时旱地作物和 3300 万 $km^2$ 的永久草地和牧场的雨养耕地（FAOSTAT，未注明日期）为改善土壤管理以保持土壤水分和促进根系生长提供了一个绝好的机会，从而为土壤碳库带来了净增加（有效地隔离碳）。然而，实现正净减少的规模将受限于土壤水分的可得性，即是否有足够的土壤水分在现有的耕作制度下建立一个全年土壤有机物质库，是否有足够的土壤水分和浅层地下水来建立木本植被。干旱地区的灌溉和集水已经有助于土地的碳封存，否则土地将会日益贫瘠，并因干燥和风蚀而耗尽有机碳。旱地灌溉生产的扩大可视为未来对碳封存的贡献，但受到淡水长期供应的极大限制。

### 6.5.2 为促进减缓采取切实可行的农业水管理解决方案

土壤有机质和土壤水分之间的功能联系为减缓提供了重要机会。保护性农业技术及其因地制宜的各种具体方案正在自愿的基础上得到推广，以提高生产率并减少温室气体排放量（联合国粮食及农业组织，2016b）。然而，必须谨慎评估这些措施的经济可行性。某些技术，如免耕和条播，无法在所有土地上进行大规模投资和应用。例如，如果没有优质的养分和进口有机物质以及定期灌溉的保障，受干旱影响最大的边缘 / 粗骨土壤的初始土壤健康状况便无法得到显著改善。

首先，保护性农业的广泛采用取决于种植作物的类型、播种机的可得性、收获机械化以及覆盖用残渣生物质的可得性。其次，实际产量的增加取决于改良种子品种的可得性。最后，通过农业机械化和耕作方式改变增加劳动力投入或劳动力替代必须是可行且负担得起。充分发挥推广机构、投入品提供者、农民田间学校和病虫害综合治理从业者的作用是采取此类措施的基础。

以碳封存和减排为目标的农林业和农业具体实践分为五大类：

- 各种形式的农林业，包括多产的果木，防风遮荫的本地树木和作为能源原料的大面积种植园。农林业可以对土壤水分渗透、土壤蓄水、地下水补给、径流和侵蚀控制、土壤养分循环和生物多样性产生积极影响（联合国粮食及农业组织，2018e）。就纯水预算而言，耕地或草地转化为绿化土地将增加土地的消耗性使用，尤其是在转化率高增长的情况下（Hofer 和 Messerli，2006；Pugh 等，2019）。然而，还必须考虑气候条件，在温带地区，森林涵蓄了大量隐性降水并保持了高地土壤，森林集水区可以作为一种减缓措施加以推广和保护，因为它们还可以维持较高水平的城市供水基流（Ellison 等，2017）。
- 通过积极的排水管理（梯田、树坑等）和利用免耕系统以减少沉积物和养分的流失，从而处理退化的旱地土壤，这一做法已暂时有效地提高了土壤的有机碳含量。大规模推广这种处理措施，可以减弱和分流小型洪峰，进而对下游产生积极影响。关键在于将土壤水分短缺维持在植物生长所能承受的水平，并改善土壤结构和水力传导系数，以提高渗透率，促进深层渗透和含水层直接补给。
- 与连续的大水漫灌相比，“适度”的干湿交替稻米种植可以减少甲烷排放，维持产量，并有可能减少高达 24% 的需水量（Corrijo 等，2017）。同时还可以降低抽水成本和降低谷物中的砷浓度。然而，这些措施的前提是周期性干旱土壤表面 $N_2O$ 排放增加、氮进入根区的速率降低（由于渗入）、水产养殖和相关生态系统功能丧失以及与持续大水漫灌相关的抑草和地下水补给减少。
- 造林固碳具有一定的优点，因为与成熟森林覆盖相比，再生林的固碳潜力更高（Pugh 等，2019）。同样，在流域范围内也需要进行一定的权衡，因为上游造林会增加蒸腾耗水量，并减少下游流量。此外还需要考虑，在地下水位相对较深的半干旱地区，可能还需要额外的水投入才能促进生长。在遮荫有利于田间或多年生作物生长的地方，采用农林业技术进行更适度的碳封存是可行的。
- 新兴的太阳能泵技术（及其对电网的贡献）及其在农业生产中的应用在减少温室气体排放方面发挥了重要作用（框注 6.4）。电力和能源供应对农村经济的发展至关重要，这体现在印度对依赖地下水高产地区的大量能源补贴水平上，但也正是这种补贴导致了供电公司的破产（Shah，2009）。与柴油相比，尽管太阳能光伏发电系统支出成本更高，但其价格正在下降，并已开始出现大规模发展迹象（Zou 等，2013）。然而，就水管理而言，太阳能泵的位置至关重要。在地下水位较浅的地区（如东恒河、印度河流域的部分地区），排水 / 盐度控制和灌溉供水的综合效益需要抵消抽取天然地下水带来的危害，特别是抽取污染水层中含的砷。而且，对于目前享受有补贴的火力发电的农民来说，将能源来源全盘替换为地下水，在技术上或财务上并非全部可行，尤其是在需要三相电源为深井泵提供动力的情况下。如果缺乏适当的管理和监管，这种技术还会导致不可持续用水的风险（联合国粮食及农业组织 /GIZ，2018）。

## 6.6 结论

农业对气候变化的“响应”将受到在一定范围内应用的气候信息的引领，并以各个农业社区所感兴趣的不同方式来展开。在这个意义层面，适应和减缓措施将是信息密集型，而非硬件密集型。

仅关注农业中的水变量并不一定能如期提高农业生产力。有必要通过一系列气候智能型措施，更广泛地考虑水与其他投入的关系。这些调整措施需要与水文系统的规模相匹配，才能在农业系统性能（与气候多变性相关）方面产生积极效果，并实现温室气体排放的净减少。

**框注 6.4　太阳能泵的利用**

继非洲和亚洲成功实施基于太阳能的灌溉项目之后，用于农业发展转型的太阳能技术投资正在迅速扩大，为确保粮食生产和维持生存提供了一个具有成本效益的可持续能源来源（联合国粮食及农业组织 /GIZ，2018）。由于目前的提水成本接近为零，要确保太阳能灌溉项目以环境可持续的方式发展，不论项目本身是否上网，都需要有更强有力的监管框架和政策（Closas 和 Rap，2017）。在印度，太阳能灌溉项目从 2014—2015 年约 18000 个增加到近年来的近 20 万个，年增长率为 68%。在古吉拉特邦试行的将太阳能作为有偿作物（SPaRC）的模式相当于为小农户提供了有偿激励（109.7 美元 /MWh），鼓励农户向电网出售太阳能，以减少灌溉所需的地下水抽取量（Shah 等，2018）。印度政府已将这一模式纳入其 210 亿美元的 KUSUM（Kisan Urja Suraksha evam Utthan Mahabhiyan——农民能源安全与发展任务）计划，该计划旨在建立 200 万个太阳能灌溉项目。

一些政府和捐赠项目正在通过各种补贴方式促进太阳能灌溉项目，目的都是惠及穷人。例如，到 2025 年，孟加拉国将以 50% 的补贴和 30% 的贷款方式获得支持 50000 个小农户（Verma 等，2018），尼泊尔将推出面向女性土地所有者的融资方式，以支持农业中日益增长的女性化（Mukherji 等，2017），印度将通过集体太阳能方式支持无地和边缘化农民（Sugden 等，2015）。

在非洲，太阳能的潜力并没有被忽视。在摩洛哥，法国农业信贷银行利用一个不到 2.2 亿美元的项目将太阳能补贴与滴灌结合起来，以促进可持续用水。尽管撒哈拉以南非洲地区的离网解决方案潜力巨大的推广速度较慢，尽管其试点成功，但与其他地区相比，该地区离网解决方案的推广速度较慢（联合国粮食及农业组织 /GIZ，2018；Otoo 等，2018）。例如，在埃塞俄比亚，用于灌溉的太阳能光伏水泵可以改造 18% 的旱作农业用地（Schmitter 等，2018）。撒哈拉以南非洲太阳能规模化的现有障碍与供应链薄弱、进口税高昂和金融机制缺乏有关（联合国粮食及农业组织 /GIZ，2018）。

大气环流模型显示，尽管 $CO_2$ 施肥增加了产量，但温带和半干旱地区的许多高产种植系统将不得不在湿热农业气候条件的缝隙中运行。这将影响因干旱而不得不采取措施适应或放弃农业并寻找替代生存来源的农民。可持续水资源管理将作为主要的适应措施，因为季节性降水模式的变化和更高的温度不适合旱作农业，无法满足人们对主食的需求。因此，随着生产者逐步感受到干旱和缺水的影响，他们对已有淡水资源的压力将会增加，对水资源的农业产出也将有更高的期待。长期的应对措施是在旱地上广泛采用保护性农业方法，这不仅可以减少投入，实现固碳，还有利于土壤水分的保持和渗透，有助于提高淡水存储量和改善水质。

为了实现气候智能，首先是要向农民提供农业气象服务和信息，否则他们将无法获得可靠的信息。地方和流域农业水管理的调整将由软件来引领，即适合特定生产者的气候信息工具。在许多情况下，需要努力消除性别偏见，确保女性农民有平等的机会。在取水量日益增加的地方，除了上述服务，还可以将可操作的（基于实地的）水核算作为补充，以便制定年度作物计划，管理地表水和地下水流量 / 储水 / 分配。技术包的采用和推广或农民田间学校的支持必须给农民带来积极的回报，因为考虑到体制环境变化很大，如果无法证明或保持收益，使用者就可能会对这些指导意见无动于衷。为了扩展气候智能型农业，可以在各个层面上总结出一套技术性水政策信息。

在国家 / 国际层面：

• 推广基于农业气候的工具，以预测增加的气候风险（降水强度、持续时间和频率，以及昼夜温度范围、湿度和蒸发能力）；

• 加强与适应和减缓措施有关的激励机制，包括与天气有关的作物保险；

• 加强水治理措施，预计干旱情况下的水分配；

• 克服适应与减缓措施方面的体制性 / 社会性僵化。

在流域层面：

• 宣布准确的操作性农业用水核算，以便与其他领域的主张相对应，并确定在气候变化条件下维持河道内效益（包括渔业和地下水回灌）的基流管理调整范围；

• 实现从联合使用到联合管理的转变，以保持地下水系统发挥作用。

在灌溉系统层面：

• 建设气候防护基础设施和田间生产系统，包括在“无悔”措施的基础上逐步引入灌溉和排水系统冗余；

• 通过气候服务和气候智能型农业措施，提高业务人员和用户群体的灌溉管理能力。

在农民层面：

• 通过面向全社会的农民田间学校方法，部署一系列气候智能型农业和灌溉方案；

• 仔细评估劳动力和机械化成本，包括监控和泵送 / 加压技术，并与定期（固定期限）融资机制相联系。

在生产者组织层面：

• 倡导特定作物领域的可持续集约化和减排模式。

# 第 7 章

## 能源和工业

**联合国工业发展组织** | John Payne

**参与编写者**：Christian Susan（联合国工业发展组织）；Orlaith Delargy（CDP）；Stephan Hülsmann 和 Edeltraud Guenther（UNU-FLORES）；Mário Franca 和 Miroslav Marence（荷兰代尔夫特水教育学院）；Neil Dhot（AquaFed）

本章重点介绍能源和工业领域与水相关的适应、减缓和气候变化恢复力方面遇到的风险、挑战和机遇。

## 7.1 背景

工业和能源部门都偏爱确定的环境——尽管气候变化是确定的，但其对水资源的影响却很难确定。鉴于工业（包括热电和核电厂冷却的能源领域）消耗了世界 19% 的淡水资源（AQUASTAT，未注明日期），最近更是估算出仅能源一项就消耗了约 10%（国际能源署，2016），这种不可预测性所造成的压力构成了严峻的挑战。随着温室气体排放的增加，这种挑战也在不断增加。

此外，预计到 2050 年，工业和能源领域在全球需水量中所占份额（表 7.1）将增长至 24%，其中亚洲和欧洲（主要用于工业）的绝对增幅最大，预计只有北美的份额会减少（Burek 等，2016）。国际能源署基于其主要情景（新政策）[1] 进行预测，到 2040 年，全球能源领域的取水量将增加不到 2%，但用水量将增加近 60%（国际能源署，2016）。在缺水地区，这将加剧干旱，因为返回水循环供其他领域使用的水资源将会变少。

表 7.1　2010 年和 2050 年按大洲划分的工业用水需求（中间道路情景）

| | 2010（$km^3/a$） | 占大洲总用水量的份额 | 2050（$km^3/a$） | 占大洲总用水量的份额 | 变化率（2050 年占 2010 年的百分比） |
|---|---|---|---|---|---|
| 非洲 | 18 | 8% | 64 | 18% | 353% |
| 亚洲 | 316 | 10% | 760 | 19% | 240% |
| 北美和中美洲 | 229 | 35% | 182 | 27% | 80% |
| 南美洲 | 31 | 19% | 47 | 21% | 153% |
| 欧洲 | 241 | 54% | 325 | 58% | 135% |
| 大洋洲 | 2 | 5% | 3 | 7% | 144% |
| **全球** | 838 | 18% | 1381 | 24% | 165% |

来源：改编自 Burek 等（2016 年，表 4－10，第 62 页）。

如果不采取适应和缓解措施，对于低收入和中等收入国家，乃至高收入国家，社会各阶层和价值链上下游都会产生重大影响。

1　“我们在 WEO-2016 中的主要情景是新政策情景，其中包括现有的能源政策以及对可能因实施已宣布的政策意图而产生的结果的评估，尤其是针对第 21 次缔约方大会提交的气候承诺中的结果。”（国际能源署，2016，第 31 页）。

## 7.2 挑战和风险

根据世界经济论坛的数据，自 2014 年以来，极端天气事件在可能性方面排在全球风险的第一位或第二位，就影响而言，水危机排在前五位（世界经济论坛，2019）。与水相关的冲击已经给新兴经济体造成了巨大的保险损失、供应链失灵和波及全球的价格冲击。如果不能应对这些风险，就会导致企业投资大幅下降，给企业和社会发展造成严重后果（国际应用系统分析研究所，未注明日期）。水挑战和企业风险在能源和工业领域愈发明显，这两个领域的情况大体相似。最近报告的企业四大水风险驱动因素是缺水、洪水、干旱和水资源紧张（CDP，2017a）。

### 7.2.1 水挑战

水资源紧张：就可用性（数量）、受污染影响的质量以及可获得性（分配、竞争和冲突）而言，供水的可靠性是企业持续成功运作的关键（图 7.1）。由于气候变化，地表水补给和地下水补给的不确定性和不可预测性以及日益增加的可变性，这些因素变得更加复杂。显而易见，干旱地区形势更加严峻，而在这些亚热带地区，物理干旱造成的水资源紧张将

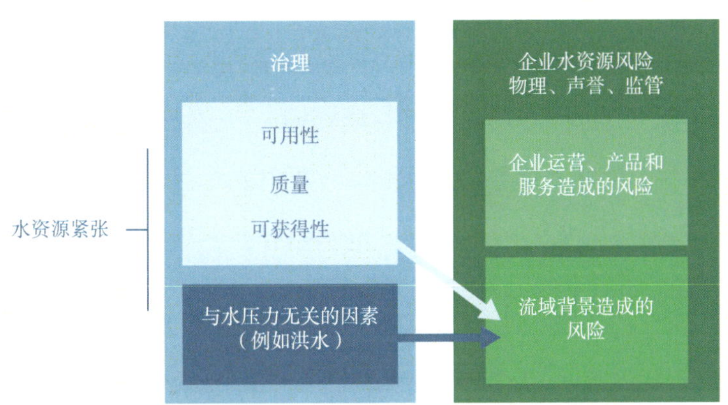


来源：改编自 CEO 水之使命（2014）。

图 7.1 企业面临的水资源紧张和风险

会使其受到最严重的影响。这将影响需要大量水资源的能源生产和工业领域及其供应链。

各种潜在的水资源压力都可能影响能源生产（表 7.2）（国际能源署，2012）。例如，河流和水位可能降低到热力站和水电设施的取水口之下，从而导致运行停止。此外，水温升高会影响冷却，降低热效率，从而降低效率或超过临界阈值，甚至会停止功率输出。这些风险存在于众多不同的地理区域和多种形式的能源生产中。即使总体水资源可用性良好，季节性变化也会带来麻烦，而大量使用直流冷却和 / 或水力发电的国家特别容易受到影响。就全球范围的发电而言，径流和温度变化随气候而变化：考虑到时间和气候因素，气候变化可能导致水力发电在 2050 年减少 1.2%~3.6%，特别是在澳大利亚和南美洲，大多数地区的热电发电将减少 7%~12%（Van Vliet 等，2016）。

表 7.2 水对能源生产的影响示例

| 地区（年份） | 发 电 |
| --- | --- |
| 肯尼亚（2017） | 2017 年开始的干旱造成反复的电力短缺和电价上涨 |
| 美国（2016） | 由于干旱，胡佛大坝的发电能力降低至 30% |
| 巴西（2016） | 干旱影响了伊泰普大坝等水力发电企业，迫使该国转向成本更高、污染更严重的热电厂 |
| 加纳（2016） | 阿科松博大坝是该国的主要能源来源，由于干旱，其运行能力已处于最低水平 |
| 印度（2013—2016） | 干旱导致印度 20 家最大的热电厂中的 14 家倒闭，造成 14 亿美元的损失。2016 年，潜在的火力发电损失了 14TWh，相当于斯里兰卡一年的电力需求 |
| 印度（2012） | 季风推迟增加了电力需求（抽取地下水用于灌溉），减少了水力发电，造成两天持续停电，影响人口达 6 亿多 |
| 罗马尼亚（2011） | 长期干旱导致水库枯竭，国有水电生产商 Hidroelectrica 减产 30% |
| 中国（2011） | 干旱限制了长江沿岸的水力发电，导致煤炭需求（和价格）上升，一些省份不得不实施严格的能效措施和配额供电。在云南省，极端干旱导致水力发电减产一半，并迫使 1000 座大坝暂停运行 |
| 越南、菲律宾（2010） | 厄尔尼诺天气现象造成了持续数月的干旱，减少了水力发电，导致电力短缺 |
| 美国东南部（2007） | 干旱期间，田纳西流域管理局削减了水力发电以节约用水，并减少了核电站和化石燃料发电厂的产量 |
| 美国中西部（2006） | 由于密西西比河的水温较高，热浪迫使核电站减少了发电量 |
| 法国（2003） | 持续的热浪迫使法国电力集团（EdF）削减相当于 4~5 个反应堆的核能生产，而花费约 3 亿欧元进口电力 |
| | 一级能源生产 |
| 中国（2008） | 数十个计划中的煤制油（CTL）项目被废弃，部分原因是担心它们会给稀缺的水资源带来沉重负担 |
| 澳大利亚、保加利亚、加拿大、法国、美国 | 公众对非常规天然气生产的潜在环境影响（包括对水的影响）的担忧，促使出台了更多的法规，在某些司法管辖区，还暂停或禁止水力压裂 |

来源：国际能源署（2012，表 17.3），Wang 等（2017）和 Kressig 等提供的补充信息。（2018）。

极端事件：洪水和干旱是在时间和空间上因气候变化而加剧的涉水影响。这种影响愈发频繁和激烈，因此给发电和工业造成了更大的压力。例如，2011 年泰国的洪灾影响了 800 多家工厂雇用的 45 万名工人，并导致全球磁盘驱动器供应中断（Winn，2011）。此外，海平面上升等慢性灾害将影响公用能源设施和工业所在的广大沿海地区。

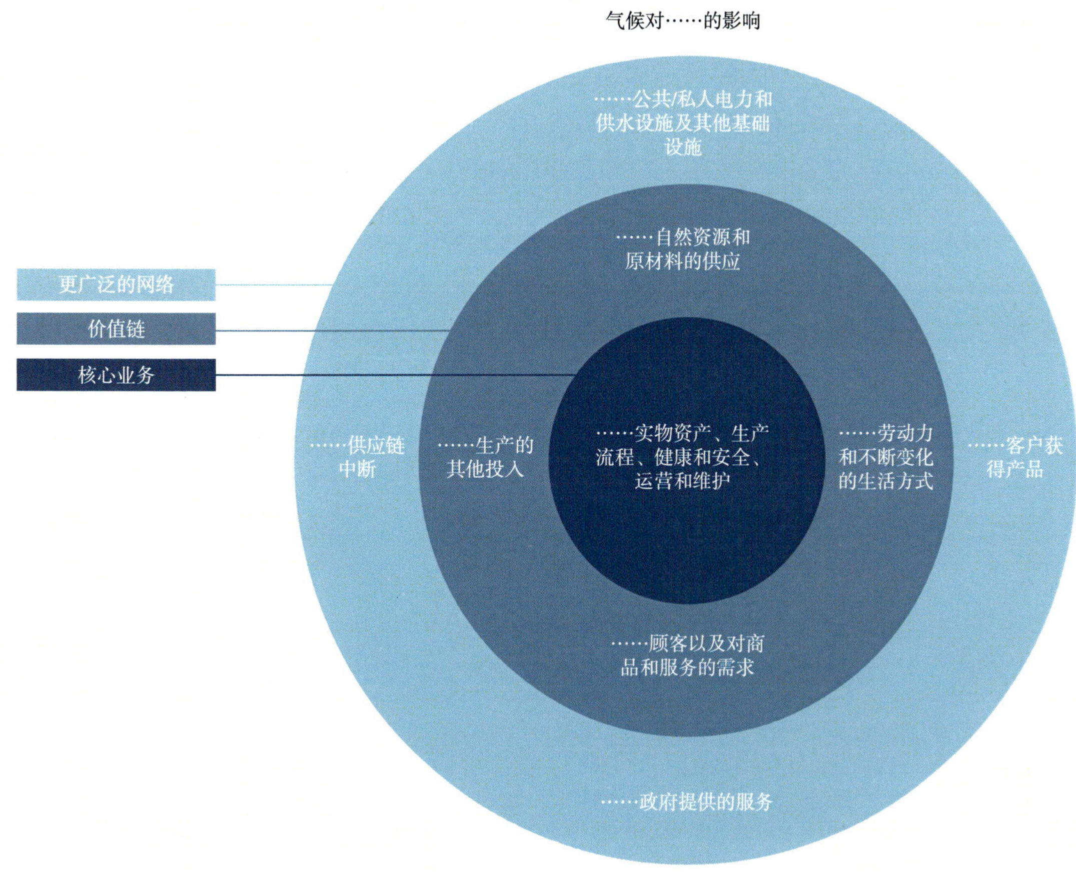


来源：Freed 和 Sussman（2008，图 2，第 13 页）。

图 7.2 气候变化对企业影响的类别

### 7.2.2 企业风险

气候变化涉水影响从几个角度给企业和发电造成了风险。[1] 气候变化对采矿和金属领域的影响（大多与水有关）如图 7.2 所示，图中显示了 3 个级别的风险扩大。内部一级是特定场地对核心运营的主要影响；下一级包括影响价值链的风险，例如与原材料有关的风险；外部一级显示了第三方的影响，包括能源供应（国际采矿与金属委员会，2013）。

气候变化也可能成为企业风险的“威胁乘数”。例如，干旱直接影响能源、工业和食品。企业将面临解决和管理所有这些方面的困难。的确，工业和发电的大部分风险都来自围栏线之外，超出了他们的控制和影响范围（表 7.3）。

**运营风险：**仅缺水一项造成的水资源紧张就会造成制造业或能源停产。影响还将延伸至运营方面，影响原材料供应，破坏供应链，并对设施、设备和基础设施造成损害。而反过来，运输中断又会影响到能源（如输电线路和管道）和通信。对人类造成的影响包括不安全的工作条件、对健康的影响、更多的缺勤和更低的生产率等。此外，重大气候变化还会导致消费者需求的快速变化，比如对能源的需求。为了满足日益增长的需求，通常需要发电用水。

1 本小节中的信息主要来自联合国全球契约 / 联合国环境规划署 / 牛津饥荒救济委员会 / 世界资源研究所（2011），Schulte（2018）和安大略气候影响和资源中心（2015）。

表 7.3 一些主要企业领域的气候变化风险

| 企业领域 | 风险例证 | 担忧 |
| --- | --- | --- |
| 能源和公用设施 | 信誉风险；极端天气事件造成的人身风险；高峰需求超出产能；炎热天气降低提取效率 | • 对人员和设备的潜在物理损害，对海上设施生产活动的潜在干扰<br>• 年复一年的重大气候变化（主要是温度、风和水的条件）会导致电力和天然气的供求平衡出现重大变化<br>• 缺水和热浪会减少水力发电 |
| 制造业和消费品 | 原材料和淡水价格上涨；能源价格上涨；客户偏好发生意外变化；供应链中断 | • 能源价格大幅上涨将对运营成本产生负面影响<br>• 原材料和淡水的可用性、供应和质量下降<br>• 供应链的功能故障导致生产瓶颈 |
| 采矿和工业金属 | 监管风险；由于使用强度大，容易遭受能源和水短缺的影响；降水和洪水导致含有污染物的蓄水池潜在溢流 | • 不断增加的监管压力将对钢铁行业产生影响，包括对流程、设施位置和原材料可得性的影响<br>• 关注能源安全（大型水力发电厂通过国家电力公司供电）和水资源安全 |
| 粮食和饮料 | 缺水；极端天气造成的农作物损害；接触新害虫和疾病的机会增加；交通问题 | • 干旱是主要的脆弱性<br>• 气候变化对农产品的影响越来越大 |

来源：改编自联合国全球契约 / 联合国环境规划署 / 牛津饥荒救济委员会 / 世界资源研究所（2011，表 1，第 21 页）。

**监管风险**：适应气候变化将促进相应的监管变化，以控制用水、水的分配、定价、排放、开发、灾害风险等。合规性很可能会增加运营成本，并要求就其气候风险和适应措施进行额外报告，从而影响能源和工业领域。但反之，如果对水资源的监管不足，监管风险无疑会更高，从而导致不确定的情况发生。

**各种名誉风险**：当那些既是消费者，同时又是投资者和利益相关人士对气候变化及其对影响他们的生活与工作方式有更进一步的认识时，他们对企业经营、企业行为以及目前在减缓温室气体排放和调整水的使用方式方面所采取的措拖等问题的认识可能会更明确而尖锐一些。因为，对企业的负面看法可能招致媒体差评、名声扫地甚至经营困难。

**其他风险**：由水驱动的金融、市场和政治风险也是整体因素的一部分。例如，处在容易出现水资源紧张（气候变化加剧了这种压力）的低收入国家的企业可能会发现融资越来越困难。此外，与水问题相关的人口变化和人口流动会改变客户群。增加对节能和节水产品的需求可能会产生积极影响，但是在低收入国家，由于更多的资金将用于适应日益加剧的水资源紧张，因此消费能力可能会下降。与气候变化及其相关问题（包括水）的斗争可能会导致政治动荡甚至冲突。这不仅带来了不确定性，甚至还会对企业构成威胁，尤其是那些在特定国家进行大规模投资的企业。

## 7.3 应对和机遇

尽管现在人们越来越重视能源和工业领域对气候变化的影响，但其实这个问题早已受到关注。与 CEO 水之使命和 CDP（投资者、企业、城市、州和地区的全球披露系统，以前称为碳披露项目）合作的众多企业开展的涉水倡议，以及世界可持续发展商业理事会（世界可持续发展商业理事会，2009）和联合国全球契约（联合国全球契约 / 高盛，2009）等组织以前的报告都证明了这一点。私营部门正在“意识到”水资源安全的重要性，并认识到气候变化对商业成功的重大影响（CDP，2017a）。越来越多的公司正在采取行动，以取得积极的成果，例如通过减少制造业的用水量来减少水处理所需的能源。气候变化的应对一般包括减缓或适应措施，有时是两者兼而有之。对企业来说，不论是否采取应对行动，都会产生相应后果。通过比较可能需要承担或转化为成本（如保险）的行动（如建筑物防洪），以及不作为的成本（如洪水造成的能源中断），这些后果就可以用货币量化为净效应（国际标准化组织，2019）。

水与气候商业联盟[1]报告 14 的 50 多个签署企业通过 CDP 管理水资源和气候影响并采取相应行动（框注 7.1）。CDP 每年对这些企业逐一进行基准测试，跟踪它们在低碳、水资源安全方面的进展。总体而言，得出的数据表明，企业无法在各自为政的情况下就这些问题采取行动。

全球脱碳的努力可能取决于企业如何管理水资源（CDP，2016）。2016 年，气候方案报告称，气候变化涉水影响产生了 140 亿美元的成本，比上一报告年度增加了 5 倍。此外，CDP 分析了企业披露的减排活动，发现这些活动中近四分之一（24%）工作的成功有赖于可靠的供水。这些工作包括提高能效和购置低碳能源，每年可减少 1.25 亿吨 $CO_2$ 排放，相当于 36 家燃煤电厂关闭一年。此外，超过一半的企业报告称，通过改善水管理，温室气体的排放量有所减少。图 7.3 显示了某些主要行业的水与能源强度间的关系。

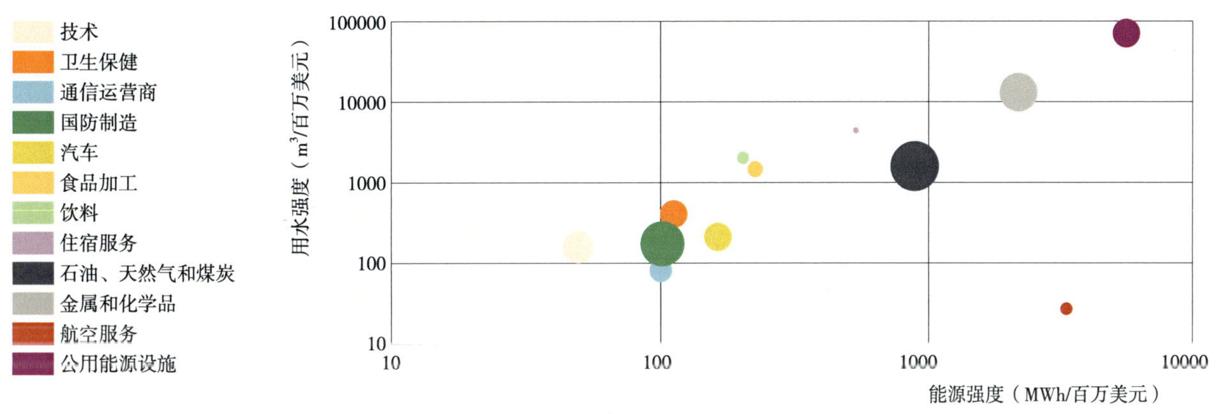


注：图中气泡面积与行业总收入成正比。

来源：Metzger 等（2016 年，图 2，第 4 页）。

图 7.3　主要行业水资源和能源强度关系

1　2015 年 12 月，水与气候商业联盟由 CDP、CEO 水之使命、SUEZ 以及世界可持续发展商业理事会联合发起，此后获得了《联合国气候变化框架公约》的认可。每年，水与气候商业联盟跟踪、报告签署企业在《联合国气候变化框架公约》缔约方会议上履约的进展情况。水与气候商业联盟在 2020 年底解散。

**框注 7.1　企业和气候变化**

企业报告了水资源和气候问题带来的重大商业风险。

• 高露洁棕榄报告称，2016 年，厄尔尼诺现象在东南亚造成了严重干旱，影响了棕榈果实产量，上半年棕榈油产量同比下降 27%。这些变化影响了高露洁的供应链，企业正在评估干旱对主要商品的未来影响。

• 气候变化影响电力的需求和供应。法国能源供应企业 ENGIE 报告称，部分地区的升温会降低家庭和建筑供暖的能源需求，从而降低对 ENGIE 服务的需求。在供应方面，水资源对 ENGIE 的水电至关重要，降水的显著变化，如干旱，将极大地影响该企业的电力生产。

• 其他企业也意识到了气候变化，正努力降低对水资源的依赖。福特汽车企业设定了到 2020 年每车用水量减少 30% 的目标，而 2015 基准年的用水量为每车 $3.9m^3$。该企业正向这一目标努力，并在 2018 年进入了 CDP 水资源 A 名单。

由 CDP 提供。

能源是气候变化举措的焦点，因为世界上约三分之二的人为温室气体来自能源生产和使用

### 7.3.1　温室气体减缓以及能源和水资源的使用

能源是气候变化举措的焦点，因为世界上约三分之二的人为温室气体来自能源生产和使用（国际能源署，2015），2017 年能源 $CO_2$ 排放量增加了 1.6%（国际能源署，2018）。超过 90% 的能源 $CO_2$ 排放来自化石燃料（国际能源署，2015）。自 1988 年以来，化石燃料企业产生的全球工业温室气体[1]中，71% 来自仅 100 家私营和国有企业（CDP，2017b）。化石燃料主要用于燃煤、燃油和天然气火力发电站，这些发电站是冷却水的主要使用者，2014 年全球总用水量的 58% 来自化石燃料（国际能源署，2016）。这是水 – 能源纽带关系的核心，第 9 章将在更广泛的背景下进一步讨论。

同时减缓温室气体排放和减少用水量可以从许多方面入手。降低能源需求和提高能源效率是起点，但根据国际能源署的新政策设想，全球能源需求预计将增长 25% 以上。然而，如果无法提高能源效率，能源需求将是现在的两倍左右（国际能源署，2018）。

最有前景的方向是增加低碳可再生能源技术的应用，如光电和风能，其用水需求较小（图 7.4）。据估计，到 2030 年，这些可再生能源可使英国的用水量减少约 50%，美国、德国和澳大利亚减少超过 25%，印度减少超过 10%（国际可再生能源机构，2015）。在欧盟，据估计，2012 年风能节省的用水相当于每年普通家庭七百万人的使用量，至 2030 年，随着部分替代化石燃料和核能发电的能源开发，节省水量将增加 3~4 倍（欧洲风能协会，2014）。这些数字代表着低收入国家缺水地区使用可再生能源可能实现的节水规模。

使用可再生能源主要是对清洁能源 / 低碳倡议关于减少 $CO_2$ 排放的响应。就此而言，可再生能源并不总能减少用水量（国际能源署，2016）。利用热量的能源，如聚光太阳能和地热，通常需要冷却水，如此又驱动了水消耗。此外，用于延长化石燃料工厂寿命的碳捕获与封存技术，可能会导致水需求增加约一倍（国际能源署，2016）。类似地，核能虽然可再生能源方面存在争议，但仍有部分人视其为清洁、可持续的能源，而核能生产的增加同样会导致用水量的提升。

---

1　广义而言，这包括了所有领域的矿物燃料生产和下游消耗，但农业除外。

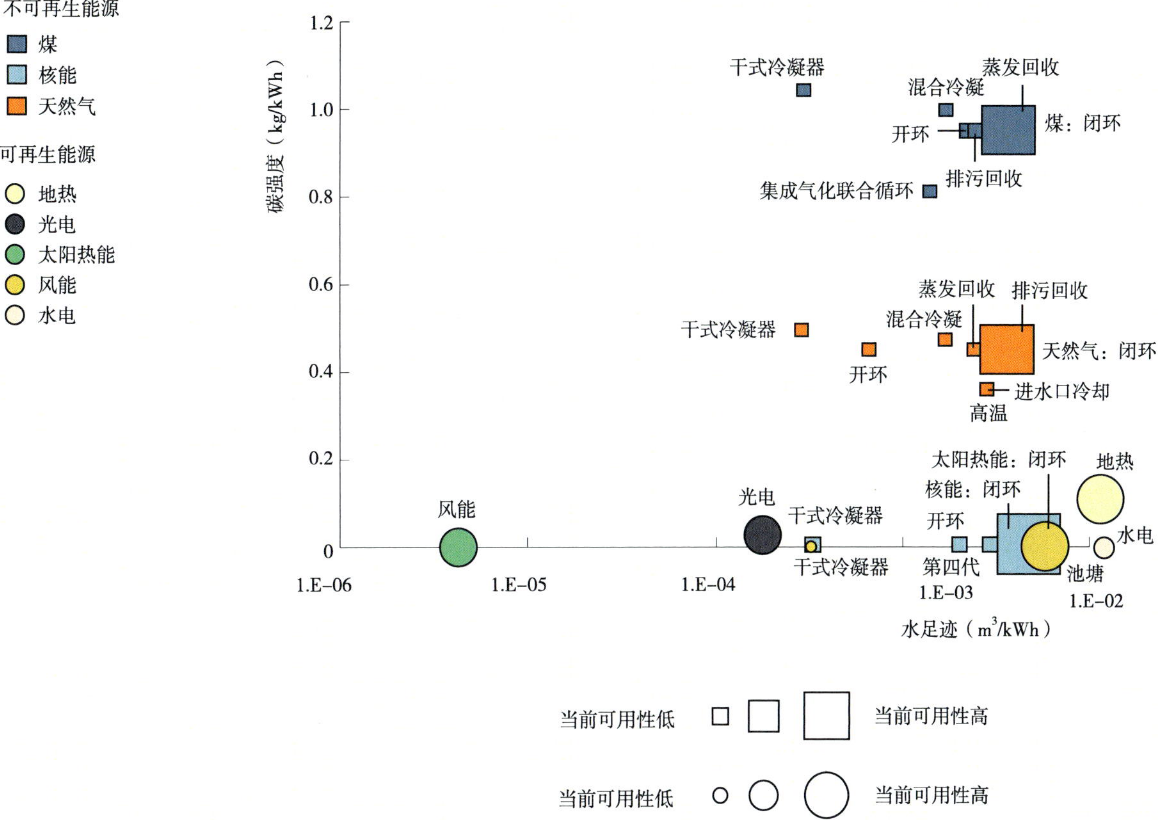


来源：根据世界银行编写（2016a，图 3.1，第 30 页）。

图 7.4　按来源分类的能源生产指示性水足迹和碳强度

> **水电作为清洁和环境友好型能源的综合评估需要将水库的温室气体排放考虑在内**

提供了全球 16% 的电力（国际能源署，2016）和 70% 的可再生能源（国际能源署，2017a）的水电需要大量供水。然而，其用水与冷却水的不同之处在于，经过涡轮机后的水仍可用于下游的其他用途（例如灌溉或其他水电厂）。综合性水利枢纽的水电净用水量相对较少。此外，水电在整合风力等其他（间歇性）可再生能源方面也发挥了作用（hülsmann 等，2015）。水电作为清洁和环境友好型能源的综合评估需要考虑水库的温室气体排放，但这并不容易（世界银行，2017b）。水质是另外一个问题：它与温室气体排放有关，经证明与富营养化有关，据估计，甲烷占水库温室气体排放的 80%（Deemer 等，2016）。此外，甲基汞浓度在水库蓄水后迅速增加，且持续时间很长，影响鱼类及其捕食种群（Calder 等，2016）。

保持水库水位充足对于最大化提高水电效率至关重要，美国胡佛大坝即是例证，由于长期干旱，胡佛大坝 1999—2014 年水库水位下降了 40m，大坝蓄水量下降了 20% 以上（Capehart，2015）。此外，大型水库地表水蒸发的耗水量虽然难以估计，但在干旱和半干旱地区可能很大。例如，塔霍湖（美国）的年平均水量收支中蒸发就占到了 60%（Friedrich 等，2018）。在已有和预计的气候变化造成缺水和变化的地区，关于水电的决策需要在大量储水的必要性和下游生活以及工作人员用水需求之间做出平衡。积极地看，水库在发电方面的灵活性使得风力和太阳能的变化性电力输出能够更好地融入电网（国际能源署，2016）。总体而言，虽然水电将继续在能源领域发挥气候减缓和适应性作用，但还需要评估单个项目的综合可持续性，同时考虑上述几点。此外，必须考虑生态和社会问题，如砍伐森林、丧失生物多样性、河流生态和水文变化、干扰沉积物运输、人口迁移以及生存影响等，避免重蹈历史覆辙（Moran 等，2018）。

增加可再生能源在最终能源组合中的比例将对减少温室气体排放量产生直接影响，但对减少用水量的影响可能不会十分明显。生物燃料虽然潜力很高，但同时也存在减少温室气体排放和用水的难题（见第 9 章）。风能和光伏发电是明显的例外，它们具有另一个优势，那就是与化石燃料发电相比，竞争力越来越强。另外来看，虽然 10% 的全球能源用水与农业相比看起来很少，但这个数量仍然相当可观。根据地点和其他因素，每年通过优化能源利用或效率节省 1% 的水，可以为 2.19 亿人提供 50L/d 的用水。这为能源领域在减缓气候变化的同时应对干旱提供了重要着力点（联合国，2018a）。

### 7.3.2 脱碳工业

工业在减缓气候变化和履行《巴黎协定》目标方面发挥着重要作用

工业在减缓气候变化和履行《巴黎协定》目标方面发挥着重要作用。这种减缓努力也将有助于长期减少与水相关的气候变化影响。工业虽然创造了世界约 25% 的国内生产总值和就业，但也产生了（2014）约 28% 的全球温室气体排放量（$CO_2$ 占 90% 以上），1990—2014 年，工业排放量增加了 69%。[1] 近一半的工业 $CO_2$ 排放量来自氨、水泥、乙烯和钢铁制造业（麦肯锡咨询公司，2018）。

这 4 个行业脱碳的难点在于减排。原料产生的 $CO_2$ 排放约占 45%，这只能通过工艺变化来改善，而不是替代燃料。此外，这些行业需要燃烧化石燃料以产生高温热量（占 $CO_2$ 排放量的 35%）。让排放量接近为零的可能是存在的，其中最重要的设想是为高温电炉提供低成本的零碳电力[2]。据估计，这 4 个行业完全脱碳所需的零碳清洁能源将是目前所用常规能源的 4~9 倍。这将意味着能源供应的巨大变化。例如，目前核能和水电最可能成为满足更大需求的主要能源。按照目前的商品价格，碳捕获与封存是最经济的脱碳方案，尤其是在水泥行业（麦肯锡咨询公司，2018）。

这类工业温室气体减缓措施面临着与用水之间的取舍，这取决于可再生零碳能源的组合。随着核能和水电的发展，用水量将增加，甚至碳捕获与封存也会随之增加。

一份近期报告（联合国工业发展组织，2017a）指出，制造业的清洁能源可随着工业 4.0[3] 的到来而加快，进而促进可再生能源使用、减少碳排放和优化能源利用，以应对减缓气候变化等全球挑战。如果可再生能源的生产可以配合高峰发电，便有机会实现对可再生能源利用的支持并克服其间歇性。因此，工业和能源行业可以在平衡电网负荷方面进行整合，以实现互利共赢，形成智能电网，利用信息和通信，管理多个发电机到多个用户的供需。这将使太阳能和风能成为大网络中的一部分。下一步可能是虚拟发电厂（VPP），它可以通过云端控制中心整合各种能源来源。

---

1 国际能源署报告称，2016 年，如果将工业用电的排放量重新分配，该行业的全球 $CO_2$ 排放量占比将从 19% 增加到 36%（国际能源署，2017b）。

2 可再生能源（无碳）发电，与化石（碳）燃料相比，最具成本优势。

3 工业 4.0 描述了下一次（第 4 次）工业革命，它将物理工业生产与网络物理系统中的数字信息技术联系在一起，也被称为工业互联网（物联网）、先进制造或数字制造（联合国工业发展组织，2017a）。

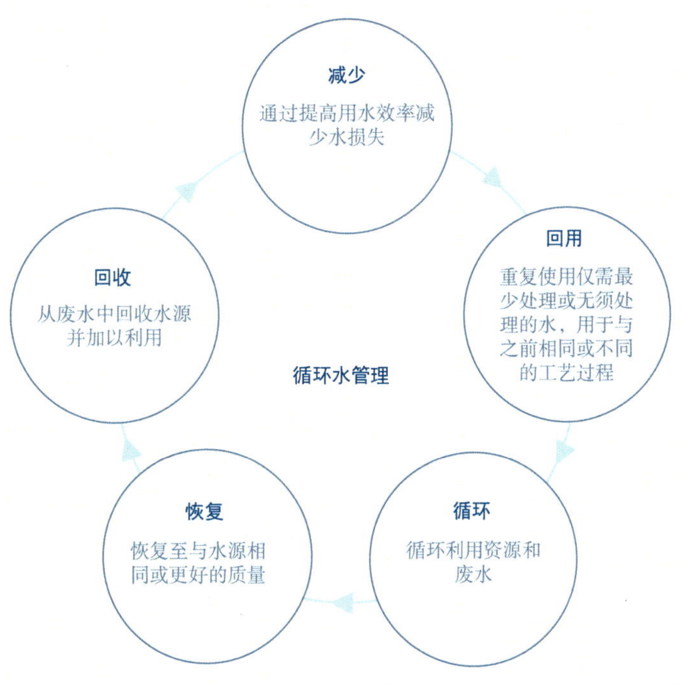


来源：世界可持续发展商业理事会（2017 年，图 7，第 14 页）。

图 7.5　循环水管理

### 7.3.3　适应和循环水管理

关于水资源，气候变化适应为工业带来两个截然不同的困境——水资源紧张通常意味着水资源过少，而水资源过多会导致灾难。第 4 章讨论了灾害，特别是洪灾，以及所有领域所需的区域性“气候防护”。对于水资源紧张，工业在减少用水和提高用水效率方面有着特殊而重要的贡献。数据表明，工业存在使总用水量减少高达 50% 的可能（Andrews 等，2011，引自世界可持续发展商业理事会，2017）。

在为潜在干旱风险做准备时，企业可以采用水循环管理，其中用水从污染增加（成为废水）的线性过程变为水再循环和继续使用的回环过程（Stuchtey，2015）。在工厂层级，水循环管理以 5R 法为代表：减少（reduce）、回用（reuse）、循环（recycle）、恢复（restore）和回收（recover）（世界可持续发展商业理事会，2017）（图 7.5）。在此强调前 3 个 R，因为它们能够降低成本（框注 7.2）。世界可持续发展商业理事会特别注意到经处理的废水的好处，欧盟在其回用水行动计划中也注意到了这一点，该计划包括了工业废水（欧盟委员会，未注明日期）。改进的潜力是巨大的——2010 年，全球 16% 的淡水变成了工业废水，而在许多国家，只有一小部分废水得到了处理（世界水评估计划，2017）。

使用（或回用）流动水中的能量（由于运行原因经常被消耗掉）有助于能量循环。能源脱碳也包括挖掘这些隐藏在许多其他用途（农业、供水、废水处理、工业等）已有基础设施中的损耗能源。替代策略和技术解决方案的开发提供了另一种影响低、可获利的能源生产解决方案。例如，水电在现有灌溉系统中有很大潜力（Marence 等，2018）。在美国，超过 8 万座无动力水库可额外提供 1200 万千瓦的电力（Hadjerioua 等，2012）。

**框注 7.2　工业水循环管理案例**

**循环使用：** 位于卡塔尔拉斯拉凡的珍珠天然气制液（GTL）工厂是世界上同类工厂中最大的一家，每日产出 14 万桶的石油当量。壳牌及其合作伙伴卡塔尔石油公司已经决定实现零液体排放，并通过闭环系统实现水的 100% 回收。这样做不仅有利于节水，还有利于加强管理服从性、减少环境足迹以及提高社区接受度（牛津商业集团，2014）。

**回用水：** 派珀山发电站使用的煤产自附近的澳大利亚新南威尔士州利思高的斯普林维尔煤矿，新南威尔士州约 15% 的电力由该发电站提供。矿井水经处理，由一条 16km 长的管道输送至发电站，回用作冷却水。这确保了排水环境和运行的合规性，最重要的是，同时维持了矿山和发电站的持续运行（新南威尔士政府规划和环境部，2017）。

**废水处理：** 唐山钢铁集团有限公司计划新建一座焦化厂（每年 150 万吨）和一座天然气液化厂。由于缺水，进水量和排水量有限，为了支撑生产，唐山钢铁集团有限公司配备了水处理设施，对 60% 的工业用水进行回收再利用。此外，这一做法也符合法规的严格规定，同时还由于减少了淡水取水量而节约了成本（Veolia，2014）。

由 AquaFed 提供。

### 7.3.4　生态工业园和循环经济

之前版本的《联合国世界水发展报告》曾概述过在工业园中使用中水和生态工业的好处（世界水评估计划，2017），以及生态工业园的有效水源和废水管理（世界水评估计划，2015）。此外，世界可持续发展商业理事会指出，5R 法鼓励跨领域合作，废水资源回收是循环经济思维的一部分（世界可持续发展商业理事会，2017）。循环经济[1]关注的是避免或尽量减少废物的产生，包括废水。

在循环经济和绿色经济的概念中，包容和可持续的工业发展具有重要作用，通过绿色工业倡议（联合国工业发展组织，未注明日期 b）和资源高效型清洁生产（RECP）等方案中的能源效率和用水效率举措促进实施。生态工业园（框注 7.3）包括当地循环经济的多种上述工作。绿色经济和气候变化适应之间存在协同作用（联合国全球契约 / 联合国环境规划署 / 牛津饥荒救济委员会 / 世界资源研究所，2011）。

### 7.3.5　企业适应

就气候变化而言，与水资源紧张相关的商业风险是中水回用和效率提高的主要驱动力之一（世界可持续发展商业理事会，2017）。这些技术大多广为人知，根据所需处理的水平和具体情况，包括分离、沉淀、浮选、生物处理、过滤和分离，以及自然解决方案，如人工湿地。此外，还有许多新兴技术。在相关技术的支持下，相关设施可以着眼于日常运行，如洗涤水的利用、改善监控和泄漏检测等。在更大的范围内，企业可能会评估其水足迹，也包括其供应商的水足迹。如果他们是用水大户，那么这些措施所产生的影响将十分深远。

1　循环经济的目标是改变现有的线性系统，从原材料 – 制造 – 肥料，变为“所有物质都再利用、再制造、再回收为原料、能源，或者用以进行最后处理”的系统（联合国工业发展组织，未注明日期 a，第 3 页）。

**框注 7.3　生态工业园**

生态工业园概念正处于上升势头。它是坐落在同一产业园区内的不同产业之间的一种合作形式，是一种超越了传统产业安排的面向包容和可持续的产业发展（联合国工业发展组织，2017b）。生态工业园解决的是可持续发展的环境、社会和经济支柱，水资源在其中具有重要作用。新近提出的生态工业园框架设定了有关绩效要求（联合国工业发展组织 / 世界银行 /GIZ，2017）。关键的环境议题之一是适应气候变化风险。在消耗、效率和处理等方面的水性能标准，包括水循环，都是这个议题方向的一部分。例如，废水处理的目标是 95%，其中 50% 在生态工业园内外得以回用。对于发展中经济体和新兴经济体生态工业园试点项目的效果，联合国工业发展组织报告称，2012—2018 年，每年节约用水近 200 万 $m^3$（联合国工业发展组织，2019）。

技术并非水循环管理的主要障碍，问题在于监管、财政资源、意识和对话（世界可持续发展商业理事会，2017）。需要修订法规，以便允许废水利用，建立公众信心。财政资源反映了投资的成本和回报：低成本的水资源和高成本的基础设施往往不利于水循环管理，需要更好地理解有关水资源真实成本和价值的经济学。从商界人士、决策者到其他利益攸关方，各方均需要有水循环利用的意识。这方面的信息和数据也很重要。对话能提高意识水平，而缺乏对话会阻碍众多利益攸关方的合作行动。

在工业和商界应对气候变化的过程中，妇女的观点、感召力和影响力可能非常重要。人们注意到，妇女对减缓气候变化有更全面的方法，并支持更广泛的行动。男性在能源、交通和工业中的主导地位更多形成的是技术焦点而不是行动焦点（经济合作与发展组织，2008）。如果妇女能在决策中发挥更大的作用，全面的减缓方案可能会更有分量。在经济合作与发展组织国家，女性比男性更有可能关注产品所属企业的环保实践（经济合作与发展组织，2008）。

联合国全球契约 / 联合国环境规划署（2012）和世界可持续发展商业理事会（2017）的案例研究和调查，明确了那些在涉水方面取得成功的企业及其气候变化适应方案的一般特征。其中有几项与内部人员的势力有关，如提供高级支持、建立气候变化的跟踪团队、奖励创新和既定目标的实现。另一些则涉及企业发展导向，例如将气候变化适应与企业的核心业务和计划联系起来。这可以包括在项目早期进行废水处理规划和设计，以保证将废水视为一种价值和资源，而不是成本。同样重要的是要以参与式的方式综合考虑社区利益，而不是仅把这项工作当作企业慈善来做。流域治理应考虑到所有使用者，包括工业。这有赖于有效的沟通和良好的关系，这点在企业内部也同样十分重要。企业面临着一系列与气候变化相关的问题。水资源在其中十分重要，必须纳入总体策略和行动计划中。

在企业行动方面，企业水监管将是超越水管理的下一个阶段，其目的是让人们认识到河流流域内水资源的共享和长期可持续性（Newborne 和 Dalton，2016）。这项工作超越了“工厂围墙”，超越了传统的企业社会责任，将取水和分配作为更重要的问题来解决，而不只是简单补水，后者往往会令企业满足于现状。这可能需要妥协、权衡，或减少水资源紧缺地区的用水量。水监管工作与通常由政府领导的水资源综合管理密切相关，因为这些工作需要创造与私营企业的对话空间。此外，人权关注也应纳入水监管和水资源综合管理，以《联合国工商业和人权指导原则》（*UN Guiding Principles on Business and Human Rights*）（联合国人权理事会，2011）为指导，影响这些领域的企业导向。

| 企业环境日益动荡 | 如何在变化的环境中进行商业活动 | 商业环境越来越具有恢复力 |
|---|---|---|
| | **运营** | |
| 资源成本更高<br>生产力下降<br>物理损坏，过度损失 | 资源、材料<br>劳动力<br>固定资产、基础设施 | 可持续资源<br>稳定的劳动力<br>韧性建筑，可获得的保险 |
| | **市场策略** | |
| 供应链中断<br>产品过时 | 供应链，分配<br>产品、服务客户 | 新的物流模式<br>新市场，新兴需求 |
| | **利益攸关方参与** | |
| 效率低下<br>疑虑<br>冲突 | 决策者<br>投资者<br>社区 | 合作<br>透明<br>经营许可证 |

资料来源：根据联合国全球契约/联合国环境规划署/牛津饥荒救济委员会/世界资源研究所改编（2011，图4，第28页）。

图 7.6 气候适应和企业策略

## 7.4 走向未来

“实现一个水资源安全的未来需要全球经济的彻底转型”（CDP 2018，第 11 页）。成功实施水资源安全需要企业调整其商业模式、产品和实践，使生产和消费不再依赖水资源的过度开采。应对全球水与气候危机不仅意味着更好的水管理，更重要的是，还意味着更好的企业管理。

未来要想管理水资源以适应和减缓气候变化，需要实现一些重大变化并摆脱以往的一般做法（图 7.6）。“积极主动的公司可以制定战略，应对其业务和供应链中的气候变化风险，并制定抓住新的市场机遇的战略，让客户和社区参与进来，以满足不断变化的气候条件下的需求”（联合国全球契约 / 联合国环境规划署 / 牛津饥荒救济委员会 / 世界资源研究所，2011，第 28 页）。最大的转变之一是将气候变化视为一个机遇。因此需要理解适应如何改善商业前景，为什么它不仅是另一个不想要的成本，还要认识到适应和减缓气候变化是每个人的责任，能源和工业行业可以通过众多参与者发挥重要作用。业主、股东、员工、客户、供应商和社区都在其中，作为一个共同体或作为个人都会受到影响。这需要一个长期的方法，在行业内外采取先发制人的规划和行动（联合国全球契约 / 联合国环境规划署 / 牛津饥荒救济委员会 / 世界资源研究所，2011）。企业需要摆脱“季度资本主义”[1] 思维模式（Barton，2011）。这一点在包容性资本主义的理念中已经很明显。[2]“预先预测和应对气候变化的影响并增强恢复力，比单纯在影响发生后应对人类和经济损失要明智得多”（联合国全球契约 / 联合国环境规划署 / 牛津饥荒救济委员会 / 世界资源研究所，2011 年，第 16 页）。

---

1 指仅关注季度（短期）收益目标，而不是长期思维和投资。

2 “包容性资本主义（Inclusive Capitalism）是一项全球运动，旨在让企业、政府和民间部门的领导人都参与进来，并鼓励他们进行实践和投资，让我们经济发展的机会和利益惠及每个人”。（包容性资本主义联盟，未注明日期）。

# 第 8 章

## 人类住区

澳大利亚悉尼的绿色摩天大楼

**联合国人居署** | Graham Alabaster
**参与编写者：** Nidhi Nagabhatla（联合国大学水、环境与健康研究所）

本章描述了水、气候和人类住区之间的联系，强调需要通过灵活的长期城市规划来提高恢复力。

## 8.1 介绍

世界人口的大部分（2018 年 76 亿人中的 42 亿人）生活在城市。对未来人类住区的预测（2030 年世界人口为 86 亿人，2050 年为 98 亿人）显示，到 2030 年，60% 的世界人口将居住在城市，2050 年为 66.4%（图 8.1）。2018 年，生活在欠发达地区的城市居民估计是生活在较发达地区的城市居民的 3 倍（32 亿人比 10 亿人），这一比例预计还将上升，因为绝大多数城市人口增长将出现在世界最不发达地区（联合国经济和社会事务部，2019）。

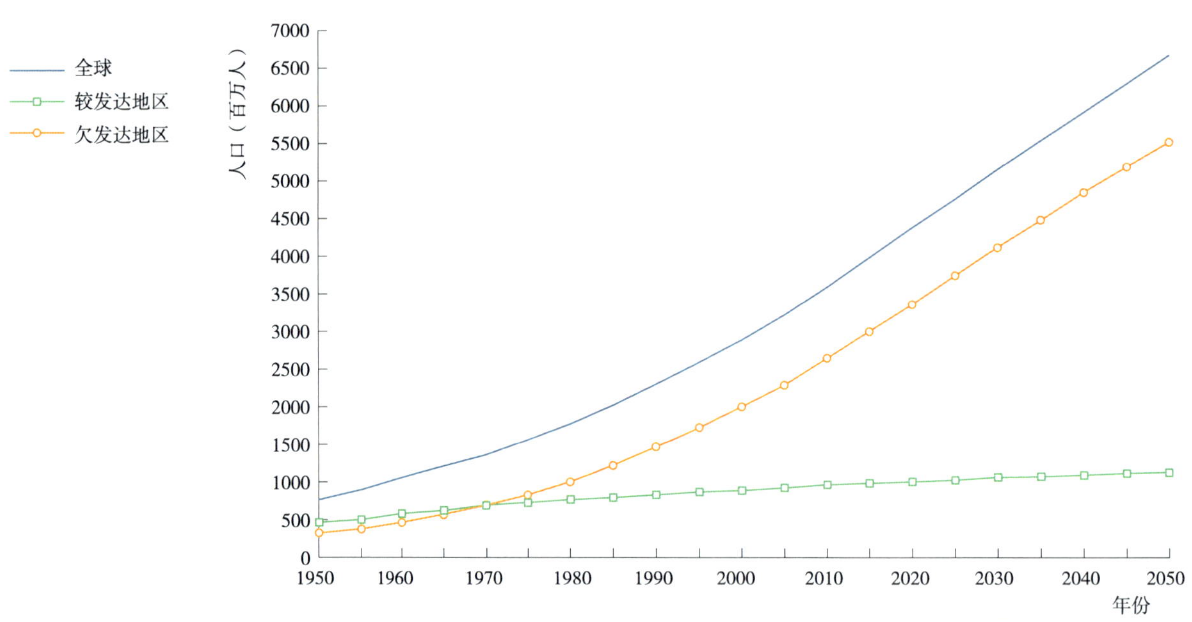


来源：联合国经济和社会事务部（2019，图 I.1，第 13 页）。©2019 联合国。经联合国许可后可转载。

图 8.1 1950—2050 年全球、较发达地区和欠发达地区的估计和预期城市人口气候适应和企业策略

随着人类住区的不断扩大，对水等稀缺资源的压力也越来越大，并且因气候变化的影响而进一步加剧。虽然城市是经济发展、创收和创新的枢纽，但也会存在健康、水、卫生和经济机会等方面的不平等问题。例如，偶然和不可持续的城市化存在供水服务和基础设施以及已有的废水处理设施饱和的问题，这往往使人们面临有关水质和水服务可得性的健康风险。

必须认识到，由于快速城市化，人类将很快就能强烈地感受到水资源短缺的威胁，而气候变化的影响将在更长的时间范围内显现。在 2010 年之前的洪涝灾害记载中尚未发现明显的气候变化信号。人口增长和经济发展是沿海和河流洪水造成受影响人数和经济损失增加的主要驱动力（PBL 荷兰环境评估署，2014）。

## 8.2 水、气候和城市发展

城市住区是最能感受到气候变化对水系统影响的地方。一方面是温度升高、降水减少和更严重干旱等气候变化，另一方面是强降水和洪水事件的增加。正是这些极端情况使城市空间规划和基础设施的提供变得更加困难。

> 杂乱无章和不可持续的城市化导致供水服务和基础设施以及现有的废水处理设施饱和

水供应减少意味着到 2050 年，将有约 39 亿人（超过世界人口的 40%）生活在严重的水压力下（PBL 荷兰环境评估署，2014）。气候变化影响到水循环的方方面面。世界上受水资源变化影响最大的地区包括中东、东亚和非洲大部分地区（政府间气候变化专门委员会，2014a）。洪水及其造成的山体滑坡的物理影响将极大地影响城市环境，不仅会破坏基础设施，还会造成生命损失和不可逆转的土地破坏（见第 4 章）。即使发达国家的恢复力也很弱。在英国，2015—2016 年冬季洪水造成的损失达 75 亿美元（Miller 和 Hutchins，2017）。亚洲大约 50% 的人口（24 亿人）居住在低洼的沿海地区。海平面上升将加剧极端气候事件对洪水的影响。此外，由于盐碱化加剧，一些农业用地将不再适合使用。在亚太地区，风暴、洪水和山体滑坡每年造成 43000 人死亡（联合国亚洲及太平洋经济社会委员会，2018）。

供水和卫生服务基础设施也可能遭到破坏，导致供水受到污染，未经处理的废水和雨水排入生活环境。安全饮用水的获得将受到影响，造成重大生命损失。除了水传疾病，许多其他健康风险也在加剧。疟疾、裂谷热和钩端螺旋体病等病媒传播疾病经常在洪水后发生（Okaka 和 Odhiambo，2018）。地下水资源也受到洪水的严重影响。

虽然统计数据表明，城市地区的供水和卫生覆盖水平往往高于农村地区，但在服务供应方面仍存在重大挑战（世界卫生组织 / 联合国儿童基金会，2017）。最重要的是，在各国努力实现可持续发展目标的过程中，它们的环境和财政可持续性至关重要。冲突造成的移民，使得一些城市的城市化模式变得越来越复杂，这意味着即使是计划最好的服务提供系统也会因人口快速涌入而陷入混乱。除了供水和卫生之外，电信和交通等其他基本服务也受到严重影响。

## 8.3 对城市水恢复力的需求增加

到 2050 年，将有近 70% 的世界人口生活在城市聚集区。在过去的几十年里，城市中心的规模、密度和数量都大大增加。到 2030 年，全球预计将有 43 个人口超过 1000 万的特大城市，其中大多数将出现在发展中地区。然而，增长最快的城市群将是人口不到 100 万的城市（许多位于非洲和亚洲）。2018 年全球约有八分之一的人口居住在 33 个超大城市中，但同时还约 50% 的城市居民居住在人口不到 50 万的定居点（联合国经济和社会事务部，2019）。这些城市中有许多容易受到气候变化的影响。例如，印度尼西亚首都雅加达，2018 年人口为 1060 万（联合国经济和社会事务部，2018），毗邻大海湾，坐落在下陷地层之上和洪泛区内，这使其极易受到洪水和极端气候事件的影响。难以获得清洁水的情况以及极端水状况变得越来越频繁，因此各国必须加强努力，对此类人口移民加强管理。例如，2007 年的洪水就迫使雅加达 34 万~59 万居民移民（Lyons，2015）。

大量科学证据明确显示，气候变化，特别是降水和极端温度的变化，加剧了水资源管理的挑战（政府间气候变化专门委员会，2014a）。许多城市经历了水资源问题以及极端洪水事件。如果没有更系统的城市水管理方法，过去计划的行动将很快变得不足。结果就会导致资源的破坏、服务的减少以及对健康和环境的影响。

更有效的方法关键在于从更广泛的意义上理解城市发展。目前水利界对影响城市发展的很多因素的理解还不到位。鉴于这些因素的综合影响，在不确定的背景下，有必要针对不同的未来情景进行规划，而不是采取固定和僵化的方法。应通过城市各利益攸关方的更好参与，确保他们了解不同的未来情景，才能在困境面前做出合理的选择。

城市水的恢复力远远超出了传统的城市边界，对远距离之外流域的潜在依赖也在此恢复力的范围内。在某些情况下，若干城市或一组城市群会从同一含水层取水，或者可能存在跨界水交换。在这种情况下，就会出现国家、区域或国际水资源问题。

## 8.4 关键行动领域

### 8.4.1 未来规划

如果城市要适应气候变化并生存下去，就需要有多样化的规划，不能仅局限于注重提供服务的单线程方法，同时还应最大限度地降低成本。因此需要对水资源进行更广泛的评估，并建立一个旨在抵御冲击的弹性系统。这种冲击可能不单是由气候变化造成，而是也可能受到多种其他因素的影响，影响有好也有坏，这些因素包括：

- 人口增长和城市化（包括气候和冲突引发的移民）；
- 技术进步；
- 经济增长；
- 土地利用规划；
- 管理行业间的竞争。

一些案例表明，相关部门的行动可以间接影响水资源。例如，住房法规可以影响住宅区的径流，从而有助于减轻洪水风险。因此，面向多种情景的规划是一种更好的策略，但必须以开放和包容的方式进行。

不能忽视有效建立共识的工作。在城市一级制度化的多个利益攸关方框架是支持决策的有效方式，特别是在未来面对不同情况时。最近发生在南非开普敦的干旱，明显地突出了“城市整体”战略的重要性（框注 8.1）。可以以市政当局为推动者，其他利益攸关方根据当局政策做出自己的承诺，并提升责任意识和主人翁意识。

解决城市水恢复力问题并没有标准的解决方案。各种情况千差万别，需要具体情况具体分析。

### 8.4.2 确定水短缺的关键领域

气候变化已经对水资源产生了重大影响，而人口增长和城市化的需求还将进一步加剧世界各地许多流域的水资源紧张（超过 40% 的水开发率定义为水资源紧张），特别是发展

**框注 8.1　开普敦干旱后合作式水战略**

南非开普敦水危机由西开普省区域性缺水引起。自 2015 年以来，水库水位持续下降，2017 年年中至 2018 年年中，水位仅达到总库容的 15%~30%（气候系统分析团队，未注明日期）。

为了应对这场危机，政府制定了保护资源的整体性长期战略。该战略规定了开普敦市及其市民的承诺。合作关系是建立在信任的基础上，而信任是建立在透明和相互问责的基础上，所有合作伙伴声明的意图都要持续转化为行动。该战略基于以下原则：

**（1）安全获得水与卫生设施**。开普敦市政府将努力按照明确的最低标准，为所有居民提供和改进安全的用水和卫生设施。特别是城市将与非正规住区的社区和其他利益攸关方合作，改善水与卫生设施获得的日常体验，重点是在这些社区内建立信任和增加安全。

**（2）科学的使用**。开普敦将促进所有用户科学地使用水。具体包括：a）根据提供更多供水的成本对水进行定价，同时继续承诺向无力支付的人免费提供基本水量；b）修订细则和规划要求，并利用其他激励措施来提升水效率以及废水的处理和再利用；c）通过大幅改善用户管理和参与度来提升积极的公民意识；d）有效管理供水网络，以减少损失和非收入用水。

**（3）源头各异且充足、可靠的水**。开普敦将以具有成本效益和及时的方式，开发新的、多样化的水供应（可能包括地下水、再利用水和淡化水），以提高恢复力，并大幅降低未来严重缺水的可能性。计划致力于在未来 10 年内，以能够适应和抵御环境变化的方式，将可得供应量每天增加约 3 亿 L，并在此后保持适当的增量。

**（4）区域水资源共享效益**。开普敦将与包括其他城市和农业用水者在内的主要利益攸关方和合作伙伴以及其他政府部门合作，充分利用各种机会，优化区域水资源的经济、社会和生态效益，并降低风险。所有工作将通过各方协作来完成。

**（5）对水敏感的城市**。开普敦将积极致力于转变为一个对水敏感的城市，在更加完善的生态原则基础上，合理利用雨水和城市水道进行防洪、含水层补给、中水回用和休闲娱乐等目的。将通过新的激励和监管机制以及对投资新建基础设施来实现这一目标。

来源：开普敦市（2019）

中经济体人口稠密地区的水资源紧张。预计到 2050 年，世界 40% 的人口将生活在严重的水资源紧张之下（图 8.2），这几乎包括了中东和南亚的全部人口，以及中国和北非的大部分地区。从全球来看，地下水超采的速度在 1960 年至 2000 年间翻了一番，2000 年相当于每年超采 280km³（PBL 荷兰环境评估署，2014）。若没有良好的管理策略，这些因素将会给人类生活带来巨大的风险（经济合作与发展组织，2012）。

缺水可能是由于水源有限和 / 或需求增加，以及未能投资于多种水源，还可能是由于体制和管理方面的挑战。地方当局服务提供者的能力有限，导致大量水资源“下落不明”，这反过来又减少了税收，导致没有足够的资源来支撑运营和维护。这种恶性循环在撒哈拉以南非洲的许多较小的公用事业公司已经有所体现。通常认为资源短缺源于资源竞争。在小城市和农村居住地，农业用水以及某些情况下的工业用水导致生活用水减少。有时，解决某个领域的资源短缺，最好是通过对另一个领域采取行动。改进灌溉方法或优化工业流程可以为生活用水释放更多水资源。这里的关键是，享有水与卫生设施是人权，因此生活供水必须得到优先保障。

框注 8.1 中介绍的开普敦案例说明了如何通过采用新的管理方法来应对气候导致的资源短缺。

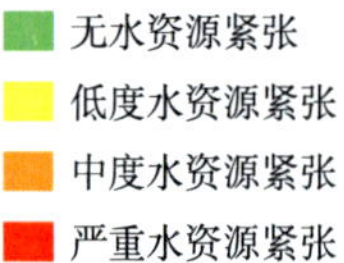


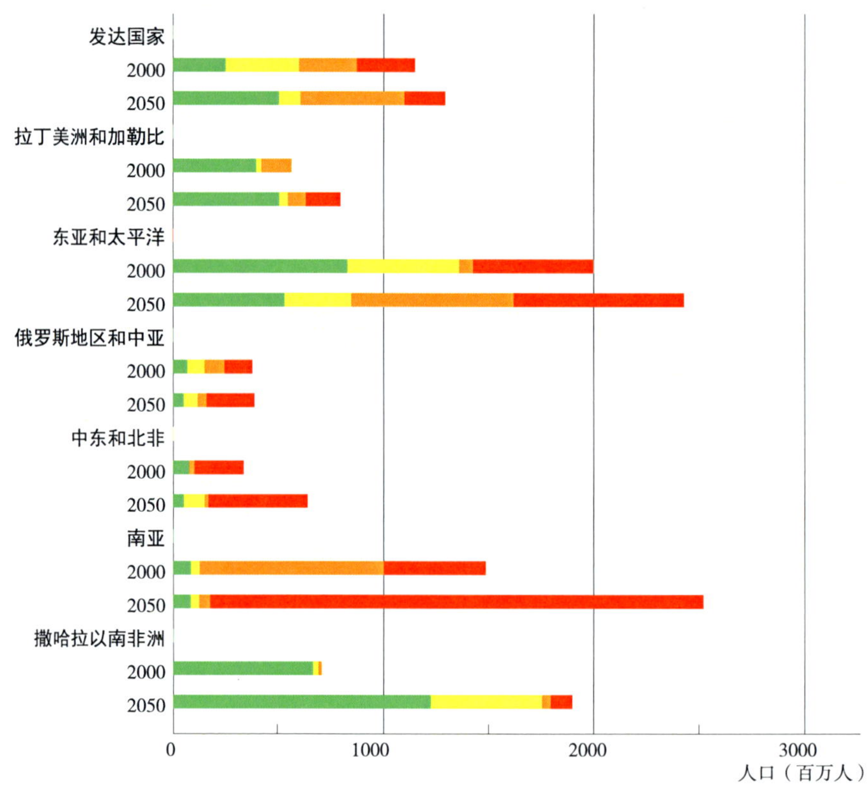


注：* 基准情景源于经济合作与发展组织 2012 年出版的第三期《环境展望》。基准情景假设没有新的政策引入，从而提供了一个评估不同政策变量的基准。

来源：PBL 荷兰环境评估署（2014，图 2.6，第 21 页）。知识共享 3.0 原版（CC BY 3.0）。

图 8.2　基准情景下生活在水资源紧张中的人数 *

### 8.4.3　城市化对水资源影响足迹的说明

在很多情况下，城市化会破坏为可持续增长提供水源和其他自然资源的生态系统。随着城市的发展扩张，为了生存，人们只能将目光投向更远的地方，不断扩大城市足迹，导致当地生态系统的压力增加。实际上，这种扩张可能意味着开发遥远的或尚未开发的集水区。达喀尔市就是很好的案例，该市的取水来自大约 250km 外的吉耶尔湖。负责供水的机构并不一定就是负责集水区管理的机构。吉耶尔湖周围大部分是以捕鱼和自给农业为生的农村居民，他们对当地水资源的影响可能比达喀尔市的居民更大。因此，确保达喀尔供水的干预措施与远离城市的湖畔居民的生存活动直接相关（Cogels 等，2001）。这种情况下，为环境服务付费计划对城市人口和水源周边的居民都有裨益（世界水评估计划 / 联合国水机制，2018）。

另外，废水的排放也会对下游用户产生重大影响。加纳的阿克拉 – 特马大都市从丹苏河取水。由于上游活动，特别是采沙、洗车和废水处理厂的废水排放，河流水质变得非常差，接近经济处理饮用水源的极限（Yeleliere 等，2018）。

城市的快速扩张常常导致边缘质量的土地用于建造房屋和基础设施。这类情况可能出现在城市边缘的湿地、沼泽和洪泛区。在极端降水或干旱时期，这种对自然系统的破坏会严重影响储水和缓冲能力。

因此，旨在提高城市水恢复力的规划需要看向城市边界之外，考虑城市扩张对水安全的长期影响。这将需要进行更广泛的协商，需要将当地才有的生态知识纳入讨论，因为这些知识往往是经过几十年的观察和良好实践才得出的。

### 8.4.4 地方当局和公用事业单位建立恢复力的创新方式

如果水资源和废水处理公用事业单位从过去只提供最低成本服务的“传统”方式转变为采取前瞻性策略计划，就可以推动和引领变革。此类计划必须同时涵盖短期解决方案和长期行动，从而推动服务的高效提供，同时解决备灾和长期资本投入的问题。

短期解决方案可以包括需求管理，这是成本效益最佳的减缓水资源紧缺的工具之一。水需求管理有效地将减少渗漏与推广节水文化及其他商业和制度手段结合起来。这样，投资新的供水工程的迫切性就会降低，资金就可以节约下来以备长远之需。在系统损失较高的情况下，这应该是未来开展任何供水项目的先决条件。巴西圣保罗的缺水情况就是一个典型案例（框注 8.2）。

**框注 8.2 巴西圣保罗缺水情况分析**

2015 年，圣保罗大都市区的供水系统处于崩溃的边缘。完全依赖坎塔雷拉水库供水的居住地尤其脆弱。根据圣保罗州基础卫生设施企业（SABESP）的数据，2015 年 4 月 23 日，向圣保罗大都会地区供水的 6 个主要水源地河流的水量为 3050 亿 L，而 2014 年同期这一水源的水量为 5580 亿 L。这意味着，即使该地 1 月和 2 月的降水量高于平均水平，情况也十分危急。2014 年坎塔雷拉水库的水量尚可维持服务，但到了 2015 年，该市则不得不启用技术储备。

这样的水资源危机也可以成为一个转机，促使用水变得更加高效、可持续，避免水资源损失和污染，同时推动市民参与。要想实现这一点，建议措施和预设情景必须足够清晰，通过危机的“真实”程度以及选定的措施等相关信息，来获得公民的信任和支持。

必须从机遇的角度来分析这一问题，因为危机展现了推动国家机构改革的潜力。这场危机呈现出一种主要由联邦政府出资兴建供水工程，进而向圣保罗州和里约热内卢州供水的新途径。水资源危机还推进了对争议问题的深入讨论，如河流改道（巴西东北部的干旱已经持续了至少 3 年）、供水网络的高损失率（估计约为 37%）、私营或混合资本企业特许经营模式中的利益冲突、对技术问题的政治干预、政府的疏漏、对替代水源（如再生水、雨水、地下水甚至脱盐技术）的需求、对个人和集体可持续行为的评估，以及改善体制和社会沟通模式的必要性。

来源：Soriano 等（2016）。

长期陷入昂贵、不恰当的资本密集型投资，会极大地束缚将来的应对措施，降低恢复力，并使城市变得极其脆弱。与未来情景相关的不确定性意味着需要尽全力采取灵活措施，着眼于低反悔率的短期行动。能力建设也是这样。从圣保罗的经验来看，显然政府和公民间的信任因素也十分重要。

总之，许多国家和城市迫切需要制定战略框架。政府部门中谁来负责，什么样的行动最必要，这些都很难评估，而且取决于已有的体制机制。由于所需采取的行动必须是整体行动，很可能应由国家规划部门或机构来承担这一责任。

## 8.5 结论和建议

1. 要充分了解城市水管理对气候恢复力的直接和间接影响，关键是要了解与可持续城市发展相关的更广泛的问题。城市化社区对临近和偏远地区生态系统的影响同样需要考虑，包括一些关键性湿地（Fitzgerald，2018）。

2. 要想实现短期、低反悔率干预措施的正确组合，必须要对支撑城市水资源和气候恢复力的各种情景进行未来规划。长期大规模投资计划可以应对城市和城市群所面临的真正问题。有各种各样的技术、工程和基于自然的解决方案可以用来保证城市的恢复力。然而，最好的解决方案一定是因地制宜的方案。

3. 城市级别的参与者，尤其是地方当局和公用事业单位，必须发挥领导作用，并对其他利益攸关方进行统一指导，充分发挥利益攸关方协商的作用，并确保宣传和推广活动取得成功。必须强调与所有利益攸关方的协商，特别是受气候变化、水资源短缺和歧视影响最大的人群。

4. 进一步了解作为水源地和污水排放地的上下游的生态条件，才能实现对未来情景的全面分析。如果需要跨流域调水，必须进行相关影响的全面分析，包括相关社区、公民或城市管理者的参与，以确保此类计划的长期可行性。

# 第 9 章

## 水－气候－能源－粮食－环境纽带关系

太阳能灌溉项目设备

**世界水评估计划** I Richard Connor，Jos Timmerman，Stefan Uhlenbrook 和 Engin Koncagül

**参与编写者：** John Payne（联合国工业发展组织）；Christophe Cudennec（国际水文科学协会）；Lucia de Strasser（联合国欧洲经济委员会）和 Tamara Avellán（UNU-FLORES）

基于第 3 章至第 8 章的信息和分析，本章进一步阐述了主要用水部门之间的互联性，描述了一个部门的决策如何对其他部门产生重大影响，同时，强调有必要采取统一方式，从水资源入手应对气候变化，权衡利弊，实现共同利益最大化。

## 9.1 互联性分析

本报告前几章侧重于如何通过改进各用水行业和利益攸关方的水资源管理来适应和减缓气候变化。通过提升水资源管理来应对气候变化，必须在协调一致的基础上，力求在各行业的目标宗旨和不同用水需求之间达到平衡。然而，不管是在水资源管理还是对气候变化的适应和减缓方面，不同的行业和不同的利益攸关方可能面临各种各样的不同挑战。由于这些群体之间往往存在较强的互联性，有时可以产生协同增效的作用，有时则需要权衡取舍。而无论是机遇还是权衡，其范围和程度也会因不同群体的特定学科知识、能力、需求和目标而有所不同。因此，为实现整体效益的最大化，跨行业、跨领域分析至关重要。此外，虽然纽带关系法从理论上来说是对称的，但在实际运用时仍需要从水资源和气候变化的不同角度去考虑，以便更好地理解这种互联性，弥合不同学科之间的知识缺口（Lui 等，2017）。

> 通过提升水资源管理来应对气候变化，必须在协调一致的基础上，力求在各部门的目标宗旨和不同用水需求（包括环境需求）之间达到平衡

### 9.1.1 能源角度

利用水资源需要能源。2014 年，提取、分配、处理水和废水所消耗的电能约占全球总用电量的 4%。此外，还消耗了 5000 万吨[1] 的热能[2]，这主要是用于抽水灌溉的柴油和用于海水淡化的天然气。预计到 2040 年，水行业的用电量将翻一番（见图 3.2）。而如果必须从较远的地方或较深的地下水体取水或者水源质量下降的话，灌溉和饮用水的能源需求会进一步增加。预计电力消耗增幅最大的将是海水淡化和废水处理（国际能源署，2016），尽管后者可能是能源的正向转化过程（沉渣转化为能源），即使现代技术也许会降低未来几年的能源消耗量（见 9.1.4 节）。因此，通过加大节水力度（即需求管理）或提高水的使用和处理效率（如减少渗漏）来减少用水量，或可降低水部门的能源需求，从而有助于减缓气候变化（如果所述能源来自化石燃料）。

反之，能源生产也需要水。提到用水，人们可能更多会想到种植生物燃料或开采化石燃料时的用水（如水力压裂），但就用水量而言，火力发电的冷却过程实际上是能源行业最

1 石油当量吨。

2 2014 年水部门能源消耗大致等于澳大利亚使用的能源总量（国际能源署，2016）。

大的耗水环节（见 7.3.1 节）。冷却过程中的蒸发损失会影响水的有效性，同样地，电站水库也会通过蒸发“消耗”大量的水（Hogeboom 等，2018）。大坝和人工水库还会改变水文系统，进而影响生态系统的功能和服务，进一步影响供水和水质。生产生物燃料的灌溉过程（框注 9.1）不仅耗水，灌溉后流出物中所携带的沉积物、营养素和农药还会影响水质，使其很难再被利用。从需水量来看，风能、太阳能光伏以及某些类型的地热能等可再生能源的需水量很小，是目前最佳的替代能源（世界水评估计划，2014）。

### 9.1.2 粮食和农业角度

农业节水措施可以提高用水的有效性，减少抽水耗能量，反过来又进一步减少能源生产的用水量。能源需求的降低还可以减少温室气体排放，从而减缓气候变化，而由此产生的交叉效益也可以产生正面强化的作用。同样，在农业中更多地采用可再生能源（如太阳能光伏水泵）并增强其能效也可为降低温室气体排放量和支持小农户生计提供更多可能（见框注 6.4）。

**框注 9.1 生物燃料**

据估计，全球生物燃料生产消耗了 2%~3% 的水和农业用地（Rulli 等，2016）。生物燃料用水量占所有能源相关用水量的 7%（超过了一次能源生产的石油和天然气），其中包括发酵所需的大量蒸汽（国际能源署，2016）。生物燃料的需水量取决于作物是灌溉作物还是雨养作物（国际能源署，2016）。如果是灌溉作物，根据所处地区、作物种类（甘蔗、玉米和大豆需水量最大）和灌溉系统效率的不同，需水量也各不相同。

第二代生物燃料由各种非粮食生物质制成，在降低用水量方面有一定前景，目前主要包括农业废料、食物垃圾和生活垃圾。在生产第二代生物燃料所需的农作物种植过程中，也要消耗水；而当种植用于生产先进生物燃料的专门作物时，用水量则更大。

理论上，生物燃料可以减少化石燃料产生的温室气体排放，因为生物燃料燃烧所排放的 $CO_2$ 被燃料生长所捕获的 $CO_2$ 所平衡了（生物燃料，未注明日期 a）。但这并不是碳中和活动，因为种植和生产作物需要能量，这包括清理耕作土地、种植和灌溉。如果将这些再加上生物燃料燃烧和能源输送所产生的温室气体排放量，其结果就是 $CO_2$ 排放量的净增长（生物燃料，未注明日期 a；未注明日期 b）。土地利用的变化进一步加剧了这种情况，因为在对原生土地清理和排水时，一方面会释放更多的 $CO_2$，另一方面也没有了原生植物来吸收 $CO_2$。由于原生森林通常比生物燃料作物更能有效地捕获和储存 $CO_2$，砍伐当地原生森林实际上会产生碳“债”，可能需要数百年才能清偿（生物燃料，未注明日期 b）。据报道，与化石燃料相比，最传统的生物技术所产生的温室气体排放量少将近 40%（Doornbosch 和 Steenblik，2007），但其他生命周期分析表明，此类数据具有高度的不确定性（Hanaki 和葡萄牙 Pereira，2018）。

政府间气候变化专门委员会（IPCC，2012）指出，生物燃料生产的增长比其他可再生能源的增长更难预测，因为反馈机制繁多，区域潜在差异较大，导致不确定性升高。例如，大规模生物能源生产（无配套辅助措施）可能造成一系列负面影响，包括毁林、（用地变化引起的）$CO_2$ 排放量升高、氮素流失以及粮食价格攀升等（Humpenöder 等，2018）。虽然生物燃料颇具潜力，但需要考虑其净用水量和净温室气体排放量之间的平衡，并根据当地情况针对每个案例分别决策，以解决更大范围的权衡问题。

然而，在现实中，规模种植灌溉效率的提高（如采用滴灌）往往不会在更大规模上实现节水（联合国粮食及农业组织，2017c；Koech 和 Langat，2018）。确切地说，规模种植只是在相同耗水量的情况下使作物产量提升了。这强调了保护性农业的至关重要性（见第 6 章），保护性农业能使土壤保留更多水分（从而进一步减少水和能源需求）、有机物（碳）和养分（世界水评估计划 / 联合国水机制，2018）。通过这种方式，保护性农业直接支持了适应和减缓气候变化，提供额外的生态效益，确保了可持续的粮食和纤维生产。

避免粮食损耗和浪费为减少温室气体排放提供了另一途径

避免粮食损耗和浪费为减少温室气体排放提供了另一途径。据估计，在食品供应链的各个阶段，食品生产总量中有 25%~30% 被损耗或浪费（联合国粮食及农业组织，2013b；政府间气候变化专门委员会，2019c）。粮食垃圾分解会释放温室气体。2010—2016 年间，全球粮食损耗和浪费占人为温室气体排放总量[1]的 8%~10%（政府间气候变化专门委员会，2019c），这一比例到 2050 年可能会超过 10%（Hiç 等，2016）。由于农业用水量占全球的 69%（AQUASTAT，2014），减少粮食浪费同样可能对水（和能源）需求产生重大影响，从而提供一种适应（缓解水资源紧张）和减缓（通过减少能源使用）的手段。

### 9.1.3 关于土地利用和生态系统

经妥善管理的森林、湿地和草地，其生物质和土壤可以实现碳封存，进而为减缓气候变化提供了可能（政府间气候变化专门委员会，2019c），在养分循环和生物多样性方面具有显著的附加效益。然而，虽然健康生态系统的碳捕获潜力远远超出许多相关的人为工作，但退化的生态系统却会从碳汇集地转变为碳释放源。因此，改善水资源管理以维持和恢复健康的生态系统至关重要，特别是湿地管理，因为湿地容纳了陆地生态系统中最大的碳储量（GIZ/adelphi/PIK，即将出版）。这些生态系统还为加强水源保护提供了高价值的“绿色基础设施”，在调节流量和保持水质方面具有重要作用。然而，“生态系统对水文产生的影响具有高度差异性，这种差异存在于不同生态系统类型或子系统类型的内部和相互之间，并随着它们所处的位置和条件、气候和管理方式的不同而有所区别……例如，根据植被类型、密度和位置的不同，它们可能增加或减少地下水补给”（世界水评估计划 / 联合国水机制，2018，第 27 页）。

因此，必须充分考虑到土地利用的变化，特别是造林 / 重新造林对当地水文系统的影响。2019 年 7 月，Bastin 等的一篇文章描述了大规模植树造林（超过 9 亿公顷的一万亿棵树）的巨大潜在温室气体减缓效应，在各种形式的媒体上获得了全世界的关注。虽然结论引起了激烈的争论，[2] 但无论是原论文还是其反对者，都没有对此类方案的需水量和最终的水文影响（或潜在的裨益，如有）提出任何深入考量。这进一步说明了气候和水科学之间存在普遍脱节。

如序言所述，不同时间和空间尺度的气候预测可能会、也可能不会成为真实的趋势，这在很大程度上是由于地方和区域范围内用水和用地之间的相互联系以及反馈环路具有复杂性。各种水文过程（渗透、土壤蓄水、补给、植物用水、其他用水）加强了这种复杂性，因而简单的因果链不一定适用于各种“真实世界”的情况。例如，尽管大气环流模型可能预测一年（甚至一个季节）内降水的总体增加量，但可能不会转化为真实的可用水资源，

1 这一估计数据包括与粮食生产相关的温室气体排放量以及分解过程本身的排放量。

2 参考案例 www.realclimate.org/index.PHP/archives/2019/07/can-planning-trees-save-our-climate/。

尤其是当降水以暴雨事件的形式增加时，甚至可能导致更频繁或更长时间的干旱，因此可持续的土地利用非常重要（框注 9.2）。实际上，“响应举措的成功实施在于对当地环境和社会经济条件的考虑。土壤碳管理等一些举措可能适用于一般的土地利用类型，而与有机土壤、泥炭地和湿地以及与淡水资源相关的土地管理办法的效力取决于具体的农业生态条件（可信度高）”（政府间气候变化专门委员会，2019c，第 19 页）。

### 9.1.4 关于供水、卫生和废水处理

除了与上述提高用水效率相关的节能做法外，水处理方法的改进，尤其是废水处理方法，为减缓气候变化提供了更广泛的机会。例如，对未经处理或部分处理的废水进行再利用，可以减少与取水和水的深度处理相关的能耗，如果在废水排放地点原地或其附近回收再利用，还可以降低运输成本。

> 对未经处理或部分处理的废水进行再利用，可以减少与取水和水的深度处理相关的能耗，如果在废水排放地点原地或其附近回收再利用，还可以降低运输成本

如 3.3 节所述，未经处理的废水是温室气体的重要来源。全球超过 80% 的废水未经处理就排放至环境中（世界水评估计划 / 联合国水机制，2018），如果在排放前将水中的有机物进行处理，可以减少温室气体的排放量。废水处理过程中产生的沼气可以回收并再次为水处理厂供能，实现能源中和，进一步节约能源。先进的废水处理系统还为回收其他原材料提供了可能，比如营养物质可转化为肥料并在市场销售，通过创造新收入来源进一步增加投资回报（世界水评估计划，2017），为人类健康和环境带来更多裨益。

然而，废水处理本身会产生某些类型的温室气体排放。例如，一氧化二氮（$N_2O$）是废水处理过程中产生的一种强效[1]温室气体。尽管废水处理过程排放的 $N_2O$ 量相对较小（占人为 $N_2O$ 总排放量的 3%），但估计可占总“水链”温室气体足迹的 26%（Kampschreur 等，2009）。由于不同的设计和操作条件，加之废水本身所含富氮化合物（如尿液）的浓度各不相同，水处理厂的 $N_2O$ 排放量差异很大。一般来说，具有高除氮水平的水处理厂排放的 $N_2O$ 较少，这表明高水质与低 $N_2O$ 排放可以同时实现（Law 等，2012）。增强对于废水处理系统中 $N_2O$ 的基本产生过程的了解，可以引导水处理厂改进其设计和操作方法。此外，从废水中回收氮不会对磷和纤维素回收以及沼气生产造成负面影响（Van der Hoek 等，2018）。

人工湿地可以有效地处理废水（不需要或很少需要投入额外能源），特别是在以低技术和低维护性为代表特点的受限环境中，经人工湿地处理后的废水可为灌溉提供相对廉价的水源。虽然人工湿地产生的生物质可以用作第二代生物燃料的可再生燃料来源（框注 9.1）（Avellán 和 Gremillion，2019），但某些证据表明，湿地生态系统是大气温室气体的净来源（Picek 等，2007；Tao，2015）。不过，也有一些报告（De Klein 和 Van der Werf，2014）持相反观点。

1 $N_2O$ 的全球变暖潜能值是 $CO_2$ 的 265~298 倍（美国环境保护局，未注明日期）。

### 框注 9.2 气候变化和可持续土地管理如何影响水资源可用性

在半干旱的塞古拉河流域（西班牙东南部），气候变化预计将导致总降水量减少，更严重的是，还将导致极端降水增加。一项基于模型的研究对极端降水的增加如何影响土壤储水（绿水）和水库储水（蓝水）的分布进行了调查。结果表明，储水分布的确发生了改变——一方面，干旱期的延长导致绿水减少；另一方面，极端降水的增多和下渗的减少使得蓝水增加。极端降水还导致洪水流量和土壤侵蚀增加，威胁到流域的水安全（Eekhout 等，2018）。

为促进适应和减缓气候变化，可持续土地管理得到越来越多的推广。Eekhout 和 De Vente（2019）表明，大规模实施可持续土地管理几乎完全逆转了气候变化的影响。可持续土地管理情况的评估结果取决于与利益攸关方的密切合作。利益攸关方认为，减少耕作和有机改良是雨养农业中最具前景的可持续土地管理做法。可持续土地管理增加了土壤的持水能力，使得入渗增加和植物水分胁迫减少。当极端降水由于气候变化而不断增加时，可持续土地管理的实施可减少地表径流和相关过程，如洪水排放、土壤侵蚀和水库沉积，缓解了降水量增加产生的影响。

这些结果表明，仅仅预测总降水量的变化不足以推断水的可利用性将如何随着时间的推移而变化。极端事件和土地管理做法对地表和土壤之间的水分布有重大影响。与依赖不同水源的灌溉农业相比，这些变化可能会影响旱作农业的潜力。可持续土地管理可能对土壤蓄水和防洪产生积极影响，但也会影响地表水和依赖地表水的经济活动。

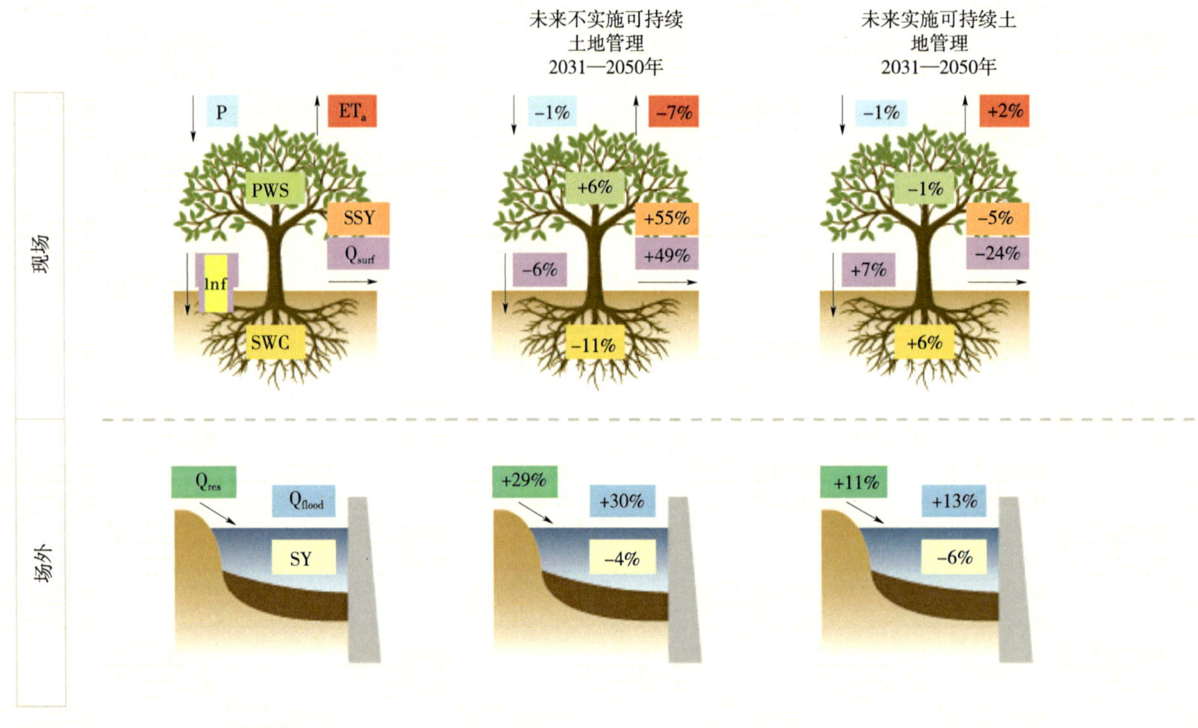


图：气候变化的现场和场外影响以及可持续土地管理的实施

注：左图定义了指标，其中 P 为降水量，$ET_a$ 为实际蒸散量，PWS 为植物水分胁迫，Inf 为入渗，SSY 为坡面侵蚀，Qsurf 为地表径流，SWC 为土壤含水量，$Q_{res}$ 为水库入库水量，SY 为水库产沙量，Qflood 为泄洪量。

来源：改编自 Eekhout 和 De Vente（2019，图 1）J. P. C. Eekhout 和 J. de Vente（西班牙国家研究委员会）。

泰国三百峰国家公园的湿地

## 9.2 共同利益

水除了与气候、能源和农业之间存在纽带关系外，与其他部门和利益攸关方群体的联系也十分紧密。《2030 年可持续发展议程》明确承认社会、经济和环境系统是共生的。联合国（2018a）表明，可持续发展目标 6（水目标）与所有可持续发展目标均相互关联，水往往是其他可持续发展目标取得进展的促进因素，虽然在某些情况下需要做出一定的权衡（见第 2 章）。同样，可持续发展目标 6 的实现进程也取决于大多数其他可持续发展目标的进展，特别是可持续发展目标 13（气候行动）。改善废水处理就是体现这种互联性的一个例子，这是因为，对废水处理的改进不仅符合可持续发展目标 6（在处理卫生和水质目标 6.1 和 6.3 方面）和 13（以及《巴黎协定》）的利益，也符合其他可持续发展目标的利益（见图 2.1）。人类健康和人居（见第 5 章和第 8 章）也是与水有关的气候干预措施能够产生多重共同效益的关键领域。这表明，政策的一致性以及政策、改革和相关投资的时机和顺序都非常重要，这一点在第 2 章、第 11 章和第 12 章中均有阐述。

对绿色气候基金的水相关项目共同效益的分析（Tänzler 和 Kramer，2019）揭示了这些项目融入各自国家广泛社会经济背景的程度。虽然项目的共同利益多半是增加就业和收入机会，但其他一些共同利益，如教育和能力发展 / 培训、生物多样性、粮食安全等，也已经得到认可（图 9.1）。不过，许多项目提案仍然过度集中于中心目标，未能充分描述更广泛（而且往往非常强烈）的发展关注点。只有确定一些可以实现的具体（现实）共同利益并说明如何衡量这些共同利益，水相关的项目提案才更有可能在社会、政治和财政方面获得支持（见第 12 章）。

总之，一个行业的适应和减缓措施可以直接影响水需求，反过来又可以增加或减少其他行业的当地 / 区域水供应（包括水质）。在水需求减少的情况下，此类措施可以带来跨行业和跨领域的多重利益，而水需求的增加可能导致需要在有限供应的分配上进行权衡。

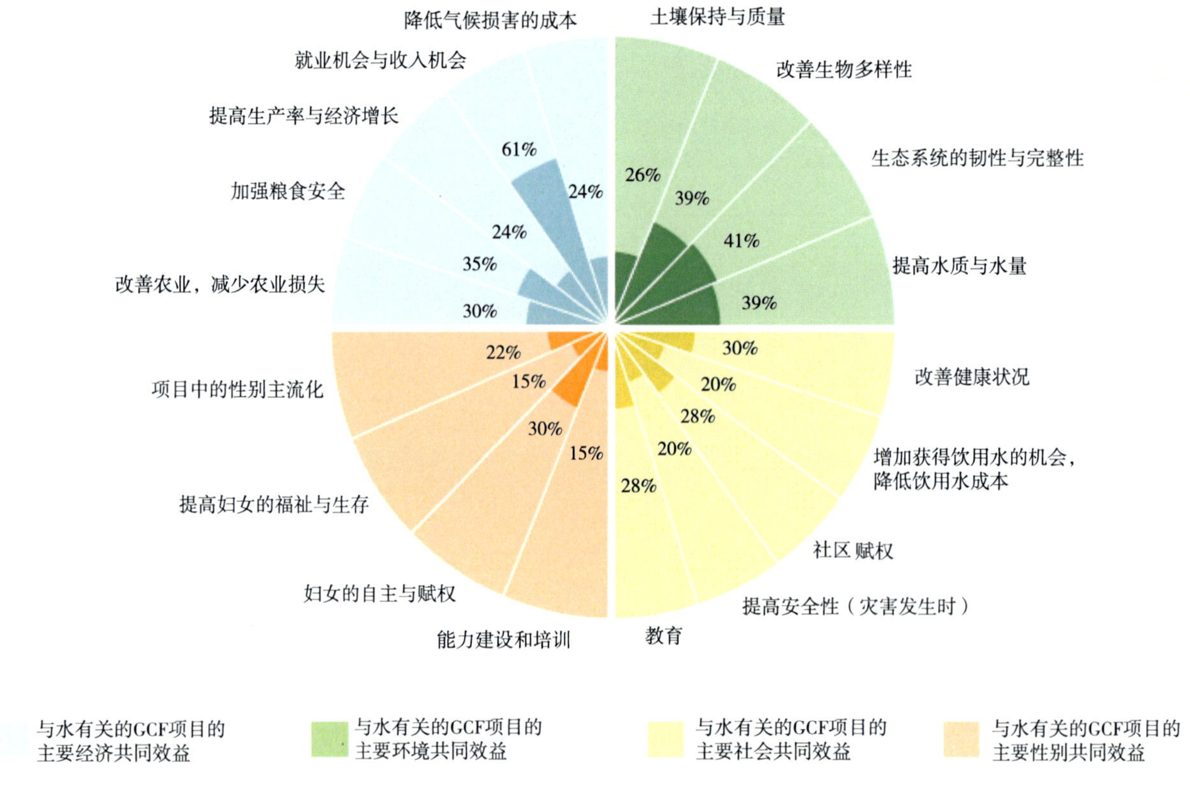


注：GCF：绿色气候基金。

来源：Tänzler 和 Kramer（2019）。

图 9.1　绿色气候基金的投资组合中水相关项目的共同效益

# 第 10 章

## 区域性观点

在澳大利亚墨尔本本多拉，一架直升飞机朝森林大火大量喷水，以配合地面消防人员的灭火工作

**全球水伙伴** | Monika Weber-Fahr，Anjali Lohani 和 Ralph Philip

**海外发展研究所** | Nathaniel Mason，Roger Calow，Leo Roberts，Adriana Quevedo 和 Merylyn Hedger

**联合国非洲经济委员会** | Frank Rutabingwa

**联合国欧洲经济委员会** | Hanna Plotnykova，Sonja Koeppel，Francesca Bernardini 和 Sarah Tiefenauer-Linardon

**联合国拉丁美洲和加勒比经济委员会** | Marina Gil，Andrei Jouravlev，Shreya Kumra 和 Silvia Saravia

**联合国亚洲及太平洋经济社会委员会** | Solene Le Doze

**内罗毕联合国教科文组织办事处** | Jayakumar Ramasamy 和 Samuel Partey

**联合国西亚经济社会委员会** | Carol Chouchani Cherfane

**参与编写者**：Esra Buttanri，Sara Oppenheimer 和 Frederik Pischke（全球水伙伴）；Yunxian Jiang（IOM）；Charlene Watson（海外发展研究所）；Ingrid Dispert（联合国亚洲及太平洋经济社会委员会）和 Tam Hoang（联合国人居署）

本章描述了气候变化造成的与水相关影响的性质和规模以及潜在的应对措施是如何超越国界的。从国家和区域一级的例子中，可以看出各区域的行动机会是为什么以及如何出现的，从而对处于优先级的挑战和机遇有更深入的了解。

## 10.1 概述

在应对气候变化对水的影响时，首先要关注的便是水是如何进行管理的，即采用了哪些政策、制度、管理工具和资源。气候变化带来的与水有关的影响并不在乎国家之间和国家内部的行政边界。因此，只有基于跨境开发和协调，“气候智能型”水管理的影响才能最大化。一些应对措施，如适应不断变化的水情的水资源共享机制，需要从流域角度统筹考虑，因此常常跨越国家或地区的政治和行政边界。对于其他方面，例如开发预警系统，以应对造成更强烈和更频繁洪水或干旱的极端降水（第 4 章），还需要进一步扩大合作协调范围，延伸至次大陆甚至大陆范围。本章主要探究水—气候交互领域在区域和跨境层面的意义。

无论是在全球气候对话、协商，还是融资机制和行动中，通常都没有从区域的层面考虑。迄今为止，大多数气候变化政策和措施都仅限于国家层面，并由各国政府推动：《联合国气候变化框架公约》下的谈判由主权国家牵头并以主权国家为重点，许多气候融资机制（第 12 章）以及 2030 年议程、《巴黎协定》和《仙台减轻灾害风险框架》下设定的大多数目标也是如此。基于第 2 章提出的基本观点，本章中指出，水作为国际“气候纽带”，将引领新的合作和协调机制，并有助于实现发展、气候变化和减少灾害风险的相互关联的全球协定（联合国水机制，2019）。本章还对应对这些挑战的区域准备情况进行了考量，既包括各国在水资源管理方面的成熟程度，也涉及具体的气候适应战略，以国家自主贡献作为替代，审视联合国[1]各区域经济委员会涵盖的所有国家。本章还强调了在跨境流域或区域运作的国际组织的关键作用。几十年来，水机构已经成立了诸多此类国际组织，以促进在水—气候交互领域开展协调一致的气候适应和减缓措施。

就气候如何变化以及这些变化如何与水相互作用而言，区域内部和各区域之间存在巨大差异。政府间气候变化专门委员会（政府间气候变化专门委员会，2014a）第五次评估第二工作组 2014 年报告仍然是该委员会最新的逐个区域全球评估。从次大陆尺度上的强降水、干燥和干旱所产生的变化的角度，此次评估还提供了重要的物理科学背景。这些广泛的变化本身将对各区域产生不同的与水有关的影响，包括径流、蒸散、洪水风险和水质等，而这些方面也受到土地利用和水文地质等当地因素的影响。然而，正如序言中所述，气候变化对水文循环的未来影响仍然存在高度不确定性，特别是在流域和子流域一级。目前，对于地下水方面的气候—水交互作用，尚缺乏了解（Taylor，2009；Gleeson 等，2012）。

> 为向各国提供支持，区域性政策团体需要在其地理和决策背景下评估影响、脆弱性和适应途径

在提供支持时，区域性政策团体需要在各国不同的地理和决策背景下评估有关影响、脆弱性和适应途径（政府间气候变化专门委员会，2014a）。一个很好的例子是由联合国西亚经济社会委员会和其他 10 个组织共同发起的“评估气候变化对阿拉伯地区水资源和社会经济脆弱性影响的区域性倡议”。该倡议特别强调在国家和区域范围内呼吁更多机构参与气候变化评估并提升其评估能力。此外，该阿拉伯地区的区域倡议已被采纳为区域协调性气候降尺度实验（CORDEX）中东和北非地区愿景文件（联合国西亚经济社会委员会等，2017）。

## 10.2 加强国家和地区协调，应对气候变化对水的影响

气候变化对水的物理影响只是区域之间和区域内部的差异之一。其他差异还有适应能力，包括为应对气候变化对水资源和需水部门的影响而制定的政策、规划和管理措施等。

### 10.2.1 综合和跨境方法

通过水来应对气候变化需要采取综合方法，即投资于更好、更易获取的信息，更强大、更灵活的机构，以及储存、运输和处理水的自然和人工基础设施；在地方、国家、流域和全球各层面采取各种措施；对软投资和硬投资进行平衡和排序；需要在管理部门间和地理上进行权衡；避免适应不良带来的后果；平衡公平、环境和经济优先事项；以及发挥适应和减缓效益。能够应对气候变化的水资源管理系统的核心组成部分已经众所周知，例如，基于健全的水资源评估的水资源共享措施，能够应对气候变化和变异性的水资源核算系统（全球水伙伴，2019a）。15 年前，毛里塔尼亚的《国家适应行动计划》（National Adaptation Programme of Action,NAPA）已将水资源综合管理视为“适应气候变化的适当解决方案”之一，并特别提出诸如“水资源可用性和需求的定期评估”“监测和减缓与环境保护相关的可持续发展”和“防止资源使用冲突的管理条例”的做法和行动方案（毛里塔尼亚共和国，2004，第 26–27 页）。

2030 年议程认为，根据可持续发展目标 6 所述，为确保人人享有可利用和可持续管理的水与卫生设施，需要采用水资源综合管理的做法。为此，还设定了一个特定指标来监测水资源综合管理。虽然一个国家在目标 6.5.1 上的得分并非只关注水资源管理是否能够应对

1　其中包括联合国非洲经济委员会、联合国欧洲经济委员会、联合国拉丁美洲和加勒比经济委员会、联合国亚洲及太平洋经济社会委员会和联合国西亚经济社会委员会。

气候变化的影响，但也确实反映了该国对水管理系统成熟度的自我评估能力，特别是在采取综合的方法方面。2018 年发布的第一份全球可持续发展目标 6.5.1 进度报告不仅揭示了在实现水目标方面存在巨大、持续和不断扩大的差距，还强调了各国对水资源管理成熟度相当有限的自我认识（联合国环境规划署，2018）。在所有联合国地区委员会区域，大多数国家缺乏水资源综合管理的稳定基础（图 10.1）。在非洲经济委员会区域，没有一个国家报告其执行水平达到“高”或“非常高”；在拉丁美洲和加勒比经济委员会区域，只有一个国家达到该水平；在西亚经济社会委员会和亚洲及太平洋经济社会委员会地区，该比例不到五分之一；即使是在欧洲经济委员会（ECE）区域，也仅有不到一半的国家宣布达到了“高”或“非常高”的执行水平。[1]

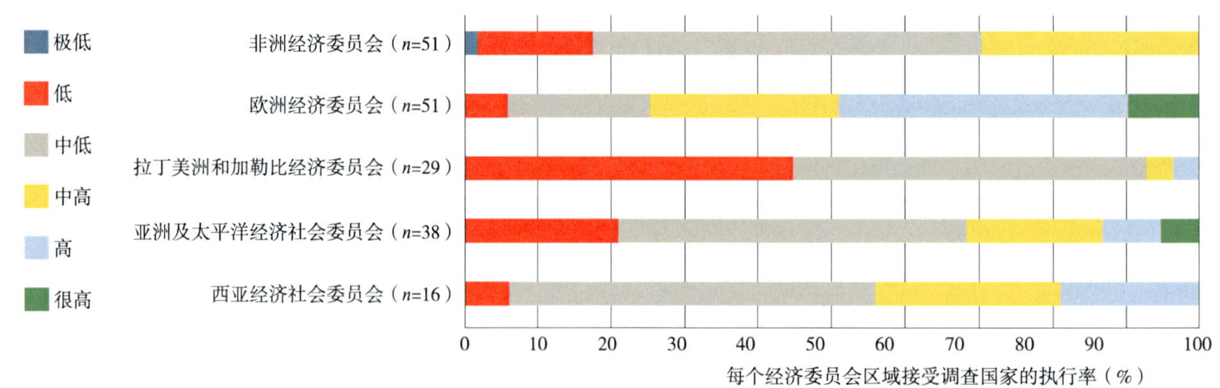


来源：联合国环境规划署关于水资源综合管理执行情况的区域数据分析（2018）。

图 10.1　按联合国经济委员会区域列出的水资源综合管理执行情况

> 在跨境合作中，增加对适应气候变化和减少气候相关灾害的承诺仍有很大的空间

气候变化在可持续发展目标指标 6.5.2 的基线评估中表现得更为明显，该指标侧重于跨境水资源管理。[2] 基线显示，在跨境合作中，在适应气候变化和减轻气候相关灾害方面增加相应的承诺仍有很大空间：不到一半（48%）的应对方案将适应气候变化作为跨境合作联合机构的任务和活动的一部分。还有大约相同比例（52%）的应对方案将适应性列为跨境业务中的一个合作领域。约 75% 的国家将减少灾害风险（重点是洪水和干旱）列为联合机构任务和活动的一部分，但洪水作为跨境举措下的合作领域（78%）比干旱（58%）更受重视（联合国欧洲经济委员会 / 联合国教科文组织 / 联合国水机制，2018）。

### 10.2.2　关于水的国家自主贡献

本报告第 2 章指出，水是国家自主贡献适应措施中最常提及的优先领域（《联合国气候变

1　进行评分的 33 个问题涵盖了国家和流域两个层面的水资源综合管理的核心内容，分为 4 个部分：有利环境、体制框架、管理工具和融资。根据回答，每个问题的得分为 0~100，最后计算出平均分。评分级别：91~100 为“很高”，71~90 为“高”，51~70 为“中高”，31~50 为“中低”，11~30 为“低”，0~10 为“非常低”（联合国环境规划署，2018）。有 172 个国家的数据；如果某个国家隶属多个区域，会有些重复计算（因为这一章涉及气候变化，加拿大和美国按拉丁美洲和加勒比经济委员会成员统计，它们的近邻，以及它们在欧洲委员会的成员资格的权重下降；同时非地域相关成员也不计入其中，如亚洲及太平洋经济社会委员会或拉丁美洲和加勒比经济委员会的欧洲国家成员）。每个区域参与评分反馈的国家数量：非洲经济委员会：45 个；非洲经济委员会 / 西亚经济社会委员会：6 个；西亚经济社会委员会：10 个；欧洲经济委员会：44 个；欧洲经济委员会 / 亚洲及太平洋经济社会委员会：7 个；亚洲及太平洋经济社会委员会：31 个；拉丁美洲和加勒比经济委员会：29 个。

2　指标 6.5.2 是一个国家内有水合作业务安排的跨境流域面积（河流、湖泊或含水层）的比例（联合国欧洲经济委员会 / 联合国教科文组织 / 联合国水机制，2018）。

化框架公约》，2016）。然而，如果认真审视的话，便会发现水的地位在国家自主贡献中的显著变化。对 80 个国家的国家自主贡献进行逐个区域评估（全球水伙伴，2018b）有助于了解一些情况。[1]

**框注 10.1　跨境和区域气候–水倡议–欧洲观点**

由于全球 60% 的淡水都是跨国流动的，因此跨境合作对于采取有效措施适应气候变化来说至关重要（联合国欧洲经济委员会 / 流域组织国际网络，2015）。联合国欧洲经济委员会明确强调了这一挑战，于 2009 年发布了关于水和适应气候变化的指南（联合国欧洲经济委员会，2009），并于 2018 年发布了关于减轻灾害风险以及水和适应性方面的指南（联合国欧洲经济委员会 / 联合国减少灾害风险办公室，2018）。

自 2009 年出版《联合国欧洲经济委员会指南》（*UNECE Guidance*）以来，欧洲经济委员会区域各流域（包括楚河 – 塔拉斯河、多瑙河、德涅斯特河、内曼河和莱茵河）以及全球一些其他水系（包括乍得湖、维多利亚湖、湄公河和尼日尔河）都制定并实施了许多适应战略和计划。这些经验都展示了跨境合作的潜力，表明可以通过汇集资源、扩大规划空间和减少不确定性来加强国家层面的适应规划。其中的成功要素包括良好的沟通、监测和数据共享、部门合作、能力支持和供资机制（联合国欧洲经济委员会 / 流域组织国际网络，2015）。更广泛地分享减少灾害风险和适应气候变化方面的良好做法（包括从跨境角度）也有助于积累专门知识，使各国和各流域能够相互学习。虽然政府发挥着主导作用，但经验表明，民间社会和私营部门行为者的参与越来越多，要么为某些利益进行游说（例如莱茵河流的荷兰农场的各种组织），要么作为国际河流委员会的观察员，如国际莱茵河保护委员会（海外发展研究所 / 欧洲发展政策管理中心 / 德国发展研究所，2012）。

同时，欧盟一直积极致力于推动在区域层面制订和资助适应行动。2018 年对欧盟适应战略的评估中将水确定为整合适应气候变化的六个关键领域之一。评估发现，欧盟的水框架和洪水指令中对此做出了规定（欧盟委员会，2018）。但其他分析指出，在执行欧盟与水有关的指令时，需要进一步整合水政策和适应气候变化的有关措施（Carvalho 等，2019）。

在发达国家的国家自主贡献中，水是一个不太受关注的领域。这些国家往往更强调减缓，而很少涉及适应。不过，尽管水没有被纳入国家自主贡献中，但并不一定意味着在水 – 气候一体化方面的广泛缺失。例如，欧洲经济委员会区域由许多发达国家组成，这些国家在以减缓为重点的国家自主贡献中很少强调水，但在跨境和区域气候 – 水倡议方面仍然有一些最具代表性的例子（框注 10.1）。尽管与能源、农业、林业、土地使用或工业相比，水并没有显示出最大的减排效果，但是，如此普遍地将水排除在减排行动的核心要素之外仍然令人惊讶。尽管如此，仍可在一些关键问题上和尚未开发的领域做一些工作，例如，与水有关的气候变化对其他部门减缓措施的影响（如水电、林业）、如何在水分配和废水处理过程中减排等（新气候经济，2018）。

**好消息：机构改革通常与基础设施投资一起被列为优先事项。**在非洲经济委员会、亚洲及太平洋经济社会委员会和西亚经济社会委员会国家，半数以上都在其与水有关措施的

1　根据全球水伙伴成员选择的国家样本，重点是国家自主贡献包含适应措施的发展中国家。有些国家同时是两个区域经济委员会区域的成员。每个区域经济委员会区域包括的国家数量：非洲经济委员会：31 个；非洲经济委员会 / 西亚经济社会委员会：4 个；西亚经济社会委员会：2 个；欧洲经济委员会：2 个；欧洲经济委员会 / 亚洲及太平洋经济社会委员会：6 个；亚洲及太平洋经济社会委员会：15 个；拉丁美洲和加勒比经济委员会：20 个。应该指出，西亚经济社会委员会（6 个国家）和欧洲经济委员会（8 个国家）的样本量特别小，对这些区域的国家自主贡献的分析结论仅限于现有数据和考虑到的国家。

国家自主贡献里提到了体制建设和基础设施相关活动（图 10.2）。[1] 改善水治理机构能力的投资是对已建基础设施投资的重要补充（全球适应委员会，2019）。然而，制度建设投资与基础设施投资的具体类型和先后次序在不同发展水平的国家之间必然有所不同，两者之间的适当平衡确保了在不断变化的气候下能够在公平、环境和经济目标之间做出合理权衡（Sadoff 和 Muller，2009；Shah，2016）。不过，鉴于国家自主贡献在一定程度上将用于确定气候融资的需求，进而可能激励各国以牺牲制度建设为代价，优先考虑成本更高的基础设施建设，因此在统筹各区域的平衡方面仍有空间。

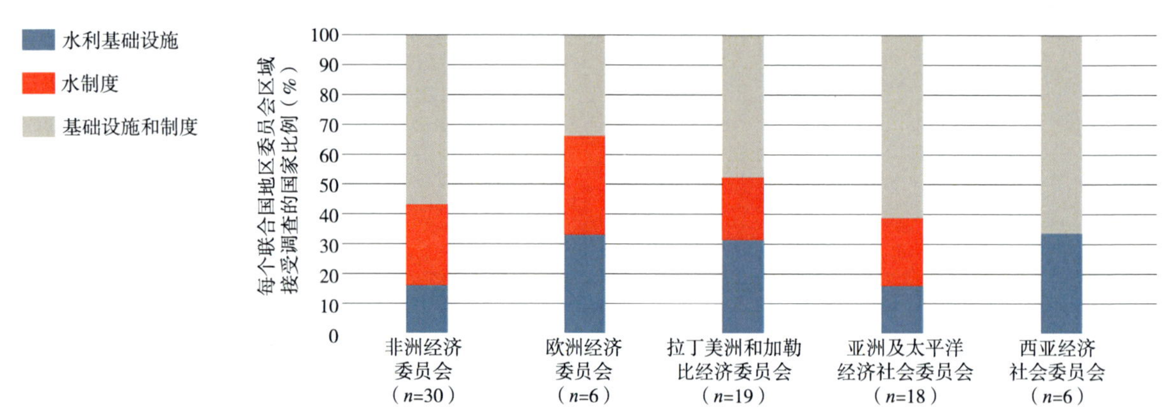


来源：全球水伙伴对国家自主贡献数据的区域分析（2018b）。

图 10.2　国家自主贡献中的水领域基础设施建设和制度建设的优先情况

**尚未定论的消息：在多个案例中，各国气候变化决策者会关注到水资源的规划，但有一半以上的国家并非如此。**很显然，在涉及的拉丁美洲和加勒比经济委员会区域国家自主贡献中，仅有三分之一多的国家提到了水资源规划，还不到非洲经济委员会区域及亚洲及太平洋经济社会委员会区域的一半；所分析的西亚经济社会委员会区域的 6 个国家中，有 4 个提到了水资源规划（图 10.3）。在这些区域中，还有 14%~20% 的国家表示打算在其国家自主贡献内增加水政策声明或计划。上述情况证明了人们经常听到的传闻：在许多国家，制定国家自主贡献的决策者既不知晓、也未意识到水行业所做的工作。因此，下一步的行动方案似乎很明确，那就是：确保水资源规划在气候战略中得到充分体现。

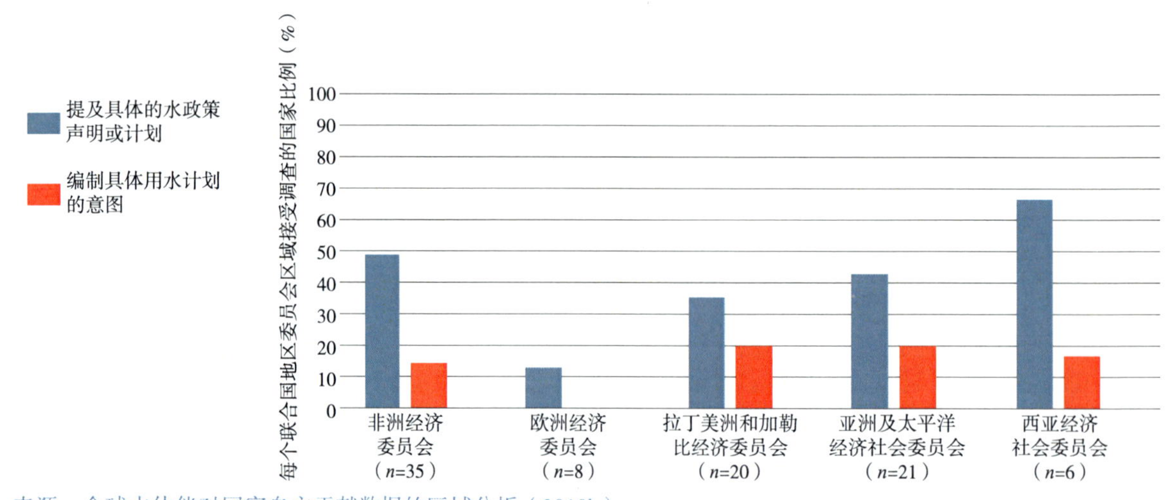


来源：全球水伙伴对国家自主贡献数据的区域分析（2018b）。

图 10.3　国家自主贡献提及水资源规划

1　制度措施包括：水价制定；为规划制定提供信息分析或建模；法规、标准和执行；机构建设。基础设施建设措施包括自然和人工储水设施、基础设施保护和海水淡化。各国还提到了无法归类为基础设施或制度措施的做法，包括一般水资源管理、水资源保护措施（包括生态系统保护，例如湿地、水循环、水利用效率和集水），以及与农业或城市水管理、地下水和减少灾害风险等具体领域有关的措施。

**相关消息：不同区域致力于节水的情况差异很大。**在所分析的国家自主贡献中，60% 的非洲经济委员会及拉丁美洲和加勒比经济委员会国家以及全部的西亚经济社会委员会国家都提到了节水措施，但在亚洲及太平洋经济社会委员会国家中，该比例只占 24%。所提到的节水措施包括了基于自然基础设施的方式，如湿地和雨水收集，这两种方式都是通过储水来平衡降雨量的变化，有利于防洪和供水（Browder 等，2019）。

**最令人担忧的消息：各区域很少有具体的与水相关的气候适应项目提案。**在所有受审国家中，超过 80% 的非洲经济委员会国家和西亚经济社会委员会国家在其国家自主贡献中提出了广泛的拟议水行动组合，而在拉丁美洲和加勒比经济委员会国家及亚洲及太平洋经济社会委员会国家，这一比例只刚刚过半（图 10.4）。而在其国家自主贡献中提及与水有关的具体项目提案的国家比例更低：非洲经济委员会国家及亚洲及太平洋经济社会委员会国家不到 20%，所分析的 6 个西亚经济社会委员会国家中只有两个拉丁美洲和加勒比经济委员会区域没有任何国家提及，所审议的 8 个欧洲经济委员会国家中也没有任何国家提及[1]。一个强有力的项目方案是获得所需资金的先决条件（世界水理事会 / 全球水伙伴，2018），而在第一轮国家自主贡献（2020 前）中对这类项目的轻描淡写，对于快速履行节水承诺来说不是个好兆头。无论是在哪个区域，各国都更有可能直接考虑气候适应行动的成本（通常很高），而不太会提及具体的水项目提案。重要的是，虽然这种成本核算工作也十分关键，但具体成本在很大程度上取决于对核算方法。而在许多的国家自主贡献中，并没有关于核算方法的详细说明，因此很难确定成本高低（Hedger，2018a）。

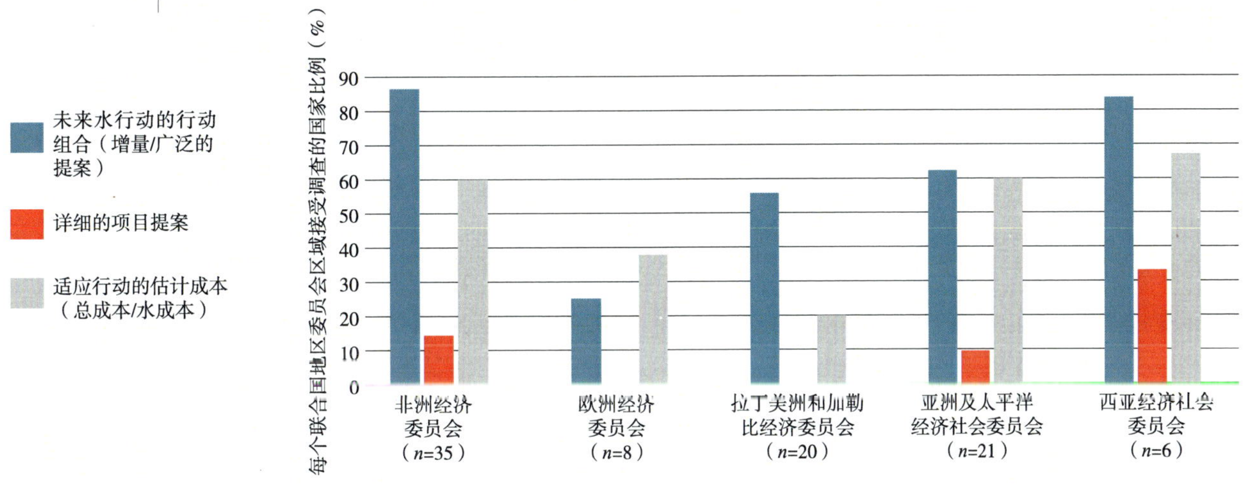


来源：国家自主贡献区域的全球水伙伴数据的区域分析（2018b）。

图 10.4 国家自主贡献的水项目组合、提案和成本计算

## 10.3 撒哈拉以南非洲地区——从非洲经济委员会视角分析

### 10.3.1 与水有关的气候变化对行业和可持续发展目标的影响

气候变化对非洲水资源的影响已经非常严重。如，许多研究发现，非洲南部最近的降水量减少可能就是气候变化所导致（政府间气候变化专门委员会，2014a；Bellprat 等，2015；Funk 等，2018；Yuan 等，2018）。这些影响与多种非气候相关的缺水和水污染驱动因素不断相互交叉，如人口增长、经济发展、冲突和脆弱性的驱动因素等，从而对实现水目标以及联合国 2030 年议程和非洲联盟 2063 年议程中的其他发展目标都构成了严重挑

1 造成欧洲经济委员会区域调查结果的原因，可能是由于该区域各国的国家自主贡献不太重视适应性行动，另外，所分析的国家数量也比较有限。

战。人口增长的影响在非洲大陆愈发显著，预计到 2050 年，非洲人口将增长 5 亿以上，这将对整个非洲特别是处于城市化进程的地区造成水危机（可持续发展目标 11）（Taylor 等，2009）。鉴于气候变化对粮食安全的预期影响（可持续发展目标 3 和 2），气候变化对水的影响也将威胁到人类健康，包括引发虫媒和水媒疾病（由于更难获得安全的饮用水、卫生设施和个人卫生设施）、营养不良等（政府间气候变化专门委员会，2014a）。

总体来说，现行的发展经济和保障民生的做法，就像自然生态系统一样，在面对气候变化时很脆弱，若不进行一定干预则适应力不足。在农业系统中，特别是在半干旱地区，传统的基于民生的方式似乎不足以应对气候变化的长期影响（可持续发展目标 2）（政府间气候变化专门委员会，2014a）。陆地和海洋生态系统以及沿海地区极易受到海平面上升、陆地径流以及风暴和风暴潮的影响（可持续发展目标 14 和 15）（气候和发展知识网络，2012；政府间气候变化专门委员会，2014a）。

与水有关的气候变化挑战的区域性特点在撒哈拉以南非洲非常突出，并转化为多种其他挑战，包括与安全和和平有关的挑战。在一些共有流域，水电开发使得各区域的相互依存性很强。到 2030 年，东非 70% 和南非 59% 的水力发电量将分别位于同一个降水量变化集群内，因此增加了同时发生发电中断的风险（Conway 等，2017）。与此同时，气候变化推动了该地区的移民。当前的一些迁移现象可能与严重干旱直接相关（Owain 和 Maslin，2018）。

### 10.3.2 政策响应：进展和挑战

在撒哈拉以南非洲地区，政策背景加剧了气候变化对水的影响，这些政策背景包括协调方面的问题以及在监测和研究方面的差距

在撒哈拉以南非洲，政策背景加剧了气候变化对水的影响，这些政策背景包括协调方面的问题以及在监测和研究方面的差距（政府间气候变化专门委员会，2014a）。不过，自政府间气候变化专门委员会第五次评估（2014a）以来，还是取得了一些重要进展，包括通过区域合作加强政策、执行和循证决策的能力建设。其中一个例子是气候韧性基础设施开发机构，旨在为影响南部非洲贫困社区的水问题提供长期解决方案。该机构非常重视跨境行动，通过支持项目筹备、提供资金和技术援助便利等，协助各国和区域利益相关者开展跨境水行业项目（气候韧性基础设施开发机构，2018）。另一个是非洲气候研究促进发展倡议，该倡议旨在通过加强非洲气候科学研究人员和决策者之间的联系来解决整个区域气候数据和决策之间持续存在的差距（Conway 等，2015）（联合国非洲经济委员会 / 非洲气候政策中心，2019）。

对 3 个国家（中非的喀麦隆、西非的加纳和东非的肯尼亚）的深入回顾表明，在气候变化背景下，有可能在关键战略中优先考虑水资源管理，包括适应计划、国家经济发展计划和国家自主贡献（表 10.1）。这 3 个国家都将水资源管理放在了国家自主贡献、气候适应计划、规划框架中的优先位置。重要的是，与水有关的气候变化也作为跨领域问题被纳入喀麦隆的国家自主贡献和加纳的国家适应计划框架中，这不仅是对水领域的担忧，也是出于对国家总体经济的考虑。尽管气候变化和水资源管理仍经常被视为单独的领域或主题，但在加纳和肯尼亚两国的国家发展计划中，已将这两者关联起来。

但水资源综合管理在这 3 个国家的执行水平不高，这表明在气候、水和发展问题上采取多领域综合办法方面仍存在问题。令人担忧的是，水作为跨境合作的气候纽带在国家发展计划、国家自主贡献或国家适应计划中所发挥的作用，除了简单提及之外，并没有得到足够的重视，尽管这 3 个国家之间有跨界河流与湖泊，而这其实是一个很重要的背景情况。

### 10.3.3 在国家和区域范围内推进水－气候行动的实施

包含或涉及水问题的适应和减缓气候变化的政策和行动依旧任重道远。这些政策和行动包括通过投资和改善供水、卫生设施和个人卫生设施的气候抗御能力来提升对干旱和洪水的韧性（Oates 等，2014）；扩大社会保障，引入保险等金融产品（新气候经济，2018）；提高水资源使用和管理中的性别平等（Das，2017）；改善农业用水，包括在雨养灌溉系统中进行集水、敷盖以及减少耕作等（Keys 和 Falkenmark，2018）。

找准时机将这些优先事项从愿望清单转化为实际行动，意味着要密切关注政治经济动态。通常情况下，这要从国家和区域两个维度考虑，因为二者决定了在机制建设、信息和投资方面的合作空间。例如，通过电力联营实现区域能源一体化，可以减少南非和东非水电的气候脆弱性，从而促进联营体内的贸易合作和能源生产组合的多样化。对于许多非洲国家来说，能源对于促进国家经济转型具有重要的政治意义。可以说，能源是促进区域合作以应对水－能源－气候纽带关系挑战的催化剂，并可能为区域电力联营和能源交易机制开辟融资渠道。需要研究这些解决方案所面对的政治经济挑战，包括国家能源主权政策、既得利益、国家垄断的低效以及大多数国家多年来的融资不足等（Conway 等，2017）。

一个清晰的互补性商业案例在推动区域合作发展上，总有很多机会。例如，非洲联盟的专门机构——非洲风险能力组织（African Risk Capacity）开发了一个区域保险联营，允许各国与其邻国分担干旱造成的金融风险，肯尼亚、加纳和其他 31 个国家已加入。与此同时，样本国家的经验表明，区域和国家两级行动的结合和排序十分重要。区域保险机制需要得到国家层面系统的支持，以向有需要的人发放补贴。例如，贫困农民或牧民在干旱时被迫出售资产之前，社保体系可以向他们发放补贴（新气候经济，2018）。为使这一机制长期可行，保险体系中的成员需要在地域和气候层面上足够分散，以避免所有国家同时发生干旱的情况。

在子区域一级，加强跨流域合作同样不乏机遇。喀麦隆、加纳和肯尼亚以及其他一些非洲国家参与了跨国流域的国际项目，包括尼日尔、沃尔特和维多利亚湖流域（表 10.1），尽管这些国家的气候和经济发展战略对具有跨国特征的水—气候行动的关注有限。上述案例突出了流域和区域组织作为与水有关适应行动的促进者和执行者的重要作用，同时表明，在气候变化方面的跨境合作有可能促进国家气候和经济规划中水领域内容的加强（世界银行，2017c）。

## 10.4 欧洲、高加索和中亚地区——从欧洲经济委员会视角分析

### 10.4.1 与水有关的气候变化对行业和可持续发展目标的影响

气候预测表明，北欧的降水量在不断增加，而南欧的降水量则在持续减少。据预计，高温极端天气、气象干旱和强降水事件会显著增加，但在欧洲各地表现不尽相同。在中亚，这种不确定性更高，表现为历史趋势存在空间差异，对降水和干燥 / 干旱变化情况的预测出现不一致。政府间气候变化专门委员会强调了欧洲地区在灌溉、水电、生态系统和人居方面面临日益严峻的挑战（可持续发展目标 2、7、11 和 15）（政府间气候变化专门委员会，2014a）。洪水和干旱可能造成更多健康方面的问题，如与水有关的疾病，这也是该区域的一个关键问题（可持续发展目标 3）（联合国欧洲经济委员会 / 世界卫生组织欧洲区域办事处，2011）。

同样，在其他区域，气候变化对水的影响也覆盖了区域内社会、经济和政治方面的一些重要驱动因素和胁迫因素。对欧洲经济委员会区域来说，最重要的因素来自许多流域高

水平的持续发展。就灌溉来说，这意味着用水需求将会增加，但发展潜力会受到限制，这不仅是因为径流量减少了，还因为其他行业的用水需求也在增加（政府间气候变化专门委员会，2014a）。其他一些重要区域性驱动因素也可能会促进气候—水的一体化，例如欧盟成员的身份会对其成员国产生相对较强的政治激励，促使各国遵守水框架和洪水指令（框注 10.1）。

表 10.1　撒哈拉以南非洲地区国家概况：在战略制定和实施过程中如何应对与水有关的气候变化

| 国家 | 水资源综合管理实施得分（联合国环境规划署，2018） | 规模 | 国家计划 | 国家自主贡献 | 适应计划 | 关键地区 / 跨境水 – 气候行动示例 |
|---|---|---|---|---|---|---|
| 喀麦隆 | 34（中低） | 本国 | Document de Stratégie pour la Croissance et l' Emploi（2010—2020）（增长和就业战略文件）（喀麦隆共和国，2009a）曾提到气候变化；关于水，重点在于供水、卫生设施和个人卫生设施。长期战略 2035 愿景指出，“应对气候变化的影响”将是第二阶段（2020—2027）的重点，强调森林、荒漠化和区域水体（喀麦隆共和国，2009b） | 国家自主贡献有一个专门的部门水方案，侧重于与水有关的气候变化的各个方面（例如供水、卫生设施和个人卫生设施、资源管理、洪水、生态系统、性别）；农业和工业方案以及水文气象数据交叉方案也提到了水 | 2015 喀麦隆适应气候变化国家计划更详细地规定了国家自主贡献提到的适应项目和方案 | 2015 喀麦隆适应气候变化国家计划更详细地规定了国家自主贡献提到的适应项目和方案 |
| | | 跨境 | 2035 年愿景包括促进尼日尔河和乍得湖流域的区域项目，这是第二阶段（2020—2027）3.2“加大应对气候变化的力度”下的优先事项（喀麦隆共和国，2009b） | 无 | 跨境组织（尼日尔河和乍得湖流域）得到认可，但这些活动似乎与跨境水管理无关 | |
| 加纳 | 49（中低） | 本国 | 2017—2024 年经济和社会发展政策协调方案（CPESDP）的领域 2（共 5 个领域）专门涉及环境、基础设施和人类住区。气候多变性和变化是湿地和水资源管理的重要挑战。优先对策包括将水资源规划纳入国家和国家以下各级的发展规划中 | 水资源综合管理是一项具体的政策行动（共 7 项），在加纳的预期国家自主贡献适应目标中有一项相应的行动方案（共 11 项） | 《国家适应计划框架》（2018）（EPA/NDPC/ 加纳财政部，2018）指出，水有望成为 4 个跨领域规划小组之一（与卫生、基础设施以及土地、能源和农业联系在一起）。脆弱性评估还将水确定为优先领域 | 由世界气象组织实施并由全球适应基金资助的“沃尔特河流域洪水和干旱管理及气候变化适应预警一体化”项目旨在协助贝宁、布基纳法索、科特迪瓦、加纳、马里和多哥实施协调一致的联合措施，以改善地方、国家和区域各级的现有管理计划 |
| | | 跨境 | 无 | 无 | 无 | |
| 肯尼亚 | 53（中高） | 本国 | 中期计划（2018—2022）（肯尼亚共和国，2018）将气候变化和灾害风险管理确定为 3 个专题领域中的两个；水资源管理（在环境、水、卫生和区域发展项下）单独考虑。气候变化是对这一目标的高级别普遍挑战 | 主要的气候灾害包括干旱和洪水。优先适应战略包括通过实施《国家水资源总体规划》（2014），将气候变化适应纳入水领域（肯尼亚共和国环境部，2013） | 行动包括通过加强水资源监测、进行预警评估和规划以及提高用水效率，将“适应气候变化纳入水领域”。与水有关的气候变化影响也在健康和能源的考虑之中 | 由适应基金资助、由维多利亚湖流域委员会执行并由联合国环境规划署实施的“适应维多利亚湖流域气候变化”项目，支持各机构将气候恢复力纳入跨境流域管理等活动 |
| | | 跨境 | 提到了一个关于跨境水域的旗舰项目（现有框架的谈判、回顾和执行）。与气候变化没有明确的联系。在“气候变化”主题领域下提到了跨境适应举措 | 无 | 水行动包括加强跨境水资源管理合作的中期次级行动 | |

来源：本章作者。

### 10.4.2 政策响应：进展和挑战

该区域主要由发达经济体组成，水资源综合管理的实施水平普遍较高（图 10.1）。不过，事实并非普遍如此。对 3 个中等收入国家（哈萨克斯坦、北马其顿共和国和乌克兰）（表 10.2）进行深度审视可以发现，首先，这些国家将自身在实施水资源综合管理方面的进展自我评价为“低”或“中低”，表明需要改善水政策、制度、管理工具和资源，进而通过水来管理气候响应措施和减轻气候变化影响。其次，哈萨克斯坦和乌克兰的气候和经济战略中没有专门针对气候变化与水的关联性的实施方案。虽然改善水管理是 3 个国家的国家发展计划中的优先事项，但只有北马其顿共和国将此与气候变化明确联系了起来。

北马其顿共和国的国家自主贡献也是唯一提及水问题的国家，该国提到了水力发电。国家自主贡献不重视水的部分原因是，温室气体排放量很高。在 3 个国家中，国家自主贡献都侧重于减缓，尤其是哈萨克斯坦和乌克兰。国家信息通报通常更详细，而哈萨克斯坦和北马其顿共和国，对水问题的处理更加宽泛。虽然这两个国家都没有确定单独的国家一级适应计划，但乌克兰已经制订了适应方案，其中包括几项与水有关的措施。

此外，哈萨克斯坦和乌克兰一直试图在区域一级的跨境流域内将气候和水作为综合问题来处理。德涅斯特河是乌克兰最大的流域之一，也是摩尔多瓦共和国最大的流域，为大量人口供水，并支持广泛的工业发展，包括食品、林业和水电生产。2015 年，摩尔多瓦共和国和乌克兰的高级别政府代表共同签署了《适应气候变化的战略框架》（以下简称《战略框架》），该框架是由专家代表在联合国欧洲经济委员会和欧洲安全与合作组织的支持下，与两国的环境、水和相关行业部门协商制定的。《战略框架》确定了流域一级需要跨境合作的联合行动领域，具体措施在《战略框架》的实施计划中做了进一步的阐述，还提出了经费安排，其中有些措施已经得到落实。这些活动不仅提高了流域的适应能力，而且通过促进 2017 年跨境德涅斯特条约生效和 2018 年成立德涅斯特委员会，更广泛地促进了跨境水合作。

与此同时，通过精心有序地推进和促成一系列活动、制定切实的适应措施政策以及鼓励当地利益相关者参与，从而影响本国决策者，哈萨克斯坦成功制定了其与吉尔吉斯斯坦共享的楚河－塔拉斯河盆地的气候适应规划（框注 10.2）。

不过，这些例子不一定代表整个欧洲经济委员会区域。《水公约》（联合国欧洲经济委员会，2018b）下跨境合作的国家报告显示，气候变化适应已经列为联合机构和跨境业务安排活动下的一个合作领域，在所有应对措施中的占比不到三分之一。与此同时，洪水和干旱风险管理（响应高达 85%）也越来越多地被纳入联合机构和跨境业务的合作领域。因此，虽然最近的极端气候已经成为跨境合作的焦点，但在许多流域，对适应的关注仍有提升的空间。

### 10.4.3 在国家和区域范围内推进水—气候行动的机遇

在本区域，无论是在单个国家内部还是在跨境流域，为更有效地适应和抵御极端情况而采取的关键行动包括：含跨界管理的水资源综合管理；提高用水效率和完善节水战略（政府间气候变化专门委员会，2014a）；监测和分享关于水量和水质以及灾害的数据，作为气候变化适应战略、计划和措施的基础；提高气候变化适应和与水有关的减少灾害风险的一致性（联合国欧洲经济委员会 / 联合国减少灾害风险办公室，2018）；通过传统和创新行动，包括基于自然的解决方案，将战略和协议转化为实践（联合国欧洲经济委员会 / 流域组织国际网络，2015）；吸引和融合多渠道资金（例如国际、国家和私人来源），包括用于跨境流域气候变化适应的资金（世界银行，2019）。

表 10.2　欧洲、高加索和中亚地区国家概况：在战略制定和实施过程中如何应对与水有关的气候变化

| 国家 | 水资源综合管理实施得分（联合国环境规划署，2018） | 规模 | 国家计划 | 国家自主贡献 | 适应计划 | 关键区域 / 跨境水 – 气候行动示例 |
|---|---|---|---|---|---|---|
| 哈萨克斯坦 | 30（低） | 本国 | 《2050 年战略》中包括了水资源挑战和应对政策，但没有考虑气候变化的背景（哈萨克斯坦共和国，2012） | 国家自主贡献专注于减缓气候变化。没有提及水资源。最新的国家信息通报（第七次，2017）广泛考虑了与水有关的影响和适应方案（哈萨克斯坦共和国能源部 / 联合国开发计划署驻哈萨克斯坦办事处 / 全球环境基金，2017） | 目前正在制订国家适应计划。如上所述，国家信息通报中确定了与水有关的适应行动 | 楚河 – 塔拉斯河水委员会及其专门的适应气候变化和长期方案工作组在联合国欧洲经济委员会、联合国开发计划署和欧洲安全与合作组织的支持下，将适应气候变化纳入哈萨克斯坦和吉尔吉斯斯坦共有流域的规划进程（框注 10.2） |
| | | 跨境 | 在《2050 年战略》中，将水列为了一个地缘政治问题，但未考虑在气候变化的背景 | 第七次国家信息通报（2017）将跨境立法和合作确定为一项适应措施 | 目前还没有适应计划 | |
| 北马其顿共和国 | 22（低） | 本国 | 人们已经认识到，气候变化越来越容易造成灾害。大多数优先响应措施都与水有关，包括通过专门的水机构建立水管理综合系统、防洪规划和预警系统 | 国家自主贡献专注于减缓气候变化。减缓措施中提到了小型和大型水电。第三次国家信息通报（2014）详细审议了气候变化对水资源的影响、水资源领域的适应能力和适应措施。综合、跨领域和面向流域的水资源管理是一个首要优先事项（马其顿共和国环境和自然规划部，2014） | 目前正在制订国家适应计划。如上所述，国家信息通报中确定了与水有关的适应行动 | 在全球水伙伴、联合国欧洲经济委员会和联合国开发计划署的支持下，北马其顿共和国与其邻国合作，确保德林河盆地的可持续管理。河边居民认为气候变化是一个贯穿各领域的问题，并试图在处理水质恶化、水文状况多变、生物多样性退化和沉积物运输等问题时将其考虑在内 |
| | | 跨境 | 提及了跨境河流（例如瓦尔达尔河），但未提及跨境水管理 | 预期的国家自主贡献未提及跨境水管理。计划中提到在斯特鲁米察河流域进行跨境适应合作的潜力 | 目前尚无适应计划 | |
| 乌克兰 | 39（中低） | 本国 | 可持续水管理以及气候变化防控和韧性是《2020 年政府优先行动计划》中单独的优先行动。气候 – 水的相互联系似乎没有得到明确考虑，尽管关于气候变化和适应的优先行动包括不同部门的脆弱性评估（乌克兰内阁，2017） | 国家自主贡献中未提及水计划。最新的国家信息通报（第六次，2013）侧重于减缓。通报中提到了水，但未提及水资源（乌克兰生态和自然资源部，2013） | 《2030 年前国家气候变化政策执行方案》（2016）及其《行动计划》（2017）提出未来将制定涵盖水资源综合管理、减少灾害风险和水相关领域的适应政策和计划，并将适应措施纳入流域管理计划（乌克兰内阁，2016） | 《德涅斯特河公约》于 2017 年生效，德涅斯特委员会于 2018 年成立，部分原因是摩尔多瓦共和国和乌克兰在联合国欧洲经济委员会和欧洲安全与合作组织支持下制定了《适应气候变化战略框架》。委员会提出未来气候变化适应将成为流域跨境管理计划的一部分，并将通过减少洪水和干旱带来的灾害风险和实施适应措施来实现 |
| | | 跨境 | 通过在全流域推行水资源综合管理，从而将跨境淡水问题纳入考虑 | 国家自主贡献和最新的国家信息通报都未提及跨境水问题 | 未明确提及跨境水问题 | |

来源：本章作者。

**框注 10.2　哈萨克斯坦和吉尔吉斯斯坦楚河 – 塔拉斯河盆地将气候变化适应纳入规划进程的经验教训**

楚河和塔拉斯河是两国农业用水的主要来源，维持了哈萨克斯坦和吉尔吉斯斯坦 300 多万人的生计。然而，楚河 – 塔拉斯河盆地非常容易受到气候变化的影响，可能还会出现干旱程度的继续加剧和水的可用性的全面下降（联合国欧洲经济委员会 / 联合国开发计划署，2018）。

该流域最早的气候变化适应行动始于 2010 年，当时进行了气候变化影响建模和脆弱性评估，制定了一套气候变化适应措施，涵盖从水质到监测和教育等一系列问题。之后，根据成本 / 效果对这些措施进行了进一步评估，并将其纳入跨境诊断分析和战略行动方案。战略行动方案获得批准后，将成为跨境流域管理的主要文件，促进合作、规划、供资和实施。该过程中的经验教训包括：

- 联合机构在跨境流域气候变化适应方面发挥着至关重要的作用。成立了楚河–塔拉斯河双边联合委员会，便于讨论问题和寻找解决办法。
- 跨境适应战略可以为国家层面的适应、领域战略和国家自主贡献提供支撑，反之亦然。例如，吉尔吉斯斯坦在制订减少灾害风险、林业、生物多样性、农业和水资源等各行业气候变化适应计划的过程中，与楚河—塔拉斯河盆地的跨境适应行动进行了协调（并得到后者的补充）。
- 可以通过适应措施的示范执行情况为战略文件背书。吉尔吉斯斯坦通过重新造林、提升公众意识和可持续灌溉等方式，对将气候变化纳入跨境诊断分析和战略行动方案提供了有力支撑。
- 让当地利益相关方参与适应措施的讨论有助于与国家和跨境层面的决策者沟通，因为适应措施的执行往往发生在地方层面。

来源：联合国欧洲经济委员会（未注明日期）。

不管效果如何，这些措施仍然被该区域许多国家列入愿望清单。在欧洲经济委员会区域，水行业的适应成本可能很高。作为选定流域（楚河–塔拉斯河、德涅斯特河和内曼河流域）适应战略和计划的一部分，对适应成本进行的评估显示，与水有关的部门的适应成本约为 2 亿欧元（联合国环境规划署 / 联合国欧洲经济委员会，2015；联合国欧洲经济委员会，2017；环境与安全计划（ENVSEC）/ 联合国欧洲经济委员会 / 欧洲安全与合作组织，2017）。不过，资金缺口也可能更小，因为该区域相对富裕，相关行业方案和项目已经（或将）部分支付了费用。

这表明，该区域的经济多样性为通过水来适应气候变化创造了机会。在提升跨境流域的水–气候一体化时，上下游可以共享技术和财政援助，沿岸国家较富裕的可以支持较贫穷的。例如，多瑙河流域就是欧洲一些最富裕的国家和一些最贫穷的国家共享的跨界流域，在这方面，保护多瑙河国际委员会是跨境河流流域委员会中应对气候变化的领导者。第一个多瑙河流域适应气候变化战略于 2012 年制定。在此基础上，多瑙河国际保护委员会在 2015 年将多瑙河流域的气候适应问题和洪水风险管理计划充分结合起来。该战略于 2018 年更新，包括对知识库、利益相关者协商和必要性举措的回顾，以反映最新技术以及欧盟和国家层面持续演变的立法和政策工具。为鼓励将气候变化适应纳入多瑙河流域规划进程，多瑙河国际保护委员会已将气候变化适应作为一个强制性问题纳入更新的多瑙河流域和洪水风险管理计划。该战略还在适应气候变化的背景下促进多边和跨境合作行动（多瑙河国际保护委员会，2019），为不同发展阶段国家的决策者提供共同参考。

也就是说，即使有资金支持，跨境水资源管理也面临着政治方面的潜在困境。这表明，需要找到一个有效的政治切入点，并围绕该点开展合作。在某些情况下，气候变化本身可以成为开启跨境管理合作的机会，如德涅斯特河案例。

## 10.5 拉丁美洲和加勒比地区——从拉丁美洲和加勒比经济委员会视角分析

### 10.5.1 与水有关的气候变化对行业和可持续发展目标的影响

气候的多变性和各种极端事件已经严重影响到该区域。在南美洲和中美洲，已观测到的径流和水资源可利用量的变化预计还将持续，并影响脆弱地区。在南美洲，安第斯山脉冰冻圈的消退将改变季节性的水流分布。政府间气候变化专门委员会十分有把握地预测，在已经很脆弱的半干旱地区，供水短缺将进一步加剧，降水量将进一步减少而蒸散量将增加，从而影响城市发展、水力发电和农业（可持续发展目标 11、7 和 2）（政府间气候变化专门委员会，2014a）。预计，中美洲和墨西哥也会越来越干燥，尽管该子区域的南部可能相对好一些。在加勒比子区域，预计干旱风险也将增加，特别是当气温上升超过 1.5℃时。加勒比岛屿还面临海平面上升所带来的威胁，包括盐碱化、洪水和对生态系统的压力（可持续发展目标 14）（政府间气候变化专门委员会，2018b）。

快速城市化、经济发展和不平等是拉丁美洲和加勒比区域水系统面临压力的主要社会经济因素，这些因素和与水相关的气候影响夹杂交织。在大多数国家，贫穷现象仍然存在，这加剧了他们在面对气候变化时的脆弱性。经济上的不平等也会转化为水与卫生设施获取方面的不平等，反之亦然。伴随气候变化，水传播疾病的风险增加（政府间气候变化专门委员会，2014a），这对贫困人口的影响更大（可持续发展目标 1 和 3）。面对经济发展的优先事项，需要水来满足行业（生活、农业、能源）需求和生态系统的需求，这给可持续水资源管理带来了持续挑战。南美洲和中美洲国家通过水力发电满足了 60% 的能源需求，而与此同时，粮食生产和生物能源的土地利用变化对水资源也造成了压力（可持续发展目标 15）（政府间气候变化专门委员会，2014a）。在该区域，80% 以上的人口生活在城市地区（联合国经济和社会事务部，2019），干旱成为了拉丁美洲城市就业和劳动收入减少的原因之一（可持续发展目标 8 和 11）（Desbureaux 和 Rodella，2019）。农村地区的脆弱性也很高，气候变化因素限制了在经济发展方面的选择，并促使人口外迁。例如，2014 年，前往美利坚合众国（美国）的危地马拉人数量大幅增加，与此同时，中美洲干旱走廊出现了与厄尔尼诺现象相关的干旱情况（Steffens，2018）。气候变化预计将加剧干旱风险，迫使更多的贫困农村家庭外迁（可持续发展目标 10）（联合国拉丁美洲和加勒比经济委员会，2018）。

### 10.5.2 政策响应：进展和挑战

对该区域的 3 个国家（南美洲的智利、加勒比地区的格林纳达和中美洲的危地马拉）更深入的评估（表 10.3）显示，拉丁美洲和加勒比经济委员会国家在通过水应对气候变化方面取得了一些进展，但仍然面临挑战。从适应计划和国家自主贡献可以看出，这些国家的气候战略显示出一些积极的意图。如，智利和危地马拉的国家自主贡献认识到，多个领域都受到与水有关的影响并需要制定应对措施。格林纳达国家适应计划行动方案 3（共 12 项方案）的目标是建立一个“对气候敏感的水治理结构”，认识到需要在规划、政策和信息系统以及基础设施方面加强体制建设。

以上选取的国家在其国家发展计划中愈发认识到气候变化带来的与水相关的影响，并且了解到在某些情况下加强水管理对经济发展的重要性。不过，他们没有明确将水管理和气候变化视为需要综合应对的相互关联的领域。此外，尽管各国在气候战略中将水问题视为跨领域问题，但在落实水资源综合管理方面的进展仍相对有限。这表明，在实践中整合水与气候行动仍存在困难。在可持续发展目标 6.5.1 基线评估中，3 个国家都将水资源综合管理的执行情况自我评定为“低”，该区域近一半的国家也是如此（图 10.1）。

考虑到跨境问题，智利和危地马拉的 3 项战略中都未将水作为跨境流域的一项气候纽带因素（格林纳达无跨境流域）。

### 10.5.3　在国家和区域层面加快实施水—气候行动的机遇

表 10.3　拉丁美洲和加勒比地区国家概况：在战略制定和实施过程中如何应对与水有关的气候变化

| 国家 | 水资源综合管理实施得分（联合国环境规划署，2018） | 规模 | 国家计划 | 国家自主贡献 | 适应计划 | 关键地区 / 跨境水 – 气候行动示例 |
|---|---|---|---|---|---|---|
| 智利 | 23（低） | 本国 | 《智利 2030 年议程》概述了改革和行动议程，包括实现可持续发展目标 6 的法律、计划、方案和其他举措。已经确认现有的气候变化影响，包括缺水方面的影响（《智利 2030 年议程》，未注明日期） | 国家自主贡献的适应行动侧重于执行国家适应计划和 7 个领域计划（包括水资源；而一项关于林业和农业的行动也以水管理为重点） | 《国家适应计划》通过水资源的使用和管理认识到与水有关的影响，特别是对干旱地区农民的影响；以及高海拔生态系统在确保水供应方面的作用。多部门对水资源的依赖得到确认，包括基础设施、农村发展和能源在内的其他领域被确定为改善水资源综合管理的战略切入点（智利环境部，2014） | 目前尚未确定特别强调气候变化内容的跨境水管理项目。适应基金批准了一个区域灾害风险减少项目概念，“通过气候服务增强安第斯人社区的适应能力”（ENANDES），支持智利、哥伦比亚和秘鲁的安第斯人社区。该文件有一部分是关于区域 – 国家的气候监测、预测和决策 |
| | | 跨境 | 未明确提及跨境水问题 | 未明确提及跨境水问题 | 未明确提及跨境水问题 | |
| 格林纳达 | 25（低） | 本国 | 《2014—2018 年增长和减贫战略》认识到气候变化和其他因素的脆弱性，进而认识到国家环境管理议程需要包括沿海地区综合管理和淡水生态系统保护等内容（格林纳达政府，2014） | 适应行动包括改善水资源管理，这是格林纳达长期发展的一个关键因素。在格林纳达的技术需求评估中，水也被确定为主要的交叉领域 | 《国家适应计划》提到了水部门的脆弱性评估。还包括建立一个气候敏感的水治理结构，目标是改善规划、管理和有效利用水资源的体制机制。农业和生态系统行动也提到了水（格林纳达政府，2017） | 未提及跨境流域。由绿色气候基金资助（GCF）并由 GIZ、格林纳达开发银行和格林纳达财政、能源、经济发展、规划和贸易部执行的格林纳达抵御气候变化的水领域项目（GCF）中，还有额外的一部分是关于德国政府资助的区域学习和推广 |
| | | 跨境 | 未提及跨境流域 | 未提及跨境流域 | 未提及跨境流域 | |
| 危地马拉 | 25（低） | 本国 | 《危地马拉 2032 年国家发展计划》（Plan Nacional de Desarollo K’atun:nuestra Guatemala 2032）包括气候变化（适应和减缓）和水资源管理的单独目标。水资源综合管理与森林、能源和水资源相关，因此是国家可持续发展的核心（全国城乡发展委员会，2014） | 认识到与水有关的气候变化的影响，将水资源综合管理列入加强适应气候变化的优先行动中。在减缓措施方面，水资源综合管理在农业和废水处理领域也得到认可 | 无国家适应计划。《国家气候变化行动计划》（2016）中有一个关于适应的章节。认为水资源综合管理是重要支柱。相关行动目标包括增加获得饮用水的机会、废水处理、流域水质和水量控制、对气候脆弱地区 / 流域可持续的保护，以及在新的《水法》中提出一些可操作的措施（国家气候变化委员会，2016） | 目前尚未确定特别强调气候变化内容的跨境水管理项目。危地马拉“适应气候变化生产性投资倡议（CAMbio II）”地区项目的一部分，该项目由绿色气候基金资助，由中美洲经济一体化银行（CABEI）共同资助和执行。该项目旨在消除金融和非金融服务（包括供水）的获得障碍，以此提高中美洲国家微型、小型和中型企业的恢复力 |
| | | 跨境 | 提到了解决包括战略性流域在内的跨境空间问题的重要性，旨在确保居民维持可持续的生计 | 没有明确提到跨境水问题 | 没有明确提到跨境水问题 | |

来源：本章作者。

对本区域许多国家来说，气候变化是在各行业间对水资源高度竞争的背景下发生的，包括城市地区之间、能源和农业部门以及生态系统需求之间的竞争。因此，这些国家需避免出现应对不当的风险。对阿根廷、巴西、哥伦比亚和墨西哥的国家自主贡献承诺进行建模后发现，减缓承诺可能会加剧能源、水和土地资源利用方面的冲突，主要原因在于发电以及作物和生物量灌溉的水需求增加（Da Silva 等，2018）。表 10.3 中所示的各国在水、气候和其他可持续发展目标政策方面的初步整合是权衡利弊的第一步。但在实施水资源综合管理方面进展缓慢，仍需更多努力。在这方面，联合国拉丁美洲和加勒比经济委员会和德国国际合作署（GIZ）利用水–能源–粮食纽带关系框架作为该区域政策对话的切入点，并取得了一些成功，如帮助哥斯达黎加决策者解决了不同用水目标之间的长期冲突，如 Reventazón 河流域的水电开发和农业灌溉之间的用水冲突（Jouravlev，2018）。

该区域各国还需要寻求额外资金来促进其在水目标方面的进展，同时确保为其他发展目标提供足够的水，并使与水有关的系统和基础设施适应气候变化。由国际货币基金组织和世界银行共同支持的气候变化政策评估（CCPA）可以从宏观经济和财政的角度帮助各国管理其气候应对措施。最近完成的格林纳达气候变化政策评估项目表明，政府需要进一步改革《财政责任法》，改善财政状况，降低债务水平和融资需求。这反过来将为气候相关投资提供更多空间，如韧性基础设施投资。格林纳达的政策和法律框架也应进一步完善，以吸引私人投资进入适应和减缓气候变化的相关领域（国际货币基金组织，2019），包括水领域。

在区域层面，对跨境水有限的明确提及（智利和危地马拉在气候和发展战略中提到的气候问题）表明，拉丁美洲和加勒比地区在跨境水合作方面存在更广泛的挑战，至少不符合可持续发展目标 6.5.2 的指标。据指标 6.5.2 基线评估估计，仅有四分之一的跨境流域地区（河流、湖泊或含水层）制定了水合作的具体措施[1]。只有一个国家，即厄瓜多尔，为其所有跨境流域签订了业务协定（联合国欧洲经济委员会 / 联合国教科文组织 / 联合国水机制，2018）。

同样的基线评估表明，要把加强跨境合作与解决包括气候变化在内的相关问题结合起来，这有助于促进对话和保持协同性。中美洲国家已经成功地将跨境水合作措施纳入更广泛的条约中，例如环境保护条约。相关案例包括危地马拉、洪都拉斯和萨尔瓦多 3 国之间的协议，以及危地马拉和墨西哥之间的协议（联合国欧洲经济委员会 / 联合国教科文组织 / 联合国水机制，2018）。把气候变化作为更广泛的跨境合作的切入点，如上一节重点阐述的德涅斯特河（Dniester River）流域的合作，表明拉丁美洲和加勒比经济委员会区域在跨境水合作方面也同样具有潜力。

## 10.6 亚洲和太平洋区域——从亚洲和太平洋经济社会委员会视角分析

### 10.6.1 与水有关的气候变化对部门和可持续发展目标的影响

在亚洲和太平洋区域，关于次区域范围内气候变化对水领域影响的相关预测差别很大，但普遍缺乏可信度（政府间气候变化专门委员会，2014a）。与水有关的气候影响与影响水质和水量的其他社会经济趋势相互交织，包括工业化（正在改变行业用水需求并增加污染）、人口增长和快速城市化。而这些社会经济因素也增加了遭受洪水等与水有关的自然灾害的风险（联合国亚洲及太平洋经济社会委员会 / 联合国教科文组织 / 国际劳工组织 / 联合

1 估计包括 12 个国家（巴西、智利、哥伦比亚、多米尼加、厄瓜多尔、萨尔瓦多、洪都拉斯、墨西哥、巴拿马、巴拉圭、秘鲁和委内瑞拉）。

国环境规划署 / 联合国粮食及农业组织 / 联合国水机制，2018）。

该地区极易遭受气候引发灾害和极端天气事件的影响，这种影响是不成比例的，对贫穷和脆弱群体所造成的负担更重（可持续发展目标 1 和 11）（联合国减少灾害风险办公室 /《联合国气候变化框架公约》/ 联合国环境规划署亚洲及太平洋环境区域办事处，2019）。仅在 2017 年 8 月，孟加拉国、印度和尼泊尔就有 4000 万人受到季风暴雨的影响，近 1300 人丧生，110 万人被安置在救济营地。预计到 2030 年，南亚每年的洪灾损失将高达 2150 亿美元（联合国亚洲及太平洋经济社会委员会 /ADB/ 联合国开发计划署，2018）。预计洪水还会污染水源、破坏供水点和卫生设施，从而对普遍获得可持续的水与卫生服务构成挑战（可持续发展目标 6）（联合国亚洲及太平洋经济社会委员会 / 联合国教科文组织 / 国际劳工组织 / 联合国环境规划署 / 联合国粮食及农业组织 / 联合国水机制，2018）。

由于地表水的可获取性受到日益加剧的气候变化的影响，因此，气候变化和对水日益增长的需求将对该区域的地下水资源造成更大压力。预计到 2050 年，该地区的地下水使用量将增加 30%（ADB，2016）。灌溉需求的增加已经导致一些地区的地下水严重紧张，尤其是在亚洲的两大"粮仓"—— 中国的华北平原和印度的西北部（可持续发展目标 2）（Shah，2005）。

### 10.6.2 政策响应：进展和挑战

对该区域 3 个国家（孟加拉国、中国和印度尼西亚）更深入的评估表明，以综合方式应对水与气候变化取得了不同程度的进展（表 10.4）。孟加拉国和印尼两国认为其在实施水资源综合管理方面的进展落后于中国。从孟加拉国的国家发展计划、国家自主贡献计划和适应计划来看，孟加拉国似乎在确保以协同方式应对水与气候变化方面更加深入。中国和印度尼西亚的气候战略也认识到水问题，不过两国在国家发展计划中对水与气候的协同处理没有孟加拉国那么明确。

本章的分析未发现这 3 个样本国家的跨境倡议内容与气候变化有明显关联，虽然这可能与整个亚洲区域在跨境合作报告方面的更大空缺有一定关系（联合国欧洲经济委员会 / 联合国教科文组织 / 联合国水机制，2018）。孟加拉国和中国的国家发展计划中简要提到了跨境水问题，但在各自的气候战略中并未提及。

### 10.6.3 在国家和区域层面加快实施水–气候行动的机遇

在国家层面，确定的优先事项包括：加强水治理和水生产率，进而管理农业、能源、工业、城市和生态系统的水需求之间的竞争（ADB，2016；政府间气候变化专门委员会，2014a）；推广能够抑制排放和提高抗灾韧性的基于自然的解决方案（政府间气候变化专门委员会，2018b）；将气候变化和减少灾害风险纳入整个项目和政策周期（联合国减少灾害风险办公室 /《联合国气候变化框架公约》/ 联合国环境规划署亚洲及太平洋区域办事处，2019）。

> 气候变化也有助于促进政策改革，以应对更广泛的水资源紧张，并为应对水资源管理方面的长期挑战提供行动机会

气候变化可能对政策制定和实施的必要整合产生负面影响，增加不确定性和复杂性，并导致这些优先事项更难实现。但气候变化也有助于促进政策改革，以应对更广泛的水资源紧张，并为应对水资源管理方面的长期挑战提供行动机会。举例来说，华北平原是中国最重要的粮食种植区之一，居住着 4 亿多人口（Kang 和 Eltahir，2018）。在这里，气候变化的威胁在一定程度上证明了对地下水位下降采取协同性对策的合理性，尽管影响地下水水位的直接原因是密集灌溉。例如，在河北省，地下水的抽取情况是通过能耗（泵上的电表）来间接测量的；目前正在

采用新的水文地质模型来预测地下水系统对抽取量、降水量和长期气候条件变化的反应；利用经济和监管杠杆调节抽水量（逐渐），使其与预计的可用水量保持一致。尽管并非所有的行动都受到农民的欢迎，但气候变化为推动水政策对话和改革提供了一个政治中立的理由（Li 等，2018）。

与其他区域一样，国家间的合作有助于推动和加强国家行动。在投资领域，预计到 2030 年，为确保整个亚太地区的水和卫生基础设施具备气候防御能力，需要 210 亿 ~470 亿美元的增量投资。而包括小岛屿发展中国家和最不发达国家在内的许多国家，不仅面临资金短缺，而且难以获得和吸引资金。需要对这些国家提供支持，使其更好地做好接受投资的准备，例如提供一些可资助的项目渠道。这种援助可以来自国际和区域组织，也可以通过亚洲和太平洋国家之间的跨国交流得到进一步加强（联合国减少灾害风险办公室 /《联合国气候变化框架公约》/ 联合国环境规划署亚洲和太平洋区域办事处，2019）。

亚洲跨境流域迫切需要在投资、信息以及治理、能力和伙伴关系等体制领域开展区域合作。这些流域面临着发展（包括城市化、水电和污染）和气候变化带来的巨大挑战。

例如，孟加拉国是世界上最大的三角洲国家，流经不丹、中国、印度和尼泊尔的 3 条主要跨境河流在此交汇，但孟加拉国的国土面积仅占这些河流流域总面积的 7%（Rasheed，2008）。孟加拉国在其当下的国家发展计划中认识到，单靠一个国家无法开展有效的水资源开发项目，也无法达成新的跨境协议（表 10.4）。但是，到目前为止，在流经该国的 57 条跨境河流中，孟加拉国仅与印度就恒河相关问题达成了水资源共享协议（联合国环境规划署，2017）。湄公河流域在解决与水有关的气候问题方面取得了更多进展，预计到 2060 年，该流域将有 8300 万人口（湄公河委员会，2016）。这表明，气候变化为区域合作提供了焦点，但使综合管理进一步复杂化，包括以水电开发为核心的相关利弊权衡（框注 10.3）。

### 框注 10.3　气候变化——干扰着，却也推动着湄公河流域的跨境合作

湄公河流域大力发展应对气候变化的跨境措施，尤其是在下游流域。而同时，基础设施和社会经济的重大变革对这些措施的开展造成了巨大压力，包括影响生态流量和鱼类洄游的大坝（Evers 和 Pathirana，2018）。此外，厄尔尼诺效应和气候变化共同导致了季风季节的缩短。2019 年，湄公河下游水位降至 100 年来的最低水平，上游实行的水管理决策，如维持流量用于水电开发，也是一个加剧因素（Lovgren，2019）。

在湄公河下游流域，湄公河委员会的成员国（柬埔寨、老挝、泰国和越南）制定了《湄公河气候变化适应战略和行动计划》（湄公河委员会，2018）。作为适应气候变化的一个范例，该战略为跨境水合作提供了聚焦点并进一步促成了合作。战略中规定了七个优先事项，包括：将气候变化作为主要议题纳入国家和区域的政策、规划和方案中；支持获得气候适应资金；加强适应方面的区域和国际伙伴关系与合作（湄公河委员会，2018）。

在湄公河实施全面跨境适应措施将是一项挑战。中国只占湄公河流域面积的五分之一和流域流量的 16%，因此不是湄委会的成员。缅甸也不是湄委会成员，因为无论从流域面积还是流量来说，缅甸也都只占一小部分（Evers 和 Pathirana，2018）。所有国家都有合理的发展目标，而水对这些目标至关重要。虽然能源安全往往是实施水电开发国家的一个主要考虑因素，但减排也可以证明水电开发的合理性，说明气候变化如何使现有的水管理权衡复杂化。另外，对于水电与气候相关的利益和成本，科学界尚无定论：湄公河水电开发导致的温室气体排放量也有很大差异（Räsäen 等，2018）；而气候变化会造成径流的变化，从而对水电开发产生影响（湄公河委员会，2018）。这些不确定性必须通过恰当而稳健的选项评估来合理解决，并将生态系统的服务价值和依赖湄公河及其自然径流生存的物种一并纳入评估。尽管如此，湄委会及其成员国在适应气候变化方面所做的努力仍然不失为一个重要开端，为加强亚洲区域跨境流域的气候变化合作提供了一个信号。

表 10.4　亚洲及太平洋国家概况：在战略制定和实施过程中如何应对与水有关的气候变化

| 国家 | 水资源综合管理实施得分（联合国环境规划署，2018） | 规模 | 国家计划 | 国家自主贡献 | 适应计划 | 关键区域 / 跨境水 – 气候行动示例 |
|---|---|---|---|---|---|---|
| 孟加拉国 | 50（中低） | 本国 | 第七个五年计划（2014—2020年）中包括了农业和水资源、可持续发展、环境和气候变化的单独战略。气候变化是水领域面临的十大挑战之一，也是十四项水资源分战略之一。在100年三角洲计划（BDP 100）背景下，建设一个具有气候韧性的社会是水行业的首要挑战（孟加拉人民共和国政府，2015）。气候变化筛查工具也已经纳入年度发展计划中 | 国家自主贡献确定了一个包含10个关键行动领域的适应目标，其中8个涉及水管理问题，但未明确指出与水的联系。这些领域包括粮食安全、灾害管理、沿海地区管理以及基于社区的湿地和沿海地区保护 | 孟加拉国是2005年第一批提交《国家适应行动计划》的最不发达国家之一。2009年更新。《孟加拉国气候变化战略和行动计划》（BCCSAP）于2009年获得批准，有效期至2018年。44个优先方案中的大多数都与水管理有直接或间接的联系。包括作物改良、干旱管理、灾害管理以及基础设施和知识管理（孟加拉国环境和森林部，2009）。目前正在制订国家适应计划 | 目前尚未明确特别强调气候变化的跨境水管理项目<br>孟加拉国与印度签署了《恒河水资源共享条约》（1996），该条约旨在确保恒河的旱季流量（印度共和国政府/孟加拉人民共和国政府，1996）。孟加拉国和印度还在《印度－孟加拉国河流联合委员会章程》（1972）中就与水有关的减少灾害风险问题签订了协议，包括分享跨境河流有关洪水的数据。不过，除恒河外，孟加拉国境内的另外56条跨境河流均为签署水资源共享协议 |
| | | 跨境 | 《国家计划》强调，孟加拉国须与上游国家合作以进行全面有效的水资源开发。孟加拉国拟与共享流域的沿岸国达成协议，在常规和紧急情况下加强水资源共享、数据交换、资源规划和长效水资源管理。相关表述明确提及了与当前极端水事件的关联性，但未提及气候变化 | 没有明确提及跨境水问题 | 没有明确提及跨境水问题 | |
| 中国 | 75（高） | 本国 | 在中国的五年计划（2016—2020年）中，其中的一个优先事项是通过更有效地利用水资源等措施来加强水安全。文件中概述了所有有助于“综合防洪减灾系统”的水安全项目。相关措施还包括通过水资源综合管理来保护水资源和控制水污染 | 水资源是适应气候变化的一个关键重点领域，提高气候韧性措施将涉及水资源优化配置，以及实施最严格的水资源管理制度 | 在国家适应战略中，水资源管理是优先领域。目前中国正在推广各种生态保护、修复和利用战略，以帮助水领域适应气候变化，同时应对各种复杂需求（国家发展和改革委员会，2013） | 目前尚未明确特别强调气候变化的跨境水管理项目<br>中国与《湄公河协定》的缔约方有合作（框注10.3），但中国本身不是缔约方。中国还分别与其他五个湄公河沿岸国家启动了澜沧江－湄公河合作机制。澜沧江－湄公河合作5年行动计划（2018—2022年）简要提到了与“非传统安全合作”和“水资源”相关的气候变化 |
| | | 跨境 | 《国家计划》认识到，必须按照精心规划的步骤对跨境流域的水资源进行开发和利用，并深化与邻国的跨境水合作 | 未明确提及跨境水问题 | 未明确提及跨境水问题 | |
| 印度尼西亚 | 48（中低） | 本国 | 印度尼西亚的五年战略计划（2015—2019年）将气候变化确定为跨领域的威胁因素，并将水安全列为优先目标。文件中列出了加强流域保护、提升水资源可用性以及更好获得饮用水和卫生设施的相关行动（印度尼西亚共和国，2014a）。目前正在制订2020—2024年国家中期发展计划 | 水安全是抵御气候变化的有利条件。国家自主贡献提到加强综合流域管理行动，以提高经济恢复力以及生态系统和景观恢复力 | 印度尼西亚国家适应计划Rancana Aksi National - Perubahan Iklim（RAN—API，2014）将水质管理和水污染控制、节水和水需求管理以及以公平、高效和可持续的方式利用水资源作为关键战略（印度尼西亚共和国，2014b） | 目前尚未明确特别强调气候变化的跨境水管理项目 |
| | | 跨境 | 未明确提及跨境水问题 | 未明确提及跨境水问题 | 未明确提及跨境水问题 | |

来源：本章作者。

## 10.7 西亚和北非地区——从西亚经济社会委员会视角分析

### 10.7.1 与水有关的气候变化对行业和可持续发展目标的影响

该地区对气候变化的脆弱程度从中度到高度不等，从北向南逐渐增高。这是“气候变化对阿拉伯地区水资源和社会经济脆弱性影响评估的区域倡议”（RICCAR）的一项重大调查结果，是针对具体地区的影响和脆弱性进行评估的重要例子，重点关注与水相关的影响。据该地区倡议预测，到本世纪末，阿拉伯地区的降水将大幅下降。虽然某些地区的蒸散发受到缺水的局限，但是径流和蒸散发通常与降水变化趋势相同。阿拉伯地区的温度一直在持续上升，在高排放的情况下，预计温度将继续上升至 21 世纪末，届时将比工业化前该地区的温度高出 4~5℃（联合国粮食及农业组织 /GIZ/ACSAD，2017 年；联合国西亚经济社会委员会等，2017）。

最易受到气候变化影响的地区是非洲之角、萨赫勒地区和阿拉伯半岛的西南部地区。无论哪个行业，也不论预测的气候情景如何，这些地区都是气候适应的热点区域，并且包含了该区域内的几个最不发达国家。尽管这些国家受气候变化的影响程度各不相同，但总体而言适应能力都较低。即使在降水量预计会增加、平均气温平稳上升的地区，如非洲之角的大部分地区，适应能力低仍使当地居民极易受到影响。根据预测的水资源可用性和适应能力的变化情况，受水相关影响最大的地区是上尼罗河谷、阿拉伯半岛的西南部和非洲之角的北部（联合国西亚经济社会委员会等，2017）。

与气候变化的广泛挑战和有限的适应能力错综交织的是复杂的社会经济和政治生态，所有这些因素在区域、国家以及国家以下各个层面都对水产生了影响。水资源的政治化和武器化、居民流离失所和水利基础设施退化等，一直是这些受冲突影响的国家面临的主要挑战（联合国西亚经济社会委员会 /IOM，2017；联合国西亚经济社会委员会，2018）。水资源获取和控制方面的不平等现象依然存在，特别是城乡之间和性别上的差别（联合国西亚经济社会委员会 /BGR，2013；联合国西亚经济社会委员会，2018）。几乎所有阿拉伯国家都高度相互依存，因为他们往往依赖于共享的、具有重要战略意义的跨境地表水和地下水资源，这使得在国家层面实施协调一致的综合性水政策更加困难（联合国西亚经济社会委员会等，2017）。

除可持续发展目标 6 外，气候变化对水的影响由于其他水管理方面的挑战而加剧，影响了许多可持续发展目标的实现。例如，世界银行将西亚和北非确定为在气候变化导致的缺水状况加剧下面临最严重经济威胁的区域，并预计到 2050 年，为应对气候变化引起的缺水，所耗费的成本将高达国内生产总值的 6%（可持续发展目标 8）（世界银行，2016a）。在农业部门，根据区域倡议的评估结果，阿拉伯地区主要农田系统一半以上的地表面积位于两个最脆弱的区域内，而尼罗河流域、阿拉伯半岛西南部、底格里斯河-幼发拉底河流域和北非西部则是其中最脆弱的子区域。温度、降水和蒸散的综合变化也将威胁畜牧业的粮食资源基础，可能导致某些鱼类种群的灭绝，或造成森林生产力的降低（可持续发展目标 2）（联合国粮食及农业组织 /GIZ/ACSAD，2017）。气温的变化可能会增加一些与水有关的疾病的风险，包括腹泻和血吸虫病。在妇女和儿童承担与水有关的家庭负担的地方，可能出现基于性别的脆弱性（可持续发展目标 3 和 5）（联合国大学水、环境与健康研究所，2017）。

### 10.7.2 政策响应：进展和挑战

对该区域 3 个国家（约旦、毛里塔尼亚和突尼斯）更深入的评估表明，这些国家致力于将与水有关的气候挑战纳入关键战略文件（表 10.5）。约旦的国家发展计划承认气候变化带来的涉水影响是对发展的威胁，并主张将与水有关的减缓行动纳入其国家自主贡献，而不仅仅将水视为一项适应问题。毛里塔尼亚的国家自主贡献将与水有关的适应行动列为优先事项，并在其国家适应行动方案中把用水资源综合管理作为适应解决方案放在了突出位置。突尼斯和约旦的国家自主贡献都提到了除水行业以外的其他行业采取的与水有关的行动，间接确认了对其他可持续发展目标的贡献。但同时，这些例子也暴露出一些不足。在突尼斯和毛里塔尼亚的国家发展计划中，并未提及水管理与应对气候变化的相关性。尽管毛里塔尼亚的国家适应行动计划强调水资源综合管理和相关的体制措施，但国家自主贡献没有明确将加强水管理体制作为优先事项。3 个国家在水资源综合管理方面的实施情况表明，需要采取重大行动来改善水管理，进而支持气候变化影响的管理。对于实施进展，突尼斯和约旦的自评等级为“中高”，毛里塔尼亚为“中低”（联合国环境规划署，2018）。

在国家层面之上对气候变化背景下跨境水问题的提及比较有限，尽管该问题与这些国家密切相关。例如，据区域倡议的模型预测，阿尔及利亚和突尼斯共享的梅杰达（Medjerda）流域将出现干旱明显加剧的情况，且在高排放背景下，严重和极端干旱会持续增加。梅杰达河为突尼斯一半人口的用水做出了贡献，并支撑了国家的粮食安全。与此同时，两国都在努力解决共享水资源开发利用所带来的影响，包括水电开发计划，同时应对已经较为严重的泥沙和水污染问题。如果没有梅杰达流域的跨境合作，那么任何适应计划都不可能完整。

另外两个国家已经开始了一些区域性项目，发挥水作为“气候纽带”的作用。其中一个例子是塞内加尔河流域气候变化韧性发展项目，该项目旨在加强该流域内的几内亚、马里、毛里塔尼亚和塞内加尔四国之间的跨境水管理，并将适应气候变化作为其中一项措施。另一个案例是约旦为城市移民安置点的民众解决所面临的气候变化相关的水问题，通过人类的迁移认识到水作为“气候纽带”的作用（表 10.5）。

### 10.7.3 在国家和区域范围内加快实施水 – 气候行动的机遇

在 2019 年阿拉伯可持续发展论坛（AFSD）和高级别政治论坛气候变化区域协商会议上（联合国西亚经济社会委员会，2018），区域利益相关者确定了许多与水有关的优先事项和机会，包括：

- **可持续城市发展**：以确保供水、卫生和废水处理，并在不断变化的气候中进行洪水风险管理；
- **加强数据分析、研究和创新**：包括区域一级的季节性和次季节性气候预测、适应气候的农业研究以及气候适应监测工具和指标的开发和使用；
- **提高脆弱社区的韧性**：在遭受洪水、干旱以及粮食短缺的社区，采取相关措施，包括使用天气指数保险等社会保护机制、推动经济多样化发展等；
- **政策整合**：即减缓、适应和可持续发展之间的政策整合，以及气候与水 – 粮食 – 能源纽带关系之间的政策整合；将气候变化作为主体内容纳入国家战略、政策和方案；政策执行（例如用水效率政策）；
- **增加获得融资的机会**：包括通过国际气候基金和开发当地市场和投资产品，如绿色伊斯兰债券[1]，为正在开发的潜在获利项目提供适当的能力支持。

虽然这些优先事项都在强调实施策略，但对国家的利益相关者来说，需要把握国家政治经济发展机遇，将这些策略转化为实际行动，从可以较容易地体现通过合作来解决水与

---

1　伊斯兰债券是一种无息债券，在不违反伊斯兰法（伊斯兰教法）原则的情况下为投资者带来回报（世界银行，2019）。

气候问题进而实现共赢的领域着手，打造一个有说服力的案例。在投融资方面，约旦的废水管理经验就是一个很好的案例，对上述的很多优先事项都产生了积极影响。在增加融资渠道以应对与水有关的气候变化方面，约旦吸引混合融资进行废水处理的举措表明，有针对性的公共和国际支持能够使私人投资者在水的再利用和节水项目上获得投资回报。

表 10.5 西亚和北非国家概况：在战略制定和实施过程中如何应对与水有关的气候变化

| 国家 | 水资源综合管理实施得分（联合国环境规划署，2018） | 规模 | 国家计划 | 国家自主贡献 | 适应计划 | 关键区域 / 跨境水 – 气候行动范例 |
|---|---|---|---|---|---|---|
| 约旦 | 63（中高） | 本国 | “约旦 2025”国家战略规划中认识到水资源供需缺口是一个关键挑战，而气候变化加剧了这一挑战。规划的重点是开发新的、可替代的资源并加强需求管理，但并未明确提及气候变化。提高能效和开发可再生能源是降低成本的方法 | 国家自主贡献包括与水有关的减缓行动，包括水行业的能效提升和可再生能源开发。水适应行动包括需求管理和水资源监测。农业和社会经济适应行动也提到了水 | 国家适应计划（正在制订中）的现有信息表明，将考虑一系列与水有关的气候变化影响，包括荒漠化、缺水、降水强度变化和干旱。水将成为亟待解决的 6 个优先领域之一 | 适应基金中对于项目制定给予的补助金项目，“提高城市安置点的移民在应对与气候变化相关的水挑战方面的韧性”，旨在设法解决跨境移民所面临的涉水影响 |
| | | 跨境 | 未明确提及跨境水问题 | 未明确提及跨境水问题 | 尚未制订完整的国家适应计划 | |
| 毛里塔尼亚 | 45（中低） | 本国 | 气候变化是实施毛里塔尼亚“加速增长和共同繁荣战略 2016—2030”的 3 大主要风险之一。除农业外，该报告关于气候变化趋势预测以及与水有关的具体项目和方案的细节有限。重点是发展和修复灌溉基础设施（毛里塔尼亚经济和财政部，2017） | 提到了对水资源的影响。国家自主贡献 19 项适应活动中约有一半与水有关，包括卫生、资源测绘和远程监测以及基础设施项目［例如脱盐、供水和天然活动（如湿地恢复）］ | 《国家适应气候变化方案》（国家适应行动计划 –RIM，2004）强调水资源综合管理是适应气候变化的“适当解决办法”。水部门的优先适应活动很详细，涉及水资源知识、滴灌的传播、防洪闸门、安装和培训使用电泵进行灌溉、地下水管理、测压管监测和水质监测（毛里塔尼亚共和国，2004） | 由全球环境基金资助的塞内加尔河流域气候变化韧性开发项目由世界银行实施，由塞内加尔河流域开发机构负责执行，旨在通过制度强化、知识生成和传播以及气候变化适应和水资源综合管理方案试点，加强该流域的跨境水资源管理。该项目在几内亚、马里、毛里塔尼亚和塞内加尔开展 |
| | | 跨境 | 提到了塞内加尔河和塞内加尔河流域开发机构在区域能源一体化、渔业和航运方面的重要性，但没有具体提到适应 / 减缓气候变化 | 气候变化使塞内加尔河渔业面临严峻挑战，但未提到跨境应对措施 | 某些活动中简要提及了塞内加尔河和塞内加尔河流域开发机构。未详细介绍跨境水管理挑战或应对措施 | |
| 突尼斯 | 55（中高） | 本国 | 气候变化在该国“2016—2020 年发展计划”* 中作为一项重大挑战提出，但在绿色经济部分中与水有关的目标、改革和项目中却未具体提及 | 水的适应行动侧重于废水转移和再利用，以及确保大型城市中心的供水。其他与水有关的行动列在农业、生态系统、健康和旅游项下。第三次国家信息通报（2019）提供了进一步的细节（突尼斯地方事务和环境部 / 全球环境基金 / 联合国开发计划署，2019） | 尚未制订国家适应计划。第三次国家信息通报进一步详细介绍了与水有关的适应举措以及其他各个领域 | 马格里布水领域区域合作项目由德意志联邦经济合作与发展部（BMZ）资助，由德国国际合作署（GIZ）与撒哈拉和萨赫尔风观测站（OSS）共同实施。旨在通过区域合作和信息共享平台改善阿尔及利亚、摩洛哥和突尼斯的水资源管理。马格里布水务行业区域合作一直关注水与气候变化，包括在 2019 年 10 月举办了一次针对该主题的研讨会 |
| | | 跨境 | 未明确提及跨境水问题 | 未明确提及跨境水问题 | 尚未制订国家适应计划 | |

* 回顾了突尼斯发展计划的法文版摘要（Le Plan de Développement 2016 - 2020）（突尼斯共和国，2016）。

来源：本章作者。

As-Samra 废水处理项目最初设计于 2003 年，旨在为约旦首都安曼的 230 万居民提供废水处理服务，并将处理后的废水用于周边地区的灌溉。由于人口的快速增长和难民的涌入，工厂升级改造迫在眉睫。升级改造于 2015 年完成，共获得 2.23 亿美元混合融资，分别来自约旦政府（投资占比 9%）、千年挑战公司（投资占比 42%）和私人债务和股权融资（投资占比 49%）。除了为私有投资者提供用于解决“可行性缺口”的国际资金外，千年挑战公司还在项目准备过程中担任交易顾问（世界银行，2016c），再次凸显了国际或区域组织在项目筹备支撑中的重要性。不过，最初的投资动机并不是因为气候变化，而是当时的缺水和人口增长问题（世界银行，2016c）。然而，2018 年，欧洲复兴开发银行（EBRD）和欧盟同意支持进一步扩大产能，旨在实现多重共同利益：提高当地社区的韧性、从处理过的污泥和流出物中回收能源（从而提高能源安全和减缓气候变化）、解决叙利亚难民危机造成的其他需求（Zgheib，2018）。在联合国西亚经济社会委员会（ESCWA）的成员国中，气候变化或可成为混合融资的另一个动力，鼓励相关机构在水回收利用、节水（特别是在水资源日益短缺的地方）、废水中的能源回收等方面进行投资。

从区域层面来看，2019 年区域协商成果文件（联合国西亚经济社会委员会，2018）强调，可利用区域气候展望论坛等机会，加强气候敏感部门和气候信息服务提供部门之间的互动。该举措与适应气候变化中的信息主题相呼应，而 2019 年区域协商成果文件中提到的“评估气候变化对阿拉伯地区水资源和社会经济脆弱性影响的区域倡议”本身就是一个正面的案例。虽然成果文件中未提及，但在跨境流域范围内解决与水有关的气候变化影响对西亚经济社会委员会国家至关重要，其中包括很多国家赖以生存的跨境含水层的问题（联合国欧洲经济委员会 / 联合国教科文组织 / 联合国水机制，2018）。

## 10.8 结论：通过区域学习与合作促进水与气候行动

本章对联合国地区经济委员会下属 80 个国家的国家自主贡献文件进行了回顾。重点对 15 个国家进行了深入分析，并涵盖了各自的国家发展战略和适应计划。该分析对于制定战略并缩小战略与执行之间的差距具有重要意义，同时还将具体任务同时落到了国家层面和区域层面的利益相关者身上。

通过对国家自主贡献和其他战略文件的回顾，3 个方面的明显差距暴露出来，而这些差距在下一轮国家自主贡献中可能更容易得到解决。第一，以水为媒的气候风险及其应对措施往往只被视为水领域的问题，而未当作横跨多个可持续发展目标的跨行业挑战，同时影响农业、能源、卫生、工业、城市和生态系统等相关目标。第二，水在减缓中的作用被忽视，而事实上我们需要在不同的减缓措施（如水电开发）中进行与水相关的权衡，并寻求与水行业的共同利益，例如通过废水处理（利用沼气）或节水措施等来促进减排。第三，也是最重要的一项差距是，从区域角度来看，水作为气候纽带在跨境流域和共同气候社区中所发挥的作用还远远不够。气候变化导致的与水有关的影响还将对移民、能源、粮食周转等产生重要影响。

除上述差距外，其他一些经验教训表明，制定战略规划可以促进在实践中更充分地利用水－气候关系，即落实到融资和执行层面。例如，一些国家仍需抵制住诱惑，在未进行相应的体制完善和改革前，不能将耗资巨大的基础设施建设列入其国家自主贡献的优先事项中，并将其作为吸引国际气候融资的手段。许多国家在制定气候战略时也可以更好地参考和利用已有的水战略，这是因为，气候总是与多种驱动因素和压力因素相互作用，而水管理者在制定水战略时对这些因素已经较为熟悉。对于基础设施和供应方的替代和补充措施，包括需求管理和基于自然的解决方案等，也应该在以水为媒管理气候变异和变化的过程中发挥更大的作用。这些措施不仅要列入气候规划，而且要在土地利用、城市发展和流域规划中都有所体现（Browder 等，2019）。此外，如果气候融资要达到应对未来挑战所需的规模，“水—气候”相关项目提案的准确性和质量都需要提高（见第 12 章）。

确保将水—气候行动恰当地纳入国家自主贡献、国家适应计划以及国家经济和行业战略中是至关重要的第一步。不过，战略制定和实际执行之间的差距仅靠说说是无法弥合的。2018 年对可持续发展目标的指标 6.5.1 和 6.5.2 的回顾显示，许多国家正在努力实施水资源综合管理协议（即使在气候平稳的隐含假设下）并与邻国达成相关协议，以期对跨境流域实行统一管理。而同时，气候变化的紧迫性使得我们必须加快上述两个方面的相关措施，以避免适应不当，并挖掘适应和减缓所能带来的共同利益。

虽然国家层面将继续为应对气候变化发挥重要作用，但在支持国家层面的执行变革方面，区域性合作方式则可发挥关键作用

虽然国家层面将继续为应对气候变化发挥重要作用，但在支持国家层面的执行变革方面，区域性合作方式则可发挥关键作用。3 个重要领域逐步显现：加强责任体制之间的协作和协调；确保行动基于可靠的信息和证据；获得更多公共和私人对气候韧性建设投资的机会。

在体制方面，事实已经证明，无论是在项目还是战略层面，气候变化为区域水资源对话与合作提供了一个切入点（例如在楚河–塔拉斯河、湄公河、尼日尔、沃尔特和维多利亚河流域），甚至能够促进建立更广泛的跨境协定和机构，如在德涅斯特流域。

就此，区域性组织在委托产生和传播气候与水的知识和信息方面发挥了显著作用。本章中多次提到的“评估气候变化对阿拉伯地区水资源和社会经济脆弱性影响的区域倡议”和“气候研究促进发展倡议”都指出，要让科学家参与进来，要让关键决策者从最开始就获得相关信息，这样才能确保立足于国家和区域决策背景，将与水有关的气候信息用于实际中。长期以来，信息共享为更广泛的跨境合作提供了一个重要支点，如孟加拉国和印度在洪水问题上的合作，而气候变化可能会增加这种合作的必要性。

就投资而言，在与水相关的气候变化方面开展区域合作尤为重要，可以促进规模效益，特别是当其涉及共同的政治和经济优先领域时。南非的气候韧性基础设施开发机构专门将跨境流域的气候–水倡议作为目标，帮助各国进行项目准备并确定可行的融资方案。跨境流域促成了一个天然的联合体，鼓励较富裕和较贫穷的流域国家开展合作，如在多瑙河流域，有望促进资金流入和技术援助。区域和国家两级之间加强互联同样至关重要。非洲风险能力机构建立的主权灾害保险机制表明，当促进融资的区域倡议与国家体系密切联系时，能够发挥最好的效果。在该案例中，社会保障体系可以向受干旱影响的社区提供保险赔付。最后，正如世界银行和国际货币基金组织的气候变化政策评估所指出的，除能够协助获得或者提供国际气候融资外，区域和国际组织还可以帮助各国进行财政改革和提高信誉，改善气候韧性水利基础设施的国内融资环境。

各国提交了新的或更新的国家自主贡献，为国家层面打开了机会之窗。同样，上述 3 个领域也为区域层面的行动提供了明确的切入点。其中的一个切入点是联合国发展体系改革及其在区域层面的响应，这些响应目前仍在持续，旨在以更加协调一致的方式对区域内的能力和资源进行整合利用，为国家优先事项提供支撑（ECOSOC，2018）。其他切入点包括国际气候谈判进程中的区域论坛和谈判小组，如每年在非洲、拉丁美洲和加勒比以及亚洲和太平洋举行的《联合国气候变化框架公约》区域气候周，可以突出水作为区域气候和发展纽带的作用（联合国水机制，2019）。

如果不深化拓展应对气候相关水资源挑战的区域性方式，则《巴黎协定》《仙台减轻灾害风险框架》和《2030 年议程》中相互关联的目标将无法实现。

# 第 11 章

## 加强气候变化韧性的水治理

2019 年 3 月在澳大利亚悉尼举行的全球青年气候罢工

**联合国开发计划署** | Marianne Kjellén

**斯德哥尔摩国际水研究所** | Maggie White

**参与编写者：** John Matthews，Alex Mauroner 和 Ingrid Timboe（全球水适应联盟）；Stefano Burchi（AIDA）；Neil Dhot 和 Thomas van Waeyenberge（Aqua Fed）；Yasmina Rais El Fenni（Cap-Net 联合国开发计划署）；Anjali Lohani 和 Joshua Newton（全球水伙伴）；Yoshiyuki Imamura 和 Mamoru Miyamoto（国际水灾害与风险管理中心）；Eddy Moors，Vanessa Guedes de Oliveira 和 Susanne Schmeier（荷兰代尔夫特水教育学院）；Carlos Carrión Crespo 和 Maria Teresa Gutierrez（国际劳工组织）；Rebecca Welling（国际自然及自然资源保护联盟）；Diana Suhardiman（国际水资源管理研究院）；Rio Hada 和 Madoka Saji（联合国人权事务高级专员办事处）；Alejandro Jimenez，Birgitta Liss Lymer，Panchali Saikia 和 Ruth Mathews（斯德哥尔摩国际水研究所）；Francesca Bernardini 和 Sonja Koeppel（联合国欧洲经济委员会）；Alice Aureli 和 Tales Carvalho Resende（联合国教科文组织政府间水文计划）；Tamara Avellán，Angela Hahn 和 Sabrina Julie Kirschke（UNU-FLORES）；Duminda Perera（联合国大学水、环境与健康研究所）；Amanda Loeffen 和 Rakia Turner（WaterLex）；Lesley Pories（Water.org）；Lindsey Aldaco-Manner，Bassel Daher，Sebastien Willemart 和 Juliane Schillinger（WYPW）

本章概述了如何利用法律、体制和政治手段来支持适应和减缓气候变化，提高韧性以及通过更具包容性的水管理减少脆弱性，特别是在国家一级。

## 11.1 介绍

本章论证了在气候变化压力越来越大的情况下良好的治理和更加公正和包容的水资源管理的重要性。随着干旱的持续，水资源变得更加稀缺，仅通过技术解决方案和增加供应已经远远不够。需要通过多方参与的、公正和透明的方式，促进更加高效的用水（和再利用）并更为公平地分享水资源的效益。本章强调了以下几个方面的重要性：

- 政治意愿、领导力和行动。在气候领域，政治方面的考虑可能会越来越多，主要归功于全球青年机构的努力。
- 水与气候在整个经济中的跨部门性。需要在各个层面解决权衡和利益冲突问题，以便跨领域协商解决方案。其中，政策的整合和协调须放在中心位置。
- 鼓励多方参与和增加透明度有助于提高决策的包容性与合法性，可以让不同的观点都得以呈现。广泛的协商能够为更有效的执行和联合行动提供必要的支持，从而推动实现预期目标。
- 贫困和不平等加剧了面对冲击和压力时的脆弱性，包括在面对与气候相关的水危机时。在水 / 气候行动方面的（以及更广泛意义上）更加平等不仅有助于减轻贫困，还有助于提升对气候变化和日常危机影响的韧性。

## 11.2 将气候变化问题纳入水管理

适应和减缓气候变化，需要处理好能源、土地、水和生物多样性之间日益复杂的相互作用关系（政府间气候变化专门委员会，2014d），这增加了水资源管理的复杂性。通过水管理来减轻气候变化的影响同样涉及政治，这是因为在资源管理方面需要作出诸多权衡取舍，且往往存在利益冲突。

### 11.2.1 水治理的一体化和包容性

同水资源管理一样，适应和减缓气候变化需要采取实际行动。行动的质量和方向由社会规则和关系决定，也被称为治理框架。水治理决定“谁获得水、何时获得水以及获得多少水”（联合国开发计划署–斯德哥尔摩国际水研究所水治理基金，2015，第 4 页；Iza 和 Stein，2009）。

很明显，长期以来，单靠政府无法承担起向所有人“提供”水服务的全部责任，特别是在低收入国家和地区（Franks 和 Cleaver，2007；Jiménez 和 Pérez–Foguet，2010）。同时，还需要一个更广泛的“全社会”的方法。政府是政策制定和监管的主要驱动力，而水服务则越来越多地由非国家行为者提供（Finger 和 Allouche，2002；Kjellén，2006）。这一趋势促使人们使用“治理”一词，而非“管辖”。

> **传统上由权力有限的一国政府环境部监督的气候政策，正越来越转向更核心、更有影响力的部门，监督管理**

对水资源的日益激烈的竞争也突出了“治理”在水管理和再利用中的重要性（Niasse，2017）。随着竞争的加剧及由此带来的水资源紧张，须“重新商议”水在全社会的分配方式。正如 Hall 等专家（2014）所言，水文变化的适应措施涉及机构、基础设施和信息等各方面问题。需要设立相关机构来规划和制定法律和经济工具，从而共同管理和分担风险。

气候和水的管理都需要监督和协调机制。因此，这些机构要了解全面情况，以确保对某些问题进行必要整合，并在行为者之间进行协调，这一点非常重要，但并非易事。行业之间的分化和官僚主义竞争可能对跨层面的整合构成严重挑战（Koch 等，2006；Lebel 等，2011）。因此需要：1）公众更多地参与讨论和管理气候风险；2）在多个层面开展适应能力建设（例如 Cap–Net 联合国开发计划署 /UNITAR/REDICA/ 世界气象组织 / 联合国环境规划署 –DHI/ 荷兰代尔夫特水教育学院，2018）；3）将降低社会弱势群体所面临的风险作为优先事项（见本章最后一节）（Tompkins 和 Adger，2005；Oliveira，2009；Lebel 等，2011；Ayers 等，2014；Coirolo 和 Rahman，2014）。

对于国家和地方当局来说，要通过管理水资源来增强气候变化韧性，就必须改善治理。谈到善治，就涉及要遵守人权原则，包括有效性、响应性和问责制；公开和透明；参与履行与政策和体制安排有关的关键治理职能；规划和协调；许可证制度（联合国欧洲经济委员会，1998；经济合作与发展组织，2015）。就要素整合方面而言，水资源综合管理提供了一个让社会、经济和环境各利益相关者都能参与的进程（Cap–Net 联合国开发计划署 /UNITAR/REDICA/ 世界气象组织 / 联合国环境规划署 –DHI/ 荷兰代尔夫特水教育学院，2018）。

### 11.2.2 通过水资源综合管理增强气候韧性

《2030 年议程》中关于水资源综合管理（即可持续发展目标 6.5）的呼吁，表明了对水是如何贯穿社会所有行业的认知。随着现有水资源竞争的日益加剧，以及气候变化带来的不可预测性和可变性，优化水资源配置并提升用水效率的水资源综合管理进程比以往任何时候都更加迫切。然而，在这方面并无捷径可走，行业之间的分化也很难克服（Smith 和 Jønch Clausen，未注明日期）。水资源综合管理建立在多方利益相关方进程的基础上，完全遵照了从管辖（单靠政府）走向治理（社会各行各业都参与）的更广泛化的社会趋势。这带来了不同观点的碰撞，应对思路和策略得以不断改进和创新，尽管不一定能够解决不同利益之间的权力不平衡。利益相关者的参与是一项人权义务，可以使管理进程及其做出的决定更具合法性（Saravanan 等，2009；Schoeman 等，2014）。社会性别主流化是水资源综合管理不可分割的一部分，也有助于改善水资源综合管理进程和成果。同样，气候进程也越来越依赖青年的参与和主张，具体阐述如下。

Butterworth 等人（2010）曾指出，解决实际问题可能是水资源综合管理的一个有效切入点。随着非水领域专业人员（水领域以外的决策者）的更多参与，参与气候变化适应和减缓的成效性有可能增加（Smith 和 Jønch Clausen，2018；未注明日期）。跨境合作也有助于分担气候适应的成本和收益，并提高流域适应措施的总体效率和效力（联合国欧洲经济委员会/流域组织国际网络，2015）。

### 11.2.3　在国家层面将水政策与气候变化相关联

国家自主贡献是《巴黎协定》的核心，是实现其长期目标的途径（见第 2.1.2 节）。国家自主贡献体现了每个国家在减少排放和适应气候变化影响方面做出的努力。协定签署方都要在 2020 年前提交下一轮国家自主贡献（全新、更新或改进的版本），此后每 5 年提交一次。

2019 年，联合国开发计划署和《联合国气候变化框架公约》的一项联合分析对各国在治理架构搭建方面的进展进行了调查，这些架构为成功实施气候变化适应和减缓措施提供了必要条件。接受调查的国家中近 90% 建立了协调机制，80% 的国家建立了治理机制，以协调和动员全社会的非政府相关方。此外，历来由权力有限的一国的环境部负责监管的气候政策，也越来越转向由更加核心、更具影响力的机构监管。尽管在指导国家自主贡献的实施过程中有 60% 的协调工作仍由环境部或自然资源管理部负责，但超过三分之一的被调查国家是由内阁、总统办公室或总理办公室直接协调该项工作（联合国开发计划署/《联合国气候变化框架公约》，2019）（图 11.1）。

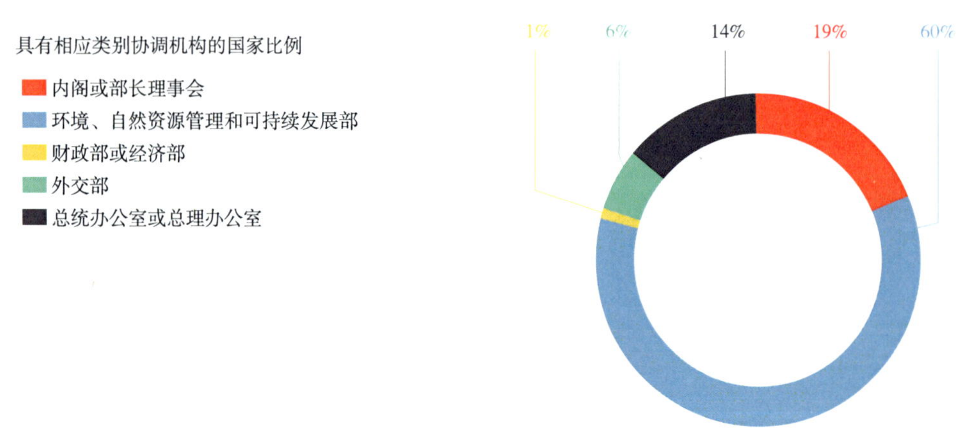


来源：联合国开发计划署/《联合国气候变化框架公约》（2019，第 27 页）。

图 11.1　国家自主贡献实施中协调机制的负责机构

《联合国气候变化框架公约》2016 年报告中对 161 项预期的国家自主贡献[1]的综合效应进

1　在批准《巴黎协定》后，预期的国家自主贡献转为国家自主贡献。

行了分析，强调了气候变化与发展优先事项之间的关联。这包括水资源综合管理中“在减缓方面具有共同效益的适应措施”，如流域保护、废水和雨水管理、水资源保护、回收利用和海水淡化等（《联合国气候变化框架公约》，2016，第 75 页）。而其中，水正逐渐成为适应行动的主导领域（见图 2.3）。各类与保护水资源有关的行动都被纳入适应措施中，这说明对于大部分相关方来说，“水安全”是关键的优先发展事项（《联合国气候变化框架公约》，2016）。

虽然三分之二的国家在其预期的国家自主贡献中概述了水项目的大致组合，但只有十分之一的国家提出了相对详细的项目提案，这些项目要么源自国内水规划进程，要么来自以前的气候融资提案（Hedger 和 Nakhooda，2015）。近期，对 80 个国家的国家自主贡献进行的涉水内容调查发现，超过 70% 作为适应措施而规划的单项水行动都涉及某种形式的管理或治理工具，其中，63% 提出需要进行综合水资源管理（全球水伙伴，2018b）（图 11.2）。该报告还发现，可以进一步探索“无悔”方案，即无论未来气候模式如何，这些措施本身都是有意义的。

| 制度 | 基础设施 | 一般水资源管理 | 保护 | 减少灾害风险 | 农业用水增加 | 地下水管理 | 城市和废水管理 |
|---|---|---|---|---|---|---|---|
| 70% | 68% | 63% | 51% | 40% | 34% | 18% | 16% |
| 水价<br>为规划、管理提供信息的数据分析/建模<br>法规、标准、执行<br>制度建设 | 新的基础设施，包括天然和人造蓄水设施<br>基础设施保护<br>海水淡化 | | 生态系统保护，包括湿地<br>回收利用<br>水利用效率<br>集水<br>基础设施修复 | 洪水和干旱预警系统 | 灌溉用水<br>牲畜用水 | 地下水补给、管理 | 供水<br>环境卫生<br>废水管理<br>污染防治 |

来源：全球水伙伴（2018b，图 4，第 5 页）。

图 11.2　国家自主贡献中在适应方面的优先水行动

从更普遍的层面来说，各国要履行国际上已经商定的承诺，就要制定或更新国家法律从而与国际承诺保持一致，这点至关重要（Burchi，2019）。国家对水资源开发、使用、保护和养护的监管是水治理的基本支柱，也是根据《巴黎协定》实施国家自主贡献的主要工具。

在国家适当减排行动（NAMA）和国家适应计划中，都指出了实现国家自主贡献中的减排和适应目标的具体步骤。国家适应计划进程帮助各国在近期或短期的国家适应行动计划之外制订中长期气候适应计划，特别是那些最不发达国家。一些国家在制订《地方适应行动计划》（LAPA）时还强调了自下而上的方法，并将其推广到地方一级（Dazé 等，2016）。例如，不丹在地方水安全规划时就结合了国家适应气候变化的长期规划（框注 11.1）。

气候变化适应手册和水资源综合管理（Cap-Net 联合国开发计划署 /UNITAR/REDICA/世界气象组织 / 联合国环境规划署 -DHI/ 荷兰代尔夫特水教育学院，2018）中概述的国家适应行动计划方案的步骤化进程考虑了基层现有的应对战略，并以此为基础确定优先行动，而不再侧重于通过情景式建模来评估国家层面上未来的脆弱方面和长期政策。国家适应行动计划中还应包括旨在解决《联合国气候变化框架公约》最不发达国家缔约方最迫切和最紧要的适应需求的相关项目或活动简介（McGray 等，2007）。

基于国家适应计划开展的长期规划，得到了最近更新的水领域补充规划的有力支撑。其中将水视为实现目标的途径：即对经济发展、生存安全和环境可持续性的关键性投入。这种观点将水资源广义化，包含了供水以及所有与水有关的领域，如农业、能源、运输、公共卫生和灾害风险管理（全球水伙伴，2019b）。90 多个发展中国家正处于编制国家适应计划的不同阶段，13 个国家已经正式提交了国家适应计划（联合国开发计划署 /《联合国气候变化框架公约》，2019）。《联合国气候变化框架公约》（未注明日期）建议，国家适应计划进程应当是“连续、渐进和反复的”，并以“国家主导、性别敏感、广泛参与和完全透明的方式 ”开展。

## 11.3 议程制定、决策和监督中的公众参与

气候变化从根本上改变了水资源的管理方式。传统上，水资源管理人员根据历史水资源趋势对未来的水资源可用性进行预测，但是由于气温变暖会影响水文循环的各个方面（Rodell 等，2018），历史基线在许多情况下已不再是水资源可用性的可靠指标（Milly 等，2008）。

**框注 11.1　不丹王国——为提升地方水安全的国家适应行动计划**

气候引发的问题进一步加剧了不丹地方社区的脆弱性和面临的挑战，包括山洪和山体滑坡、森林火灾和季节性缺水。在传统的性别角色分配下，更为严重的缺水和更加困难的取水所造成的负担，重重地压在了妇女的身上。

图片：© Sonam Phuntsho/ 联合国开发计划署不丹办事处（2018）

为了找到可持续的解决办法，不丹政府在联合国开发计划署的支持下，制订并修订了国家适应行动计划，将新出现的危机纳入其中。在全球环境基金 – 最不发达国家基金（全球环境基金 –LDCF）的资助下，气候变化适应项目使地方 / 土著社区得以开展韧性建设。自来水供应的改善和混凝土储水装置的建造提升了水安全。水用户群体的形成也提高了社区保护水源的能力，同时加强了社区的凝聚力。

不丹正在优先考虑气候变化适应的长期规划，从而为适应行动的推进提供更有力的证据和更有说服力的投资案例。

来源：摘自 Phuntsho 等（2019）。

即使模型越来越复杂，也无法在流域、湖泊或含水层的尺度上准确预测气候影响。这种不确定性的新阶段或新深度让人们看到，不能将规划视为一个技术解决方案或有待解决的方程。事实上，水治理研究强调了参与在解决复杂水问题中的重要作用（Von Korff 等，2010；Bryson 等，2012；Kirschke 和 Newig，2017）。如上所述，从“管辖”到“治理”的范式转变使决策不再完全由水或自然资源管理专家掌握。《关于环境与发展的里约宣言》（联合国大会，1992）原则 10 将环境与人权联系起来，强调公民参与环境问题的必要性。这项原则规定了 3 项基本权利：信息获取、公众参与和享有公平，作为健全环境治理的关键支柱。

所有管理风险和生态系统的方法都应具备科学基础，除此之外，韧性水管理和水资源综合管理还须牢固地植根于多方利益相关者参与中，让公民、私营部门和民间社会都参与水治理的过程中来（Saravanan 等，2009；Schoeman 等，2014）。建议公众更多地参与气候风险管理，在多个层面增强适应能力，避免制度陷阱，并优先为社会弱势群体采取减灾措施（Tompkins 和 Adger，2005；Oliveira，2009；Lebel 等，2011；Ayers 等，2014；Coirolo 和 Rahman，2014）。该计划要求在流域规划过程中采用自下而上的方法，以确保吸纳社区对气候风险和适应的不同观点，并与创收和促进生计相关联。同时，还需要加强地方层面科学信

息和数据的可获取性，并作为将这些信息纳入当地多方利益相关者的决策过程。

信息技术和社交媒体推动的新通信手段使公民能够收集和保存信息（见第 13 章），成为决策者的监督者。这种相对新颖的交流渠道也促成了可以生成并分享知识的“全民科学”。全民科学一般是指公民参与科学项目，大多是参与数据的生成（Conrad 和 Hilchey，2011；Jollymore 等，2017）。最近的案例包括使用群众参与的全民科学对农场作物品种进行评估，将小型实验任务分配给世界各地的农民志愿者（Van Etten 等，2019），或者使用手机来维护供水点位置、功能和质量的相关信息。但收集科学合理的水质数据是一个具有挑战性的过程，需要必要的资金、培训以及公民的激励和反馈机制（Conrad 和 Hilchey，2011；Jollymore 等，2017；Kim 等，2018）。

虽然政府仍然主导国家气候适应和减缓措施以及水治理，但是变革的过程总是协同产生的。按照治理的概念，领导或推动行动的“变革推动者”可能来自各行各业，可能来自政府内部，也可能来自其他领域。下一节重点介绍青年、城市、私营部门和土著居民等不同群体采取的举措，这些举措以不同方式推动或共同推动适应或减缓气候变化的进程，有时甚至可以说是引领。

### 11.3.1 变革推动者

许多迹象表明，年轻人越来越关注气候变化。随着世界各地都在采取行动发起政策变革并采取行动，年青一代也开始改变原有的行事风格。2019 年 3 月，全球各地的学生开展了全球青年气候罢工，他们通过社交媒体发起动员，以罢课的方式来抗议政府在应对全球变暖方面的不作为。此次抗议活动是迄今最大的国际行动之一，涉及 120 多个国家的约 140 万名学生和青年人（Leach，2019），迫使决策者不得不做出反应。在 2019 年 9 月的联合国气候行动峰会期间，超过 150 个国家的青年和成年人离开学校和工作场所，参加“星期五为未来”罢工活动。这场运动由 Greta Thunberg[1] 发起，并已发展成为全球性运动。在 2019 年 3 月阿克拉非洲气候周期间，来自非洲各地的几个青年团体在加纳青年环境运动的领导下，以和平方式在街道游行，走向政府领导人和决策者正在会谈的会议中心。年轻人标语牌上的信息很简单：谈判已足够多，是时候采取行动了。

几个以水为重点关注的网络组织也动员和支持青年运动，如世界青年水议会、青年水网络和青年水解决方案。很多人试图将地方举措与提高认识和政策建议结合起来。

在许多国家，城市也已经成为气候行动的先驱。有很多城市网络或倡议激励其成员采取行动，如地方政府可持续发展理事会（ICLEI）、致力于应对气候变化的 C40 特大城市网络以及由洛克菲勒基金会倡导的 100 个韧性城市。看起来，提高认知是支撑该行动主体的基础：McDonald 和 Shemie（2014 年）对 2000 多个流域和 530 个城市的梳理发现，进行了水风险评估的城市更有可能采取行动，最常见的行动是减少供水中的渗漏。碳披露项目——披露洞察行动（CDP，未注明日期）最近对主要城市的环境行动排名也反映了这一点。城市行动案例包括修复漏水以应对干旱，如中国台湾省台北市就将此作为重点工作（Scott，2019）。由于气候变化对城市水资源的潜在威胁已经显现，这促使城市采取此类“无悔”措施（Kjellén，2019）。

此外，一些头部公司已承诺减少其水足迹和温室气体排放，从而对应对水紧迫和气候变化做

---

1 “30 多年来，科学一直非常明了。当所需的政治支持和解决方案仍然遥遥无期的时候，你们怎能继续视而不见，并自认为已经做得够多了？……如果你们选择让我们失望，我们永远不会原谅你们，也不会轻易放过你们。当下的情形已经触及我们的底线。世界正在苏醒，而改变就在现在，不管你们是否愿意。”Greta Thunberg 在 2019 年联合国气候行动峰会上的讲话（Thunberg，2019）。

出自己的贡献（见第7章）。关于企业在水处理方面的行动，碳披露项目《2018年全球水资源报告》发现，尽管人们对水风险和减少取水的目标有了更高的认识，但自报的取水量近年来却大幅增加，特别是亚洲和拉丁美洲的食品、饮料、农业、制造业和矿产开采企业（CDP，2018）。

在英国，水务公司、监管机构、学术机构和非政府组织共同携手，努力为水资源建立一个长期规划框架。这项研究的结果表明，展望未来50年，英格兰和威尔士可能面临比曾经设想的更长、更频繁和更严重的干旱。通过对已提升的供水设施和需求管理进行平衡，该研究为确保水供应提供了更具战略性的方法（英国水务，2016）。

面对气候变化，社会大多数行业需要重新定位。而对于往往处于边缘和挑战环境中的土著居民来说，他们已经实施了可称为适应和减缓战略的措施，作为原始或传统自然资源管理的一部分。这包括对干旱和其他灾害的传统响应，以及固碳等措施（例如森林保护）（Kelles-Viitan，2018）。许多其他人认为，必须更有效地将本地知识纳入气候治理（Chanza和De Wit，2016）。

### 11.3.2 针对不确定性的决策

"适应性管理"是一种针对不确定性的结构化决策过程，旨在解决自然资源和生态系统管理中的不确定性（Holling，1978；Allen和Stankey，2009）。这种方式已越来越多地应用于水资源管理（Pahl-Wostl等，2010；Schoeman等，2014）。虽然不确定条件下的治理和决策并不新鲜，但气候变化带来了一系列新的不确定性："深度不确定性"而不是"已知风险"（世界银行，2016a）。长期保持治理协议和框架的灵活性对于应对高度的气候不确定性至关重要。

应对不确定性的一种方法是在政策应用中优先考虑"无悔"措施，并采取符合自身权利的行动。包括提高效率的措施，如修复城市系统的漏洞，确保灌溉系统中的水真正抵达作物。无论气候变化或未来的气候模式如何，这些措施都有助于减少浪费和节约资源。

"自下而上"的风险评估方法成为解决不确定性下决策问题的新方法。这些方法旨在确保在水资源管理方面做出稳健的、针对具体情况的和灵活的决策（Brown等，2011；Wilby，2011；Haasnoot等，2015），同时高度强调要避免系统性能的慢性失效（Mendoza等，2018）。利益相关者的早期参与对于寻求更全面的解决方案和政策回应至关重要，在确保将地方背景充分纳入该进程的情况下，所制订的方案和政策将更容易实施且更受欢迎（经济合作与发展组织，2015）。其中一个实例是循序渐进式"气候风险知情决策分析"（图11.3）（Mendoza等，2018）。

数据整合和分析很重要，同时也亟待加强，以帮助减少与水有关的灾害风险和影响，包括洪水、泥石流和干旱，而这些灾害的预测在很大程度上依赖于预警方面的科技水平。此外，水文数据需要与社会和经济分析相结合，因为行为和韧性在很大程度上取决于谁能够获得和控制不同的资源（2030 WRG/联合国开发计划署，2019）。

将科学技术与社会联系起来的跨学科方法的一个实例是建立水韧性和水灾害平台，这是一个由国际洪水倡议[1]推动的世界性项目。在提高与水有关的社会信息的可获得性方面，相关做法包括联合国水机制可持续发展目标6的数据门户[2]和输水管道水风险地图集等[3]，后者是一个全球水风险绘图工具，帮助公司、投资者、政府和其他用户了解全球哪些地方出现了水风险和机遇以及出现的原因等。

---

1 www.ifi-home.info。

2 www.sdg6data.org/。

3 www.wri.org/our-work/project/aqueduct/about。

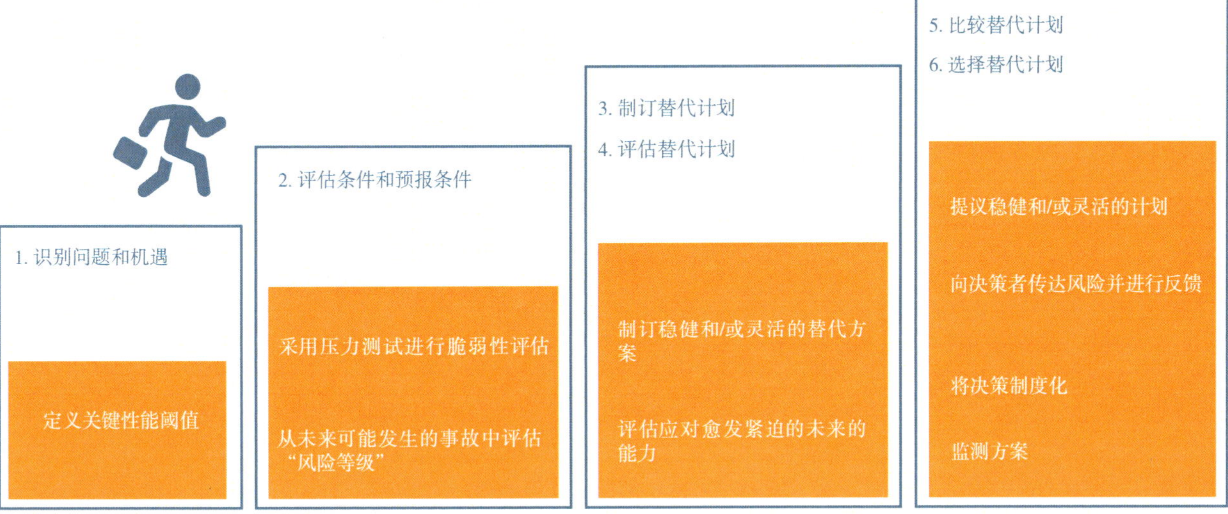


注：蓝色方框表示普遍的规划框架步骤；橙色方框表示气候风险知情决策分析步骤。

来源：Mendoza 等（2018 年，图 01，第 30 页）。

图 11.3　典型规划框架内的气候风险知情决策分析任务

## 11.4　通过消除贫困和不平等降低脆弱性和增强韧性

根据具体的财富、社会地位和影响其适应能力的其他因素的不同，气候变化对国家和当地人口的影响也并不相同（Eakin 和 Luers，2006；联合国开发计划署，2019）。制定战略时需要区分不同的社会群体和阶层，并给予边缘群体特别关注（Mobjörk 等，2016）。事实上，突发或渐进的危机事件往往会加剧已经存在的脆弱性、风险和不平等（Schaar，2018）。

贫穷、歧视和脆弱性密切相关，通常相互交叉。来自少数民族群体、偏远或弱势地区的妇女和女童可能遭受多种形式的排斥和压迫。灾难发生时，这种不平等会加剧，穷人更有可能受到影响。性别和权力的不平等也会影响到灾害应对，导致穷人比非穷人更有可能失去相对更多的东西（Hallegatte 等，2016）[1]。例如，不丹的性别观点研究发现，预警系统对于妇女来说往往难以起效，部分原因是因为她们在撤离前必须获得男性的许可，这种文化规范限制了她们的行动自由和自主决策权（Shrestha 等，2016；Davison，2017）。而在某些情况下，疏散能否成功可能取决于一些偶然因素，比如附近是否有可用车辆。

土著居民在不同时期和整个殖民时期的文化性和地理性存在往往使他们与占主导地位的政治和经济主体以及社会和政治主流处于敌对状态（世界水评估计划，2019）。而这一历史往往会引发歧视。在水资源配置决策中，土著居民往往被忽视，在传统的水资源管理系统中被边缘化，并受到水冲突的过度影响（Barber 和 Jackson，2014）。土著居民往往与其生态系统有着紧密的文化联系，他们的生存依赖于受气候多变性和极端事件威胁的可再生自然资源（国际劳工组织，2017）。

采取基于人权的方式（HRBA）进行发展也有助于实现与水有关的气候正义。这些方法是良好治理的核心，为利益相关者提供了表达其利益并影响议程和讨论结果的机会。基于

1　Hallegatte 等（2016）发现，低识字率、高抚养比和薄弱的住房结构等因素加剧了印度农村受干旱影响人群的脆弱性，而社会网络的可及性以及水与卫生、保健和教育等基本服务将在降低这种脆弱性方面发挥重要作用。

**框注 11.2　加强流域管理，减少灾害风险——海地戈纳伊夫河（Gonaïves）流域边坡修复**

2004 年珍妮飓风过后，国际劳工组织、联合国开发计划署和世界粮食计划署与海地政府密切合作，在戈纳伊夫河流域开展了创造就业方案。该方案通过环境保护行动创造就业机会。通过社会对话以及增强当地和社区行为者的机构能力，减轻水土流失和人口压力对环境的影响。

5 万多户家庭受益于劳动密集型活动，如搭建苗圃、修建防侵蚀沟渠和加固桥梁。具体做法是在斜坡上种植了 21 万株树苗，在防侵蚀沟中种植了 63 万株草苗。

该项目表明，使用基于当地资源的技术和采用社区承包的方式可以防止侵蚀流域的进一步恶化。社区承包也有助于明确角色和责任，为更广泛的环境保护培养技术能力，并促进工人、地方组织与相关联合会、地方当局和区域技术部门之间的合作。

由国际劳工组织提供。

人权的方法提供各种机制，确保将所有人都纳入交流过程中，共同找出并解决脆弱性的根源（Cap-Net 联合国开发计划署 /WaterLex/ 联合国开发计划署 – 斯德哥尔摩国际水研究所水治理基金 /Radica，2017；Cap-Net 联合国开发计划署 /UNITAR/REDICA/ 世界气象组织 / 联合国环境规划署 / 荷兰代尔夫特水教育学院；2018）。发展、水管理和对气候变化的脆弱性都是相互关联的，“稳健的水管理政策可以极大地促进经济增长，使人们更加富裕，从而更能抵御气候压力”（世界银行，2016a，第 14 页）。帮助有需求的人创造财富有助于降低社会的整体脆弱性，包括气候变化对水资源的影响。

穷人的资产，例如他们的房子、牲畜或庄稼，对灾难影响的抵抗力较差。此外，这些财产可能是一个贫困家庭的全部财富，因为贫困家庭不太可能有金融储蓄或获得信贷。这种暴露度和脆弱性的差异使自然灾害加剧了不平等，并可能导致经济增长和减贫之间出现不利性脱钩（Hallegatte 等，2016）。穷人受到环境变化的风险不成比例，因为他们往往更直接地依赖于生态系统，例如依赖旱作农业或野生动植物的采集（McGranahan 等，1999）。除非充分考虑这种社会经济情况，否则适应政策的效力会大大降低。

减少对气候相关水危害的脆弱性的一个重要考虑是从整体上看待风险、挑战、暴露度和脆弱性。Wisner 等（2003，第 4 页）对自然灾害风险和“正常”生活中固有的许多危险之间的“人为分离”进行了批判。本着这一精神，PBL 荷兰环境评估署（2018）提醒人们，不同类型的灾害造成的影响程度不同，水与卫生设施不足造成的日常影响也存在差异。因每天暴露在不充足的水与卫生条件下导致的死亡人数（主要是儿童）比冲突、地震和流行病加起来还要多。这说明了将发展和人道主义工作结合起来的重要性，如框注 11.2 中的内容就将生存和灾害风险防控结合起来。

水治理在通过减贫增强气候韧性方面发挥着重要作用。为穷人提供更多用水机会的水政策不仅有助于减少贫困和不平等，还有助于通过提高对气候变化的韧性来减少脆弱性。这种“无悔”措施可以通过包容性的气候和水管理方法来加以推进，让弱势群体的声音能够影响议程和决定。政治意愿和决心对实现目标至关重要。参与和透明度对于确保行动朝着正确的方向前进以及实现既定目标都至关重要。

# 第 12 章

## 气候融资：财务和经济考虑因素

波兰弗罗茨瓦夫污水处理厂鸟瞰图

**世界银行** | Shanna Edberg 和 Diego Juan Rodriguez

**参与编写者**：Francesca Bernardini，Sonja Koeppel 和 Hanna Plotnykova（联合国欧洲经济委员会）；Chiara Christina Colombo 和 Danielle Gaillard-Picher（世界水理事会）；Todd Gartner（世界资源研究所）；Amarnath Giriraj（国际水资源管理研究院）；Merylyn Hedger（海外发展研究所）；Marianne Kjellén（联合国开发计划署）；John Matthews 和 Alex Mauroner（全球水适应联盟）；Lesley Pories（Water.org）

本章讨论了水与气候融资的现状、不作为的代价与有作为的益处以及通过哪些方式获取气候融资以改善水资源管理、供水和卫生服务，同时协同减缓或适应气候变化。

## 12.1 概述

水资源管理目前缺乏资金，因此需要政府给予更多关注。如前几章所述，气候变化威胁着水资源管理，增加了与天气有关的风险，并影响全世界水与卫生服务的可得性和质量。但同时，也提供了一个机会：即利用气候融资机制提供额外资金以改善水资源管理，并通过采取行动来减轻或提高对气候变化的韧性，从而更好地获得安全的水与卫生设施，这些往往也会同时产生其他协同效益。

水资源管理目前缺乏资金，因此需要政府给予更多关注

全球对气候变化的关注日益增加，这是将水作为可持续发展融资焦点的前所未有的机遇。将水与气候变化联系起来，可使国际社会利用更多资源应对气候与水资源挑战之间的各种交叉性问题，从而更有助于实现可持续发展目标 6 中概述的水管理总体目标。

## 12.2 为何将水与气候融资相关联？

### 12.2.1 水融资状况

目前的融资水平尚不足以实现可持续发展目标 6 中水与卫生设施的全民享有和可持续管理这一全球社会目标。为了实现可持续发展目标 6 的前两个目标——到 2030 年人人享有安全供水、卫生设施和个人卫生设施——资本投资必须达到每年 1140 亿美元。这大约是当前供水、卫生设施和个人卫生设施年投资水平的 3 倍。除初始资本之外，还需要大量资源来运营和维护水与卫生基础设施以及确保全民覆盖。这些成本都是经常性开支，预计到 2029 年，这些开支将比资本成本高出 1.4~1.6 倍（Hutton 和 Varughese，2016）。

上述开支还并未覆盖可持续发展目标 6 中所需成本更高的目标 6.3 至 6.6。目标 6.3 至 6.6 包括改善水质、提高废水处理比例、提高用水效率、实施水资源综合管理以及保护和恢复与水有关的生态系统。适应气候变化的技术成本也并未明确包含在上述开支中。因此，如不大幅提高水领域的投资水平，就“几乎不可能”实现可持续发展目标 6（Fonseca 和 Pories，2017，第 8 页）。

### 12.2.2 预防行动更省钱

一切照旧——即忽视气候风险、不增加水领域投资——显然会影响可持续发展目标 6 的实现，也会产生更多其他影响。由于水是许多领域的关键生产要素，供水的日益稀缺和脆弱性将威胁全球各地的生计。与水有关的损失可能会使一些地区“持续负增长”，预计到 2050 年，某些地区的经济下降幅度可能达到国内生产总值的 6%（世界银行，2016a，第 6 页）。这些变化给贫困家庭带来的压力最大。

因此，在考虑水利基础设施的融资成本时，也有必要反过来评估一下“不为基础设施融资的风险”（世界水理事会，2018，第 15 页）。因此，预防行动可以获得正投资回报，因为这样做可以避免未来的损失（框注 12.1），另外还可以改善当前的水资源管理实践。但要做到这一点，水管理者需要以恰当的方式将规划和投资方案纳入分析方法中，以便正确识别气候和非气候风险以及各类不确定性。因此，必须优先考虑能够管理这些风险和不确定性的适应战略和投资。

### 12.2.3 将水与气候融资相关联

> 水项目支持者旨在增加水务行业在气候融资中的份额，并强调水与其他气候相关领域的关联，以确保为水资源管理获得更多资金

如果当前水资源融资不足，而增加水资源融资可带来可观的潜在利益，那么应如何增加融资渠道并实现这些收益呢？虽然水资源管理需要得到更多的政府和开发融资等传统渠道的关注，但同时也可能需要增加气候融资。气候政策倡议报告称，近年来气候融资一直在增加，从 2012 年的 3600 亿美元增加到 2017 年的 5100 亿 ~5300 亿美元。2016 年投资的 4550 亿美元中，110 亿美元用于适应气候变化方面的水和废水管理，7 亿美元用于减缓气候变化相关的水和废水管理。这意味着 2016 年仅有 2.6% 的气候融资直接用于水资源管理，而这可能掩盖了其他领域与水相关的项目，如灾害风险管理、农业、林业、土地利用和自然资源管理、海岸保护等（气候政策倡议，2018）。水项目支持者旨在增加水务行业在气候融资中的份额，并强调水与其他气候相关领域的关联，以确保为水资源管理获得更多资金。

### 12.2.4 适应与减缓融资

有两个前景乐观的趋势有助于水项目获得气候融资。一是水与卫生项目的减缓潜力越来越得到认可。这一趋势十分有利，因为在 2016 年的气候融资中，减缓资金占 93.8%，而

**框注 12.1 墨西哥避免的洪水损失**

通过防御行动避免损失的一个案例：墨西哥塔巴斯科州。2007 年发生的大洪水事件使该国遭受的损失高达 29 亿美元。这次洪水事件促使联邦和州政府制订了一个综合水利计划。该计划旨在落实一套解决方案，以保证人口安全、经济活动不中断以及洪水事件发生时生态系统的稳定。工程性投资（筑堤、加固）和非工程性投资（开发预警系统、风险地图、能力建设）共计约 7.5 亿美元，该计划在 2008 年至 2010 年间实施。2007 年洪水事件发生后的第三年，塔巴斯科州遭遇了一场更大的洪水。但这一次，综合水利计划的有关措施大大降低了此次洪水对国家造成的破坏和损失。2010 年的损失约为 5.85 亿美元，比 2007 年减少了 80%。2010 年实施的减灾风险措施的效益比其成本高 3 倍。

来源：世界银行（2017d）。

水项目仅占减缓融资的 1%（气候政策倡议，2018）。将水与减缓相关联来吸引更多资金以实现水管理目标，这方面可能拥有巨大的开发潜力。尽管水项目融资仍然有限，但人们正日益认识到水管理备选方案的减缓潜力。

水和废水公共设施会造成很大的能源消耗，因此在提高水和能源效率以及从废水中回收能源、水和营养物方面有很大的减缓潜力（框注 12.2；另见第 3 章和第 9 章）。对水和气候都有益处的其他解决方案包括再生农业、绿色基础设施、生态系统恢复和其他创新举措，如“漂浮式太阳能光伏发电技术”——漂浮在水库上的太阳能电池板，不仅可提供清洁能源，还可防止水分蒸发流失。

第二个趋势是适应气候变化的融资得到了越来越多的重视。气候融资通常更加关注减缓而非适应，但近期这种情况开始有所改变（图 12.1）。绿色气候基金（见第 12.5.1 节）的目标是为减缓和适应各提供 50% 的资金，未来 5 年内世界银行为适应投入了 500 亿美元，气候债券的认证标准包括韧性投资（Tall 和 Brandon，2019）。通过这些发展，将气候变化分析纳入项目规划的水从业者将有更多机会获得气候融资，不论是用于减缓还是适应。

灾害风险管理在 2016 年气候适应融资中所占比例略低于 14%，约为 30 亿美元（气候政策倡议，2018）。

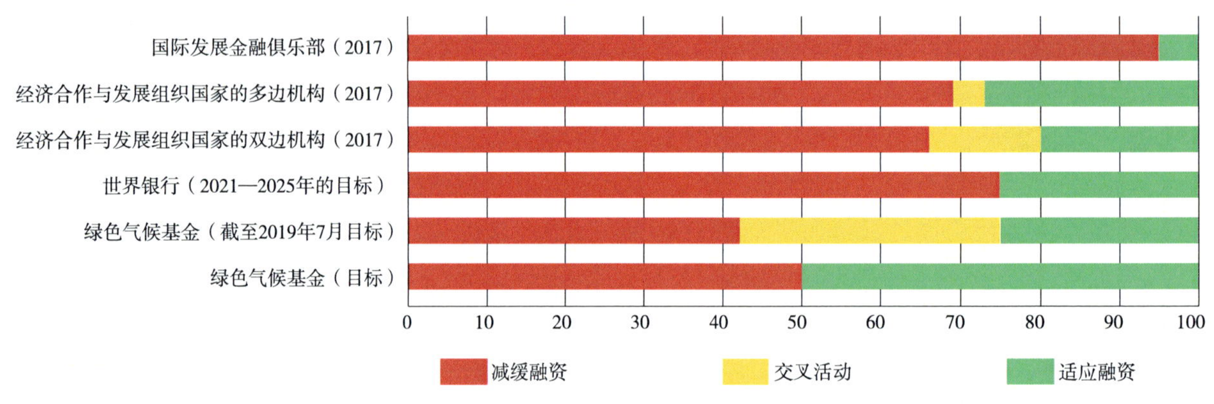


来源：本章作者，基于世界银行（2018b）、国际发展金融俱乐部（2018）、经济合作与发展组织（2018）和绿色气候基金（未注明日期）提供的数据。

图 12.1　按来源分类的减缓与适应融资比率

## 12.3 对水与气候项目的经济考量

### 12.3.1　水的价值

水极其珍贵。获得安全用水以及卫生设施和个人卫生服务的价值远远超过自来水的价格，也是对经济繁荣、社区稳定和人口健康的重要投入。水对于人类生存至关重要，是粮食和能源生产的必要组成部分，也是维持地球上所有生命的生态系统服务的贡献者和接受者。因此，“水是联系几乎所有可持续发展目标的‘通用货币’”（世界银行，2016a，第 6 页）。鉴于气候变化造成的日益严重的水短缺和水量的多变性，“水管理成为决定世界能否实现可持续发展目标的关键”（世界银行，2016a，第 6 页）。水还拥有无形的社会、文化和宗教价值，对于人类尊严来说也具有无量价值。水属于所有人。

**框注 12.2　通过水和废水处理来减缓气候变化**

由德国政府资助并由德国国际合作机构（GIZ）和国际水协会（IWA）实施的“水和废水公司减缓气候变化”项目，将减少温室气体排放技术引入了约旦、墨西哥、秘鲁和泰国的公共水设施中。相关举措包括减少能源消耗、能源和营养物回收、中水回用和降低耗水量。该项目还开发了能源绩效和碳排放量评估和监测（ECAM）工具，以帮助水和废水公用事业评估温室气体量和减缓机会，并帮助各国改善监管、体制和融资框架以将减排纳入供水与卫生领域。这些措施使受影响的公共水设施减少了数千吨 $CO_2$ 排放量，同时节省了资金，提高了服务质量。

图　截至 2018 年，关于水和废水公司减缓气候变化试点项目中温室气体减排量的预测

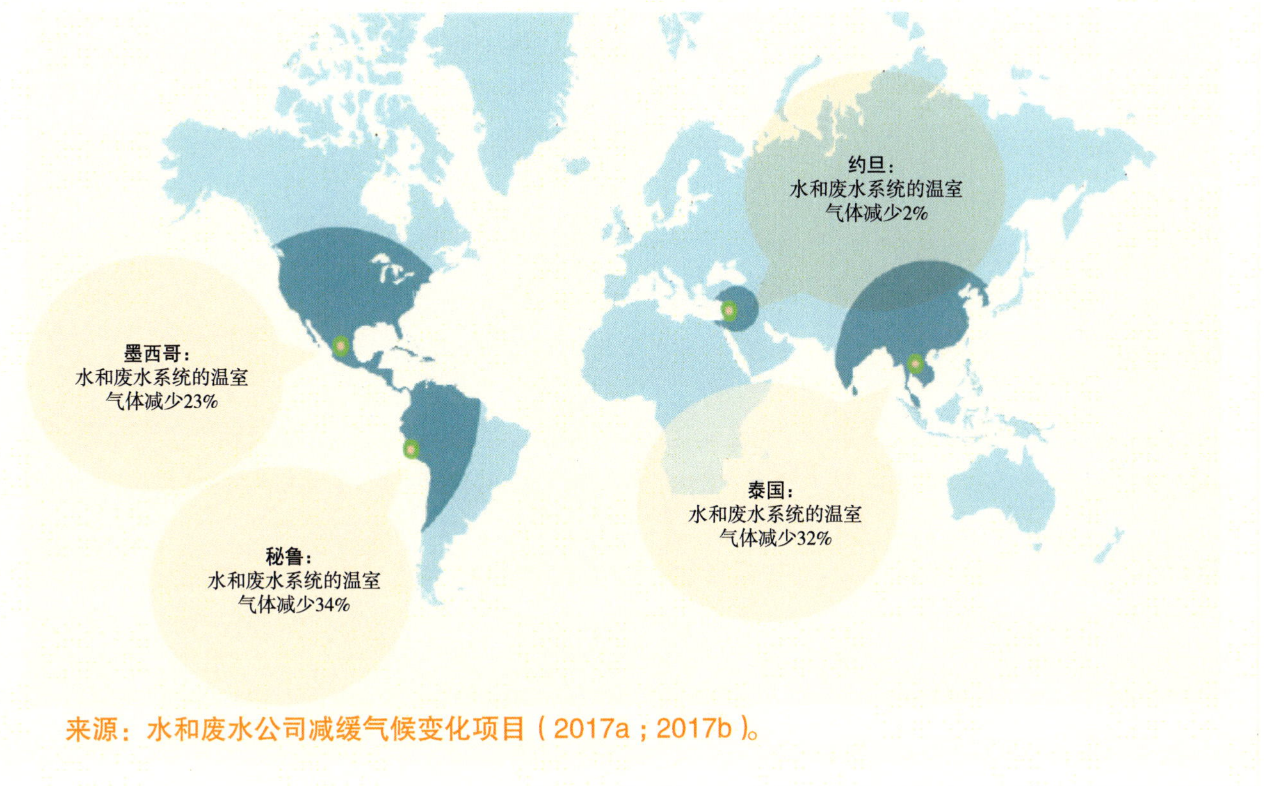


来源：水和废水公司减缓气候变化项目（2017a；2017b）。

在衡量水的价值方面，人们一直在努力。水资源高级别小组发布了《水价值评估原则》（*Principles on Valuing Water*），为水资源服务的分配、管理和定价提供指导，同时还考虑到水价值的许多不同层面 [ 水资源高级别工作组（HLPW），2018b]。对水进行价值评估的同时加强治理和机构能力建设，是实现水资源可持续发展的最关键步骤之一（Garrick 等，2017）。

水的价值并不单一，也没有单一的方法来衡量其价值。但数个项目和建模工作经验表明，在气候变化背景下改善水管理益处良多。例如，世界银行估计，改善水管理可使世界一些地区的经济增长加快 6%（世界银行，2016a）。各种与水有关的气候适应政策也会带来协同效益，如创造就业、改善公共卫生、促进性别平等、减少家庭开支和碳封存等。

### 12.3.2　水项目可融资性

尽管气候融资日益增长，但对气候融资的需求也在增加，当前融资水平还不足以满足需求。获得气候融资具有竞争性和难度，特别是涉及跨境的复杂水项目。从业者必须确保项目具有“可融资性”，或基于项目规划、目标、风险状况、有利环境和其他因素等判断其有可能获得融资。可融资气候项目指那些“与气候变化影响有明确联系、熟悉并严格遵守融资程序”的项目，有时还有额外融资来源（世界银行，2019，第 11 页）。

一般而言，一个项目在气候融资方面的可融资性与其在发展融资方面的可融资性略有不同。希望获得气候融资的项目必须能明确气候变化的原因并且具备应对的措施，方可被判定为可融资项目。适应和韧性建设项目还必须证明该项目如何应对和解决所在地区的预期气候影响。这些联系必须有气候数据等科学证据的支持。绿色气候基金等气候融资机构也要求所有项目需解决气候变化中的性别影响方面的性别问题，并将性别因作为主要事项纳入项目周期。与发展融资一样，所有项目都必须尊重人权，包括参与权。

此外，为了增加获得气候融资的机会，项目支持者应寻找最具兼容性的融资渠道，并确保其项目计划符合融资机构的标准和目标。项目提案应与现有的相关政策和计划保持一致，如国家发展战略、国家适应计划或流域投资和管理计划。协调解决风险的项目，以及挖掘出在健康等其他领域协同效益的项目，也被认为更具可融资性。

> 项目开发人员必须投入时间以建立关系，深入了解气候融资前景并倡导项目效益

由于流域组织在实施跨国项目时可带来额外效益，因此在跨境流域方面发挥着重要作用。尽管如此，许多流域组织仍在努力获得来自其他不同渠道提供的适应气候变化的资金（联合国欧洲经济委员会/流域组织国际网络，2015）。了解和管理跨境流域项目的特殊风险和复杂性，对于编制能吸引公共和私人融资伙伴的可融资项目提案至关重要。尼日尔河流域（框注 12.3）案例表明，多个项目联合、严谨的科学态度和精细的规划进程以及利益相关者和捐助方的早期参与都有助于流域组织为适应气候变化筹集大量资金（世界银行，2019）。

从气候融资机构的可融资性角度考量水项目，有助于协调气候和水资源目标，并改善项目资金缺口。需要注意的是，一个可融资项目能吸引气候融资并不仅仅因为它是一个好项目。项目开发人员必须投入时间来建立关系、深入了解气候融资前景并对项目效益进行宣传。

**框注 12.3　非洲跨境流域联合项目**

尼日尔河流域的沿岸国家有 9 个，即有 1.12 亿人很大程度上依赖于该流域提供的自然资源。这 9 个国家和尼日尔河流域管理局将制订和实施加强气候变化应对能力的投资计划，其中包括解决“面对水胁迫的脆弱性、多变性、土壤、土地和生态系统退化，以及提升韧性”等问题。这些措施源自尼日尔河流域管理局的工作计划、各国的国家适应计划和国家适应行动计划以及国家提案。该计划预计耗资 31.1 亿美元，由尼日尔河流域管理局成员国、世界银行、非洲开发银行和私人资本资助。

联合项目是避免适应不良和负面后果的一种方式，流域生态系统本就是各种因素相互关联的系统，如果只考虑其中一个部分，必然会导致适应不良和负面后果。联合项目还可提高资源效率和成本效益。例如，在上游进行重新造林可以改善水质，减少下游侵蚀和洪水风险。

来源：世界银行（2019，第 25 页）。

### 12.3.3　倾向于贫困人口的气候与水融资战略

贫困人口最易受到气候变化和水不安全因素的影响。因此，必须将专门考虑边缘化群体韧性需求的差异化战略纳入较大的水与气候计划和项目中。生活在贫困线以下、财政储备低的人群在应对山洪爆发或长期干旱等剧烈气候事件时的准备是最不足的。因此，需将综合气候计划（特别是本章下文所讨论的计划，包括国家适应和减缓方案以及更具体的水

资源管理项目）纳入能够帮助风险人群从这些剧烈气候事件中恢复过来的融资结构中。此外，获得资金可成为适应和减缓战略的一个关键部分，可以让低收入人群投资于集雨等应对气候变化的技术。

## 12.4 水项目的气候投资类型

### 12.4.1 无遗憾和低遗憾投资

有时气候影响并不确定，尤其是在微观层面。一方面科学知识和预测性气候模型在不断改进，但另一方面也必须做出相关决策来帮助社区做好准备和适应。响应这种不确定性的方式之一就是进行无遗憾和低遗憾投资。

无遗憾投资指任何情况都会获益的投资，不受气候影响——即使没有气候变化以及一系列潜在的气候危害，也会获益。低遗憾投资“可能需要花费一些额外成本来降低气候变化风险，但与避免未来风险成本所获的收益相比，这些成本很低”（全球水伙伴 – 加勒比地区委员会 /CCCCC，2014，第 1 页）。此类项目能提高应对能力，还可为多个领域和利益相关者带来协同效益，具有灵活性（方便后期调整），还可最大限度地减少权衡。

解决水与气候变化问题的无遗憾干预措施包括集雨、地下水可持续管理、微灌技术、废水再利用和改进储水（Vermeulen 等，2013）。所有能提高用水效率和节水的干预措施（例如通过减少泄漏）通常也被认为是一种低遗憾或无遗憾手段。这些干预措施还与适应和减缓相关，因为高效用水和节水既减少了能源的使用，又增加了水的供应。

### 12.4.2 基于结果的气候融资

基于结果的气候融资是一种投资类型，即“在实现预先商定的适应或减缓结果后，投资者或捐助者再向接受者拨付资金，且结果的实现需接受独立审核”（世界银行，2017d，第 1 页）。这种投资资金可单独使用，也可与前期融资配合使用，可按不同比例用于不同的项目。

基于结果的气候融资有几种获取方式，但作为同一类融资模式，这些方式都会通过不同途径实现气候结果，包括改善监测、报告和验证能力、加强国内机构的能力、动员私营部门以及创造或强化市场。迄今为止，大多数基于结果的投资均用于气候减缓项目，因为碳排放量是一个明确可衡量的指标，但这种类型的融资也可用于气候适应目标。在这方面，可将这种新的基于结果的气候融资机制用于基于自然的解决方案，预计这方面的资金缺口将最大（世界水理事会 / 全球水伙伴，2018）。在水管理目标和气候减缓或适应之间实现协同效益的项目可采用这种前景可观的融资模式。

## 12.5 利用多边气候融资解决水问题

目前，共有 3 个专门为气候和环境项目融资的多边融资机构：绿色气候基金、全球环境基金和适应基金。此外，很多开发银行已开始将气候变化列为优先事项并纳入其发展活动中，一些开发银行还设立了气候专项基金。水管理者可申请这些基金，其中 2016 年的额度为 510 亿美元，占所有气候融资的 11%（气候政策倡议，2018）。

### 12.5.1 绿色气候基金

绿色气候基金是作为《巴黎协定》的一个融资机制而设立的，旨在帮助发展中国家适应和减缓气候变化。截至 2019 年，除了每年 1000 亿美元的目标外，该基金已收到 103 亿美元的认捐，其中约 50 亿美元承诺用于已批准的气候项目（框注 12.4）。虽然大部分（如非全部）成果领域和投资优先事项都涉及水管理，但最明显的涉水成果领域是健康、粮食和水安全，这些均属适应范畴（绿色气候基金，未注明日期）。

### 12.5.2 全球环境基金

全球环境基金为若干类型的环境项目提供资助，包括适应和减缓气候变化。该基金也是《联合国气候变化框架公约》的融资机制。自 1992 年成立以来，该基金已资助了近 1000 个气候减缓项目和 330 个适应项目。最近开发的一个项目在气候和水资源方面均有效益，"帮助开发了评估冰川消退影响的工具，并将气候变化考虑因素纳入战略规划"，还"解决了玻利维亚、厄瓜多尔和秘鲁与供水或灌溉有关的紧迫发展问题"（全球环境基金，未注明日期）。

### 12.5.3 适应基金

适应基金最初是依据《京都议定书》（Kyoto Protocol）设立的，旨在提供项目资金，帮助发展中国家适应气候变化。2010 年以来，该基金支持了 80 多个适应项目，并承诺为气候适应和韧性建设行动提供 5.64 亿美元资金（适应基金，2019）。在 2018 年 12 月举行的第 24 次缔约方大会（COP24）上，各缔约国决定于 2019 年启动适应基金以支持《巴黎协定》。水管理是适应基金的项目领域之一，并接受跨境项目提案。

### 12.5.4 开发银行

> 一些多边开发银行制定了将气候分析纳入规划和投资设计的指导方针

气候变化会对发展和减贫目标造成威胁，而气候行动可在发展和公平方面获得协同效益。出于这些原因，在第 24 次缔约方大会上，世界银行承诺 2021—2025 年其气候投资将增加一倍（即达到 2000 亿美元），以支持各国采取雄心勃勃的气候行动（世界银行，2018b）。其中，500 亿美元将专门用于适应融资。世界银行将调整其内部流程和指标，以考虑气候风险和机遇，并评估其在气候影响和协同效益方面的业绩。因此，对于希望获得世界银行资金的水管理者而言，将气候减缓和 / 或适应纳入其计划是值得的（世界银行 / 国际融资机构（IFC）/ 多边投资担保机构（MIGA），2016）。

一些多边开发银行制定了将气候分析纳入规划和投资设计的指导方针。此外，在过去

**框注 12.4 斯里兰卡的绿色气候基金和水资源管理**

斯里兰卡的一个绿色气候基金项目将为一个弱势社区进行村庄灌溉系统升级改造，并在 3 个流域推广气候智能型农业技术。该基金还将提升气候变化韧性的供水管理并加强气候和水文预报，以提高水资源管理和适应能力。气候智能型农业既能适应气候，又能减缓气候变化，同时还能节约用水和保护饮用水源。

来源：绿色气候基金（2018）。

几年里，多边开发银行还制定了一些指导说明，帮助业务团队向气候智能型投资组合迈进，并使每项投资的气候适应和减缓成果最大化。

区域开发银行也为水领域从业者提供了气候变化倡议。国际发展金融俱乐部是一个由23个国家和区域开发银行组成的全球网络，其成员承诺在2017年为气候融资提供1960亿美元，主要用于减缓气候变化。分配给气候适应的100亿美元中，58%用于水的“保护”，包括流域管理、雨水收集和修缮输水管网。国际发展金融俱乐部提供的绿色融资承诺（包括气候和其他环境融资）中，东亚和太平洋地区占72%，欧盟占14%，拉丁美洲和加勒比地区占6%。东欧和中亚、中东和北非、南亚和撒哈拉以南非洲获得的绿色融资承诺较少，每个地区为1%~3%（国际发展金融俱乐部，2018）。

## 12.6 利用国家气候融资解决水问题

### 12.6.1 双边气候融资

许多国家和地区都有气候融资计划以气候为目标的发展机构，包括欧盟、德国（框注12.5）、日本、北欧国家、瑞士、英国、阿联酋、美国和其他国家。发展中国家还设立了区域级和国家级气候基金，如亚马孙基金、孟加拉国气候变化信托基金、南非绿色基金和南部非洲信托基金（ACT联盟，2018）。

发达国家向发展中国家提供的双边公共气候融资总额从2013年的225亿美元增至2017年的270亿美元（经济合作与发展组织，2018）。与大多数气候融资机构一样，双边融资渠道提供的资金主要用于减缓（2017年占双边融资的66%）而非适应（21%），双边渠道中的跨领域活动（2017年占14%）比多边渠道（4%）更常见（经济合作与发展组织，2018）。

### 12.6.2 国家及各地方级气候融资

随着各国对《巴黎协定》的国家自主贡献被纳入政府的支出计划，各国政府的国内支出可能成为一个日益增长的气候融资来源。《联合国气候变化框架公约》估计，2015年和2016年国内公共财政每年支出2320亿美元，其中发展中国家每年支出1570亿美元，发达国家每年支出750亿美元。然而，“国内在气候支出方面的总体数据并非现成，也没有定期或采用统一方法来收集此类数据”（《联合国气候变化框架公约》，2018，第62页）。如果水管理者能将他们的项目对标各国的国家自主贡献，他们就有可能获得这些国内气候融资。但如果没有综合数据，就很难得出相关结论来指导水与卫生融资工作。

国内金融机构也可提供气候融资。在拉丁美洲和加勒比地区，巴西开发银行等国家开发

**框注12.5 尼泊尔、秘鲁和乌干达水资源管理的双边气候融资**

2011—2016年，尼泊尔、秘鲁和乌干达的水行业参与了双边气候项目。基于全球生态系统的山区适应计划由德国政府的国际气候倡议予以资助，由联合国环境规划署、联合国开发计划署和国际自然及自然资源保护联盟与地方政府合作伙伴共同实施。该计划活动包括生态系统恢复和管理、土壤养分管理、水资源保护和管理以及灌溉措施。此外，这些措施具有多重效益，包括有助于确保3个项目区的供水并增强其抗旱韧性等。

来源：联合国开发计划署（2015）。

银行“已经是国内市场中最主要的公共气候融资来源”（自然资源保护协会，2017，第 4 页）。

近年来，一些国家级和各地方级辖区已开始建立绿色投资银行，也称为绿色银行。绿色银行“是面向国内、专门为气候和环境投资吸引私人资本而设立的公共资本化专业金融机构”（自然资源保护协会，2017，第 1 页）。虽然绿色银行最初几乎仅在经济合作与发展组织国家建立，但目前正在努力尝试将这一模式扩展到非洲、亚洲和拉丁美洲国家（绿色银行网络，2018）。随着绿色银行开始不断增加，水项目管理者可能会更愿意关注该领域，以寻求未来的融资机会。

## 12.7 替代性融资来源

### 12.7.1 私营部门融资

2016 年，私营部门融资占全部气候融资的大部分（54%，或 2300 亿美元），其中很多来自项目开发商（气候政策倡议，2018）。其他私营融资来源包括碳市场、对外直接投资、保险或商业金融机构。据估算，约 157 亿美元的私营融资来自多边开发银行（《联合国气候变化框架公约》，2018）。不过，对于私营融资的来源和用途，并未详细记录。

绿色债券市场是一个新兴的私营融资来源，可能对水领域从业者会有所助益。2007 年推出的绿色债券和气候债券，“为低碳、气候韧性的基础设施及开发项目提供大规模资本筹集的全球机遇”（世界银行，2018c）。绿色债券市场发展迅速，从 2012 年的 34 亿美元增长到 2018 年的 1680 亿美元。气候债券标准是一个类似于公平贸易认证的贴标签计划，曾发布了水利基础设施标准（框注 12.6），为低碳和气候韧性水资源管理标准提供水相关的债券认证（气候债券倡议，2018）。

2018 年，为加快绿色债券的发行，全球绿色债券合作伙伴关系启动。该合作伙伴关系计划为那些对发行绿色债券感兴趣的公司、地方实体和其他团体开发工具包，供水管理者使用（世界银行，2018c）。此外，其他类型的环境债券也在不断推出，如灾难债券、环境影响债券和韧性债券。

**框注 12.6　水利基础设施发行气候债券的标准**

《气候债券标准》中对水利基础设施标准的认证包括两个组成部分：

1. 减缓：水项目产生的温室气体量不会增加，符合常态基线，旨在减少水资产或项目运行寿命期内的排放量。

2. 适应和韧性：水利基础设施及其周围的生态系统具备气候变化韧性，并有足够的适应能力来应对气候变化风险。为了证明这一点，发行人必须解决以下问题：

a. 配置：某个流域或含水层范围内的用水户如何共享水资源；

b. 治理：如何 / 是否正式开展了水相关的协商和治理；

c. 技术诊断：水文系统的变化如何 / 是否随着时间的推移得到了解决；

d. 仅面向基于自然的和混合性的基础设施：发行人是否对项目现场内外的生态影响有足够的了解，是否具有持续的监测和管理能力；

e. 对适应计划的评估：检查气候脆弱性应对机制的完整性。

来源：节选自气候债券倡议（2017 年，第 1 页）。

新加坡樟宜水回收厂鸟瞰图

### 12.7.2 公私合作伙伴关系

气候智能型公私合作伙伴关系是满足气候韧性水利基础设施融资需求的另一种方式。公私基础设施咨询基金（PPIAF）将气候变化作为2018—2022财年的战略重点。该机构重点关注气候变化倡议，并将气候活动纳入其技术协助和知识性工作中（Suriyagoda，2017）。公私基础设施咨询基金将为气候智能型公私合作伙伴关系提供气候智能模型和有利环境。供水和卫生是该基金规划的纲领性举措中的一个领域。

虽然气候变化目前在公私合作伙伴关系中并未发挥重要作用，但世界银行和公私基础设施咨询基金将气候变化纳入其倡议和知识活动，这将决定未来基础设施的发展趋势，也是水管理者需要关注的另一个领域。

### 12.7.3 混合融资

混合融资是“将不同类型的融资纳入一个项目或基金”（世界银行，2019，第21页）。混合融资通过使用优惠贷款（即低于市场利率的贷款）或补助产生挤入效应，使项目对传统资本来源更具吸引力，并可帮助项目支持者更好地管理风险。一些开发银行、气候基金和双边基金已经开始使用这种模式来吸引商业融资，以支持那些潜在影响大但商业化较难的项目。

绿色气候基金和其他主要的气候融资来源的可融资性标准往往倾向于筛选出规模较小的、地方级项目。为了解决这一资金缺口，R20国际区域气候行动组织和蓝色果园基金公司（BlueOrchard Finance）已于2019年初为非洲设立了地方级气候基金。该基金将利用混合融资为新兴市场中具有积极气候影响的地方级基础设施项目提供资金（R20国际区域气候行动组织，2018）。对于水项目开发商尤其是非洲的开发商而言，这可能是一个未来的融资来源。

必须特别关注低收入国家，因为“最需要投资的国家往往被认为存在风险和治理问题”。2012—2015年，通过混合融资筹集的私人资金中只有3.6%流向了低收入国家（Hedger，2018b，第6页）。

新加坡樟宜水厂鸟瞰图

## 12.8 结论

人们对气候融资兴趣的不断增加，及其融资来源、工具和用途的多样化，使得气候融资越来越受到致力于实现可持续发展目标 6 的水项目支持者和机构的青睐。难点在于他们是否有能力建立起水与气候的关联性进而获得融资支持。

由于大多数气候融资机构主要资助减缓活动，因此与适应活动相比，找到水资源开发目标和气候减缓之间的关联性，可能会为未来融资提供更直接的机会。到目前为止，与减缓相比，水管理和适应之间的关联性更为明显也更易开发。不过，人们也愈发认识到各类水管理干预措施在减缓方面的潜力。使水管理目标和气候减缓目标相一致的政策和技术解决方案应该成为加强研究和知识共享的焦点，从而使气候和水从业者能够充分利用这些关联。

气候金融架构复杂且不断演变，在该架构内，有很多规模各异的机制、机构、计划和活动。为此，加强这些组织之间的协作将最大限度地减少重复和低效，方便融资的获得。气候融资增长的潜在来源是那些希望为国家自主贡献和绿色气候基金提供资金的国家机构，如顺利的话，每年可融资 1000 亿美元。未来，绿色银行、绿色债券、地方级气候基金和公私合作伙伴关系等将成为提供气候融资的其他新兴领域。

然而，必须指出的是，目前水管理和气候行动都缺乏资金。尽管气候融资在不断增加，但相对于应对气候变化所需的资金而言，融资仍然不足（气候政策倡议，2018）。由于缺乏足够的资金，气候融资竞争十分激烈。因此，要同时满足气候目标和水目标，仅鼓励实现水与气候协同效益并帮助水开发商获得气候融资可能还远远不够。可能还需要进行结构性改革，例如在气候基金中提高水的优先级、开发水与气候社区之间的联系机制，以及做出将混合融资引入最需要的国家的战略决策。水从业者也可成为气候倡导者，鼓励金融机构提供更多资金来应对气候变化。由于水将所有可持续发展目标联系在了一起，而气候变化却对这些目标构成了威胁，因此在规划和投资可持续水管理时，必须恰当地将气候韧性和多种未来风险的抵御能力纳入其中予以考虑。

# 第 13 章

## 科技创新与公民知识

**联合国教科文组织政府间水文计划** | Youssef Filali-Meknassi 和 Chloé Meyer

**联合国大学水、环境与健康研究所** | Hamid Mehmood

**参与编写者：** Yoshiyuki Imamura 和 Toshio Koike（国际水灾害与风险管理中心）；Uta Wehn（荷兰代尔夫特水教育学院）；Sarantuyaa Zandaryaa（联合国教科文组织政府间水文计划）

本章强调了在促进研究、创新和科学以支持知情决策方面的挑战和机遇。

## 13.1 简介

如同社会对我们的考验一样，气候变化对我们在预测、评估和消除各种扰动方面的能力提出了质疑。换言之，我们必须建立相应的机制来减少不确定性、减轻风险和提高适应能力，以适应不断变化的环境。如前几章所述，改善水管理为适应并减缓气候变化提供了很多机会。在科技创新、知识管理、研究和能力建设方面，我们面临的挑战是如何通过先进的研发促进新工具和新方法的产生；与此同时，我们还必须加速已有知识和技术在所有国家和地区的应用。然而，如果不同时开展意识提升、教育及能力拓展项目，从而广泛传播相关知识并促进对新技术和已有技术的了解，单靠这些措施本身将无法产生预期的效果。获得知识和信息至关重要，所有人都有权从科学及其应用中获益（联合国大会，1966 年，第 15 条）。

各种适应和减缓措施可以提高水管理系统应对气候变化的韧性、提升水安全，从而直接促进可持续发展。只有加强气候和水系统及服务相关的知识衔接，明确需求、做法、重点、挑战和差距，方可有效且持久地实施相关措施。决策者和科学家面临着评估、衡量气候变化及其潜在后果的挑战。气候变化对水管理和整个社会的影响程度是不确定的，这可能会影响在国家发展规划和环境保护政策中实施适应措施的能力。另一个挑战源自一个事实，那就是适应和减缓需要跨学科、跨部门和多层面的方法，而且需要建立一个共同框架。综上所述，跨学科的研究方法、工具和方法论都十分必要。

实践证明，科学、技术和创新是经济和社会发展的关键动力，它们以前所未有的速度改变了水资源治理和管理。将科学、技术和创新政策纳入水资源发展战略并与体制和机制改革相结合，有助于提高效率、提升适应能力、促进水行业内部和外部的可持续发展。上述成果为我们带来了新机遇和新举措，推动我们建立健全水资源治理和管理决策，从而最大限度地减少气候变化的影响。创新提供了更经济、更有效的技术工具并促进了这些工具的应用。事实上，创新是将相关水科学知识和技术转化为实用性生产过程、服务和就业的核心所在。

## 13.2 科技创新

科学、技术和创新正在迅速发展，持续为各种水资源管理活动提供动力，包括：1）对水资源和水文过程的全面评估和监测；2）水资源的涵养、修复和再利用；3）基础设施升级改造；4）降低处理和分配过程的成本；5）提高供水效率和用水效率；6）获得安全饮用水和卫生设施。在过去几年中，水行业的一些创新加深了我们对气候相关挑战的理解，为适应气候变化和减少温室气体排放提供了更加灵活的方法。本节中提到了其中的一些创新做法。

通过地球观测和空间技术生成了不同层面上的天气、气候和水资源演变数据和信息。基于卫星的地球观测可以帮助确定降水、蒸散、冰雪覆盖 / 融化以及径流和蓄水情况。例如，美国国家航空航天局和德国航空航天中心（DLR）开展的“重力恢复和气候试验”（GRACE）卫星任务通过对重力变化的分析，获取了陆地蓄水量和含水层水量变化的相关信息。自 2002 年该试验启动以来，根据观测记录，极地和山区的冰量损失增加了 3 倍。此外，还观测到，在 37 个最大的陆地含水层中，有 13 个发生了严重的质量损失，其主要原因是气候相关的变化和人为因素（Tapley 等，2019）。

过去几十年来，卫星技术的进步使人们可以通过对河流、海洋和沿海生态系统的高精度监测，提高在气候变化对水质影响方面的认识（Skoulikaris，2018）。例如，对浊度、悬浮固体、叶绿素 a、溶解有机物和水面温度等环境参数进行卫星监测，有助于确定可能受富营养化和藻华影响的地区（联合国教科文组织政府间水文计划，2018）。

卫星遥感也可成为有力的监测工具。虽然该工具可以揭示传统方法难以观察到的大规模过程和特征，但其时空分辨率可能难以满足小规模应用和数据分析的需求。不过，在国家统计数据、实地观测和数值模拟模型的支撑下，遥感有助于对与水相关的气候变化影响进行综合评估，从而做出未来气候适应响应决策。

> 高速互联网网络的全球化覆盖，以及云计算和虚拟存储能力的增强，促进了数据采集领域通信技术的发展

先进的传感器技术可以支持智能水管理，主要体现为对水的可用性和质量进行在线实时监测。目前已经研制出用于监测耗水情况的无线传感器，并且越来越多地与其他设备联合使用，进行远程水计量。在西班牙阿里坎特，用水数据的智能计量促进了供水需求的满足，提供了终端用水信息，助力了可持续城市水管理目标的实现（March 等，2017）。对废水处理的不同环节进行水质监测至关重要，可以确保各种中水回用的安全性，从而有助于减轻总体用水紧张（见框注 3.2）。这种监测对于及时发现化学品泄漏或污染物外溢、分析去污措施的有效性也至关重要。

高速互联网网络的全球覆盖，云计算以及虚拟存储能力的增强（即具有多种功能的云备份和存储服务），促进了数据采集领域信息通信技术的重大发展（Skoulikaris 等，2018）。物联网、大数据、人工智能、机器学习等新技术也层出不穷，在减少不确定性、降低风险、提高应对气候变化能力等方面有着多样化的用途。

物联网指定了一种计算概念，在该概念中，日常的物件均与互联网相连和 / 或彼此相连，形成相互关联的设备网络，可在不需要人工干预的情况下进行通信和数据传输。随着受缺水影响的地区越来越多，耗水管理变得越来越重要。分布在智能城市框架内的物联网不仅可以收集关键水数据以完善水管理系统，还有助于节水。例如，美国旧金山公共事业委员会做了一个智能水表安装试点项目，这是全球最大的智能水表项目之一，该项目为 17.8 万个水表配备了智能传感器，用于记录每小时的用水量。这些数据通过无线网络以每

天 4 次的频率自动传输，用于检测供水网络的渗漏和分析耗水模式（美国旧金山公共事业委员会，未注明日期）。在农村地区，物联网通过传感器向灌溉系统发送天气和土壤水分状况数据来优化灌溉，从而提高灌溉用水效率。

大数据分析用于检查大量数据，以发现隐含模式、相互关系和其他深层内容。大数据分析可用于处理连续的水信息和数据流集合，提取可操作的信息和发现以改进水管理，从而帮助获取相关知识。例如，美国航天局和美国国际开发署在 SERVIR 湄公河项目中合作开发了一个历史洪水分析工具，利用大数据分析工具和技术对 1984—2015 年的卫星图像进行了分析，得出了跨空间范围的地表水历史模式（SERVIR Mekong，未注明日期）。该功能可向湄公河下游地区国家提供有关洪水易发区的定制化信息（例如季节性洪水周期的频率），并支持大湄公河区域的其他备灾工作。

此外，大数据还可将贸易模式或电力消费等其他水数据进行整合，从而更广泛地了解对水资源产生影响的有关过程的演变，并通过跨行业的方式，在不断变化的环境中改进水管理。

目前正在探索各种基于人工智能的技术、模型和机器学习算法，用于有效的水质管理，特别是在水质模拟、推算和预测、水质数据统计分析以及污染源的识别等方面（Sarkar 和 Pandey，2015；Sengorur 等，2015 年；Srivasta 等，2018）。例如，Mohammed 等（2018）评估了机器学习算法在挪威 Maridal 湖微生物水质（原水中粪便指示生物的计数）预测分析中的应用。人工智能也逐渐成为一种预测和优化技术，用于预测不同海水淡化技术的效率（Cabrera 等，2017）、提升洪水韧性和灾害防御能力（Saravi 等，2019）、管理含水层（Moazamnia 等，2019）和提高用水效率（Chen 等，2017）。

人工智能和机器学习技术的进步促进了对卫星图像和地理空间数据的分析解读，从而为决策制定、水资源的可用量和水质参数预测提供支撑，进一步提升了基于卫星和地球观测的水管理和水质监测水平（El Din 等，2017）。

## 13.3 从数据到决策：缩小科学到政策之间的差距

知识是由语境化的信息组成的，而语境化的信息本身是建立在原始数据基础上的。这些原始数据经过处理、组织和结构化呈现，更加具有实用意义。知识是所有知情的、基于科学的决策过程的基础。

### 13.3.1 将数据纳入决策

信息通信技术工具有助于生成大量关于气候变化的数据以及针对水管理的适应和减缓等响应措施的信息。但是，这些数据需要以决策者能够理解和使用的方式进行处理、分析和呈现。在水资源管理政策制定过程中，信息和知识利用不足，是水行业的利益相关者（政府、科学家、私营部门、民间社会等）面临的一个重大挑战。原因包括：财政和人力资源的缺乏、政府高层的认识和承诺不够、专业技能方面的差距，以及缺少明确的战略和机制来支撑总体的知识管理。

公共事业必须要克服的主要挑战之一是集成。数据采集系统可能已经过时或缺乏足够的文档记录，会生成各种特殊的数据格式且彼此不兼容。虽然并行系统在不断发展，但每个系统收集的数据不能进行交叉处理。因此，对于所有涉水领域来说，核心需求是促进一体化发展，进一步开发跨行业系统，促进相互理解和协作。各行业的专业人员需要进一步了解并充分理解其他行业所采用的思维和方法，通过协作和以运营为导向的方式推动创新。

此外，有必要促进数据信息转换、鼓励知识传播，从而为决策制定提供支撑（框注 13.1）。通过提高认识、制定政策、能力建设来促进在知识、技术和过程方面的开放共享，是扩大信息、知识和技术获取来源的途径。免费开源软件（FOSS）在中低收入国家越来越流行，因为这些国家很难承担付费软件的高许可成本，而这些免费工具有助于提高行业的透明度和问责制。可视化工具也有助于提高对气候变化相关数据的理解，并为决策者提供明确、直接的信息。

### 13.3.2 全民科学

面对气候变化，包容性方式可以使所有用水者都能参与信息的收集、分享和使用，以更好地适应和减缓气候变化。例如，全民科学和群众智慧可能促进预警系统的开发，也可为洪水预报模型的验证提供数据（See，2019）。

用于知识管理的免费开源软件鼓励民间团体参与信息的收集、提供和使用。对信息和知识的获取可以增强青年、妇女和最弱势群体等在水资源管理和支撑知情决策方面的能力。

> **全民科学和群众智慧可能促进预警系统的开发，也可为洪水预报模型的验证提供数据**

公民参与科学有助于加速科学发展，使研究更加民主化，并有可能改进或影响利益相关者的决策（Ryan 等，2018）。尽管全民科学直到最近才得到广泛承认，但一些历史观测数据和传统的知识记载可以将这一事物追溯到几个世纪以前。美国的天气和气候模型就源于 19 世纪开始的全民科学研究（Fiebrich，2009）。这些来自公民的历史观测和记录对于理解较长时间内的趋势和变化特别有帮助。事实上，每个人都可以通过记录气候变化产生的影响来支持科学研究，特别是观察并记录生态系统和自然现象的变化，如天气、动植物行为或某些物种的兴起。全民科学数据还可以支持气象仪器的校准以及云量、温度和降水数据的收集，以提高对小气候变化的理解（Cifelli 等，2005；Clark 等，2015；See 等，2016；Rajagopalan 等，2017）。

在湖泊和河流水位监测方面，公民参与的历史也很长，他们对水行业的参与度也在不断增强。这个领域的全民科学就包括了水质监测等很多方面，当地社区和学校可以自愿参与到水质检测的行动中（Jollymore 等，2017；Carlson 和 Cohen，2018）。在促进公民参与水文和水资源数据的收集方面，未来具有很大潜力。这是因为我们有着经济、可靠且高度自动化的传感器，而且这些传感器可以与强大的环境模型相结合，创造出多种多样交互式的可视化方法。不过，在具体实施层面，还有很多挑战亟待解决（Buytaert 等，2014）。

科学家们越来越认识到，全民科学和群众智慧在气候变化及其影响研究的数据收集和恢复中发挥着重要作用。例如，由庇里牛斯山气候变化观测站牵头的项目，就鼓励民众采集庇里牛斯山跨界生态系统植物群相关数据以及泥炭地和湖泊中营养物富集数据，增强大众对该项目的参与度（庇里牛斯山气候变化观测站，未注明日期）。英国自然环境研究委员会正在资助的一个全民科学项目对 1860—1880 年英国气象部门收集的 200 万~500 万份气象和天气历史记录进行抢救和数字化处理（英国自然环境研究理事会，2019）。这些数据将有助于开发并完善气候模型和情景设置。

对于个人来说，也可以通过自愿行动和提高认识等为气候行动和适应作出贡献。例如，可按照《减缓气候变化公民行动指南》（Apel 等，2010；联合国教科文组织，2017）和公民科学 / 行动项目的相关内容采取行动。联合国教科文组织的“观沙”项目（联合国教科文

**框注 13.1　弥合科学与政策之间差距的水信息网络系统**

联合国教科文组织政府间水文计划水信息和网络系统在线平台将由地理信息系统生成的水资源数据纳入一个合作开放的参与式数据库，以促进知识共享和信息获取。政府间水文计划水信息和网络系统向所有人免费开放，旨在鼓励贡献者分享相关水信息。该系统还提供了不同的空间信息集，可以叠加成交叉信息并以地图的方式突出显示新数据。由于所有信息都来自标准格式的元数据和数字对象标识符（DOI），因此保证了透明度和对所有权的尊重。这样就可以准确地确定贡献的来源并予以认可，从而促进了未来的信息分享。该平台有助于缩小南北之间在知识获取和分享方面的差距。

有关政府间水文计划水信息和网络系统平台的更多信息，请参见 IHP-wins.unesco.org/。

组织，2017）编制了一本气候变化适应和可持续发展教育手册，以便让学校的学生、教师和当地社区参与监测小岛屿发展中国家的沿海环境（如海滩侵蚀、污染、沉淀物、水质等）并定制可持续方法来解决这些问题。地球观察的“淡水观察”项目和类似项目通过观测淡水质量、水污染和野生动物情况等实际行动来促进公众参与。自 2012 年以来，“淡水观察”项目团体从世界各地收集了 2 万多个水质样本，这些样本来自非洲、欧洲以及英国的志愿者、研究机构和学校（地球观察研究所，未注明日期）。

在将科学研究与公众教育相结合的过程中，全民科学还鼓励公众切身体验科研过程的各个阶段，并通过现代化的传播工具加强他们的参与度，从而产生更广泛的社会影响（Dickinson 等，2012）。全民科学就是以这样的方式来弥合科学与政策之间的差距。

# 第 14 章

## 前进的道路

**世界水评估计划** | Richard Connor, Michela Miletto，Jos Timmerman，Engin Koncagül 和 Natalia Uribe Pando

最后一章意在呼吁各有关方面采取紧急行动。

## 14.1 从适应到减缓

气候变化对水循环造成的与水相关的影响当中，有些可能是显性的，例如风暴、洪水和干旱等极端事件的频率和强度不断增加；但影响还要更加全面和深刻。粮食安全、人类健康、城乡住区、能源生产、工业发展、经济增长和生态系统都对水高度依赖，因此很容易受到气候变化影响。当气候变化影响到水资源和相关水服务时，便剥夺了人们享有安全饮用水和卫生设施的权利，并威胁到人们的生计，特别是世界上最脆弱的妇女和儿童的生计。

水与可持续发展目标之间的相互联系已得到了充分的论证（联合国，2018a；2019年；联合国水机制，2019）。因此，如果不能适应气候变化，不仅可持续发展目标 6（水目标）难以实现，其他多数可持续发展目标的实现也岌岌可危。这本身似乎足以引起全社会和全行业的决策者以及政府高层的注意，并促使水与气候变化行业与其他依赖水资源的行业携起手来加强行动，目标更加清晰、步调更加一致地强化整个水行业的适应等领域的行动。

类似这样的行动呼吁并非本报告首创。2003 年，一项名为“水与气候对话”的全球倡议就已设法弥合水管理者和气候科学家之间知识的差距和沟通的不足。在区域、国家和流域各级举行了 18 次多方利益相关者对话，推动了相关水适应措施、共同明确了需要做好准备以适应气候多变性和气候变化可能产生的影响（Kabat 和 Van Schaik，2003）。尽管该项倡议得到了一些人的认可，但总体上并没有引起普遍的重视，其他类似的呼吁也是同样结果。20 年后的今天，此方面的研究已经成熟且积累了充分的证据；除了极少数科学界孤独的声音之外，所有人都认为气候变化过程是“确凿的”。然而，切实的行动仍远远不够。

不过，还是有一项积极的转变。那就是人们已认识和理解到水，更具体地说，认识到改善水管理可以为应对气候变化做出重要的贡献。

长期以来，人们一直认为，减缓气候变化主要与能源有关，而适应气候变化主要与水有关。虽然这种观点有一定的正确性，但实际上大大简化了事实。当然，需要对水进行管理以适应气候变化——抗击洪水的影响、解决农业、工业和其他行业日益增加的用水压力，等等。另外，良好的水管理也可以为减缓气候变化做出重要贡献。如本报告所述，特定的水管理干预措施，如湿地保护、保护性农业和其他基于自然的解决方案，有助于生物质和土壤的固碳；而加强废水处理有助于减少温室气体的排放、生产用于制备可再生能源的沼气。

我们完全可以将这些知识转化为行动。但要做到这一点，就需要采取一系列切实可行和成本高效的对策，并营造一个有利于实施积极变革的环境。

## 14.2 营造一个有利于转变的环境

### 14.2.1 整合气候行动与水治理

人类社会所感受到的气候变化带来的最严重影响，都以水为媒介，因此水与气候变化关乎我们每一个人。第 11 章强调，在气候变化背景下水治理需要采取公平、广泛参与和多利益相关方参与的办法。鉴于水与气候穿插交错在不同经济部门和社会各领域，因此需要妥善处理各个层面上的得失和利益冲突，通过协商达成全面协调的解决方案。

第 2 章认为，水是一个连接点，贯穿了 2015 年全球达成的若干项承诺:《2030 年议程》和可持续发展目标、《巴黎协定》以及《仙台减轻灾害风险框架》。承认水在达成各种国际协定方面的中心作用，可以促进各国将水纳入优先事项，进而支持基层、利益相关方和公民因地制宜展开行动。

如第 10 章所述，可以发挥区域和跨境（流域）合作机制的潜力、进一步将气候变化适应和减缓内容纳入水发展规划，反之亦然。区域和跨境合作可汇集多方资源，参与方也可受惠于更好的通信、监测和数据共享、行业合作、能力支持，以及（有可能）获得更多的融资渠道。

### 14.2.2 通过气候变化议程增加融资机会

作为落实联合国《巴黎协定》的一部分，各国都提交了本国的“国家自主贡献”方案，而最近对这些方案所做的一项深度调查发现，许多国家在政策声明或宏观规划中，对水的认知都达到了相当程度（第 10 章）。然而，只有极少数“国家自主贡献”表达出了制订具体水资源计划的“意向”。虽然多数“国家自主贡献”认为水是行动方案的一部分，但极少国家考虑到这些行动的相关成本、几乎没有国家制定了具体的项目提案。

这种情况与资金有直接关系——这很关键，因为水资源管理、供水和卫生服务的投资不足早已是个顽固性问题。尽管气候变化基金的资金池庞大，但大部分指定用于减缓气候变化，无法支持相关水项目的融资。然而，如第 3 章和第 9 章所述，若干水管理干预措施可以而且确实能够助益气候变化适应和减缓。将水与气候变化联系起来，这样各国才能够调动更多的资源应对重叠在一起的气候和水挑战，从而促进可持续发展目标 6 中综述的水管理总体目标的实现。

> 粮食安全、人类健康、城乡住区、能源生产、工业发展、经济增长和生态系统都对水高度依赖，因此在气候变化带来的影响面前十分脆弱

第 12 章详细论证了将适应和减缓规划更切实、更系统地纳入水资源投资的多种方法，这样一来这些投资和相关活动对气候融资者将更具吸引力。此外，各种与水有关的气候变化倡议还可以带来共同利益，例如创造就业机会、改善公共卫生（第 5 章）、减少贫困（第 11 章）、促进性别平等、减少家庭开支和促进碳封存等。可重点将水与气候的联系纳入“国家自主贡献”中的人类住区（第 8 章）、农业（第 6 章）、能源和工业（第 7 章）和减少灾害风险（第 4 章）等关键领域。如可能，在规划过程中就引入这种潜在的协同效应可提高项目在投资方心中的“可融资性”。在一个包含了管理气候和非气候的风险和不确定性、“以结果为导向”的融资框架中，这种方法的效果尤为显著。

此外，对水管理的投资可以提高优质足量水资源的可用性，避免极端事件带来的损失（第 12 章）。而一个拥有充足水供应和应对极端事件韧性的更安全的环境，也可间接刺激经济投资。

### 14.2.3 加强知识、能力与合作

尽管有越来越多的证据表明，气候变化正在影响全球水文循环，但在较小的地理和时间尺度上预测其影响时，仍然存在很大的不确定性（序言）。然而，决不能将这种不确定性当作无所作为的借口。相反，应把它作为增进研究、促进实用分析工具和创新技术开发（第 13 章）以及推动机构和人员能力建设的动力，促成有见地的科学决策，从而为适应不断变化的环境做好准备。

如第 9 章所述，不同行业和利益相关方在水管理和气候变化的适应与减缓方面可能面临种种不同挑战。水 – 气候 – 能源 – 粮食 – 环境的“纽带关系”错综复杂。在某些情况下，这种相互联系可以创造协同效应和共同利益；而在另一些情况下，则不得不面临艰难抉择和有所取舍。因此，需要采用开放的、跨学科的方法，确保将不同学科的观点和知识纳入分析，为决策过程提供相关信息。保护性农业（第 6 章）和可持续土地管理（第 9 章）的案例清楚地表明，局部采取的土壤管理技术能够对整个流域的水资源使用和防洪产生积极影响（适应）、同时提高土壤碳储量（减缓）。

水与气候界不仅在科学研究上需要加强合作，政策层面的脱节也是个大问题——最明显的就是《巴黎协定》(《联合国气候变化框架公约》，2015）中，一次都没有出现“水”这个词。一方面，气候变化界，特别是气候谈判代表，必须更加重视水的作用，并认识到水在应对气候变化危机中的核心地位。另一方面也许更加重要，就是水行业应集中力量，增进水在适应和减缓方面的重要性，制定具体的、可以纳入“国家自主贡献”的与水有关的项目提案（在 2020 年“国家自主贡献”审查之前及之后），加强“国家自主贡献”中与水有关活动的规划、执行和监测能力。

## 14.3 尾声

通过水将气候变化适应和减缓结合起来是一个多赢之举。首先，这有利于水资源管理、有利于改善供水和卫生服务。其次，可直接促进消除气候变化的成因、降低包括灾害风险在内的影响。最后，可直接或间接地促进若干可持续发展目标 [ 饥饿、贫穷、健康、能源、工业、气候行动等，更不用说可持续发展目标 6（水目标）本身 ] 和一系列其他全球目标的实现。

当前，关于气候变化和其他全球环境危机的一众研究和文章散发着“沮丧悲观”的情绪。第 25 次缔约方大会会议也令许多人倍感挫折。鉴于此，本报告从政策、融资和行动落地等方面，提出了一系列切实可行的对策，以助力满足集体目标和个人愿望，从而为实现一个人人共同享有的、可持续的繁荣世界提供支撑。

# 附录 缩略语和缩写词

| | |
|---|---|
| ACPC | 非洲气候政策中心 |
| AFOLU | 农业、林业和其他土地利用 |
| AGWA | 全球水适应联盟 |
| AI | 人工智能 |
| ARC | 非洲风险能力 |
| BAFWAC | 水与气候商业联盟 |
| CCA | 适应气候变化 |
| CCPA | 气候变化政策评估 |
| CDKN | 气候和发展知识网络 |
| CDI | 调亏灌溉 |
| CIE | 国际经济中心 |
| CMIP | 耦合模型比对项目 |
| COP | 缔约方大会 |
| CPI | 气候政策倡议 |
| CR4D | 气候研究促进发展 |
| CRED | 灾害流行病学研究中心 |
| CREM | 马格利布水务行业区域合作 |
| CRIDA | 气候风险知情决策分析 |
| CRIDF | 气候恢复力基础设施开发机构 |
| CSA | 气候智能农业 |
| DALYs | 伤残调整寿命年 |
| CSAG | 气候系统分析团队 |
| DRR | 减少灾害风险 |
| EASAC | 欧盟科学院科学咨询理事会 |
| EbA | 基于生态系统的适应性 |
| EC | 欧盟委员会 |
| ECDPM | 欧洲发展政策管理中心 |
| EIP | 生态工业园 |
| ENSO | 厄尔尼诺现象 / 南方涛动 |
| EU | 欧盟 |
| EWEA | 欧洲风能协会 |
| FAO | 联合国粮食及农业组织 |
| FOSS | 自由软件和开源软件 |
| GCA | 全球适应委员会 |
| GCM | 大气环流模型 |
| GDZ | 德国发展研究所 |
| GDP | 国内生产总值 |
| GEF | 全球环境基金 |
| GHG | 温室气体 |
| GIS | 地理信息系统 |
| GIZ | 德国国际合作机构 |
| GRACE | 重力恢复和气候试验 |
| GWP | 全球水伙伴 |
| HAB | 有害藻华 |
| HELP | 水与灾害问题高级专家和领导人小组 |

| | |
|---|---|
| HLPF | 高级别政治论坛 |
| HRBA | 基于人权的方法 |
| IAHR | 国际水利与环境工程学会 |
| IAHS | 国际水文科学协会 |
| ICHARM | 国际水灾害与风险管理中心 |
| ICMN | 国际采矿与金属委员会 |
| ICPDR | 多瑙河国际保护委员会 |
| ICT | 信息通信技术 |
| IDFC | 国际发展金融俱乐部 |
| IEA | 国际能源署 |
| IFAD | 国际农业发展基金 |
| IFC | 国际融资机构 |
| IHE Delft | 荷兰代尔夫特水教育学院 |
| IHP | 政府间水文计划 |
| IIASA | 国际应用系统分析研究所 |
| ILO | 国际劳工组织 |
| IMF | 国际货币基金组织 |
| INBO | 流域组织国际网络 |
| INDC | 预期国家自主贡献 |
| IoT | 物联网 |
| IPBES | 生物多样性和生态系统服务政府间科学政策平台 |
| IPCC | 政府间气候变化专门委员会 |
| IRENA | 国际可再生能源机构 |
| ISO | 国际标准化组织 |
| IUCN | 世界自然保护联盟 |
| IWA | 国际水协会 |
| IWRM | 水资源综合管理 |
| IWNI | 国际水资源管理研究院 |
| KJWA | Koronivia 农业联合工作 |
| LDC | 最不发达国家 |
| MAR | 含水层人工补给 |
| MCC | 千年挑战公司 |
| MIGA | 多边投资担保机构 |
| MPGCA | 马拉喀什伙伴关系全球气候保护措施议程 |
| MRSP | 圣保罗大都会地区 |
| NAP | 国家适应计划 |
| NAPA | 国家适应行动计划 |
| NAS | 美国国家科学院 |
| NASA | 美国国家航空航天局 |
| NBS | 基于自然的解决方案 |
| NDC | 国家自主贡献 |
| NERC | 英国自然环境研究理事会 |
| NRDC | 自然资源保护协会 |
| OECD | 经济合作与发展组织 |
| OHCHR | 联合国人权事务高级专员办事处 |
| OMVS | 塞内加尔河流域开发局 |
| OPCC | 庇里牛斯山气候变化观测站 |
| OSCE | 欧洲安全与合作组织 |
| PET | 潜在蒸散量 |

| | |
|---|---|
| PPIAF | 公私基础设施咨询基金 |
| PV | 光伏发电 |
| RPJMN | 国家中期发展计划 |
| RCP | 代表性浓度路径 |
| REC | 区域经济委员会 |
| RICCAR | 评估气候变化对阿拉伯区域水资源和社会经济脆弱性影响的区域倡议 |
| SAP | 战略行动方案 |
| SDG | 可持续发展目标 |
| SIDS | 小岛屿发展中国家 |
| SIP | 太阳能灌溉项目 |
| SIWI | 斯德哥尔摩国际水研究所 |
| SLM | 可持续土地管理 |
| TDA | 跨境诊断分析 |
| TIS | 唐山钢铁集团有限公司（中国） |
| TNC | 大自然保护协会 |
| UCCKN | 都市气候变化研究网络 |
| UK | 英国 |
| UN | 联合国 |
| UNDESA | 联合国经济和社会事务部 |
| UNDP | 联合国开发计划署 |
| UNDRR | 联合国减少灾害风险办公室 |
| UNECA | 联合国非洲经济委员会 |
| UNECE | 联合国欧洲经济委员会 |
| UNECLAC | 联合国拉丁美洲和加勒比经济委员会 |
| UNESCAP | 联合国亚洲及太平洋经济社会委员会 |
| UNESCO | 联合国教科文组织 |
| UNESCO-LHP | 联合国教科会组织政府间水文计划 |
| UNESCWA | 联合国西亚经济社会委员会 |
| UNFCCC | 联合国气候变化框架公约 |
| UNGA | 联合国大会 |
| UNICEF | 联合国儿童基金会 |
| UNIDO | 联合国工业发展组织 |
| UNHRC | 联合国人权理事会 |
| UNSGAB | 联合国秘书长水与卫生顾问委员会 |
| UNU-INWEH | 联合国大学水环境与健康研究所 |
| USA | 美利坚合众国（美国） |
| USAID | 美国国际开发署 |
| WaCCliM | 气候减缓用水和废水公司 |
| WASH | 供水、卫生设施和个人卫生设施 |
| WBCSD | 世界可持续发展商业理事会 |
| WEF | 世界经济论坛 |
| WFP | 世界粮食计划署 |
| WHO | 世界卫生组织 |
| WINS | 水信息网络系统 |
| WMO | 世界气象组织 |
| WRI | 世界资源研究所 |
| WWAP | 世界水评估计划 |
| WWC | 世界水理事会 |

# 框注、插图和表格

## 框注



## 插图

## 表格

# 图片来源

| | | |
|---|---|---|
| 执行摘要 | p.x | © piyaset/iStock/Getty Images |
| 序言 | P.11 | © MP cz/Shutterstock.com |
| | P.29 | © Janisbija/Shutterstock.com |
| 第 1 章 | P.31 | © Fernando.RM/Shutterstock.com |
| 第 2 章 | P.39 | © Drop of Light/Shutterstock.com |
| 第 3 章 | P.47 | © Julio Ricco/Shutterstock.com |
| | P.58 | US EPA |
| 第 4 章 | P.59 | © Ihor Serdyukov/Shutterstock.com |
| | P.67 | © Moses.Cao/Shutterstock.com |
| 第 5 章 | P.69 | © Farizul Hafiz Stock/Shutterstock.com |
| | P.76 | © Space_krill/Shutterstock.com |
| 第 6 章 | P.77 | © A'Melody Lee/World Bank, www.flickr.com, Creative Commons（CC BY-NC-ND 2.0） |
| 第 7 章 | P.95 | © Avigator Photographer/iStock/Getty Images |
| 第 8 章 | P.109 | © Sakaret/Shutterstock.com |
| 第 9 章 | P.117 | © Tofan Singh Chouhan/Shutterstock.com |
| | P.123 | © nofilm2011/Shutterstock.com |
| 第 10 章 | P.125 | © Ryan Fletcher/Shutterstock.com |
| 第 11 章 | P.149 | © Holli/Shutterstock.com |
| 第 12 章 | P.159 | © Mariusz Szczygiel/iStock/Getty Images |
| | P.169 | © TY Lim/Shutterstock.com |
| 第 13 章 | P.171 | 美国国家航空航天局，www.flickr.com，CC BY-NC 2.0 |
| 第 14 章 | P.177 | © chaiyon021/iStock/Getty Images |

# 参考文献


2030 WRG (2030 World Resources Group). 2009. *Charting our Water Future: Economic Frameworks to Inform Decision-making*. 2030 WRG. www.mckinsey.com/~/media/mckinsey/dotcom/client_service/sustainability/pdfs/charting%20our%20water%20future/charting_our_water_future_full_report_.ashx.

2030 WRG/UNDP (2030 World Resources Group/United Nations Development Programme). 2019. *Gender and Water in Agriculture and Allied Sectors: Case Studies from Maharashtra*. 2030 WRG/UNDP. www.2030wrg.org/wp-content/uploads/2019/02/Gender-Water-Agriculture-Report_Final.-Feb-19.pdf.

Abbott, B. W., Bishop, K., Zarnetske, J. P., Minaudo, C., Chapin, F. S., Krause, S., Hannah, D. M., Conner, L., Ellison, D., Godsey, S. E., Plont, S., Marçais, J., Kolbe, T., Huebner, A., Frei, R. J., Hampton, T., Gu, S., Buhman, M., Sayedi, S. S., Ursache, O., Chapin, M., Henderson, K. D. and Pinay, G. 2019. Human domination of the global water cycle absent from depictions and perceptions. *Nature Geoscience*, Vol. 12, No. 7, pp. 533–540. doi.org/10.1038/s41561-019-0374-y.

**A**

ACT Alliance. 2018. *A Resource Guide to Climate Finance: An Orientation to Sources of Funds for Climate Change Programmes and Action*. Geneva, ACT Alliance Secretariat. actalliance.org/wp-content/uploads/2018/06/ENGLISH-quick-guide-climate-finance.pdf.

Adams III, T. E. and Pagano, T. C. (eds.). 2016. *Flood Forecasting: A Global Perspective*. Amsterdam, Elsevier PA. doi.org/10.1016/B978-0-12-801884-2.09999-0.

Adaptation Fund. 2019. *Adaptation Fund Board Approves New Projects and Advances Transition Process to Serve Paris Agreement Smoothly*. Press Release, 21 March 2019. Adaptation Fund website. www.adaptation-fund.org/adaptation-fund-board-approves-new-projects-advances-transition-process-serve-paris-agreement-smoothly/.

ADB (Asian Development Bank). 2016. *Asian Water Development Outlook 2016: Strengthening Water Security in Asia and the Pacific*. Manila, ADB. www.adb.org/publications/asian-water-development-outlook-2016.

Adikari, Y. and Yoshitani, J., 2009. *Global Trends in Water-Related Disasters: An Insight for Policymakers*. Paris, United Nations Educational, Scientific and Cultural Organization (UNESCO). unesdoc.unesco.org/ark:/48223/pf0000181793.

Aggarwal, P. K., Jarvis, A., Campbell, B. M., Zougmoré, R. B., Khatri-Chhetri, A., Vermeulen, S. J., Loboguerrero, A., Sebastian, L. S., Kinyangi, J., Bonilla-Findji, O., Radeny, M., Recha, J., Martinez-Baron, D., Ramirez-Villegas, J., Huyer, S., Thornton, P., Wollenberg, E., Hansen, J., Alvarez-Toro, P., Aguilar-Ariza, A., Arango-Londoño, D., Patiño-Bravo, V., Rivera, O., Ouedraogo, M. and Tan Yen, B. 2018. The climate-smart village approach: Framework of an integrative strategy for scaling up adaptation options in agriculture. *Ecology and Society*, Vol. 23, No.1, p. 14. doi.org/10.5751/ES-09844-230114.

Allen, C. and Stankey, G. H. (eds.). 2009. *Adaptive Environmental Management. A Practitioner's Guide*. Dordrecht, The Netherland, Springer.

Alqaisi, O., Ndambi, O. A., Mohi Uddin, M. and Hemme, T. 2010. Current situation and the development of the dairy industry in Jordan, Saudi Arabia, and Syria. *Tropical Animal Health and Production*, Vol. 42, No. 6, pp. 1063–1071. doi.org/10.1007/s11250-010-9553-y.

Altchenko, Y. and Villholth, K. G. 2015. Mapping irrigation potential from renewable groundwater in Africa – A quantitative hydrological approach. *Hydrology and Earth System Science*, Vol. 19, pp. 1055–1067. doi.org/10.5194/hess-19-1055-2015.

Amarnath, G. 2017. *Investing in Disaster Resilience: Risk Transfer through Flood Insurance in South Asia*. Presentation at the Workshop on Addressing Disaster Risk Specific to South and South-West Asia, 30–31 October 2017, Kathmandu. www.unescap.org/sites/default/files/Session_4_Giriraj_Amarnath_Investing_in_Disaster_Resilience.pdf.

Amarnath, G. and Sikka, A. 2018. Satellite data offers new hope for flood-stricken farmers in India. *Asia Insurance Review*, pp. 80–82.

Amarnath, G., Kalanithy, V. and Agarwal, A. 2017. Satellite imagery+crop insurance=farmers gain. *Geospatial World*, Vol. 7, No. 3, pp. 58–61.

Anaconas, L. 2019. Major crops facing drier conditions without reductions in greenhouse emissions, Major crops facing wetter conditions without reduction in greenhouse emissions. Infographics. International Center for Tropical Agriculture (CIAT). blog.ciat.cgiar.org/dramatic-rainfall-changes-for-key-crops-expected-even-with-reduced-greenhouse-gas-emissions/.

Andrews, M., Berardo, P. and Foster, D. 2011. The sustainable industrial water cycle – A review of economics and approach. *Water Science and Technology: Water Supply*, Vol. 11; No. 1, pp. 67–77. doi.org/10.2166/ws.2011.010.

Angeloudis, A., Ahmadian, R., Falconer, R. A. and Bockelmann-Evans, B. 2016. Numerical model simulations for optimisation of tidal lagoon schemes. *Applied Energy*, Vol. 165, pp. 522–536. doi.org/10.1016/j.apenergy.2015.12.079.

Ansar, A., Flyvbjerg, B., Budzier, A. and Lunn, D. 2014. Should we build more large dams? The actual costs of hydropower megaproject development. *Energy Policy*, Vol. 69, pp. 43–56. doi.org/10.1016/j.enpol.2013.10.069.

Apel, M., McDonell, L., Moynihan, J., Simon, D. and Simon-Brown, V. 2010. *Climate Change Handbook: A Citizen's Guide to Thoughtful Action*. Contributions in Education and Outreach (CEO) Series. Corvallis (Oreg.), Oregon State University.

APFM (Associated Programme on Flood Management). 2007. *Formulating a Basin Flood Management Plan: A Tool for Integrated Flood Management*. APFM Technical Document No. 6, Flood Management Tools Series. World Meteorological Organization/Global Water Partnership (WMO/GWP). www.apfm.info/pdf/ifm_tools/Tools_Basin_Flood_Management_Plan.pdf.

_____. 2013a. *Risk Sharing in Flood Management*. APFM Technical Document No. 8, Flood Management Tools Series. World Meteorological Organization/Global Water Partnership (WMO/GWP). www.floodmanagement.info/publications/tools/APFM_Tool_08.pdf.

_____. 2013b. *Flood Forecasting and Early Warning*. Technical Document No. 19, Integrated Flood Management Tool Series. World Meteorological Organization/Global Water Partnership (WMO/GWP). www.floodmanagement.info/publications/tools/APFM_Tool_19.pdf.

AQUASTAT. 2010. *Global Water Withdrawal*. AQUASTAT website. Rome, Food and Agriculture Organization of the United Nations (FAO). www.fao.org/nr/water/aquastat/water_use/image/WithTimeNoEvap_eng.pdf.

_____. 2014. Infographics. AQUASTAT website. Rome, Food and Agriculture Organization of the United Nations (FAO). www.fao.org/nr/water/aquastat/didyouknow/index2.stm.

_____. n.d. AQUASTAT – FAO's Global Information System on Water and Agriculture. Rome, Food and Agriculture Organization of the United Nations (FAO). www.fao.org/aquastat/en/.

Asadieh, B. and Krakauer, N. Y. 2017. Global change in streamflow extremes under climate change over the 21st century. *Hydrology and Earth System Science*, Vol. 21, pp. 5863–5874. doi.org/10.5194/hess-21-5863-2017.

Australian Academy of Science. 2019. *Investigation of the Causes of Mass Fish Kills in the Menindee Region NSW over the Summer of 2018–2019*. Canberra, Australian Academy of Science. www.science.org.au/files/userfiles/support/reports-and-plans/2019/academy-science-report-mass-fish-kills-digital.pdf.

Avellán, T. and Gremillion, P. 2019. Constructed wetlands for resource recovery in developing countries. *Renewable and Sustainable Energy Reviews*, Vol. 99, pp. 42–57. doi.org/10.1016/j.rser.2018.09.024.

Ayers, J., Huq, S., Wright, H., Faisal, A. M. and Hussain, S. T. 2014. Mainstreaming climate change adaptation into development in Bangladesh. *Climate and Development*, Vol. 6, No. 4, pp. 293–305. doi.org/10.1080/17565529.2014.977761.

Bakker, M. H. N. 2009a. Transboundary river floods: Examining countries, international river basins and continents. *Water Policy*, Vol. 11, pp. 269–288. doi.org/10.2166/wp.2009.041.

_____. 2009b. Transboundary river floods and institutional capacity. *Journal of the American Water Resources Association (JAWRA)*, Vol. 45, No. 3, pp. 553–566. doi.org/10.1111/j.1752-1688.2009.00325.x.

Baraer, M., McKenzie, J., Mark, B. G., Gordon, R., Bury, J., Condom, T., Gomez, J. Knox, S. and Fortner, S. K. 2015. Contribution of groundwater to the outflow from ungauged glacierized catchments: A multi-site study in the tropical Cordillera Blanca, Peru. *Hydrological Processes*, Vol. 29, No. 11, pp. 2561–2581. doi.org/10.1002/hyp.10386.

Barber, M. and Jackson, S. 2014. Autonomy and the intercultural: Interpreting the history of Australian Aboriginal water management in the Roper River catchment, Northern Territory. *Journal of the Royal Anthropological Institute*, Vol. 20, No. 4, pp. 670–693. doi.org/10.1111/1467-9655.12129.

Barton, D. 2011. Capitalism for the long term. *Harvard Business Review*, March 2011. hbr.org/2011/03/capitalism-for-the-long-term.

Bastin, J. F., Finegold, Y., Garcia, C., Mollicone, D., Rezende, M., Routh, D., Zohner, C. M. and Crowther, T. W. 2019. The global tree restoration potential. *Science*, Vol. 365, No. 6448, pp. 76–79. doi.org/10.1126/science.aax0848.

Bates, B. C., Kundzewicz, Z. W., Wu, S. and Palutikof, J. P. (eds.). 2008. *Climate Change and Water*. Technical Paper of the Intergovernmental Panel on Climate Change (IPCC). Geneva, IPCC Secretariat. www.ipcc.ch/publication/climate-change-and-water-2/.

Batisha, A. F. 2012. Hydrology of Nile River basin in the era of climate changes. *Irrigation and Drainage Systems Engineering*, S5:e001.

Beaulieu, J. J., DelSontro, T. and Downing, J. A. 2019. Eutrophication will increase methane emissions from lakes and impoundments during the 21st century. *Nature Communications*, Vol. 10, No. 1375.

Bellprat, O., Lott, F. C., Gulizia, C., Parker, H. R., Pampuch, L. A., Pinto, I., Ciavarella, A. and Stott, P. A. 2015. Unusual past dry and wet rainy seasons over Southern Africa and South America from a climate perspective. *Weather and Climate Extremes*, Vol. 9, pp. 36–46. doi.org/10.1016/j.wace.2015.07.001.

Biofuel. n.d.a. Biofuels, Greenhouse Gases, and other Environmental Impacts. Biofuel website. biofuel.org.uk/greenhouse-gas-emissions.html.

_____. n.d.b. Disadvantages of Biofuels. Biofuel website. biofuel.org.uk/disadvantages-of-biofuels.html.

Birkmann, J. and Von Teichman, K. 2010. Integrating disaster risk reduction and climate change adaptation: Key challenges—scales, knowledge, and norms. *Sustainability Science*, Vol. 5, pp. 171–84. doi.org/10.1007/s11625-010-0108-y.

Blöschl, G., Hall, J., Parajka, J., Perdigão, R. A., Merz, B., Arheimer, B., Aronica, G. T., Bilibashi, A., Bonacci, O., Borga, M., Čanjevac, I., Castellarin, A., Chirico, G. B., Claps, P., Fiala, K., Frolova, N., Gorbachova, L., Gül, A., Hannaford, J., Harrigan, S., Kireeva, M., Kiss, A., Kjeldsen, T. R., Kohnová, S., Koskela, J. J., Ledvinka, O., Macdonald, N., Mavrova-Guirguinova, M., Mediero, L., Merz, R., Molnar, P., Montanari, A., Murphy, C., Osuch, M., Ovcharuk, V., Radevski, I., Rogger, M., Salinas, J. L., Sauquet, E., Šraj, M., Szolgay, J., Viglione, A., Volpi, E., Wilson, D., Zaimi, K. and Živković, N. 2017. Changing climate shifts timing of European floods. *Science*, Vol. 357, No. 6351, pp. 588–590. doi.org/10.1126/science.aan2506.

Blunden, J., Arndt, D. S. and Hartfield, G. (eds). 2018. State of the Climate in 2017. *Bulletin of the American Meteorological Society*, Vol. 99, No. 8, pp. Si–S332, doi.org/10.1175/2018BAMSStateoftheClimate.1.

B

Blumenfeld, S., Lu, C., Christophersen, T. and Coates, D. 2009. *Water, Wetlands and Forests: A Review of Ecological, Economic and Policy Linkages*. CBD Technical Series No. 47. Montreal, Qué./Gland, Switzerland, Secretariat of the Convention on Biological Diversity (CBD)/ Secretariat of the Ramsar Convention on Wetlands. www.cbd.int/doc/publications/cbd-ts-47-en.pdf.

Böhlke, J.-K. 2002. Groundwater recharge and agricultural contamination. *Hydrogeology Journal*, Vol. 10, No. 1, pp. 153–179. doi.org/10.1007/ s10040-001-0183-3.

Boucher, M., Jackson, T., Mendoza, I. and Snyder, K. 2010. *Public Perception of Windhoek's Drinking Water and its Sustainable Future: A Detailed Analysis of the Public Perception of Water Reclamation in Windhoek, Namibia*. Worcester, Mass., USA, Worcester Polytechnic Institute (WPI). web.wpi.edu/Pubs/E-project/Available/E-project-050411-142637/unrestricted/FinalIQPReport.pdf.

Branche, E. 2015. *Multipurpose Water Uses of Hydropower Reservoirs*. Paris/Marseille, France, Électricité de France (EdF)/World Water Council.

Briceño, S. 2015. Looking back and beyond Sendai: 25 years of international policy experience on disaster risk reduction. *International Journal of Disaster Risk Science*, Vol. 6, No. 1, pp. 1–7. doi.org/10.1007/s13753-015-0040-y.

Browder, G., Ozment, S., Rehberger Bescos, I., Gartner, T. and Lange, G. M. 2019. *Integrating Green and Grey: Creating Next Generation Infrastructure*. Washington, DC, World Bank/World Resources Institute (WRI). www.wri.org/publication/integrating-green-gray.

Brown, C., Werick, W., Leger, W. and Fay, D. 2011. A decision-analytic approach to managing climate risks: Application to the upper Great Lakes. *Journal of the American Water Resources Association*, Vol. 47, No.3, pp. 524–534. doi.org/10.1111/j.1752-1688.2011.00552.x.

Bryson, J. M., Quick, K. S., Slotterback, C. S. and Crosby, B. C. 2012. Designing public participation processes. *Public Administration Review*, Vol. 73, No. 1, pp. 23–34. doi.org/10.1111/j.1540-6210.2012.02678.x.

Burchi, S. 2019. The future of domestic water law: Trends and developments revisited, and where reform is headed. *Water International*, Vol. 44, No. 3, pp 258–277. doi.org/10.1080/02508060.2019.1575999.

Burek, P., Satoh, Y., Fischer, G., Kahil, M. T., Scherzer, A., Tramberend, S., Nava, L. F., Wada, Y., Eisner, S., Flörke, M., Hanasaki, N., Magnuszewski, P., Cosgrove, B. and Wiberg, D. 2016. *Water Futures and Solution: Fast Track Initiative (Final Report)*. IIASA Working Paper No. WP-16-006. Laxenburg, Austria, International Institute for Applied Systems Analysis (IIASA). pure.iiasa.ac.at/id/eprint/13008/1/WP-16-006.pdf.

Butterworth, J., Warner, J., Moriarty, P., Smits, S. and Batchelor, C. 2010. Finding practical approaches to Integrated Water Resources Management. *Water Alternatives*, Vol. 3, No. 1, pp. 68–81.

Buytaert, W., Cuesta-Camacho, F. and Tobon, C. 2011. Potential impacts of climate change on the environmental services of humid tropical alpine regions. *Global Ecology and Biogeography*, Vol. 20, pp. 19–33. doi.org/10.1111/j.1466-8238.2010.00585.x.

Buytaert, W., Zulkafli, Z., Grainger, S., Acosta, L., Alemie, T.C., Bastiaensen, J., De Bièvre, B., Bhusal, J., Clark, J. Dewulf, A., Foggin, M., Hannah, D. M., Hergarten, C., Isaeva, A., Karpouzoglou, T., Pandeya, B., Paudel, D., Sharma, K., Steenhuis, T. S., Tilahun, S., Van Hecken, G. and Zhumanova, M. 2014. Citizen science in hydrology and water resources: Opportunities for knowledge generation, ecosystem service management, and sustainable development. *Frontiers in Earth Science*, Vol. 2, Article 26. doi.org/10.3389/feart.2014.00026.

Buytaert, W., Moulds, S., Acosta, L., De Bièvre, B., Olmos, C., Villacis, M., Tovar, C. and Verbist, K. 2017. Glacial melt content of water use in the tropical Andes. *Environmental Research Letters*, Vol. 12, No. 11. doi.org/10.1088/1748-9326/aa926c.

## C

C40 Cities. 2018. *Restoring the flow*. C40 Cities website. www.c40.org/other/the-future-we-don-t-want-restoring-the-flow.

Cabinet of Ministers of Ukraine. 2016. *Koncepciya realizaciyi derzhavnoyi polityky u sferi zminy klimatu na period do 2030 roku [Concept of State Climate Change Policy Implementation until 2030]*. (In Ukrainian).

_____. 2017. *Medium-Term Government Priority Action Plan to 2020*. assets.publishing.service.gov.uk/government/uploads/system/uploads/ attachment_data/file/625352/ukraine-government-priority-action-plan-to-2020.pdf.

Cabrera, P., Carta, J. A., González, J. and Melián, G. 2017. Artificial neural networks applied to manage the variable operation of a simple seawater reverse osmosis plant. *Desalination*, Vol. 416, No. 15, pp. 140–156. doi.org/10.1016/j.desal.2017.04.032.

Cain, A. 2017. *Water Resource Management under a Changing Climate in Angola's Coastal Settlements*. Working Paper – October 2017. London, International Institute for Environment and Development (IIED). pubs.iied.org/pdfs/10833IIED.pdf.

Calder, R. S. D., Schartup, A. T., Li, M., Valberg, A. P., Balcom, P. H. and Sunderland, E. M. 2016. Future impacts of hydroelectric power development on methylmercury exposures of Canadian indigenous communities. *Environmental Science & Technology*, Vol. 50, No. 23, pp. 13115–13122. doi.org/10.1021/acs.est.6b04447.

Capehart, M. A. 2015. *Drought Diminishes Hydropower Capacity in Western U.S*. Tucson, Ariz., USA, Water Resources Research Center, College of Agriculture & Life Sciences Cooperative Extension, The University of Arizona. wrrc.arizona.edu/drought-diminishes-hydropower.

Cap-Net UNDP/WaterLex/UNDP-SIWI WGF (United Nations Development Programme and Stockholm International Water Institute Water Governance Facility)/REDICA. 2017. *Human Rights-Based Approach to Integrated Water Resources Management: Training Manual and Facilitator's Guide*. Rio de Janeiro, Brazil, Cap-Net UNDP. www.watergovernance.org/wp-content/uploads/2017/01/Cap-Net-WGF-REDICA-WaterLex-2017-HRBA-to-IWRM_Final-Manual.pdf.

Cap-Net UNDP/UNITAR (United Nations Institute for Training and Research)/REDICA/WMO (World Meteorological Organization)/UN Environment-DHI/IHE-Delft (Delft Institute for Water Education). 2018. *Climate Change Adaptation and Integrated Water Resources Management*. Cap-Net UNDP. www.cap-net.org/wp-content/uploads/2019/01/Cap-Net-CCA-and-IWRM.pdf.

Carlson, T. and Cohen, A. 2018. Linking community-based monitoring to water policy: Perceptions of citizen scientists. *Journal of Environmental Management*, Vol. 219, 2018, pp. 168–177. doi.org/10.1016/j.jenvman.2018.04.077.

Carson, A., Windsor, M., Hill, H., Haigh, T., Wall, N., Smith, J., Olsen, R., Bathke, D., Demir, I. and Muste, M. 2018. Serious gaming for participatory planning of multi-hazard mitigation. *International Journal of River Basin Management*, Vol. 16, No. 3, pp. 379–391. doi.org/10.1080/15715124.2018.1481079.

Carvalho, L., Mackay, E. B., Cardoso, A. C., Baattrup-Pedersen, A., Birk, S., Blackstock, K. L., Borics, G., Borja, A., Feld, C. K., Ferreira, M. T., Globevnik, L., Grizzetti, B., Hendry, S., Hering, D., Kelly, M., Langaas, S., Meissner, K., Panagopoulos, Y., Penning, E., Rouillard, J., Sabater, S., Schmedtje, U., Spears, B. M., Venohr, M., Van de Bund, W. and Lyche Solheim, A. 2019. Protecting and restoring Europe's waters: An analysis of the future development needs of the Water Framework Directive. *Science of the Total Environment*, Vol. 658, pp. 1228–1238. doi.org/10.1016/j.scitotenv.2018.12.255.

CDKN (Climate and Development Knowledge Network). 2012. *Managing Climate Extremes and Disasters in Africa: Lessons from the IPCC SREX Report*. CDKN. cdkn.org/wp-content/uploads/2012/11/SREX-Lessons-for-Africa-revised-final-copy-1.pdf.

CDP. 2016. *Thirsty Business: Why Water is Vital to Climate Action*. 2016 Annual Report of Corporate Water Disclosure. London, CDP. www.cdp.net/en/research/global-reports/global-water-report-2016.

_____. 2017a. *A Turning Tide: Tracking Corporate Action on Water Security*. CDP Global Water Report 2017. London, CDP. www.cdp.net/en/research/global-reports/global-water-report-2017.

_____. 2017b. *The Carbon Majors Database: CDP Carbon Majors Report 2017*. London, CDP. www.cdp.net/en/articles/media/new-report-shows-just-100-companies-are-source-of-over-70-of-emissions.

_____. 2018. *Treading Water: Corporate Responses to Rising Water Challenges*. CDP Global Water Report 2018. London, CDP. www.cdp.net/en/research/global-reports/global-water-report-2018.

_____. n.d. Cities A List. CDP website. www.cdp.net/en/cities/cities-scores#131739b6dfa66af3342e03d72a84af0e.

CEDAW (Committee on the Elimination of Discrimination against Women). 2018. *General Recommendation No. 37 on Gender-Related Dimensions of Disaster Risk Reduction in the Context of Climate Change*. CEDAW/C/GC/37. tbinternet.ohchr.org/Treaties/CEDAW/Shared%20Documents/1_Global/CEDAW_C_GC_37_8642_E.pdf.

CEO Water Mandate. 2014. *Driving Harmonization of Water-Related Terminology*. ceowatermandate.org/disclosure/resources/driving/.

Changnon Jr., S. A. 1987. *Detecting Drought Conditions in Illinois*. Circular No. 169. State of Illinois, Department of Energy and Natural Resources. Champaign, Ill., USA, Illinois State Water Survey. www.isws.illinois.edu/pubdoc/C/ISWSC-169.pdf.

Chanza, N. and De Wit, A. 2016. Enhancing climate governance through indigenous knowledge: Case in sustainability science. *South African Journal of Science*, Vol. 112, No. 3/4. doi.org/10.17159/sajs.2016/20140286.

Chapra, S. C., Boehlert, B., Fant, C., Bierman, V. J., Henderson, J., Mills, D., Mas, D. M. L., Rennels, L., Jantarasami, L., Martinich, J., Strzepek, K. M. and Paerl, H. W. 2017. Climate change impacts on harmful algal blooms in U.S. freshwaters: A screening-level assessment. *Environmental Science & Technology*, Vol. 51, No. 16, p. 8933–8943. doi.org/10.1021/acs.est.7b01498.

Chen, Y., Li, J., Ju, W., Ruan, H., Qin, Z., Huang, Y., Jeelani, N., Padarian, J. and Propastin, P. 2017. Quantitative assessments of water-use efficiency in Temperate Eurasian Steppe along an aridity gradient. *PLOS One*, Vol. 12, No. 7. e0179875. doi.org/10.1371/journal.pone.0179875.

Cheng, L., Abraham, J., Hausfather, Z. and Trenberth, K. E. 2019. How fast are the oceans warming? *Science*, Vol. 363, No. 6423, pp. 128–129. doi.org/10.1126/science.aav7619.

ChileAgenda2030. n.d. *Sobre la Agenda de Desarrollo Sostenible* [About the Sustainable Development Agenda]. www.chileagenda2030.gob.cl/agenda-2030/sobre-la-agenda. (In Spanish.)

Chong, T. Y., Noh, N. B. M., Poh, L. S. and Choong, M. T. J. 2018. A paradigm shift from upstream reservoir to downstream/coastal reservoirs management in Malaysia to meet SDG6. *Hydrolink*, No. 1, pp. 21–25.

CIE (Centre for International Economics). 2014. *Analysis of the Benefits of Improved Seasonal Climate Forecasting for Agriculture*. Canberra, CIE. www.climatekelpie.com.au/Files/MCV-CIE-report-Value-of-improved-forecasts-agriculture-2014.pdf.

Cifelli. R., Doesken, N., Kennedy, P., Carey, L. D., Rutledge, S. A., Gimmestad, C. and Depue, T. 2005. The Community Collaborative Rain, Hail, and Snow Network: Informal education for scientists and citizens. *Bulletin of the American Meteorological Society*, Vol. 86, pp. 1069–1078. doi.org/10.1175/BAMS-86-8-1069.

City of Cape Town. 2019. *Cape Town Water Strategy: Our Shared Water Future*. resource.capetown.gov.za/documentcentre/Documents/City%20strategies%20plans%20and%20frameworks/Cape%20Town%20Water%20Strategy.pdf.

Clark, L., Majumdar, S., Bhattacharjee, J. and Hanks, A. C., 2015. Creating an atmosphere for STEM literacy in the rural South through student-collected weather data. *Journal of Geoscience Education*, Vol. 63, No. 2, pp. 105–115. doi.org/10.5408/13-066.1.

Climate Bonds Initiative. 2017. *The Water Criteria: Climate Bonds Standard*. London, Climate Bonds Initiative. www.climatebonds.net/files/files/CBI-WaterCriteria-02L.pdf.

_____. 2018. *Green Bonds: The State of the Market 2018*. London, Climate Bonds Initiative. www.climatebonds.net/resources/reports/green-bonds-state-market-2018.

Closas, A. and Rap, E. 2017. Solar-based groundwater pumping for irrigation: Sustainability, policies, and limitations. *Energy Policy*, Vol. 104, pp. 33–37. doi.org/10.1016/j.enpol.2017.01.035.

Coalition for Inclusive Capitalism. n.d. Coalition for Inclusive Capitalism website. www.inc-cap.com/.

Cogels, F.-X., Fraboulet-Jussila, S. and Varis, O. 2001. Multipurpose use and water quality challenges in Lac de Guiers (Senegal). *Water Science & Technology*, Vol. 44, No. 6, pp. 35–46. doi.org/10.2166/wst.2001.0335.

Coirolo, C. and Rahman, A. 2014. Power and differential climate change vulnerability among extremely poor people in Northwest Bangladesh: Lessons for mainstreaming. *Climate and Development*, Vol. 6, No. 4, pp. 336–344. doi.org/10.1080/17565529.2014.934774.

Comprehensive Assessment of Water Management in Agriculture. 2007. *Water for Food, Water for Life: A Comprehensive Assessment of Water Management in Agriculture*. London/Colombo, Earthscan/International Water Management Institute (IWMI). www.iwmi.cgiar.org/assessment/files_new/synthesis/Summary_SynthesisBook.pdf.

Conrad, C. C. and Hilchey, K. G. 2011. A review of citizen science and community-based environmental monitoring: Issues and opportunities. *Environmental Monitoring and Assessment*, Vol. 176, pp. 273–291. doi.org/10.1007/s10661-010-1582-5.

Conway, D., Van Garderen, E. A., Deryng, D., Dorling, S., Krueger, T., Landman, W., Lankgord, B., Lebek, K., Osborn, T., Ringler, C., Thurlow, J., Zhu, T. and Thurlow, J. 2015. Climate and southern Africa's water–energy–food nexus. *Nature Climate Change*, Vol. 5, No. 9, pp. 837–8460. doi.org/10.1038/nclimate2735.

Conway, D., Dalin, C., Landman, W. A. and Osborn, T. J. 2017. Hydropower plans in eastern and southern Africa increase risk of concurrent climate-related electricity supply disruption. *Nature Energy*, Vol. 2, No.12, pp. 946–953. doi.org/10.1038/s41560-017-0037-4.

Cools, J., Innocenti, D. and O'Brien, S. 2016. Lessons from flood early warning systems. *Environmental Science & Policy*, Vol. 58, pp. 117–122. doi.org/10.1016/j.envsci.2016.01.006.

Corcoran, E., Nellemann, C., Baker, E., Bos, R., Osborn, D. and Savelli, H. (eds.). 2010. *Sick Water? The Central Role of Wastewater Management in Sustainable Development: A Rapid Response Assessment*. United Nations Environment Programme/United Nations Human Settlements Programme/GRID-Arendal (UNEP/UN-Habitat/GRID-Arendal). www.grida.no/publications/218.

Corsi, S. 2019. *Conservation Agriculture: Training Guide for Extension Agents and Farmers in Eastern Europe and Central Asia*. Rome, Food and Agriculture Organization of the United Nations (FAO). www.fao.org/3/i7154en/i7154en.pdf.

Coughlan de Perez, E., Van den Hurk, B., Van Aalst, M. K., Amuron, I., Bamanya, D., Hauser, T., Jongma, B., Lopez, A., Mason, S., De Suarez, J. M., Pappenberger, F., Rueth, A., Stephens, E., Suarez, P., Wagemaker, J. and Zsoter, E. 2016. Action-based flood forecasting for triggering humanitarian action. *Hydrology and Earth System Science*, Vol. 20, pp. 3549–3560. doi.org/10.5194/hess-20-3549-2016.

CPI (Climate Policy Initiative). 2018. *Global Climate Finance: An Updated View 2018*. CPI. climatepolicyinitiative.org/wp-content/uploads/2018/11/Global-Climate-Finance-_-An-Updated-View-2018.pdf.

CRED/UNISDR (Centre for Research on the Epidemiology of Disaster/United Nations Office for Disaster Risk Reduction). 2015. *The Human Cost of Weather Related Disasters 1995-2015*. Geneva/Brussels, CRED/UNISDR. www.unisdr.org/we/inform/publications/46796.

CRIDF (Climate Resilient Infrastructure Development Facility). 2018. *What Services can CRIDF offer you?* CRIDF brief No. 2. Pretoria, CRIDF. cridf.net/RC/wp-content/uploads/2018/04/Extlib10.pdf.

CRS (Congressional Research Service). 2018. *Freshwater Harmful Algal Blooms: Causes, Challenges, and Policy Considerations*. CRS Report prepared for Members and Committees of Congress of the United State of America, R44871. Washington, CRS. crsreports.congress.gov/product/pdf/R/R44871.

Crump, J. (ed.). 2017. *Smoke on Water – Countering Global Threats from Peatland Loss and Degradation. A UNEP Rapid Response Assessment*. United Nations Environment Programme/United Nations Human Settlements Programme/GRID-Arendal (UNEP/UN-Habitat/GRID-Arendal). www.grida.no/publications/355.

CSAG (Climate Systems Analysis Group). n.d. *Big Six Monitor*. University of Cape Town. cip.csag.uct.ac.za/monitoring/bigsix.html.

Cumiskey, L., Werner, M., Meijer, K., Fakhruddin, S. H. M. and Hassan, A., 2015. Improving the social performance of flash flood early warnings using mobile services. *International Journal of Disaster Resilience in the Built Environment*, Vol. 6, No. 1, pp. 57–72. doi.org/10.1108/IJDRBE-08-2014-0062.

Cuthbert, M. O., Taylor, R. G., Favreau, G., Todd, M. C., Shamsudduha, M., Villholth, K. G., MacDonald, A. M., Scanlon, B. R., Kotchoni, D. O. V., Vouillamoz, J.- M., Lawson, F. M. A., Adjomayi, P. A., Kashaigili, J., Seddon, D., Sorensen, J. P. R., Ebrahim, G. Y., Owor, M., Nyenje, P. M., Nazoumou, Y., Goni, I., Ousmane, B. I., Sibanda, T., Ascott, M. J., Macdonald, D. M. J., Agyekum, W., Koussoubé, Y., Wanke, H., Kim, H., Wada, Y., Lo, M.-H., Oki, T. and Kukuric, N. 2019. Observed controls on resilience of groundwater to climate variability in sub-Saharan Africa. *Nature*, No. 572, pp. 230–234. doi.org/10.1038/s41586-019-1441-7.

**D**

Dam Removal Europe. n.d. *Mapping Dams in European Rivers*. Dam Removal Europe website. damremoval.eu/dam-removal-map-europe/.

Das, M. B. 2017. *The Rising Tide: A New Look at Water and Gender*. Washington, DC, World Bank Group. openknowledge.worldbank.org/handle/10986/27949.

Das Gupta, M. 2013. *Population, Poverty, and Climate Change*. Policy Research Working Paper No. 6631. Washington, DC, World Bank. documents.worldbank.org/curated/en/116181468163465130/Population-poverty-and-climate-change.

Da Silva, S. R. S., McJeon, H. C., Miralles-Wilhelm, F., Muñoz Castillo, R., Clarke, L., Delgado, A., Edmonds, J. A., Hejazi, M., Horing, J., Horowitz, R., Kyle, P., Link, R., Patel, P. and Turner, S. 2018. *Energy–Water–Land Nexus in Latin America and the Caribbean: A Perspective from the Paris Agreement Climate Mitigation Pledges*. IDB Working Paper Series No. IDB-WP-00901. Inter-American Development Bank (IDB). publications.iadb.org/en/energy-water-land-nexus-latin-america-and-caribbean-perspective-paris-agreement-climate-mitigation.

Davison, H. 2017. *Flood Early Warning Systems Leave Women Vulnerable*. GlacierHub website. glacierhub.org/2017/02/09/flood-early-warning-systems-leave-women-vulnerable/.

Dazé, A.; Price-Kelly, H. and Rass, N. 2016. *Vertical Integration in National Adaptation Plan (NAP) Processes: A Guidance Note for Linking National and Sub-National Adaptation Processes*. Winnipeg, Ont., USA, International Institute for Sustainable Development (IISD). www.iisd.org/library/vertical-integration-national-adaptation-plan-nap-processes-guidance-note.

Deemer, B. R., Harrison, J. A., Siyue, L., Beaulieu, J. J., DelSontro, T., Barros, N., Bezerra-Neto, J. F., Powers, S. M., Dos Santos, M. A. and Vonk, J. A. 2016. Greenhouse gas emissions from reservoir water surfaces: A new global synthesis. *BioScience*, Vol. 66, No. 11, pp. 949–964. doi.org/10.1093/biosci/biw117.

De Fraiture, C., Giordano, M. and Liao, Y. 2008. Biofuels and implications for agricultural water use: Blue impacts of green energy. *Water Policy*, Vol. 10, No. S1, pp. 67–81. doi.org/10.2166/wp.2008.054.

De Klein, J. J. M. and Van der Werf, A. K. 2014. Balancing carbon sequestration and GHG emissions in a constructed wetland. *Ecological Engineering*, Vol. 66, pp. 36–42. doi.org/10.1016/j.ecoleng.2013.04.060.

Demir, I., Yildirim, E., Sermet, Y. and Sit, M. A. 2018. FLOODSS: Iowa flood information system as a generalized flood cyberinfrastructure. *International Journal of River Basin Management*, Vol. 16, No. 3, pp. 393–400. doi.org/10.1080/15715124.2017.1411927.

Desbureaux, S. and Rodella, A. S. 2019. Drought in the city: The economic impact of water scarcity in Latin American metropolitan areas. *World Development*, Vol. 114, pp. 13–27. doi.org/10.1016/j.worlddev.2018.09.026.

De Vries, T. T, Anwar, A. A. and Bhatti, M. T. 2017. Canal operations planner. III: Minimizing inequity with delivery performance ratio relaxation. *Journal of Irrigation and Drainage Engineering*, Vol. 143, No. 9. doi.org/10.1061/(asce)ir.1943-4774.0001218.

Dickinson, J. L., Shirk, J., Bonter, D., Bonney, R., Crain, R. L., Martin, L., Phillips, T. and Purcell, K., 2012. The current state of citizen science as a tool for ecological research and public engagement. *Frontiers in Ecology and Environment*, Vol. 10, No. 6, pp. 291–297. doi.org/10.1890/110236.

Dieter, C. A., Maupin, M. A., Caldwell, R. R., Harris, M. A., Ivahnenko, T. I., Lovelace, J. K., Barber, N. L. and Linsey, K. S. 2018. *Estimated Use of Water in the United States in 2015*. United States Geological Survey (USGS) Circular No. 1441. Reston, Va., USA. doi.org/10.3133/cir1441.

Dillon, P., Stuyfzand, P., Grischek, T., Lluria, M., Pyne, R. D. G., Jain, R. C., Bear, J., Schwarz, J., Wang, W., Fernandez, E., Stefan, C., Pettenati, M., Van der Gun, J., Sprenger, C., Massmann, G., Scanlon, B. R., Xanke, J., Jokela, P., Zheng, Y., Rossetto, R., Shamrukh, M., Pavelic, P., Murray, E., Ross, A., Bonilla Valverde, J. P., Palma Nava, A., Ansems, N., Posavec, K., Ha, K., Martin, R. and Sapiano, M. 2018. Sixty years of global progress in managed aquifer recharge. *Hydrogeology Journal*, Vol. 27, pp. 1–30. doi.org/10.1007/s10040-018-1841-z.

Dodds, W. K., Bouska, W. W., Eitzmann, J. L., Pilger, T. J., Pitts, K. L., Riley, A. J., Schloesser, J. T. and Thornbrugh, D. J. 2009. Eutrophication of US freshwaters: Analysis of potential economic damages. *Environmental Science and Technology*, Vol. 43, No. 1, pp. 12–19. doi.org/10.1021/es801217q.

Dong, F., Wang, Y., Su, B., Hua, Y. and Zhang, Y. 2019. The process of peak $CO_2$ emissions in developed economies: A perspective of industrialization and urbanization. *Resources, Conservation and Recycling*, Vol. 141, pp. 61–75. doi.org/10.1016/j.resconrec.2018.10.010.

Doornbosch, R. and Steenblik, R. 2007. *Biofuels: Is the Cure Worse than the Disease?* Round Table on Sustainable Development, 11–12 September 2007, Paris, Organisation for Economic Co-operation and Development (OECD). www.oecd.org/sd-roundtable/39411732.pdf.

Drechsel, P., Qadir, M. and Wichelns, D. 2015. *Wastewater: Economic Asset in an Urbanizing World*. Dordrecht, the Netherlands, Springer.

Drechsel, P., Danso, G. K. and Qadir, M. 2018. Growing opportunities for Mexico City to tap into the Tula aquifer (Mexico). M. Otoo and P. Drechsel (eds.), *Resource Recovery from Waste: Business Models for Energy, Nutrient and Water Reuse in Low- and Middle-income Countries*. New York, Routledge, pp. 698-709.

Du Pisani, P., Menge, J., Van der Merwe, B. and Van Rensburg, P. 2018. Papers presented at the 50 Years Direct Potable Reuse Conference, Windhoek. documents.windhoekcc.org.na/.

Eakin, H. and Luers, A. L. 2006. Assessing the vulnerability of social-environmental systems. *Annual Review of Environment and Resources*, Vol. 31, pp. 365–394. doi.org/10.1146/annurev.energy.30.050504.144352.

EarthWatch Institute. n.d. *Freshwater Watch: Understanding our Precious Water*. Earthwatch Institute website. earthwatch.org.uk/working-with-business/2-uncategorised/54-freshwater-watch.

EASAC (European Academies' Science Advisory Council). 2018. *Extreme Weather Events in Europe: Preparing for Climate Change Adaptation: An Update on EASAC's 2013 Study*. easac.eu/publications/details/extreme-weather-events-in-europe/.

EC (European Commission). 2018. *Commission Staff Working Document – Evaluation of the EU Strategy on Adaptation to Climate Change – Accompanying the Document: Report from the Commission to the European Parliament and Council on the Implementation of the EU Strategy on Adaptation to Climate Change*. Brussels, EC. ec.europa.eu/info/sites/info/files/swd_evaluation-of-eu-adaptation-strategy_en.pdf.

_____. n.d. *Water Reuse* – An Action Plan within the Circular Economy. European Commission website. ec.europa.eu/environment/water/reuse-actions.htm.

ECOSOC (United Nations Economic and Social Council). 2018. *The UNDS Revamped Regional Approach*. UNDS Repositioning – Explanatory Note #11. New York, ECOSOC. www.un.org/ecosoc/sites/www.un.org.ecosoc/files/files/en/qcpr/11_%20The%20Regional%20Approach.pdf.

Eekhout, J. P. C., Hunink, J. E., Terink, W. and De Vente, J. 2018. Why increased extreme precipitation under climate change negatively affects water security. *Hydrology and Earth System Sciences*, Vol. 22, No. 11, pp. 5935–5946. doi.org/10.5194/hess-22-5935-2018.

Eekhout, J.P.C. and De Vente, J. 2019. Assessing the effectiveness of Sustainable Land Management for large-scale climate change adaptation. *Science of The Total Environment*, Vol. 654, pp. 85–93. doi.org/10.1016/j.scitotenv.2018.10.350.

El Din, E. S., Zhang, Y. and Suliman, A. 2017. Mapping concentrations of surface water quality parameters using a novel remote sensing and artificial intelligence framework. *International Journal of Remote Sensing*, Vol. 38, No. 4, pp. 1023–1042. doi.org/10.1080/01431161.2016.1275056.

Elliott, J., Deryng, D., Müller, C., Frieler, K., Konzmann, M., Gerten, D., Glotter, M., Flörke, M., Wada, Y., Best, N., Eisner, S., Fekete, B. M., Folberth, C., Foster, I., Gosling, S. N., Haddeland, I., Khabarov, N., Ludwig, F., Masaki, Y., Olin, S., Rosenzweig, C., Ruane, A. C., Satoh, Y., Schmid, E., Stacke, T., Tang, Q. and Wisser, D. 2014. Constraints and potentials of future irrigation water availability on agricultural production under climate change. *Proceedings of the National Academy of Sciences of the United States of America*, Vol. 111, No. 9, pp. 3239–3244. doi.org/10.1073/pnas.1222474110.

Ellison, D., Morris, C. E., Locatelli, B., Sheil, D., Cohen, J., Murdiyarso, D., Gutierrez, V., Van Noordwijk, M., Creed, I. F., Pokorny, J., Gaveau, D., Spracklen, D. V., Bargués Tobella, A., Ilstedt, U., Teuling, A. J., Gebrehiwot, S. G., Sands, D. C., Muys, B., Verbist, B., Springgay, E., Sugandi, Y. and Sullivan, C. A. 2017. Trees, forests and water: Cool insights for a hot world. *Global Environmental Change*, Vol. 43, pp. 51–61. doi.org/10.1016/j.gloenvcha.2017.01.002.

Elshamy, M. E., Sayed, M. A.-A. and Badawy, B. 2009. Impacts of climate change on the Nile flows at Dongola using statistical downscaled GCM scenarios. *Nile Basin Water Engineering Scientific Magazine*, Vol. 2.

EM-DAT (Emergency Events Database). 2019. The Emergency Events Database. Brussels, Centre for Research on the Epidemiology of Disasters (CRED), Université catholique de Louvain. www.emdat.be.

Emmerton, R. E., Stephens, E. M., Pappenberger, F., Pagano, T. C., Weerts, A. H., Wood, A. W., Salamon, P., Brown, J. D., Hjerdt, N., Donnelly, C., Baugh, C. A. and Cloke, H. L. 2016. Continental and global scale flood forecasting systems. *Wiley International Reviews: Water*, Vol. 3, pp. 391-418. doi.org/10.1002/wat2.1137.

ENVSEC/UNECE/OSCE (Environment and Security Initiative/United Nations Economic Commission for Europe/Organization for Security and Co-operation in Europe). 2017. *Implementation Plan for the Strategic Framework for Adaptation to Climate Change in the Dniester River*. Geneva/Kiev/Chisinau/Vienna, ENVSEC/UNECE/OSCE. www.osce.org/secretariat/366721?download=true.

EPA/NDPC/Ministry of Finance of Ghana (Environmental Protection Agency of Ghana/National Development Planning Commission of Ghana/Ministry of Finance of Ghana). 2018. *Ghana's National Adaptation Plan Framework*.

Eurostat. 2017. *Farmers in the EU – Statistics*. European Statistical System. ec.europa.eu/eurostat/statistics-explained/index.php?title=Archive:Farmers_in_the_EU_-_statistics.

Evers, J. and Pathirana, A. 2018. Adaptation to climate change in the Mekong River Basin: Introduction to the special issue. *Climatic Change*, Vol. 149, No. 1, pp. 1–11.

EWEA (The European Wind Energy Association). 2014. *Saving Water with Wind Energy*. EWEA. windeurope.org/about-wind/reports/saving-water-wind-energy/.

## F

Falkenmark, M., Lundqvist, J. and Widstrand, C. L. 1989. Macro-scale water scarcity requires micro-scale approaches. *Natural Resources Forum*, Vol. 13, No. 4, pp. 258–267. doi.org/10.1111/j.1477-8947.1989.tb00348.x.

Famiglietti, J. S. 2014. The global groundwater crisis. *Nature Climate Change*, Vol. 4, pp. 945–948. doi.org/10.1038/nclimate2425.

FAO (Food and Agriculture Organization of the United Nations). 2002. *The State of Food and Agriculture 2002*. Rome, FAO. www.fao.org/3/y6000e/y6000e00.htm.

_____. 2010. *The Wealth of Waste: The Economics of Wastewater Use in Agriculture*. FAO Water Reports No. 35. Rome, FAO. www.fao.org/3/i1629e/i1629e.pdf.

_____. 2011a. *The State of the World's Land and Water Resources for Food and Agriculture: Managing Systems of Risk*. London/Rome, Earthscan/FAO. www.fao.org/nr/solaw/solaw-home/en/.

_____. 2011b. *Climate Change, Water and Food security*. FAO Water Reports No. 36. Rome, FAO. www.fao.org/3/i2096e/i2096e.pdf.

_____. 2013a. *Coping with Water Scarcity: An Action Framework for Agriculture and Food Security*. FAO Water Reports No. 38. Rome, FAO. www.fao.org/3/a-i3015e.pdf.

_____. 2013b. *Food Wastage Footprint Impacts on Natural Resources: Summary Report*. Rome, FAO. www.fao.org/3/i3347e/i3347e.pdf.

_____. 2014. *Walking the Nexus Talk: Assessing the Water-Energy-Food Nexus in the Context of the Sustainable Energy for All Initiative*. Environment and Natural Resources Management Working Paper No. 58. Rome, FAO. www.fao.org/3/a-i3959e.pdf.

_____. 2015a. *Climate Change and Food Systems: Global Assessments and Implications for Food Security and Trade*. Rome, FAO. www.fao.org/3/a-i4332e.pdf.

_____. 2015b. *The Economic Lives of Smallholder Farmers: An Analysis Based on Household Data from Nine Countries*. Rome, FAO. www.fao.org/3/a-i5251e.pdf.

_____. 2016a. *Global Forest Resources Assessment 2015 – How are the World's Forests Changing?* Second edition. Rome, FAO. www.fao.org/3/a-i4793e.pdf.

_____. 2016b. *The State of Food and Agriculture: Climate Change, Agriculture and Food Security*. Rome, FAO. www.fao.org/3/a-i6030e.pdf.

_____. 2017a. *The Future of Food and Agriculture: Trends and Challenges*. Rome, FAO. www.fao.org/3/a-i6583e.pdf.

_____. 2017b. *What is Climate-Smart Agriculture? Infographic*. FAO. www.fao.org/3/a-i7926e.pdf.

_____. 2017c. Does *Improved Irrigation Technology Save Water? A Review of the Evidence*. Discussion paper on irrigation and sustainable water resources management in the Near East and North Africa. Cairo, FAO. www.fao.org/3/I7090EN/i7090en.pdf.

_____. 2018a. *The State of Food and Agriculture 2018: Migration, Agriculture and Rural Development*. Rome, FAO. www.fao.org/3/I9549EN/i9549en.pdf.

_____. 2018b. *2017: The Impact of Disasters and Crises on Agriculture and Food Security*. Rome; FAO. www.fao.org/3/I8656EN/i8656en.pdf.

_____. 2018c. *The State of World Fisheries and Aquaculture 2018: Meeting the Sustainable Development Goals*. Rome, FAO. www.fao.org/documents/card/en/c/I9540EN/.

_____. 2018d. *Impacts of Climate Change on Fisheries and Aquaculture: Synthesis of Current Knowledge, Adaptation and Mitigation Options*. FAO Fisheries and Aquaculture Technical Paper No. 627. Rome, FAO. www.fao.org/3/i9705en/i9705en.pdf.

_____. 2018e. *The State of the World's Forests 2018: Forest Pathways to Sustainable Development*. Rome, FAO. www.fao.org/policy-support/resources/resources-details/en/c/1144279/.

_____. 2019. *FAO Framework on Rural Extreme Poverty: Towards Reaching Target 1.1 of the Sustainable Development Goals*. Rome, FAO. www.fao.org/3/ca4811en/ca4811en.pdf.

_____. n.d.a. *Climate-Smart Agriculture*. FAO website. www.fao.org/climate-smart-agriculture/en/.

_____. n.d.b. *Conservation Agriculture*. FAO website. www.fao.org/conservation-agriculture/en/.

FAO/GIZ (Food and Agriculture Organization of the United Nations/Deutsche Gesellschaft fur Internationale Zusammenarbeit GmbH). 2018. *The Benefits and Risks of Solar-Powered Irrigation: A Global Overview*. Rome, FAO. www.fao.org/3/i9047en/I9047EN.pdf.

FAO/GIZ/ACSAD (Food and Agriculture Organization of the United Nations/Deutsche Gesellschaft für Internationale Zusammenarbeit GmbH/Arab Center for the Studies of Arid Zones and Dry Lands). 2017. *Climate Change and Adaptation Solutions for the Green Sectors in the Arab Region*. FAO/GIZ/ACSAD.

FAO/IFAD/UNICEF/WFP/WHO (Food and Agriculture Organization of the United Nations/International Fund for Agricultural Development/United Nations Children's Fund/World Food Programme/World Health Organization). 2018. *The State of Food Security and Nutrition in the World: Building Climate Resilience for Food Security and Nutrition*. Rome, FAO. www.fao.org/3/i9553en/i9553en.pdf.

FAO/IWMI (Food and Agriculture Organization of the United Nations/International Water Management Institute). 2018. *More People, More Food, Worse Water? A Global Review of Water Pollution from Agriculture*. Rome/Colombo, FAO/IWMI. www.fao.org/3/ca0146en/CA0146EN.pdf.

FAO (Food and Agriculture Organization of the United Nations)/World Bank Group. 2018. *Water Management in Fragile Systems: Building Resilience to Shocks and Protracted Crises in the Middle East and North Africa*. Cairo. Rome/Washington, DC, FAO/World Bank Group. openknowledge.worldbank.org/handle/10986/30307.

FAO-AQUASTAT/Universität Bonn. 2013. *Global Map of Irrigation Areas (GMIA)*. FAO. www.fao.org/nr/water/aquastat/irrigationmap/index10.stm.

FAOSTAT. n.d. *Food and Agriculture Data*. FAO. www.fao.org/faostat/en/#home.

Fiebrich, C. A. 2009. History of surface weather observations in the United States. *Earth-Science Reviews*, Vol. 93, No. 3–4, pp. 77–84. doi.org/10.1016/j.earscirev.2009.01.001.

Finger, M. and Allouche, J. 2002. *Water Privatisation: Trans-National Corporations and the Re-Regulation of the Water Industry*. London, Spon Press.

Fitzgerald, S. H. 2018. The role of constructed wetlands in creating water sensitive cities. N. Nagabhatla and C. D. Metcalfe (eds.), *Multifunctional Wetlands: 2018 Pollution Abatement and Other Ecological Services from Natural and Constructed Wetlands. Springer Publications*. Springer International Publishing.

Flörke, M., Schneider, C. and McDonald, R. I. 2018. Water competition between cities and agriculture driven by climate change and urban growth. *Nature Sustainability*, Vol. 1, No. 1, pp. 51–58. doi.org/10.1038/s41893-017-0006-8.

Fonseca, C. and Pories, L. 2017. *Financing WASH: How to Increase Funds for the Sector while Reducing Inequalities*. Position paper for the Sanitation and Water for All Finance Ministers Meeting. Briefing Note. The Hague, the Netherlands, IRC/water.org/Ministry of Foreign Affairs/Simavi. www.ircwash.org/resources/financing-wash-how-increase-funds-sector-while-reducing-inequalities-position-paper.

Foresight. 2011. *Migration and Global Environmental Change: Future Challenges and Opportunities*. Final Project Report. London, the Government Office for Science. assets.publishing.service.gov.uk/government/uploads/system/uploads/attachment_data/file/287717/11-1116-migration-and-global-environmental-change.pdf.

Franks, T. and Cleaver, F. 2007. Water governance and poverty: A framework for analysis. *Progress in Development Studies*, Vol. 7, No. 4, pp. 291–306. doi.org/10.1177/146499340700700402.

Freyberg, T. 2016. Denmark kick-starts energy-positive wastewater treatment project. *WaterWorld Magazine*, Vol. 32, No. 2. www.waterworld.com/international/utilities/article/16202924/denmark-kickstarts-energypositive-wastewater-treatment-project.

Friedrich, K., Grossman, R. L., Huntington, J., Blanken, P. D., Lenters, J., Holman, K. D., Gochis, D., Livneh, B., Prairie, J., Skeie, E., Healey, N. C., Dahm, K., Pearson, C., Finnessey, T., Hook, S. J. and Kowalski, T. 2018. Reservoir evaporation in the western United States: Current science, challenges, and future needs. *Bulletin of the American Meteorological Society*, Vol. 99, pp. 167–187. doi.org/10.1175/BAMS-D-15-00224.1.

Funk, C., Davenport, F., Harrison, L., Magadzire, T., Galu, G., Artan, G. A., Shukla, S., Korecha, D., Indeje, M., Pomposi, C., Macharia, D., Husak, G. and Nsadisa, F. D. 2018. Antropogenic enhancement of moderate-to-strong El Niño events likely contributed to drought and poor harvests in southern Africa during 2016. *Bulletin of the American Meteorological Society*, Vol. 99, No. 1, pp. S91–S95. doi.org/10.1175/BAMS-D-17-0112.1.

## G

Gadédjisso-Tossou, A., Avellán, T. and Schütze, N. 2018. Potential of deficit and supplemental irrigation under climate variability in northern Togo, West Africa. *Water*, Vol. 10, No. 12, pp. 1–23. doi.org/10.3390/w10121803.

Gallego-Sala, A. V., Charman, D. J., Brewer, S., Page, S. E., Prentice, I. C., Friedlingstein, P., Moreton, S., Amesbury, M. J., Beilman, D. W., Björck, S., Blyakharchuk, T., Bochicchio, C., Booth, R. K., Bunbury, J., Camill, P., Carless, D., Chimner, R. A., Clifford, M., Cressey, E., Courtney-Mustaphi, C., De Vleeschouwer, F., De Jong, R., Fialkiewicz-Koziel, B., Finkelstein, S. A., Garneau, M., Githumbi, E., Hribjlan, J., Holmquist, J., Hughes, P. D. M., Jones, C., Jones, M. C., Karofeld, E., Klein, E. S., Kokfelt, U., Korhola, A., Lacourse, T., Le Roux, G., Lamentowicz, M., Large, D., Lavoie, M., Loisel, J., Mackay, H., MacDonald, J. M., Makila, M., Magnan, G., Marchant, R., Marcisz, K., Martínez Cortizas, A., Massa, C., Mathijssen, P., Mauquoy, D., Mighall, T., Mitchell, F. J. G., Moss, P., Nichols, J., Oksanen, P. O., Orme, L., Packalen, M. S., Robinson, S., Roland, T. P., Sanderson, N. K., Sannel, A. B. K., Silva-Sánchez, N., Steinberg, N., Swindles, G. T., Turner, T. E., Uglow, J., Väliranta, M., Van Bellen, S., Van der Linden, M., Van Geel, B., Wang, G., Yu, Z., Zaragoza-Castells, J. and Zhao, Y. 2018. Latitudinal limits to the predicted increase of the peatland carbon sink with warming. *Nature Climate Change*, Vol. 8, No. 10, p. 907–913. doi.org/10.1038/s41558-018-0271-1.

Gan, T. Y., Ito, M., Hülsmann, S., Qin, X., Lu, X. X., Liong, S. Y., Rutschman, P., Disse, M. and Koivusalo, H. 2016. Possible climate change/variability and human impacts, vulnerability of drought-prone regions, water resources and capacity building for Africa. *Hydrological Sciences Journal*, Vol. 61, No. 7, pp. 1209–1226. doi.org/10.1080/02626667.2015.1057143.

Gao, H., Yan, C., Liu, Q., Ding, W., Chen, B. and Li, Z. 2019. Effects of plastic mulching and plastic residue on agricultural production: A meta-analysis. *Science of the Total Environment*, Vol. 651, Part 1, pp. 484–492. doi.org/10.1016/j.scitotenv.2018.09.105.

García, L. E., Matthews, J. H., Rodriguez, D. J., Wijnen, M., DiFrancesco, K. N. and Ray, P. 2014. *Beyond Downscaling: A Bottom-Up Approach to Climate Adaptation for Water Resources Management*. Washington, DC, World Bank Group. openknowledge.worldbank.org/handle/10986/21066.

Gariano, S. L. and Guzzetti, F. 2016. Landslides in a changing climate. *Earth-Science Reviews*. Vol. 162, pp. 227–252. doi.org/10.1016/j.earscirev.2016.08.011.

Garrick, D. E., Hall, J. W., Dobson, A., Damania, R., Grafton, R. Q., Hope, R., Hepburn, C., Bark, R., Boltz, F., De Stefano, L., O'Donnell, E., Matthews, N. and Money, A. 2017. Valuing water for sustainable development. *Science*, Vol. 358, No. 6366, pp. 1003–1005. doi.org/10.1126/science.aao4942.

Gato, S., Jayasuriya, N. and Roberts, P. 2007. Temperature and rainfall thresholds for base use urban water demand modelling. *Journal of Hydrology*, Vol. 337, No. 3–4, pp. 364–376. doi.org/10.1016/j.jhydrol.2007.02.014.

GCA (Global Commission on Adaptation). 2019. *Adapt Now: A Global Call for Leadership on Climate Resilience*. Rotterdam/Washington, DC, The Netherlands/USA, Global Center on Adaptation/World Resources Institute (GCA/WRI). cdn.gca.org/assets/2019-09/GlobalCommission_Report_FINAL.pdf.

GEF (Global Environment Facility). n.d. *Climate Change*. GEF website. www.thegef.org/topics/climate-change.

Gerber, P. J., Steinfeld, H., Henderson, B., Mottet, A., Opio, C., Dijkman, J., Falcucci, A. and Tempio, G. 2013. *Tackling Climate Change through Livestock: A Global Assessment of Emissions and Mitigation Opportunities*. Rome, Food and Agriculture Organization of the United Nations (FAO). www.fao.org/3/a-i3437e.pdf.

Gersonius, B., Van Buuren, A., Zethof, M. and Kelder, E. 2016. Resilient flood risk strategies: institutional preconditions for implementation. *Ecology and Society*, Vol. 21, No. 4, p. 28. doi.org/10.5751/ES-08752-210428.

Gheuens, J., Nagabhatla, J. and Perera, E. D. P. 2019. Disaster-risk, water security challenges and strategies in Small Island Developing States (SIDS). *Water*, Vol. 11, No. 4, p. 637. doi.org/10.3390/w11040637.

GIZ/adelphi/PIK (Deutsche Gesellschaft für Internationale Zusammenarbeit GmbH/adelphi/Potsdam Institute for Climate Impact Research). Forthcoming. *Stop Floating, Start Swimming: Water and Climate Change – Interlinkages and Prospects for Future Action*.

Gleeson, T., Wada, Y., Bierkens, M. F. P. and Van Beek, L. P. 2012. Water balance of global aquifers revealed by groundwater footprint. *Nature*, Vol. 9, No. 488, p. 197–200. doi.org/10.1038/nature11295.

Golding, B. W. 2009. Long lead time flood warnings: Reality or fantasy? *Meteorological Applications*, Vol. 16, pp. 3–12. doi.org/10.1002/met.123.

Görgen, K., Beersma, J., Brahmer, G., Buiteveld, H., Carambia, M., De Keizer, O., Krahe, P., Nilson, E., Lammersen, R., Perrin, C. and Volken, D. 2010. *Assessment of Climate Change Impacts on Discharge in the Rhine River Basin: Results of the RheinBlick2050 Project*. CHR report, I-23. Lelystad, The Netherlands, International Commission for the Hydrology of the Rhine Basin. www.chr-khr.org/en/publication/assessment-climate-change-impacts-discharge-river-rhine-basin-results-rheinblick2050.

Gosling, S. N. and Arnell, N. W. 2016. A global assessment of the impact of climate change on water scarcity. *Climatic Change*, Vol. 134, No. 3, pp. 371–385. doi.org/10.1007/s10584-013-0853-x.

Government of Grenada. 2014. *Grenada's Growth and Poverty Reduction Strategy (GPRS), 2014-2018*.

_____. 2017. *National Climate Change Adaptation Plan (NAP) for Grenada, Carriacou and Petite Martinique 2017-2021*. St. George's, Ministry of Climate Resilience, the Environment, Forestry, Fisheries, Disaster Management and Information.

Government of the People's Republic of Bangladesh. 2015. *Seventh Five-Year Plan FY2016–FY2020: Accelerating Growth, Empowering Citizens*. Dhaka, General Economics Division (GED) of Bangladesh Planning Commission. www.unicef.org/bangladesh/sites/unicef.org.bangladesh/files/2018-10/7th_FYP_18_02_2016.pdf.

Government of the Republic of India/Government of the People's Republic of Bangladesh. 1996. *Treaty between the Government of the Republic of India and the Government of the People's Republic of Bangladesh on Sharing of the Ganga/Ganges Waters at Farakka*.

Grafton, R. Q. and Wheeler, S. A. 2018. Economics of water recovery in the Murray-Darling Basin, Australia. *Annual Review of Resource Economics*, Vol. 10, No. 1, pp. 487–510. doi.org/10.1146/annurev-resource-100517-023039.

Grangier, C., Qadir, M. and Singh, M. 2012. Health implications for children in wastewater-irrigated peri-urban Aleppo, Syria. *Water Quality, Exposure and Health*, Vol. 4, pp. 187–195. doi.org/10.1007/s12403-012-0078-7.

Grant, G. E. and Lewis, S. L. 2015. The remains of the dam: What have we learned from 15 years of US dam removals? G. Lollino, M. Arattano and M. Rinaldi (eds.), *Engineering Geology for Society and Territory: River Basins, Reservoir Sedimentation and Water Resources*. Switzerland, Springer International Publishing.

Green Bank Network. 2018. *Green Banks around the Globe: 2018 Year in Review*. Green Bank Network. greenbanknetwork.org/portfolio/2018-year-in-review/.

Green Climate Fund. 2018. *Project FP016*. Green Climate Fund website. www.greenclimate.fund/projects/fp016.

_____. n.d. Green Climate Fund website. www.greenclimate.fund.

Green, T., Taniguchi, M., Kooi, H., Gurdak, J. J., Hiscock, K., Allen, D., Treidel, H. and Aurelia, A. 2011. Beneath the surface of global change: Impacts of climate change on groundwater. *Journal of Hydrology*, Vol. 405, pp. 532–560. doi.org/10.1016/j.jhydrol.2011.05.002.

GRIPP (Groundwater Solutions Initiative for Policy and Practice). n.d. *Groundwater-Based Natural Infrastructure (GBNI)*. GRIPP website. gripp.iwmi.org/natural-infrastructure/.

Griscom, B. W., Adams, J., Ellis, P. W., Houghton, R. A., Lomax, G., Miteva, D. A., Schlesinger, W. H., Shoch, D., Siikamäki, J. V., Smith, P., Woodbury, P., Zganjar, C., Blackman, A., Campari, J., Conant, R. T., Delgado, C., Elias, P., Gopalakrishna, T., Hamsik, M. R., Herrero, M., Kiesecker, J., Landis, E., Laestadius, L., Leavitt, S. M., Minnemeyer, S., Polasky, S., Potapov, P., Putz, F. E., Sanderman, J., Silvius, M., Wollenberg, E. and Fargione, J. 2017. Natural climate solutions. *Proceedings of the National Academy of Sciences of the United States of America*, Vol. 114, No. 44, pp. 11645–11650. doi.org/10.1073/pnas.1710465114.

Guo, J., Ma, F., Qu, Y., Li, A. and Wang, L. 2012. Systematical strategies for wastewater treatment and the generated wastes and greenhouse gases in China. *Frontiers of Environmental Science & Engineering*, Vol. 6, No. 2, pp. 271–279. doi.org/10.1007/s11783-011-0328-0.

GWP (Global Water Partnership). 2018a. *Climate Insurance and Water-Related Disaster Risk Management – Unlikely Partners in Promoting Development?* Perspective Paper. Stockholm, GWP. www.gwp.org/globalassets/global/toolbox/publications/perspective-papers/11_climate_insurance_perspectives_paper.pdf.

_____. 2018b. *Preparing to Adapt: The Untold Story of Water in Climate Change Adaptation Processes*. Stockholm, GWP. www.gwp.org/globalassets/global/events/cop24/gwp-ndc-report.pdf.

_____. 2019a. *Sharing Water: The Role of Robust Water-Sharing Arrangements in Integrated Water Resources Management*. Perspective paper. Stockholm, GWP. www.gwp.org/globalassets/global/toolbox/publications/perspective-papers/gwp-sharing-water.pdf.

_____. 2019b. *Addressing Water in National Adaptation Plans: Water Supplement to the UNFCCC NAP Technical Guidelines*. Second edition. Stockholm, GWP. www.gwp.org/globalassets/global/gwp_nap_water_supplement.pdf.

GWP-Caribbean/CCCCC (Global Water Partnership-Caribbean/Caribbean Community Climate Change Centre). 2014. *Achieving Development Resilient to Climate Change: A Sourcebook for the Caribbean Water Sector*. Information Brief No. 4. GWP-Caribbean, Trinidad and Tobago. cdkn.org/wp-content/uploads/2017/01/Information-Brief-4-WV.pdf.

Haasnoot, M., Schellekens, J., Beersma, J., Middelkoop, H. and Kwadijk, J. C. J. 2015. Transient scenarios for robust climate change adaptation illustrated for water management in the Netherlands. *Environmental Research Letters*, Vol. 10, No. 10. pp. 1–17. doi.org/10.1088/1748-9326/10/10/105008.

Hadjerioua, B., Wei, Y. and Kao, S.-C. 2012. *An Assessment of Energy Potential at Non-Powered Dams in the United States*. Wind and Water Power Program, US Department of Energy. www1.eere.energy.gov/water/pdfs/npd_report.pdf.

Hall, J. W., Grey, D., Garrick, D., Fung, F., Brown, C., Dadson, S. J. and Sadoff, C. W. 2014. Coping with the curse of freshwater variability: Institutions, infrastructure, and information for adaptation. *Science*, Vol. 346, No. 6208, pp. 429–430. doi.org/10.1126/science.1257890.

Hallegatte, S., Bangalore, M., Bonzanigo, L., Fay, M., Kane, T., Narloch, U., Rozenberg, J., Treguer, D. and Vogt-Schilb, A. 2016. *Shock Waves: Managing the Impacts of Climate Change on Poverty*. Washington, DC, World Bank. openknowledge.worldbank.org/handle/10986/22787.

Hamill, A. and Price-Kelly, H. 2017. *Expert Perspective for the NDC Partnership: Using NDCs, NAPs and the SDGs to Advance Climate-Resilient Development*. NDC Partnership. ndcpartnership.org/sites/default/files/NDCP_Expert_Perspectives_NDC_NAP-SDG_full.pdf.

Hanak, E., Lund, J., Dinar, A., Gray, B., Howitt, R., Mount, J., Moyer, P. and Thompson, B. 2011. *Managing California's Water, From Conflict to Reconciliation*. San Francisco, Calif., USA, Public Policy Institute of California.

Hanaki K. and Portugal-Pereira, J. 2018. The effect of biofuel production on greenhouse gas emission reductions. K. Takeuchi, H. Shiroyama, O. Saito and M. Matsuura (eds.), *Biofuels and Sustainability: Science for Sustainable Societies*. Tokyo, Springer.

Haque, M., Rahman, A., Goonetilleke, A., Hagare, D. and Kibria, G. 2015. Impact of climate change on urban water demand in future decades: An Australian case study. *Advances in Environmental Research*, Vol. 43, pp. 57–70.

Hattermann, F. F, Vetter, T., Breuer, L., Su, B., Daggupati, P., Donnelly, C., Fekete, B., Flörke, F., Gosling, S. N., Hoffmann, P., Liersch, L., Masaki, Y., Motovilov, Y., Müller, C., Samaniego, L., Stacke, T., Wada, Y., Yang, T. and Krysnaova, V. 2018. Sources of uncertainty in hydrological climate impact assessment: A cross-scale study. *Environmental Research Letters*, Vol. 13, No. 1, 015006. doi.org/10.1088/1748-9326/aa9938.

Havens, K. E. and Paerl, H. W. 2015. Climate change at a crossroad for control of harmful algal blooms. *Environmental Science and Technology*, Vol. 49, No. 21, pp. 12605–12606. doi.org/10.1021/acs.est.5b03990.

Haynes, K. and Tanner, T. M. 2015. Empowering young people and strengthening resilience: Youth-centred participatory video as a tool for climate change adaptation and disaster risk reduction. *Children's Geographies*, Vol. 13, No. 3, pp. 357–371. doi.org/10.1080/14733285.2013.848599.

Hedger, M. 2018a. *Water, National Determined Contributions (NDCs) and Paris Agreement Implementation*. Report prepared for the Global Water Partnership (GWP). Unpublished.

_____. 2018b. *Climate Change and Water: Finance Needs to Flood not Drip*. London, Overseas Development Institute (ODI). www.odi.org/publications/11220-climate-change-and-water-finance-needs-flood-not-drip.

Hedger, M. and Nakhooda, S. 2015. *Finance and Intended Nationally Determined Contributions (INDCs): Enabling Implementation*. Working Paper No. 425. London, Overseas Development Institute (ODI). www.odi.org/sites/odi.org.uk/files/odi-assets/publications-opinion-files/10001.pdf.

Hejazian, M., Gurdak, J. J., Swarzenski, P., Odigie, K. and Storlazzi, C. 2017. Effects of land-use change and managed aquifer recharge on hydrogeochemistry of two contracting atoll island aquifers, Roi-Namur, Republic of the Marshall Islands. *Applied Geochemistry*, Vol.80, pp. 58–71. dx.doi.org/10.1016/j.apgeochem.2017.03.006.

Hermann, A., Koferl, P. and Mairhofer, J. P. 2016. *Climate Risk Insurance: New Approaches and Schemes*. Working Paper. Munich, Germany, Allianz. www.allianz.com/content/dam/onemarketing/azcom/Allianz_com/migration/media/economic_research/publications/working_papers/en/ClimateRisk.pdf.

Hettiarachchi, H. and Ardakanian, R. 2016. *Safe Use of Wastewater in Agriculture: Good Practice Examples*. Dresden, Germany, United Nations University Institute for Integrated Management of Material Fluxes and of Resources (UNU-FLORES). collections.unu.edu/view/UNU:5764.

Hiç, C., Pradhan, P., Rybski, D. and Kropp, J. P. 2016. Food surplus and its climate burdens. *Environmental Science and Technology*, Vol. 50, No. 8, pp. 4269–4277. doi.org/10.1021/acs.est.5b05088.

Hirabayashi, Y., Mahendran, R., Koirala, S., Konoshima, L., Yamazaki, D., Watanabe, S., Kim, H. and Kanae, S. 2013. Global flood risk under climate change. *Nature Climate Change*, Vol. 3, No. 9, pp. 816–821. doi.org/10.1038/nclimate1911.

HLPE (High Level Panel of Experts). 2015. *Water for Food Security and Nutrition: A Report by the High Level Panel of Experts on Food Security and Nutrition of the Committee on World Food Security*, Rome, HLPE. www.fao.org/3/a-av045e.pdf.

HLPF (The High-Level Political Forum). 2018. *President's Summary of the 2018 High-Level Political Forum on Sustainable Development. United Nations Sustainable Development Goals Knowledge Platform*. sustainabledevelopment.un.org/content/documents/205432018_HLPF_Presidents_summary_FINAL.pdf.

_____. 2019. *Political Declaration of the High-Level Political Forum on Sustainable Development convened under the Auspices of the General Assembly*. A/HLPF/2019/L.1. United Nations General Assembly (UNGA). undocs.org/en/A/HLPF/2019/L.1.

HLPW (The High-Level Panel on Water) 2018a. *Making Every Drop Count: An Agenda for Water Action*. reliefweb.int/sites/reliefweb.int/files/resources/17825HLPW_Outcome.pdf.

_____. 2018b. *Value Water*. sustainabledevelopment.un.org/content/documents/hlpwater/07-ValueWater.pdf.

Ho, M., Lal, U., Allaire, M., Devineni, M., Kwon, H. H., Pal, I., Raff, D. and Wegner, D. 2017. The future role of dams in the United States of America. *Water Resources Research*, Vol. 53, No. 2, pp. 982–988. doi.org/10.1002/2016WR019905.

Hofer, T. and Messerli, B. 2006. *Floods in Bangladesh: History, Dynamics and Rethinking the Role of the Himalayas*. Tokyo, UNU Press/FAO.

Hofstra, N., Vermeulen, L. C., Derx, J., Flörke, M., Mateo-Sagasta, J., Rose, J. and Medema G. 2019. Priorities for developing a modelling and scenario analysis framework for waterborne pathogen concentrations in rivers worldwide and consequent burden of disease. *Current Opinion in Environmental Sustainability*, Vol. 36, pp. 28–38. doi.org/10.1016/j.cosust.2018.10.002.

Hogeboom, R. J., Knook, L. and Hoekstra, A. Y. 2018. The blue water footprint of the world's artificial reservoirs for hydroelectricity, irrigation, residential and industrial water supply, flood protection, fishing and recreation. *Advances in Water Resources*, Vol. 113, pp. 285–294. doi.org/10.1016/j.advwatres.2018.01.028.

Holling, C. S. (ed.). 1978. *Adaptive Environmental Assessment and Management*. International Series on Applied Systems Analysis. Chichester, UK, John Wiley & Sons. International Institute for Applied Systems Analysis.

Honer T. 2019. *Windhoek – 50 Years Direct Potable Water Reuse History, Current Situation and Future*. Paper presented at the Water Reclamation and Reuse Symposium. Water Institute of Southern Africa, Johannesburg, South Africa. documents.windhoekcc.org.na/Content/Documents/CoW50yrDPR/Day%201%20-%20PDF/1.%20DPR%2050%20Year%20History%20-%20PvR.pdf.

Hoogeveen, J., Faurès, J. M., Peiser, L., Burke, J. and Van de Giesen, N. 2015. GlobWat – A global water balance model to assess water use in irrigated agriculture. *Hydrology and Earth System Sciences*, Vol. 19, No. 9, pp. 3829–3844. doi.org/10.5194/hess-19-3829-2015.

HRC (Human Rights Council). 2011. *Guiding Principles on Business and Human Rights: Implementing the United Nations "Protect, Respect and Remedy" Framework*. Report of the Special Representative of the Secretary General on the issue of human rights and transnational corporations and other business enterprises, John Ruggie. Seventeenth session, 21 March 2011, A/HRC/17/31. www.ohchr.org/Documents/Issues/Business/A-HRC-17-31_AEV.pdf.

_____. 2018. *Resolution adopted by the Human Rights Council on 5 July 2018. Human Rights and Climate Change*. Thirty-eighth session. A/HRC/RES/38/4. United Nations.

Huang, J., Li, Y., Fu, C., Chen, F., Fu, Q., Dai, A., Shinoda, M., Ma, Z., Guo, W., Li, Z., Zhang, L., Liu, Y., Yu, H., He, Y., Xie, Y., Guan, X., Ji, M., Lin, L., Wang, S., Yan, H. and Wang, G. 2017. Dryland climate change: Recent progress and challenges. *Reviews of Geophysics*, Vol. 55, No. 3, pp. 719–778. doi.org/10.1002/2016RG000550.

Huggel, C., Wallimann-Helmer, I., Stone, D. and Cramer, W. 2016. Reconciling justice and attribution research to advance climate policy. *Nature Climate Change*, Vol. 6, No. 10, pp. 901–908. doi.org/10.1038/nclimate3104.

Hülsmann, S., Harby A., Taylor, R. 2015. *The Need for Water as Energy Storage for Better Integration of Renewables*. Policy Brief No. 01/2015. Dresden, Germany, United Nations University Institute for Integrated Management of Material Fluxes and of Resources (UNU-FLORES). collections.unu.edu/view/UNU:3143.

Humpenöder, F., Popp, A., Bodirsky, B. L., Weindl, I., Biewald, A., Lotze-Campen, H., Dietrich, J. P., Klein, D., Kreidenweis, U., Müller C., Rolinski, S. and Stevanovic, M. 2018. Large-scale bioenergy production: How to resolve sustainability trade-offs? *Environmental Research Letters*, Vol. 13, No. 2, 024011. doi.org/10.1088/1748-9326/aa9e3b.

Huss, M., Bookhagen, B., Huggel, C., Jacobsen, D., Bradley, R. S., Clague, J. J., Vuille, M., Buytaert, W., Cayan, D. R., Greenwood, G., Marck, B. G., Milner, A. M., Weingartner, R. and Winder, M. 2017. Toward mountains without permanent snow and ice. *Earth's Future*, Vol. 5, pp. 418–435. doi.org/10.1002/2016EF000514.

Hutton, G. and Varughese, M. 2016. *The Costs of Meeting the 2030 Sustainable Development Goal Targets on Drinking Water, Sanitation, and Hygiene*. Washington, DC, International Bank for Reconstruction and Development/Water and Sanitation Program (WSP). www.worldbank.org/en/topic/water/publication/the-costs-of-meeting-the-2030-sustainable-development-goal-targets-on-drinking-water-sanitation-and-hygiene.

IAH (International Association of Hydrogeologists). 2019. *Climate-Change Adaptation & Groundwater*. IAH Strategic Overview Series. iah.org/wp-content/uploads/2019/07/IAH_Climate-ChangeAdaptationGdwtr.pdf.

ICMM (International Council on Mining & Metals). 2013. *Adapting to a Changing Climate: Implications for the Mining and Metals Industry*. London, ICMM. www.icmm.com/en-gb/publications/climate-change/adapting-to-a-changing-climate-implications-for-the-mining-and-metals-industry.

ICPDR (International Commission for the Protection of the Danube River). 2019. *Climate Change Adaptation Strategy*. Vienna, ICPDR. www.icpdr.org/main/activities-projects/climate-change-adaptation.

IDFC (International Development Finance Club). 2018. *IDFC Green Finance Mapping Report 2018*. IDFC. www.idfc.org/wp-content/uploads/2018/12/idfc-green-finance-mapping-2017.pdf.

IDMC (Internal Displacement Monitoring Centre). 2018. *Global Report on Internal Displacement (GRID) 2018*. Geneva, IDMC. www.internal-displacement.org/global-report/grid2018/.

IEA (International Energy Agency). 2012. World Energy Outlook 2012. Paris, OECD/IEA. doi.org/10.1787/weo-2012-en.

_____. 2015. *Energy and Climate Change: World Energy Outlook Special Report*. Paris, OECD/IEA.

_____. 2016. *World Energy Outlook 2016*. Paris, OECD/IEA. www.oecd-ilibrary.org/energy/world-energy-outlook-2016_weo-2016-en.

_____. 2017a. *Tracking Clean Energy Progress 2017*. Paris, OECD/IEA.

_____. 2017b. *$CO_2$ Emissions from Fuel Combustion 2017*. Paris, OECD Publishing. doi.org/10.1787/co2_fuel-2017-en.

I

_____. 2018. *World Energy Outlook 2018*. Paris, IEA. www.iea.org/weo/water/.

IIASA (International Institute for Applied Systems Analysis). n.d. *Water Futures and Solutions*. IIASA website. www.iiasa.ac.at/web/home/research/wfas/water-futures.html.

Ikeuchi, K. 2012. *Flood Management in Japan*. River Planning Division, Water and Disaster Management Bureau, Ministry of Land, Infrastructure and Tourism of Japan (MLIT). www.mlit.go.jp/river/basic_info/english/pdf/conf_01-0.pdf.

ILO (International Labour Organization). 2016. *WASH@Work: A Self-Training Handbook*. Geneva, ILO. www.ilo.org/global/docs/WCMS_535058/lang--en/index.htm.

_____. 2017. *Indigenous Peoples and Climate Change: From Victims to Change Agents through Decent Work*. Geneva, ILO. www.ilo.org/wcmsp5/groups/public/---dgreports/---gender/documents/publication/wcms_551189.pdf.

_____. 2019. *Job Creation for Syrian Refugees and Jordanian Host Communities through Green Works in Agriculture and Forestry*. Employment Intensive Investment Programme (EIIP). Geneva, ILO. www.ilo.org/wcmsp5/groups/public/---ed_emp/documents/publication/wcms_661972.pdf.

IMF (International Monetary Fund). 2019. *Grenada Climate Change Policy Assessment*. IMF Country Report No 19/193. Washington, DC, IMF. www.imf.org/en/Publications/CR/Issues/2019/07/01/Grenada-Climate-Change-Policy-Assessment-47062.

Immerzeel, W. W., Van Beek, L. P. H. and Bierkens, M. F. P. 2010. Climate change will affect the Asian water towers. *Science*, Vol. 328, No. 5984, pp. 1382–1385. doi.org/10.1126/science.1183188.

Immerzeel, W. W., Lutz, A. F., Andrade, M., Bahl, A., Biemans, H., Bolch, T., Hyde, S., Brumby, S., Davies, B. J., Elmore, A. C., Emmer, A., Feng, M., Fernández, A., Haritashya, U., Kargel, J. S., Koppes, M., Kraaijenbrink, P. D. A., Kulkarni, A. V., Mayewski, P., Nepal, S., Pacheco, P., Painter, T. H., Pellicciotti, F., Rajaram, H., Rupper, S., Sinisalo, A., Shrestha, A. B., Viviroli, D., Wada, Y., Xiao, X., Yao, T. and Baillie, J. E. M. 2019. Importance and vulnerability of the world's water towers. Nature, Vol. 577, pp. 364–369. doi:10.1038/s41586-019-1822-y.

Independent Group of Scientists appointed by the Secretary-General. 2019. *The Future is Now – Science for Achieving Sustainable Development: Global Sustainable Development Report 2019*. New York, United Nations. sustainabledevelopment.un.org/content/documents/24797GSDR_report_2019.pdf.

IPBES (The Intergovernmental Science-Policy Platform on Biodiversity and Ecosystem Services). 2018. *Assessment Report on Land Degradation and Restoration*. Summary for Policy Makers. Bonn, Germany, IPBES Secretariat. www.ipbes.net/assessment-reports/ldr.

_____. 2019. *Report of the Plenary of the Intergovernmental Science-Policy Platform on Biodiversity and Ecosystem Services on the Work of its Seventh Session*. Addendum: Summary for Policymakers of the Global Assessment Report on Biodiversity and Ecosystem Services of the Intergovernmental Science-Policy Platform on Biodiversity and Ecosystem Services. Bonn, Germany, IPBES Secretariat.

IPCC (Intergovernmental Panel on Climate Change). 2012. *Renewable Energy Sources and Climate Change Mitigation*. Special Report of the Intergovernmental Panel on Climate Change. New York, Cambridge University Press. www.ipcc.ch/report/renewable-energy-sources-and-climate-change-mitigation/.

_____. 2014a. *Climate Change 2014: Impacts, Adaptation, and Vulnerability*. Part A: Global and Sectoral Aspects. Contribution of Working Group II to the Fifth Assessment Report of the Intergovernmental Panel on Climate Change. Cambridge/New York, United Kingdom/USA, Cambridge University Press. www.ipcc.ch/site/assets/uploads/2018/02/WGIIAR5-PartA_FINAL.pdf.

_____. 2014b. *Annex II: Glossary* [K. J. Mach, S. Planton and C. von Stechow (eds.)]. Climate Change 2014: Synthesis Report. Contribution of Working Groups I, II and III to the Fifth Assessment Report of the Intergovernmental Panel on Climate Change. Geneva, IPCC. pp. 117–130. www.ipcc.ch/report/ar5/syr/.

_____. 2014c. *Climate Change 2014: Synthesis Report. Contribution of Working Groups I, II and III to the Fifth Assessment Report of the Intergovernmental Panel on Climate Change*. Geneva, IPCC. www.ipcc.ch/report/ar5/syr/.

_____. 2014d. *Summary for Policymakers. Climate Change 2014: Impacts, Adaptation, and Vulnerability*. Part A: Global and Sectoral Aspects. Contribution of Working Group II to the Fifth Assessment Report of the Intergovernmental Panel on Climate Change. Cambridge/New York, UK/USA: Cambridge University Press. www.ipcc.ch/site/assets/uploads/2018/02/ar5_wgII_spm_en.pdf.

_____. 2018a. *Summary for Policymakers. Global Warming of 1.5°C*. An IPCC Special Report on the impacts of global warming of 1.5°C above pre-industrial levels and related global greenhouse gas emission pathways, in the context of strengthening the global response to the threat of climate change, sustainable development, and efforts to eradicate poverty. Geneva, IPCC. www.ipcc.ch/sr15/chapter/spm/.

_____. 2018b. *Global Warming of 1.5°C*. An IPCC Special Report on the impacts of global warming of 1.5°C above pre-industrial levels and related global greenhouse gas emission pathways, in the context of strengthening the global response to the threat of climate change, sustainable development, and efforts to eradicate poverty. IPCC. www.ipcc.ch/site/assets/uploads/sites/2/2019/07/SR15_Full_Report_Low_Res.pdf.

_____. 2019a. *IPCC Special Report on the Ocean and Cryosphere in a Changing Climate*. Geneva, IPCC. www.ipcc.ch/srocc/.

_____. 2019b. *Climate Change and Land*. An IPCC Special Report on climate change, desertification, land degradation, sustainable land management, food security, and greenhouse gas fluxes in terrestrial ecosystems. IPCC. www.ipcc.ch/srccl-report-download-page/.

_____. 2019c. *Summary for Policymakers. Climate Change and Land*. IPCC Special Report. www.ipcc.ch/report/srccl/.

IRENA (International Renewable Energy Agency). 2015. *Renewable Energy in the Water, Energy and Food Nexus*. Abu Dhabi, IRENA. www.irena.org/documentdownloads/publications/irena_water_energy_food_nexus_2015.pdf.

Islamic Republic of Mauritania. 2004. *National Adaptation Programme of Action (NAPA-RIM) to Climate Change*. Nouakchott, Ministry of Rural Development and of Environment, Islamic Republic of Mauritania. www4.unfccc.int/sites/NAPC/Country%20Documents/Parties/mau01e.pdf.

ISO (International Organization for Standardization). 2019. *ISO/DIS 14007: Environmental Management: Guidelines for Determining Environmental Costs and Benefits*. www.iso.org/standard/70139.html.

IUCN (International Union for Conservation of Nature and Natural Resources). 2017. *Ecosystem-Based Adaptation*. IUCN Issues Brief. Gland, Switzerland, IUCN. www.iucn.org/sites/dev/files/import/downloads/ecosystem-based_adaptation_issues_brief_final.pdf.

_____. 2018. *Drylands and Climate Change*. Issues Brief. IUCN website. www.iucn.org/resources/issues-briefs/drylands-and-climate-change.

Iza, A. and Stein, R. (eds). 2009. *RULE – Reforming Water Governance*. Gland, Switzerland, International Union for Conservation of Nature and Natural Resources (IUCN). portals.iucn.org/library/efiles/documents/2009-002.pdf.

Jiménez, A. and Pérez-Foguet, A. 2010. Building the role of local government authorities towards the achievement of the human right to water in rural Tanzania. *Natural Resources Forum*, Vol. 34, No. 2, pp. 93–105. doi.org/10.1111/j.1477-8947.2010.01296.x.

Jollymore, A., Haines, M. J., Satterfield, T. and Johnson, M. S. 2017. Citizen science for water quality monitoring: Data implications of citizen perspectives. *Journal of Environmental Management*, Vol. 200, pp. 456–467. doi.org/10.1016/j.jenvman.2017.05.083.

Jones, E., Qadir, M., Van Vliet, M. T. N., Smakhtin, V. and Kang, S. 2019. The state of desalination and brine production: A global outlook. *Science of The Total Environment*, Vol. 657, pp. 1343–1356. doi.org/10.1016/j.scitotenv.2018.12.076.

Jouravlev, A. 2018. *Water, Energy and Food Nexus in America Latina and the Caribbean: Impacts*. Presentation for the 2nd Nexus Dialogues Programme Executive Committee Meeting and Partners Meeting, 1–2 March 2018, Brussels. United Nations Economic Commission for Latin America and the Caribbean (UNECLAC). www.cepal.org/sites/default/files/news/files/brussels_01_03_2018_aj.pdf.

Kabat, P. and Van Schaik, H. (eds.). 2003. *Climate Changes the Water Rules: How Water Managers can Cope with Today's Climate Variability and Tomorrow's Climate Change*. Delft/Wageningen, The Netherlands, Dialogue on Water and Climate.

Kalra, A., Piechota, T. C., Davies, R. and Tootle, G. A. 2008. Changes in U.S. streamflow and Western U.S. snowpack. *Journal of Hydrologic Engineering*, Vol. 13, No. 3, pp. 156–163. dx.doi.org/10.1061/(ASCE)1084-0699(2008)13:3(156).

Kampschreur, M. J., Temmink, H., Kleerebezen, R., Jetten, M. S. M. and Van Loosdrecht, M. C. M. 2009. Nitrous oxide emission during wastewater treatment. *Water Research*, Vol. 43, No. 17, pp. 4093–4103. doi.org/10.1016/j.watres.2009.03.001.

Kang, S., and Eltahir, E. A. B. 2018. North China Plain threatened by deadly heatwaves due to climate change and irrigation. *Nature Communications*, Vol. 9, No. 2894. doi.org/10.1038/s41467-018-05252-y.

Keddy, P. A. 2010. *Wetland Ecology: Principles and Conservation*. Second Edition. New York, Cambridge University Press.

Kelles-Viitanen, A. 2018. *Custodians of Culture and Biodiversity: Indigenous Peoples take Charge of their Challenges and Opportunities*. International Fund for Agricultural Development (IFAD) Innovation Mainstreaming Initiative/Government of Finland. www.ifad.org/documents/38714170/40861543/custodians_biodiversity.pdf/002993bc-6139-44cf-86a6-07acce712a0d.

Keys, P. W. and Falkenmark, M. 2018. Green water and African sustainability. *Food Security*, Vol. 10, No. 3, pp. 537–548. doi.org/10.1007/s12571-018-0790-7.

Kibret, S., Lautze, J., McCartney, M., Glenn Wilson, G. and Nhamo, L. 2015. Malaria impact of large dams in sub-Saharan Africa: Maps, estimates and predictions. *Malaria Journal*, Vol. 14, No. 339. doi.org/10.1186/s12936-015-0873-2.

Kibret, S., Lautze, J., McCartney, M., Nhamo, L. and Wilson, G. G. 2016. Malaria and large dams in sub-Saharan Africa: Future impacts in a changing climate. *Malaria Journal*, Vol. 15, No. 448. doi.org/10.1186/s12936-016-1498-9.

Kim, J., Kirschke, S. and Avellán, T. 2018. *Well-Designed Citizen Science Projects can Help Monitor SDG 6*. SDG Knowledge Hub, International Institute for Sustainable development (IISD). sdg.iisd.org/commentary/guest-articles/well-designed-citizen-science-projects-can-help-monitor-sdg-6/.

Kirschke, S. and Newig, J. 2017. Addressing complexity in environmental management and governance. *Sustainability*, Vol. 9, No. 6, Art. 983. doi.org/10.3390/su9060983.

Kjellén, M. 2006. *From Public Pipes to Private Hands: Water Access and Distribution in Dar es Salaam, Tanzania*. PhD Thesis. Stockholm, Department of Human Geography. Stockholm University.

_____. 2019. *Climate Change Reveals Underlying Threats to Urban Water*. UNDP website. www.undp.org/content/undp/en/home/blog/2019/climate-change-reveals-underlying-threats-to-urban-water.html.

Klapper, H. 2003. Technologies for lake restoration. *Journal of Limnology*, Vol. 62, No 1s, pp. 73–90. doi.org/10.4081/jlimnol.2003.s1.73.

Klemm, O., Schemenauer, R.S., Lummerich, A., Cereceda, P., Marzol, V., Corell, D., Van Heerden, J., Reinhard, D., Gherezghiher, T., Olivier, J., Osses, P., Sarsour, J., Frost, E., Estrela, M. J., Valiente, J. A. and Fessehaye, G.M. 2012. Fog as a fresh-water resource: Overview and perspectives. *Ambio*, Vol. 41, pp. 221–234. doi.org/10.1007/s13280-012-0247-8.

Koch, I. C., Vogel, C. and Patel, Z. 2006. Institutional dynamics and climate change adaptation in South Africa. *Mitigation and Adaptation Strategies for Global Change*, Vol. 12, No. 8, pp. 1323–1339. Doi.org/10.1007/s11027-006-9054-5.

Koech, R. and Langat, P. 2018. Improving irrigation water use efficiency: A review of advances, challenges and opportunities in the Australian context. *Water*, Vol. 10, No. 12, Art. 1771. doi.org/10.3390/w10121771.

Kölbel, J., Strong, C., Noe, C. and Reig, P. 2018. *Mapping Public Water Management by Harmonizing and Sharing Corporate Water Risk Information*. Technical Note. World Research Institute (WRI). www.wri.org/publication/mapping-public-water.

Konecny, K., Ballhorn, U., Navratil, P., Jubanski, J., Page, S. E., Tansey, K., Hooijer, A., Vernimmen, R. and Siegert, F. 2016. Variable carbon losses from recurrent fires in drained tropical peatlands. *Global Change Biology*, Vol. 22, No. 4, pp. 1469–1480. doi.org/10.1111/gcb.13186.

Koohafkan, P., Salman, M. and Casarotto, C. 2011. *Investments in Land and Water*. State of Land and Water Resources (SOLAW) Background Thematic Report No. 17. Rome, Food and Agriculture Organization of the United Nations. www.fao.org/fileadmin/templates/solaw/files/thematic_reports/TR_17_web.pdf.

Kressig, A., Byers, L., Friedrich, J., Luo, T. and McCormick, C. 2018. *Water Stress Threatens Nearly Half the World's Thermal Power Plant Capacity*. WRI website. www.wri.org/blog/2018/04/water-stress-threatens-nearly-half-world-s-thermal-power-plant-capacity.

Kundzewicz, Z. W. and Schellnhuber, H. J. 2004. Floods in the IPCC TAR Perspective. *Natural Hazards*, Vol. 31, No. 1, pp. 111–128. doi.org/10.1023/B:NHAZ.0000020257.09228.7b.

## L

Lahnsteiner, J. and Lempert, G. 2007. Water Management in Windhoek, Namibia. *Water Science & Technology*, Vol. 55, No. 1-2, pp. 441–448. doi.org/10.2166/wst.2007.022.

Laugier, M. C., Means III, E. G., Daw, J. A. and Hurley, M. 2010. Climate change and adaptation in southern California. C. Howe, J. B. Smith and J. Henderson (eds.), *Climate Change and Water: International Perspectives on Mitigation and Adaptation*. American Water Works Association (AWWA)/IWA Publishing.

Law, Y., Ye, L., Pan Y. and Yuan, Z. 2012. Nitrous oxide emissions from wastewater treatment processes. *Philosophical Transactions of the Royal Society B*, Vol. 367, No. 1593, pp. 1265–1277 doi.org/10.1098/rstb.2011.0317.

Law, I., Menge, J. and Cunliffe, D. 2015. Validation of the Goreangab reclamation plant in Windhoek, Namibia against the 2008 Australian Guidelines for water recycling. *Journal of Water Reuse and Desalination*, Vol. 5, No. 1, pp. 64–71 doi.org/10.2166/wrd.2014.138.

Leach, B. 2019. *School Strike for Climate #FridaysForFuture*. Climate Museum UK website. climatemuseumuk.org/2019/07/10/school-strike-for-climate-fridaysforfuture/.

Lebel, L., Manuta, J. B. and Garden, P. 2011. Institutional traps and vulnerability to changes in climate and flood regimes in Thailand. *Regional Environmental Change*, Vol. 11, No. 1, pp. 45–58. doi.org/10.1007/s10113-010-0118-4.

Leonard, G. S., Johnston, D. M., Paton, D., Christianson, A., Becker, J. and Keys, H. 2007. Developing effective warning systems: Ongoing research at Ruapehu volcano, New Zealand. *Journal of Volcanology and Geothermal Research*, Vol. 172, No. 3–4, pp. 199–215. doi.org/10.1016/j.jvolgeores.2007.12.008.

Li, W. W., Yu, H. Q. and Rittmann, B. E. 2015. Reuse water pollutants. *Nature News*, Vol. 528, No. 7580, p. 29–31. doi.org/10.1038/528029a.

Li, Y., Kinzelbach, W., Hou, J., Wang, H., Yu, L., Wang, L., Chen, F., Yang, Y., Li, N., Li, Y., He, P., Jäger, D., Henze, J., Li, H., Li, W. and Hagmann, A. 2018. *Strategic Rehabilitation of Overexploited Aquifers through the Application of Smart Water Management: Handan Pilot Project in China*. Deajeon, Republic of Korea, K-water. www.iwra.org/wp-content/uploads/2018/11/5-SWM-China-final.pdf.

Lin, P., He, Z., Gong, Z. and Wu, J. 2018. Coastal Reservoirs in China. *Hydrolink*, No. 2018-1, pp. 6–9.

Liu, J., Xiang, C., Shao, W. and Luan, Y. 2016. Sponge city construction in Xiamen, China. *Hydrolink*, No. 2016-4. doi.org/10.3390/w9090594.

Lopez-Gunn, E., Zorrilla, P., Prieto, F. and Llamas, M. R. 2012. Lost in translation? Water efficiency in Spanish agriculture. *Agricultural Water Management*, Vol. 108, pp. 83–95. doi.org/10.1016/j.agwat.2012.01.005.

Lovgren, S. 2019. *Mekong River at its Lowest in 100 Years, Threatening Food Supply*. National Geographic website. www.nationalgeographic.com/environment/2019/07/mekong-river-lowest-levels-100-years-food-shortages/.

Lyons, S. 2015. The Jakarta floods of Early 2014: Rising risks in one of the world's fastest sinking cities. IMO (International Organization for Migration), *The State of Environmental Migration 2015 – A Review of 2014*. IOM. publications.iom.int/fr/books/state-environmental-migration-2015-review-2014.

## M

Maktabifard, M., Zaborowska, E. and Makinia, J. 2018. Achieving energy neutrality in wastewater treatment plants through energy savings and enhancing renewable energy production. *Reviews in Environmental Science and Bio/Technology*, Vol. 17, pp. 655–689. doi.org/10.1007/s11157-018-9478-x.

Manfreda, S., McCabe, M. F., Miller, P. E., Lucas, R., Madrigal, V. P., Mallinis, G., Dor, E. B., Helman, D., Estes, L., Ciraolo, G., Müllerová, J., Tauro, F., De Lima, M. I., De Lima, J. L. M. P., Maltese, P., Francs, F., Cayon, K., Kohv, M., Perks, M., Ruiz-Pérez, G., Su, Z., Vico, G. and Toth, B. 2018. On the use of unmanned aerial systems for environmental monitoring. *Remote Sensing*, Vol. 10, No. 4, Art. 641. doi.org/10.3390/rs10040641.

March, H., Morote, Á. F., Rico, A.-M. and Saurí, D. 2017. Household smart water metering in Spain: Insights from the experience of remote meter reading in Alicante. *Sustainability*, Vol. 9, No. 4. doi.org/10.3390/su9040582.

Marence, M., Tesgera, S. L. and Franca, M. J. 2018. Towards the circularization of the energy cycle by implementation of hydroelectricity production in existing hydraulic systems. S. Barchiesi, C. Carmona-Moreno, C. Dondeynaz and M. Biedler (eds.), *Proceedings of the Workshop on Water-Energy-Food-Ecosystems (WEFE) Nexus and Sustainable Development Goals (SDGs)*. JRC Conference and Workshops Reports. Brussels, European Commission (EC), pp. 25–31.

Matthews, J. H., Timboe, I., Amani, A., Bhaduri, A., Dalton, J., Dominique, K., Fletcher, M., Gaillard-Picher, D., Holmgren, T., Leflaive, X., McClune, K., Mishra, A., Koeppel, S., Kerres, M., Krahl, D., Kranefeld, R., Panella, T., Rodriguez, D., Singh, A., Tol, S., White, M., Van de Guchte, C., Van Weert, F., Vlaanderen, N. and Yokota, T. 2018. *Mastering Disaster in a Changing Climate: Reducing disaster through resilient water management*. Global Water Forum website. globalwaterforum.org/2018/12/02/mastering-disaster-in-a-changing-climate-reducing-disaster-risk-through-resilient-water-management/.

McDonald, R. and Shemie, D. 2014. *Urban Water Blueprint: Mapping Conservation Solutions to the Global Water Challenge*. The Nature Conservancy/C40 Cities Climate Leadership Group/International Water Association. www.iwa-network.org/wp-content/uploads/2016/06/Urban-Water-Blueprint-Report.pdf.

McGill, B. M., Altchenko, Y., Hamilton, S. K., Kenabatho, P. K., Sylvester, S. R. and Villholth, K. G. 2019. Complex interactions between climate change, sanitation, and groundwater quality: A case study from Ramotswa, Botswana. *Hydrogeology Journal*, Vol. 27, No. 3, pp. 997–1015. doi.org/10.1007/s10040-018-1901-4.

McGranahan, G., Lewin, S., Fransen, T., Hunt, C., Kjellén, M., Pretty, J., Stephens, C. and Virgin, I. 1999. *Environmental Change and Human Health in Countries of Africa, the Caribbean and the Pacific*. Stockholm, Stockholm Environment Institute (SEI). mediamanager.sei.org/documents/Publications/Risk-livelihoods/environmental_change_human_health_africa.pdf.

McGranahan, G., Balk, D. and Anderson, B. 2007. The rising tide: Assessing the risks of climate change and human settlements in low elevation coastal zones. *Environment and Urbanization*, Vol. 19, No. 1. doi.org/10.1177/0956247807076960.

McGray, H., Hammill, A. and Bradley, R. 2007. *Weathering the Storm: Options for Framing Adaptation and Development*. Washington, DC, World Resources Institute. pdf.wri.org/weathering_the_storm.pdf.

McKinsey & Company. 2018. *Decarbonization of Industrial Sectors: The Next Frontier*. McKinsey & Company. www.mckinsey.com/~/media/McKinsey/Business%20Functions/Sustainability/Our%20Insights/How%20industry%20can%20move%20toward%20a%20low%20carbon%20future/Decarbonization-of-industrial-sectors-The-next-frontier.ashx.

McMichael, A. J., Campbell-Lendrum, D., Kovats, S., Edwards, S., Wilkinson, P., Wilson, T., Nicholls, R., Hales, S., Tanser, F., Le Sueur, D., Schlesinger, M. and Andronova, N. 2004. Global climate change. M. Ezzati, A. D. Lopez, A. Rodgers and C J. L. Murray (eds.), *Comparative Quantification of Health Risks: Global and Regional Burden of Disease Attributable to Selected Major Risk Factors*. Geneva, World Health Organization (WHO), pp. 1543–1650. apps.who.int/iris/bitstream/handle/10665/42792/9241580348_eng_Volume1.pdf;jsessionid=50DC4781DE24E85BD82C9F800690877F?sequence=1.

Meera, P., McLain, M. L., Bijlani, K., Jayakrishnan, R. and Rao, B. R. 2016. Serious game on flood risk management. N. R. Shetty, L. M. Patnaik, N. H. Prasad and N. Nalini (eds.) *Emerging Research in Computing, Information, Communication and Applications*. New Delhi, Springer.

Mekonnen, M. M. and Hoekstra, A. Y. 2012. A global assessment of the water footprint of farm animal products. *Ecosystems*, Vol. 15, No. 3, pp. 401–415. doi.org/10.1007/s10021-011-9517-8.

_____. 2016. Four billion people facing severe water scarcity. *Science Advances*, Vol. 2, No. 2. doi.org/10.1126/sciadv.1500323.

Mendoza, G., Jeuken, A., Matthews, J. H., Stakhiv, E., Kucharski, J. and Gilroy, K. 2018. *Climate Risk Informed Decision Analysis (CRIDA): Collaborative Water Resources Planning for an Uncertain Future*. Paris, United Nations Educational, Scientific and Cultural Organization (UNESCO). unesdoc.unesco.org/ark:/48223/pf0000265895.

Metzger, E., Owens, B., Reig, P., Wen, W. H. and Young, R. 2016. *Water-Energy Nexus: Business Risks and Rewards*. Washington, DC, World Resources Institute. www.wri.org/publication/water-energy-nexus.

Mgbemene, C. A., Nnaji, C. C. and Nwozor, C. 2016. Industrialization and its backlash: Focus on climate change and its consequences. *Journal of Environmental Science and Technology*, Vol. 9, No. 4, pp. 301–316. doi.org/10.3923/jest.2016.301.316.

Miletto, M., Caretta, M. A., Burchi, F. M. and Zanlucchi, G. 2017. *Migration and its Interdependencies with Water Scarcity, Gender and Youth Employment*. World Water Assessment Programme. Paris, United Nations Educational, Scientific and Cultural Organization (UNESCO). unesdoc.unesco.org/images/0025/002589/258968E.pdf.

Miletto, M., Pangare, V. and Thuy, L. 2019. Tool 1 – Gender-Responsive Indicators for Water Assessment, Monitoring and Reporting. World Water Assessment Programme Toolkit on Sex-Disaggregated Water Data. Paris, United Nations Educational, Scientific and Cultural Organization (UNESCO). unesdoc.unesco.org/ark:/48223/pf0000367971.

Miller, D. and Hutchins, M. 2017. The impacts of urbanisation and climate change on urban flooding and urban water quality: A review of the evidence concerning the United Kingdom. *Journal of Hydrology: Regional Studies*, Vol. 12, pp. 345–362. doi.org/10.1016/j.ejrh.2017.06.006.

Milly, P. C. D., Dunne, K. A. and Vecchia, A. V. 2005. Global pattern of trends in streamflow and water availability in a changing climate. *Nature*, Vol. 438, No. 7066, pp. 347–350. doi.org/10.1038/nature04312.

Milly, P. C. D., Betancourt, J., Falkenmark, M., Hirsch, R. M., Kundzewicz, Z. W., Lettenmaier, D. P. and Stouffer, R. J. 2008. Stationarity is dead: Whither water management? *Science*, Vol. 319, No. 5863, pp. 573–574. doi.org/10.1126/science.1151915.

Min, S. K., Zhang, X., Zwiers, F. W. and Hegerl, G. C. 2011. Human contribution to more-intense precipitation extremes. *Nature*, Vol. 470, No. 7334, pp. 378–381. doi.org/10.1038/nature09763.

Ministry of Ecology and Natural Resources of Ukraine. 2013. *National Communication (NC): NC 6*. unfccc.int/documents/198421.

Ministry of Economy and Finance of Mauritania. 2017. *SCAPP 2016-2030 : Stratégie de Croissance Accélérée et de Prospérité Partagée, Volume 2 : Orientations Stratégiques & Plan d'actions 2016-2020* [SCAPP 2016-2030: Strategy for Accelerated Growth and Shared Prosperity, Volume 2: Strategic Orientations and Action Plans 2016-2020]. Islamic republic of Mauritania. www.economie.gov.mr/IMG/pdf/scapp_volume_2_-_fr_16-11-2017.pdf. (In French.).

Ministry of Energy of the Republic of Kazakhstan/UNDP (United Nations Development Programme) in Kazakhstan/GEF (Global Environment Facilities). 2017. *Seventh National Communication and Third Biennial Report of the Republic of Kazakhstan to the UN Framework Convention on Climate Change*. Astana, Ministry of Energy of the Republic of Kazakhstan. unfccc.int/sites/default/files/resource/20963851_Kazakhstan-NC7-BR3-1-ENG_Saulet_Report_12-2017_ENG.pdf.

Ministry of Environment and Forests of Bangladesh. 2009. *Bangladesh Climate Change Strategy and Action Plan 2009*. Dhaka, Ministry of Environment and Forests, Government of the People's Republic of Bangladesh.

Ministry of Environment and Physical Planning of the Republic of Macedonia. 2014. *Third National Communication on Climate Change*. Skopje, Ministry of Environment and Physical Planning. unfccc.org.mk/content/Documents/TNP_ANG_FINAL.web.pdf.

Ministry of Environment of Chile. 2014. *Plan Nacional de Adaptación al Cambio Climático* [National Plan for Climate Change Adaptation]. Government of Chile. www4.unfccc.int/sites/NAPC/Documents/Parties/Chile%20NAP%20including%20sectoral%20plans%20Spanish.pdf.

Ministry of Local Affairs and Environment of Tunisia/GEF (Global Environment Facilities)/UNDP (United Nations Development Programme). 2019. *Tunisia's Third National Communication as Part of the United Nations Framework Convention on Climate Change*. unfccc.int/sites/default/files/resource/Synth%C3%A8se%20Ang%20Finalis%C3%A9.pdf.

Ministry of the Environment of the Republic of Kenya. 2013. *The National Water Master Plan 2030*. The Republic of Kenya. wasreb.go.ke/national-water-master-plan-2030/.

Moazamnia, M., Hassanzadeh, Y., Nadiri, A. A., Khatibi, R., Sadeghfam, S. 2019. Formulating a strategy to combine artificial intelligence models using Bayesian model averaging to study a distressed aquifer with sparse data availability. *Journal of Hydrology*, Vol. 571, pp. 765-781. doi.org/10.1016/j.jhydrol.2019.02.011.

Mobjörk, M., Gustafsson, M.-T., Sonnsjö, H., Van Baalen, S., Dellmuth, L. M. and Bremberg, N. 2016. *Climate-Related Security Risks. Towards an Integrated Approach*. Solna/Stockholm, Sweden, Stockholm International Peace Research Institute (SIPRI)/Stockholm University. www.sipri.org/publications/2016/climate-related-security-risks.

Mohammed, H., Longva, A. and Seidu, R. 2018. Predictive analysis of microbial water quality using machine-learning algorithms. *Journal of Environmental Research, Engineering and Management*, Vol. 74, No. 1, pp. 7–20. doi.org/10.5755/j01.erem.74.1.20083.

Molle, F. and Tanouti, O. 2017. Squaring the circle: Agricultural intensification vs. water conservation in Morocco. *Agricultural Water Management*, Vol. 192, pp. 170–179. doi.org/10.1016/j.agwat.2017.07.009.

Molle, F. and Wester, P. (eds). 2009. *River Basin Trajectories: Societies, Environments and Development*. Wallingford, UK, Centre for Agriculture and Bioscience International. www.iwmi.cgiar.org/Publications/CABI_Publications/CA_CABI_Series/River_Basin_Trajectories/9781845935382.pdf.

Moomaw, W. R., Chmura, G. L., Davies, G. T., Finlayson, C. M., Middleton, B. A., Natali, S. M., Perry, J. E., Roulet, N. and Sutton-Grier, A. E. 2018. Wetlands in a changing climate: Science, policy and management. *Wetlands*, Vol. 38, No. 2, pp. 183–205. doi.org/10.1007/s13157-018-1023-8.

Moran, E. F., Lopez, M. C., Moore, N., Müller, N. and Hyndman, D. W. 2018. Sustainable hydropower in the 21st century. *Proceedings of the National Academy of Sciences of the United State of America*, Vol. 115, No. 47, pp. 11891–11898. doi.org/10.1073/pnas.1809426115.

MRC (Mekong River Commission). 2016. *Integrated Water Resources Management-Based Basin Development Strategy 2016–2020 for the Lower Mekong Basin*. Vientiane, MRC. www.mrcmekong.org/assets/Publications/strategies-workprog/MRC-BDP-strategy-complete-final-02.16.pdf.

_____. 2018. *Mekong Climate Change Adaptation Strategy and Action Plan*. Vientiane, MRC. www.mrcmekong.org/assets/Publications/MASAP-book-28-Aug18.pdf.

Mukherji, A., Chowdhury, D. R., Fishman, R., Lamichane, N., Khadgi, V. and Bajracharya, S. 2017. *Sustainable Financial Solutions for the Adoption of Solar Powered Irrigation Pumps in Nepal's Terai*. International Centre for Integrated Mountain Development (ICIMOD) Research Highlight. Kathmandu, ICIMOD. lib.icimod.org/record/32565/files/icimodWLE2.pdf.

MunichRe, NatCatSERVICE. 2019. *NatCatService*. Natural catastrophe statistics online. MunichRE website. www.munichre.com/en/reinsurance/business/non-life/natcatservice/index.html.

Muthuwatta, L., Amarasinghe, U. A., Sood, A. and Surinaidu, L. 2017. Reviving the "Ganges Water Machine": Where and how much? *Hydrology and Earth System Science*, Vol. 21, pp. 2545–2557. doi.org/10.5194/hess-21-2545-2017.

## N

NAS (National Academy of Science). 2016. *Attribution of Extreme Weather Events in the Context of Climate Change*. Washington, DC, The National Academies Press. doi.org/10.17226/21852.

National Council of Urban and Rural Development. 2014. *Plan Nacional de Desarrollo K'atun: Nuestra Guatemala 2032* [K'atun National Development Plan: Our Guatemala 2032]. Guatemala. www.undp.org/content/dam/guatemala/docs/publications/undp_gt_PND_Katun2032.pdf. (In Spanish.)

National Council on Climate Change. 2016. *Plan de acción nacional de cambio climático. En cumplimiento del Decreto 7-2013 del Congreso de la Republica* [National Climate Change Action Plan. In Accomplishment of Decree 7-2013 of the Congress of the Republic]. Guatemala. (In Spanish.)

National Development and Reform Commission of China. 2013. *The National Plan for Addressing Climate Change (2013–2020).*

NERC (Natural Environment Research Council). 2019. *Citizen Scientists Needed to Unearth Historic Weather Records to Help Predict Future Climate*. NERC website. nerc.ukri.org/press/releases/2019/11-citizen/.

Newborne, P., and Dalton, J. 2016. *Water Management and Stewardship: Taking Stock of Corporate Water Behaviour*. Gland/London, Switzerland/UK, International Union for the Conservation of Nature/Overseas Development Institute (IUCN/ODI). portals.iucn.org/library/sites/library/files/documents/2016-069.pdf.

New Climate Economy. 2018. *Unlocking the Inclusive Growth Story of the 21st Century: Accelerating Climate Action in Urgent Times*. Washington, DC, New Climate Economy. www.newclimateeconomy.report.

Newman, J. P., Maier, H. R., Riddell, G. A., Zecchin, A. C., Daniell, J. E., Schaefer, A. M., Van Delden, H., Khazai, B., O'Flaherty, M. J. and Newland, C. P. 2017. Review of literature on decision support systems for natural hazard risk reduction: Current status and future research directions. *Environmental Modelling & Software*, Vol. 96, pp. 378–409. doi.org/10.1016/j.envsoft.2017.06.042.

New South Wales Government Department of Planning and Environment. 2017. *State Significant Development Assessment, Springvale Water Treatment Project (SSD 7592)*. New South Wales Department of Planning and Environment. majorprojects.planningportal.nsw.gov.au/prweb/PRRestService/mp/01/getContent?AttachRef=SSD-7592%2120190227T234230.096%20GMT.

Niasse, M. 2017. *Coordinating Land and Water Governance for Food Security and Gender Equality*. Technical Committee (TEC) Background Papers No. 24. Stockholm, Global Water Partnership (GWP). www.gwp.org/globalassets/global/toolbox/publications/background-papers/gwp-tec-no-24_web.pdf.

Northrop, E., Biru, H., Lima, S., Bouye, M. and Song, R. 2016. *Examining the Alignment between the Intended Nationally Determined Contributions and Sustainable Development Goals*. Working Paper. Washington, DC, World Resources Institute (WRI). www.wri.org/publication/examining-alignment-between-intended-nationally-determined-contributions-and-sustainable.

NRDC (Natural Resources Defense Council). 2017. *National Development Banks and Green Investment Banks: Mobilizing Finance in Latin America and the Caribbean toward the Implementation of Nationally Determined Contributions*. NRDC. www.nrdc.org/sites/default/files/national-development-banks.pdf.

Oates, N., Ross, I., Calow, R., Carter, R. and Doczi, J. 2014. *Adaptation to Climate Change in Water, Sanitation and Hygiene – Assessing Risks, Appraising Options in Africa*. London, Overseas Development Institute (ODI). www.odi.org/publications/8154-adaptation-climate-change-water-sanitation-and-hygiene-assessing-risks-appraising-options-africa.


O


OCCIAR (Ontario Centre for Climate Impacts and Adaptation Resources). 2015. *Climate Change Impacts & Adaptation in Ontario: Industry*. OCCIAR. www.climateontario.ca/doc/RACII/National_Assessment_Syntheses/SummarySheets/Chapter5-Industry.pdf.

ODI/ECDPM/GDI (Overseas Development Institute/European Centre for Development Policy Management/German Development Institute). 2012. *The 2011/2012 European Report on Development – Confronting Scarcity: Managing Water, Energy and Land for Inclusive and Sustainable Growth*. European Union (EU).

OECD (Organisation for Economic Co-operation and Development). 2008. *Gender and Sustainable Development: Maximising the Economic, Social and Environmental Role of Women*. Paris, OECD Publishing. doi.org/10.1787/9789264049901-en.

_____. 2012. *OECD Environmental Outlook to 2050: The Consequences of Inaction*. Paris, OECD Publishing. www.oecd-ilibrary.org/docserver/9789264122246-en.pdf?expires=1576513787&id=id&accname=ocid177643&checksum=E5D1E6D4DB78962941DAA08F2B58D805.

_____. 2015. *OECD Principles on Water Governance*. Adopted by the OECD Regional Development Policy Committee on 11 May 2015. Welcomed by Ministers at the OECD Ministerial Council Meeting on 4 June 2015. www.oecd.org/cfe/regional-policy/OECD-Principles-on-Water-Governance.pdf.

_____. 2018. *Climate Finance from Developed to Developing Countries: Public Flows in 2013-17*. Paris, OECD Publishing. www.oecd.org/environment/cc/Climate-finance-from-developed-to-developing-countries-Public-flows-in-2013-17.pdf.

OECD/FAO (Organisation for Economic Co-operation and Development/Food and Agriculture Organization of the United Nations). 2018. *OECD-FAO Agricultural Outlook 2018–2027*. Paris/Rome, OECD Publishing/FAO. doi.org/10.1787/agr_outlook-2018-en.

_____. 2019. *OECD-FAO Agricultural Outlook 2019–2028*. Paris, OECD Publishing. doi.org/10.1787/agr_outlook-2019-en.

Ohara, M., Nagumo, N., Shrestha, B. B. and Sawano, H. 2018. Evidence-based contingency planning to enhance local resilience to flood disasters. J. Abbot and A. Hammond (eds.), *Recent Advances in Flood Risk Management*. IntechOpen. www.intechopen.com/books/recent-advances-in-flood-risk-management/evidence-based-contingency-planning-to-enhance-local-resilience-to-flood-disasters.

Okaka, F. O. and Odhiambo, B. D. O. 2018. Relationship between flooding and out break of infectious diseases in Kenya: A review of the literature. *Journal of Environmental and Public Health*. doi.org/10.1155/2018/5452938.

Oliveira, J. A. P. 2009. The implementation of climate change related policies at the subnational level: An analysis of three countries. *Habitat International*, Vol. 33, No. 3, pp. 253–259. doi.org/10.1016/j.habitatint.2008.10.006.

OPCC (Pyrenees Climate Change Observatory) n.d. *Citizen Science*. OPCC website. www.opcc-ctp.org/en/contenido/citizen-science.

Otoo, M., Lefore, N., Schmitter, P., Barron, J. and Gebregziabher, G. 2018. *Business Model Scenarios and Suitability: Smallholder Solar Pump-Based Irrigation in Ethiopia. Agricultural Water Management – Making a Business Case for Smallholders*. Research Report No. 172. Colombo, International Water Management Institute (IWMI). doi.org/10.5337/2018.207.

Owain, E. L. and Maslin, M. A. 2018. Assessing the relative contribution of economic, political and environmental factors on past conflict and the displacement of people in East Africa. *Palgrave Communications*, Vol. 4, Art. 47. doi.org/10.1057/s41599-018-0096-6.

Oxfam International. n.d. *Empowering Women Farmers to End Hunger and Poverty*. Oxfam International website. oxf.am/2zibDck.

Oxford Business Group. 2014. *The Report: Qatar 2014*. Oxford Business Group. oxfordbusinessgroup.com/qatar-2014-0.


## P

Pahl-Wostl, C., Kabat, P. and Moltgen, J. (eds). 2010. *Adaptive and Integrated Water Management: Coping with Complexity and Uncertainty*. Berlin/New York, Springer-Verlag Berlin Heidelberg.

Pappenberger, F., Hannah, C., Dennis, P., Fredrik, W., David, R. and Jutta, T. 2015. The monetary benefit of early flood warnings in Europe. *Environmental Science & Policy*, Vol. 51, pp. 278–291. doi.org/10.1016/j.envsci.2015.04.016.

Parker, D. J. and Priest, S. J. 2012. The fallibility of flood warning chains: Can Europe's flood warnings be effective? *Water Resources Management*, Vol. 26, No. 10, pp. 2927–2950. doi.org/10.1007/s11269-012-0057-6.

Paul, L. and Pütz, K. 2008. Suspended matter elimination in a pre-dam with discharge dependent storage level regulation. *Limnologica*, Vol. 38, No. 3–4, pp. 388–99. doi.org/10.1016/j.limno.2008.07.001.

PBL Netherlands Environmental Assessment Agency. 2014. *Towards a World of Cities in 2050: An Outlook on Water-Related Challenges*. Background report to the UN-Habitat Global Report. The Hague, The Netherlands, PBL Netherlands Environmental Assessment Agency. www.pbl.nl/en/publications/towards-a-world-of-cities-in-2050-an-outlook-on-water-related-challenges.

_____. 2018. *The Geography of Future Water Challenges*. The Hague, PBL Netherlands Environmental Assessment Agency. www.pbl.nl/sites/default/files/downloads/pbl-2018-the-geography-of-future-water-challenges-2920_2.pdf.

Pelto, M. 2016. Alpine glaciers and ice sheets. J. Blunden and D. S. Arndt (eds.), *State of the Climate in 2015. Special Supplement to the Bulletin of the American Meteorological Society*, Vol. 97, No. 8, pp. S23–S24. doi.org/10.1175/2016BAMSStateoftheClimate.1.

Pepin, N., Bradley, R. S., Diaz, H. F., Baraer, M., Caceres, E. B., Forsythe, N., Fowler, H., Greenwood, G., Hashmi, M. Z., Liu, X. D., Miller, J. R., Ning, L., Ohmura, A., Palazzi, E., Rangwala, I., Schöner, W., Severskiy, I., Shahgedanova, M., Wang, M. B., Williamson, S. N. and Yang, D. Q. 2015. Elevation-dependent warming in mountain regions of the world. *Nature Climate Change*, Vol. 5, No. 5, pp. 424–430. doi.org/10.1038/nclimate2563.

Perera, D., Seidou, O., Agnihotri, J., Rasmy, M., Smakhtin, V., Coulibaly, P. and Mehmood, H. 2019. *Flood Early Warning Systems: A Review of Benefits, Challenges and Prospects*. UNU-INWEH Report Series No. 08. Hamilton, Ont., United Nations University Institute for Water, Environment and Health (UNU-INWEH). inweh.unu.edu/flood-early-warning-systems-a-review-of-benefits-challenges-and-prospects/.

Perry, C., Steduto, P., Allen, R. G. and Burt, C. M. 2009. Increasing productivity in irrigated agriculture: Agronomic constraints and hydrological realities. *Agricultural Water Management*, Vol. 96, No. 11, pp. 1517–1524. doi.org/10.1016/j.agwat.2009.05.005.

Person, M., Wilson, J. L., Morrow, N. and Post, C. E. A. 2017. Continental-shelf freshwater water resources and improved oil recovery by low-salinity waterflooding. *American Association of Petroleum Geologists (AAPG) Bulletin*, Vol. 101, No. 1, pp. 1–18. doi.org/10.1306/05241615143.

Phuntsho, S., Dorji, U. and Smith, K. J. 2019. *Coming to Grips with Water: How Bhutan is Overcoming Water Challenges Magnified by the Onset of Climate Change*. Exposure Story. Climate Adaptation UNDP website. United Nations Development Programme (UNDP). undp-adaptation.exposure.co/coming-to-grips-with-water.

Piao, S., Ciais, P., Huang, Y., Shen, Z., Peng, S., Li, J., Zhou, L., Liu, H., Ma, Y., Ding, Y., Friedlingstein, P., Liu, C., Tan, K., Yu, Y., Zhang, T. and Fang, J. 2010. The impacts of climate change on water resources and agriculture in China. *Nature*, Vol. 467, pp. 43–51. doi.org/10.1038/nature09364.

Picek, T., Čížková, H. and Dušek, J. 2007. Greenhouse gas emissions from a constructed wetland—Plants as important sources of carbon. *Ecological Engineering*, Vol. 31, No. 2, pp. 98–106. doi.org/10.1016/j.ecoleng.2007.06.008.

Pischke, F. and Stefanski, R. 2018. Integrated drought management initiatives. D. Wilhite and R. Pulwarty, *Drought and Water Crises: Integrating Science, Management and Policy*, Second Edition. Boca Raton, Calif., USA/London/New York, CRC Press.

Pittock, J. and Hartmann, J. 2011. Taking a second look: Climate change, periodic relicensing and improved management of dams. *Marine and Freshwater Research*, Vol. 62, pp. 312–320. doi.org/10.1071/MF09302.

Poff, N. L., Brinson, M. M. and Day Jr, J. W. 2002. *Aquatic Ecosystems and Global Climate Change: Potential Impacts on Inland Freshwater and Coastal Wetland Ecosystems in the United States*. Prepared for the Pew Center on Global Climate Change. www.pewtrusts.org/-/media/legacy/uploadedfiles/wwwpewtrustsorg/reports/protecting_ocean_life/envclimateaquaticecosystemspdf.pdf.

Polade, S. D., Pierce, D. W., Cayan, D. R., Gershunov, A. and Dettinger, M. D. 2014. The key role of dry days in changing regional climate and precipitation regimes. *Scientific Reports*, Vol. 4, Art. 4364, pp. 1–8. doi.org/10.1038/srep04364.

Pories, L. 2016. Income-enabling, not consumptive: Association of household socio-economic conditions with safe water and sanitation. *Aquatic Procedia*, Vol. 6, pp. 74–86. doi.org/10.1016/j.aqpro.2016.06.009.

Post, V., Groen, J., Kooi, H., Person, M. and Ge, S. 2013. Offshore fresh groundwater reserves as a global phenomenon. *Nature*, Vol. 504, pp. 71–78. doi.org/10.1038/nature12858.

PPIC Water Policy Center. 2018. *Storing Water*. California's Water Briefing Series. Public Policy Institute of California (PPIC) Water Policy Center. www.ppic.org/wp-content/uploads/californias-water-storing-water-november-2018.pdf.

Pritchard, H. D. 2019. Asia's shrinking glaciers protect large populations from drought stress. *Nature*, Vol. 569, No. 7758, pp. 649–654. doi.org/10.1038/s41586-019-1240-1.

Pugh, T. A. M., Lindeskog, M., Smith, B., Poulter, B., Arneth, A., Haverd, V. and Calle, L. 2019. The role of forest regrowth in global carbon sink dynamics. *Proceedings of the National Academy of Sciences of the United State of America*, Vol. 116, No. 10, pp. 4382–4387. doi.org/10.1073/pnas.1810512116.

Qadir, M. 2018. Addressing trade-offs to promote safely managed wastewater in developing countries. *Water Economics and Policy*, Vol. 4, No. 2, pp. 1–10. doi.org/10.1142/S2382624X18710029.

Qadir, M., Jiménez, G., Farnum, R. L., Dodson, L. L. and Smakhtin, V. 2018. Fog water collection: Challenges beyond technology. *Water*, Vol. 10, p. 372. doi.org/10.3390/w10040372.

Qadir, M., Sharma, B. R., Bruggeman, A., Choukr-Allah, R. and Karajeh, F. 2007. Non-conventional water resources and opportunities for water augmentation to achieve food security in water scarce countries. *Agricultural Water Management*, Vol. 87, No. 1, pp. 2–22. doi.org/10.1016/j.agwat.2006.03.018.

Qadir, M. and Smakhtin, V. 2018. Where the water is. *Project Syndicate* (17 May 2018). www.project-syndicate.org/commentary/tapping-unconventional-freshwater-sources-by-manzoor-qadir-and-vladimir-smakhtin-2018-05?barrier=accesspaylog.

R20 for Climate Action. 2018. *Up to USD 1.4 Billion to Finance Clean Infrastructure Projects in Africa*. R20 website. regions20.org/2018/09/28/usd-1-4-billion-finance-clean-infrastructure-projects-africa/.

Rafico, R. 2014. Iceberg media. *International Journal of Communication*, Vol. 8, pp. 2525–2530.

Rajagopalan, P., Santamouris, M. and Andamo, M. M. 2017. Public engagement in urban microclimate research: An overview of a citizen science project. M. A. Schnabel (ed.), *Back to the Future: The Next 50 Years*. Wellington, Architectural Science Association. anzasca.net/wp-content/uploads/2017/11/Back-to-the-Future-The-Next-50-Years.pdf.

Ramsar Convention on Wetlands. 2018. *Global Wetland Outlook: State of the World's Wetlands and their Services to People 2018*. Gland, Switzerland, Ramsar Convention Secretariat. www.global-wetland-outlook.ramsar.org/outlook.

Räsänen, T. A., Varis, O., Scherer, L. and Kummu, M. 2018. Greenhouse gas emissions of hydropower in the Mekong River Basin. *Environmental Research Letters*, Vol. 13, No. 3, 034030. doi.org/10.1088/1748-9326/aaa817.

Rasheed, K. B. S. 2008. *Bangladesh: Resource and Environmental Profile*. Dhaka, A H Development Publishing House.

Rasmussen, P., Sonnenborg, T. O., Goncear, G. and Hinsby, K. 2013. Assessing impacts of climate change, sea level rise, and drainage canals on saltwater intrusion to coastal aquifer. *Hydrology and Earth System Science*, Vol. 17, pp. 421–443. doi.org/10.5194/hess-17-421-2013.

Ray, D. K., Gerber, J. S., MacDonald, G. K. and West, P. C. 2015. Climate variation explains a third of global crop yield variability. *Nature Communications*, Vol. 6, Art. 5989, pp. 1–9. doi.org/10.1038/ncomms6989.

Reinmar, S., Dietrich, K., Schweizer, S., Bawa, K. S., Chopde, S., Zaman, F., Sharma, A., Bhattacharya, S., Devkota, L. P. and Khaling, S. 2018. Progress on integrating climate change adaptation and disaster risk reduction for sustainable development pathways in South Asia. Evidence from six research projects. *International Journal of Disaster Risk Reduction*, Vol. 31, pp. 92–101. doi.org/10.1016/j.ijdrr.2018.04.023.

Republic of Cameroon. 2009a. *Document de Stratégie pour la Croissance et l'Emploi (DSCE): Cadre de référence de l'action gouvernementale pour la période 2010–2020* [Strategy Document for Growth and Employment: Reference Framework for Government Action in the Period 2010–2020]. Republic of Cameroon. www.undp.org/content/dam/cameroon/docs-one-un-cameroun/2017/dsce.pdf. (In French.)

_____. 2009b. *Cameroun Vision 2035* [Cameroon Vision 2035]. Republic of Cameroon. extwprlegs1.fao.org/docs/pdf/cmr145894.pdf. (In French.)

_____. 2015. *Plan National d'Adaptation aux Changements Climatiques du Cameroun* [National Climate Change Adaptation Plan of Cameroon]. Republic of Cameroon. www4.unfccc.int/sites/NAPC/Documents/Parties/PNACC_Cameroun_VF_Valid%C3%A9e_24062015%20%20FINAL.pdf. (in French.)

Republic of Indonesia. 2014a. *Rencana Pembangunan Jangka Menengah Nasional 2015-2019* [National Medium Term Development Plan 2015–2019]. extwprlegs1.fao.org/docs/pdf/ins183392.pdf. (In Indonesian.)

_____. 2014b. *National Action Plan on Climate Change*.

Republic of Kazakhstan. 2012. *Strategy "Kazahastan-2050": New Political Course of the Established State*. Address by the President of the Republic of Kazakhstan, Leader of the Nation, N. Nazarbayev. www.akorda.kz/en/addresses/addresses_of_president/address-by-the-president-of-the-republic-of-kazakhstan-leader-of-the-nation-nnazarbayev-strategy-kazakhstan-2050-new-political-course-of-the-established-state.

Republic of Kenya. 2018. *Third Medium Term Plan 2018–2022. Transforming Lives: Advancing Socio-Economic Development through the "Big Four"*. Nairobi, Government of the Republic of Kenya. planning.go.ke/wp-content/uploads/2018/12/THIRD-MEDIUM-TERM-PLAN-2018-2022.pdf.

Republic of Tunisia. 2016. *Transcription of original title* [Development Plan 2016–2020]. www.mdici.gov.tn/wp-content/uploads/2017/06/Volume_Global.pdf. (In Arabic).

Richey, A. S., Thomas, B. F., Lo, M.-H., Reager, J. T., Famiglietti, J. S., Voss, K., Swenson, S. and Rodell, M. 2015. Quantifying renewable groundwater stress with GRACE. *Water Resources Research*, Vol. 51, pp. 5217–5238. doi.org/10.1002/2015WR017349.

Ringler, C., Choufani, J., Chase, C., McCartney, M., Mateo-Sagasta, J., Mekonnen, D. and Dickens, C. 2018. *Meeting the Nutrition and Water Targets of the Sustainable Development Goals: Achieving Progress through Linked Interventions*. WLE Research for Development (R4D) Learning Series No. 7. Colombo/Washington, DC, International Water Management Institute (IWMI) CGIAR Research Program on Water, Land and Ecosystems (WLE)/The World Bank. doi.org/10.5337/2018.221.

Rodell, M., Famiglietti, J. S., Wiese, D. N., Reager, J. T., Beaudoing, H. K., Landerer, F. W. and Lo, M. H. 2018. Emerging trends in global freshwater availability. *Nature*, Vol. 557, No. 7707, pp. 651–659. doi.org/10.1038/s41586-018-0123-1.

Roidt, M. and Avellán, T. 2019. Learning from Integrated Management Approaches to implement the Nexus. *Journal of Environmental Management*, Vol. 237, pp. 609–616. doi.org/10.1016/j.jenvman.2019.02.106.

Rojas, M., Lambert, F., Ramirez-Villegas, J. and Challinor, A. J. 2019. Emergence of robust precipitation changes across crop production areas in the 21st century. *Proceedings of the National Academy of Science of the United States of America*, Vol. 116, No. 14, pp. 6673–6678. doi.org/10.1073/pnas.1811463116.

Rothausen, S. G. and Conway, D. 2011. Greenhouse-gas emissions from energy use in the water sector. *Nature Climate Change*, Vol. 1, No. 4, pp. 210–219. doi.org/10.1038/nclimate1147.

Ruiz, R. 2015. Media environments: Icebergs/screens/history. *Journal of Northern Studies*, Vol. 9, No. 1, pp. 33–50.

Rulli, M. C., Bellomi, D., Cazzoli, A., De Carolis, G. and D'Odorico, P. 2016. The water-land-food nexus of first-generation biofuels. *Scientific Reports*, Vol. 6, Art. 22521. doi.org/10.1038/srep22521.

Ryan, S. F., Adamson, N. L., Aktipis, A., Andersen, L. K., Austin, R., Barnes, L., Beasley, M. R., Bedell, K. D., Briggs, S., Chapman, B., Cooper, C. B., Corn, J. O., Creamer, N. G., Delborne, J. A., Domenico, P., Driscoll, E., Goodwin, J., Hjarding, A., Hulbert, J. M., Isard, S., Just, M. G., Kar Gupta, K., López-Uribe, M. M., O'Sullivan, J., Landis, E. A., Madden, A. A., McKenney, E. A., Nichols, L. M., Reading, B. J., Russell, S., Sengupta, N., Shapiro, L. R., Shell, L. K., Sheard, J. K., Shoemaker, D. D., Sorger, D. M., Starling, C., Thakur, S., Vatsavai, R. R., Weinstein, M., Winfrey, P. and Dunn, R. R. 2018. The role of citizen science in addressing grand challenges in food and agriculture research. *Proceedings of the Royal Society B: Biological Sciences*, Vol. 285, No. 1981. doi.org/10.1098/rspb.2018.1977.


**S**


Sadoff, C. and Muller, M. 2009. *Water Management, Water Security and Climate Change Adaptation: Early Impacts and Essential Responses*. Global Water Partnership Technical Committee (GWP TEC) Background papers No. 14. Stockholm, GWP. www.gwp.org/globalassets/global/toolbox/publications/background-papers/14-water-management-water-security-and-climate-change-adaptation.-early-impacts-and-essential-responses-2009-english.pdf.

San Francisco Water Power Sewer. n.d. *Water Meter Plumbing Leak Check*. San Francisco Water Power Sewer website. sfwater.org/index.aspx?page=527.

Saravanan, V. S., McDonald, G. T. and Mollinga, P. P. 2009. Critical review of Integrated Water Resources Management: Moving beyond polarised discourse. *Natural Resources Forum*, Vol. 33, No. 1, pp. 76–86. doi.org/10.1111/j.1477-8947.2009.01210.x.

Saravi, S., Kalawsky, R., Joannou, D., Casado, M. R., Fu, G. and Meng, F. 2019. Use of artificial intelligence to improve resilience and preparedness against adverse flood events. *Water*, Vol. 11, No. 5, Art. 973. doi.org/10.3390/w11050973.

Sarkar, A. and Pandey, P. 2015. River water quality modelling using artificial neural network technique. *Aquatic Procedia*, Vol. 4, pp. 1070–1077. doi.org/10.1016/j.aqpro.2015.02.135.

Scanlon, B. R. and Smakhtin, V. 2016. Focus on water storage for managing climate extremes and change. *Environmental Research Letters*, Vol. 11, 120208. doi.org/10.1088/1748-9326/11/12/120208.

Schaar, J. 2018. *The Relationship between Climate Change and Violent Conflict*. Green Tool Box/Peace and Security Tool Box: Working Paper 2017. Stockholm, Swedish International Development Cooperation Agency (SIDA). www.sida.se/contentassets/c571800e01e448ac9dce2d097ba125a1/working-paper—climate-change-and-conflict.pdf.

Schewe, J., Heinke, J., Gerten, D., Haddeland, I., Arnell, N. W., Clark, D. B., Dankers, R., Eisner, S., Fekete, B. M., Colón-González, F. J., Gosling, S. N., Kim, H., Liu, X., Masaki, Y., Portmann, F. T., Satoh, Y., Stacke, T., Tang, Q., Wada, Y., Wisser, D., Albrecht, T., Frieler, K., Piontek, F., Warszawski, L. and Kabat, P. 2014. Multimodel assessment of water scarcity under climate change. *Proceedings of the National Academy of Science of the United State of America*, Vol. 111, No. 9, pp. 3245–3250. doi.org/10.1073/pnas.1222460110.

Schmitter, P., Kibret, K. S., Lefore, N., Barron, J. 2018. Suitability mapping framework for solar photovoltaic pumps for smallholder farmers in sub-Saharan Africa. *Applied Geography*, Vol. 94, pp. 41–57. doi.org/10.1016/j.apgeog.2018.02.008.

Schoeman, J., Allan, C. and Finlayson, C. M. 2014. A new paradigm for water? A comparative review of integrated, adaptive and ecosystem-based water management in the Anthropocene. *International Journal of Water Resources Development*, Vol. 30, No. 3, pp. 377–390. doi.org/10.1080/07900627.2014.907087.

Schreiber, L. 2019. *Keeping the Taps Running: How Cape Town Averted 'Day Zero,' 2017–2018*. Innovations for Successful Societies. Princeton University. successfulsocieties.princeton.edu/publications/keeping-taps-running-how-cape-town-averted-day-zero-2017-2018.

Schulte, P. 2018. *The Types of Water Risk: The Many Ways Water Challenges Can Affect Your Business*. The CEO Water Mandate website.

Schwärzel, K., Zhang, L., Strecker, A. and Podlasly, C. 2018. Improved water consumption estimates of black locust plantations in China's loess plateau. *Forests*, Vol. 9, No. 4, pp. 1–21. doi.org/10.3390/f9040201.

Scott, C. A., Vicuña, S., Blanco-Gutiérrez, I., Meza, F. and Varela-Ortega, C. 2014. Irrigation efficiency and water-policy implications for river basin resilience. *Hydrology and Earth Systems Science*, Vol. 18, pp. 1339–1348. doi.org/10.5194/hess-18-1339-2014.

Scott, M. 2019. *Cities Are On The Front Line Of Tackling Climate Change – And They Need To Do More*. Forbes website. www.forbes.com/sites/mikescott/2019/06/05/cities-are-on-the-front-line-of-tackling-climate-change-and-they-need-to-do-more/#39626d8738fb.

Scott, M. and Lindsey, R. 2018. *2017 State of the Climate: Global Drought*. United States National Oceanic and Atmospheric Administration (NOAA) website. www.climate.gov/news-features/featured-images/2017-state-climate-global-drought.

Seckler, D., Barker, R. and Amarasinghe, U. 1999. Water scarcity in the twenty-first century. *International Journal of Water Resources Development*, Vol. 15, No. 1–2, pp. 29–42.

See, L. 2019. A review of citizen science and crowdsourcing in applications of pluvial flooding. *Frontiers in Earth Science*. doi.org/10.3389/feart.2019.00044.

See, L., Fritz, S., Dias, E., Hendriks, E., Mijling, B., Snik, F., Stames, P., Vescovi, F. D., Zeug, G., Mathieu, P.-P., Desnos, Y.-L. and Rast, M. 2016. Supporting earth-observation calibration and validation: A new generation of tools for crowdsourcing and citizen science. *IEEE Geoscience and Remote Sensing Magazine*, Vol. 4, No. 3, pp. 38–50. doi.org/10.1109/MGRS.2015.2498840.

Sengorur, B., Koklu, R. and Ates, A. 2015. Water quality assessment using artificial intelligence techniques: SOM and ANN—A case study of Melen River Turkey. *Water Quality, Exposure and Health*, Vol. 7, No. 4, pp. 469–490. doi.org/10.1007/s12403-015-0163-9.

Sermet, Y. and Demir, I. 2018. An intelligent system on knowledge generation and communication about flooding. *Environmental Modelling & Software*, Vol. 108, pp. 51–60. doi.org/10.1016/j.envsoft.2018.06.003.

SERVIR-Mekong. n.d. *Historical Flood Analysis Tool*. United States Agency for International Development/National Aeronautics and Space Administration/ Asian Disaster Preparedness Center (USAID/NASA/ADPC). servir.adpc.net/tools/historical-flood-analysis-tool.

Shah, T. 2005. Groundwater and human development: Challenges and opportunities in livelihoods and environment. *Water, Science & Technology*, Vol. 51, No. 8, pp. 27–37.

_____. 2009. *Taming the Anarchy: Groundwater Governance in South Asia*. Washington, DC/Colombo, Resources for the Future/International Water Management Institute (IWMI). cgspace.cgiar.org/handle/10568/36566.

_____. 2016. *Increasing Water Security: The Key to Implementing the Sustainable Development Goals*. Global Water Partnership Technical Committee (GWP TEC) Background Papers No. 22. Stockholm, GWP. cgspace.cgiar.org/handle/10568/78624.

Shah, T., Rajan, A., Rai, G. P., Verma, S. and Durga, N. 2018. Solar pumps and South Asia's energy-groundwater nexus: Exploring implications and reimagining its future. *Environmental Research Letters*, Vol. 13, No. 11. doi.org/10.1088/1748-9326/aae53f.

Shao, J., Jiang, Y., Wang, Z., Peng, L., Luo, S., Gu, J. and Li, R. 2014. Interactions between algicidal bacteria and the cyanobacterium *Microcystis aeruginosa*: Lytic characteristics and physiological responses in the cyanobacteria. *International Journal of Environmental Science and Technology*, Vol. 11, No. 2, pp. 469–476. doi.org/10.1007/s13762-013-0205-4.

Shrestha, M. S., Goodrich, C. G., Udas, P., Rai, D. M., Gurung, M. B. and Khadgi, V. 2016. *Flood Early Warning Systems in Bhutan: A Gendered Perspective*. ICIMOD Working Paper No. 2016/13. Kathmandu, International Centre for Integrated Mountain Development (ICIMOD). lib.icimod.org/record/32377/files/icimodEWS-WP01613.pdf.

Sieber H. U., Socher, M. 2010. Adaption of Operation of Saxon Dams to Changing Developments. 15th German Dam Symposium. *Wasserwirtschaft*, Vol. 100, No. 4, pp. 29–31.

Siebert, S., Henrich, V., Frenken, K. and Burke, J. 2013. *Update of the Global Map of Irrigation Areas to Version 5*. Project report. Rome/Bonn, Germany, Food and Agriculture Organization of the United Nations (FAO)/Institute of Crop Science and Resource Conservation Rheinische Friedrich-Wilhelms-Universität. doi.org/10.13140/2.1.2660.6728.

Siebert, S., Kummu, M., Porkka, M., Döll, P., Ramankutty, N. and Scanlon, B. R. 2015. Historical Irrigation Dataset (HID). *Hydrology and Earth System Sciences*, Vol. 19, pp. 1521–1545. doi.org/10.13019/M20599.

Sit, M. A., Koylu, C. and Demir, I. 2019. Identifying disaster-related tweets and their semantic, spatial and temporal context using deep learning, natural language processing and spatial analysis: A case study of Hurricane Irma. *International Journal of Digital Earth*, pp.1–25. doi.org/10.1080/17538947.2018.1563219.

Sitharam, T. G. 2018. Envisaging a freshwater reservoir in the Arabian Sea to impound the flood waters of Netravati River. *Hydrolink*, No. 2018-1, pp. 18–20.

SIWI (Stockholm International Water Institute). 2018. *How Landscapes and Water Mitigate Climate Change*. Policy brief. Stockholm, SIWI.

_____. n.d. *Key Messages. SIWI at COP24*. SIWI website.

Skoulikaris, C., Filali-Meknassi, Y., Aureli, A., Amani, A. and Jimenez-Cisneros, B. 2018. Information-communication technologies as an Integrated Water Resources Management (IWRM) tool for sustainable development. D. Komatina, *Achievements and Challenges of Integrated River Basin Management*. IntechOpen. doi.org/10.5772/intechopen.74700.

Smith, M. and Jønch Clausen, T. 2018. *Revitalising IWRM for the 2030 Agenda*. World Water Council Challenge Paper for the High-Level Panel on IWRM at the 8th World Water Forum, Brasilia, Brazil. Marseille, France, World Water Council (WWC). www.worldwatercouncil.org/sites/default/files/Forum_docs/WWC_IWRM-Challenge_Paper.pdf.

_____. n.d. *Integrated Water Resource Management: A New Way Forward.* A Discussion Paper of the World Water Council Task Force on IWRM. Marseille, France, World Water Council (WWC). www.worldwatercouncil.org/sites/default/files/Initiatives/IWRM/Integrated_Water_Resource_Management-A_new_way_forward%20.pdf.

Smith, P. J., Brown, S. and Dugar, S. 2017. Community-based early warning systems for flood risk mitigation in Nepal. *Natural Hazards and Earth System Sciences*, Vol. 17, No. 3, pp. 423–437. doi.org/10.5194/nhess-17-423-2017.

Sood, A. and Smakhtin, V. 2014. Can desalinization and clean energy combined help to alleviate global water scarcity? *Journal of American Water Resource Association*, Vol. 50, No. 5, pp. 1111–1123. doi.org/10.1111/jawr.12174.

Soriano, E., De Resende Londe, L., Torres di Gregorio, L., Pellegrini Coutinho, M. and Bacellar Lima Santos, L. 2016. Water crisis in São Paulo evaluated under the disaster's point of view. *Ambiente & Sociedade* [Environment & Society], Vol. 19, No.1. doi.org/10.1590/1809-4422asoc150120r1v1912016.

Springmann, M., Clark, M., Mason-D'Croz, D., Wiebe, K., Bodirsky, B. L., Lassaletta, L., De Vries, W., Vermeulen, S. J., Herrero, M., Carlson, K. M., Jonell, M., Troell, M., DeClerck, F., Gordon, L. J., Zurayk, R., Scarborough, P., Rayner, M., Loken, B., Fanzo, J., Godfray, H. C. J., Tilman, D., Rockström, J. and Willett, W. 2018. Options for keeping the food system within environmental limits. *Nature*, Vol. 562, pp. 519–525. doi.org/10.1038/s41586-018-0594-0.

Srivasta, S., Vaddadi, S. and Sadistap, S. 2018. Smartphone-based system for water quality analysis. *Applied Water Science*, Vol. 8, Art. 130. doi.org/10.1007/s13201-018-0780-0.

Steffens, G. 2018. *Changing Climate Forces Desperate Guatemalans to Migrate*. National Geographic website. www.nationalgeographic.com/environment/2018/10/drought-climate-change-force-guatemalans-migrate-to-us/.

Stone, D., Auffhammer, M., Carey, M., Hansen, G., Huggel, C., Cramer, W., Lobell, D., Molau, U., Solow, A., Tibig, L. and Yohe, G. 2013. The challenge to detect and attribute effects of climate change on human and natural systems. *Climatic Change*, Vol. 121, No. 2, pp. 381–395. doi.org/10.1007/s10584-013-0873-6.

Stuchtey, M. 2015. *Rethinking the Water Cycle.* McKinsey & Company website. www.mckinsey.com/business-functions/sustainability/our-insights/rethinking-the-water-cycle?reload.

Su, L., Miao, C., Kong, D., Duan, Q., Lei, X., Hou, Q. and Li, H. 2018. Long-term trends in global river flow and the causal relationships between river flow and ocean signals. *Journal of Hydrology*, Vol. 563, pp. 818–833. doi.org/10.1016/j.jhydrol.2018.06.058.

Sugden, F., Maskey, N., Clement, F., Ramesh, V., Philip, A., and Rai, A. 2015. Agrarian stress and climate change in the eastern Gangetic plains: Gendered vulnerability in a stratified social formation. *Global Environmental Change*, Vol. 29, pp. 258–269. doi.org/10.1016/j.gloenvcha.2014.10.008.

Suriyagoda, N. 2017. *PPIAF Climate Change Strategy and Business Proposal for FY18-FY22 (English)*. Washington, D.C, World Bank Group. documents.worldbank.org/curated/en/730391496765836681/PPIAF-climate-change-strategy-and-business-proposal-for-FY18-FY22.

Sweden. 2018. *Implementation Brief to HLPF on SDG 6 on Clean Water and Sanitation*. Stockholm, Sweden. www.government.se/49f47b/contentassets/3bef47b49ed64a75bcdf56ff053ccaea/6—clean-water-and-sanitation.pdf.

## T

Tall, A. and Brandon, C. J. 2019. *The World Bank Group's Action Plan on Climate Change Adaptation and Resilience: Managing Risks for a More Resilient Future (English)*. Washington, DC, World Bank Group. documents.worldbank.org/curated/en/519821547481031999/The-World-Bank-Groups-Action-Plan-on-Climate-Change-Adaptation-and-Resilience-Managing-Risks-for-a-More-Resilient-Future.

Tan, A., Adam, J. C. and Lettenmaier, D. P. 2011. Change in spring snowmelt timing in Eurasian Arctic rivers. *Journal of Geophysical Research: Atmospheres*, Vol. 116, No. 3D, pp. 1–12. doi.org/10.1029/2010JD014337.

Tänzler, D. and Kramer, A. 2019. *Climate and water: prospects for addressing co-benefits through climate finance*. Berlin, adelphi.

Tao, W. 2015. Comparative analysis of greenhouse gas emission from three types of constructed wetlands. *Forest Research*, Vol. 4, No. 2, e116. doi.org/10.4172/2168-9776.1000e116.

Tapley, B. D., Watkins, M., Flechtner, F., Reigber, C., Bettadpur, S., Rodell, M., Sasgen, I., Famiglietti, J., Landerer, F., Chambers, D., Reager, J., Gardner, A., Save, H., Ivins, E., Swenson, S., Boening, C., Dahle, C., Wiese, D., Dobslaw, H., Tamisiea, M. and Velicogna, I. 2019. Contributions of GRACE to understanding climate change. *Nature Climate Change*, Vol. 9, pp. 358–369. doi.org/10.1038/s41558-019-0456-2.

Tauro, F., Selker, J., Van de Giesen, N., Abrate, T., Uijlenhoet, R., Porfiri, M., Manfreda, S., Caylor, K., Moramarco, T., Benveniste, J., Ciraolo, G., Estes, L., Domeneghetti, A., Perks, M. T., Corbari, C., Rabiei, E., Ravazzani, G., Bogena, H., Harfouche, A., Brocca, L., Maltese, A., Wickert, A., Tarpanelli, A., Good, S., Lopez Alcala, J. M., Petroselli, A., Cudennec, C., Blume, T., Hut, R. and Grimaldi, S. 2018. Measurements and observations in the XXI century (MOXXI): Innovation and multi-disciplinarity to sense the hydrological cycle. *Hydrological Sciences Journal*, Vol. 63, No. 2, pp. 169–196. doi.org/10.1080/02626667.2017.1420191.

Tavakol-Davani, H., Goharian, E., Hansen, C. H., Tavakol-Davani, H., Apul, D. and Burian, S. J. 2016. How does climate change affect combined sewer overflow in a system benefiting from rainwater harvesting systems? *Sustainable Cities and Society*, Vol. 27, pp. 430–438. dx.doi.org/10.1016/j.scs.2016.07.003.

Taylor, R. 2009. Rethinking Water Scarcity: The Role of Storage. *EoS*, Vol. 90, No. 28. doi.org/10.1029/2009EO280001.

Taylor, R. G., Koussis, A. D. and Tindimugaya, C. 2009. Groundwater and climate in Africa—A review. *Hydrological Sciences Journal*, Vol. 54, No. 4, pp. 655–664. doi.org/10.1623/hysj.54.4.655.

Taylor, R., Scanlon, B., Döll, P., Rodell, M., Van Beek, R., Wada, Y., Longuevergne, L., LeBlanc, M., Famiglietti, J., Edmunds, M., Konikow, L., Green, T. R., Chen, J., Taniguchi, M., Bierkens, M. F. P., MacDonald, A., Fan, Y., Maxwell, R. M., Yechieli, Y., Gurdak, J. J., Allen, D., Shamsudduha, M., Hiscock, K., Yeh, P. J.-F., Holman, I. and Treidel, H. 2012. Ground water and climate change. *Nature Climate Change*. Vol. 3, pp. 322–329. doi.org/10.1038/nclimate1744.

Thebo, A. L., Drechsel, P., Lambin, E. F. and Nelson, K. L. 2017. A global, spatially-explicit assessment of irrigated croplands influenced by urban wastewater flows. *Environmental Research Letters*, Vol. 12, No. 7. doi.org/10.1088/1748-9326/aa75d1.

Thomas-Blate, J. 2018. *Dam Good Year for Dam Removal in 2017*. American Rivers website. www.americanrivers.org/2018/02/dam-removal-in-2017/.

Thunberg, G. 2019. If world leaders choose to fail us, my generation will never forgive them. *The Guardian* (23 September 2019). www.theguardian.com/commentisfree/2019/sep/23/world-leaders-generation-climate-breakdown-greta-thunberg.

Timmerman, J. G., Matthews, J., Koeppel, S., Valensuela, D., Vlaanderen, N. 2017. Improving governance in transboundary cooperation in water and climate change adaptation. *Water Policy*, Vol. 19, No. 6, pp. 1014–1029. doi.org/10.2166/wp.2017.156.

Tiwari, V. M., Wahr, J. and Swenson, S. 2009. Dwindling groundwater resources in northern India, from satellite gravity observations. *Geophysical Research Letters*, Vol. 36, L18401. doi.org/10.1029/2009GL039401.

Tompkins, E. L. and Adger, N. 2005. Defining response capacity to enhance climate change policy. *Environmental Science and Policy*, Vol. 8, No. 6, pp. 562–571. doi.org/10.1016/j.envsci.2005.06.012.

Tovar, C., Arnillas, C. A., Cuesta, F. and Buytaert, W. 2013. Diverging responses of Tropical Andean biomes under future climate conditions. *PLOS One*, Vol. 8, e63634. doi.org/10.1371/journal.pone.0063634.

Trenberth, K. E., Dai, A., Van der Schrier, G., Jones, P. D., Barichivich, J., Briffa, K. R. and Sheffield, J. 2014. Global warming and changes in drought. *Nature Climate Change*, Vol. 4, pp. 17–22. doi.org/10.1038/nclimate2067.

Trevino-Garrison, I., DeMent, J., Ahmed, F. S., Haines-Lieber, P., Langer, T., Ménager, H., Neff, J., Van der Merwe, D. and Carney, E. 2015. Human illnesses and animal deaths associated with freshwater harmful algal blooms—Kansas. *Toxins*, Vol. 7, No. 2, pp. 353–366. doi.org/10.3390/toxins7020353.

Trommsdorf, C. 2015. *Can the Water Sector Deliver on Carbon Reduction?* International Water Association (IWA) website. iwa-network.org/can-the-water-sector-deliver-on-carbon-reduction/.

Tubiello, F. N. and Van der Velde, M. 2011. *Land and Water Use Options for Climate Change Adaptation and Mitigation in Agriculture*. State of Land and Water Resources for Food and Agriculture (SOLAW) Background Thematic Report - TR04A. Rome, Food and Agriculture Organization of the United Nations. www.fao.org/fileadmin/templates/solaw/files/thematic_reports/TR_04a_web.pdf.

U

UCCRN (Urban Climate Change Research Network). 2018. *The Future We Don't Want*. Technical Report. New York, UCCRN. uccrn.org/the-future-we-dont-want/.

UNCTAD (United Nations Conference on Trade and Development). 2016. *Development and Globalization: Facts and Figures 2016*. Geneva, UNCTAD. stats.unctad.org/Dgff2016/DGFF2016.pdf.

UNDESA (United Nations Department of Economic and Social Affairs – Population Division). 2018. *The World's Cities in 2018*. Data Booklet. New York, United Nations. www.un.org/en/events/citiesday/assets/pdf/the_worlds_cities_in_2018_data_booklet.pdf.

____. 2019. *World Urbanization Prospects: The 2018 Revision*. ST/ESA/SER.A/420. New York, United Nations. population.un.org/wup/Publications/Files/WUP2018-Report.pdf.

UNDP (United Nations Development Programme). 2011. *Paving the Way for Climate-Resilient Infrastructure: Guidance for Practitioners and Planners*. New York, UNDP. www.uncclearn.org/sites/default/files/inventory/undp_paving_the_way.pdf.

____. 2013. *Gender and Disaster Risk Reduction*. Gender and Climate Change – Asia and the Pacific Policy Brief No. 3. New York, UNDP. www.undp.org/content/dam/undp/library/gender/Gender%20and%20Environment/PB3-AP-Gender-and-disaster-risk-reduction.pdf.

____. 2015. *Making the Case for Ecosystem-Based Adaptation: The Global Mountain EBA Programme in Nepal, Peru and Uganda*. New York, UNDP. www.adaptation-undp.org/resources/assessments-and-background-documents/making-case-ecosystem-based-adaptation-global.

____. 2019. *Human Development Report 2019 – Beyond income, beyond averages, beyond today: Inequalities in human development in the 21st century*. New York, UNDP. hdr.undp.org/sites/default/files/hdr2019.pdf.

UNDP/UNFCCC (United Nations Development Programme/United Nations Framework Convention on Climate Change). 2019. *The Heat is On: Taking Stock of Global Climate Ambition*. NDC Global Outlook Report 2019. New York/Bonn, Germany, UNDP/UNFCCC. www.undp.org/content/undp/en/home/librarypage/environment-energy/climate_change/ndc-global-outlook-report-2019.html.

UNDP-SIWI WGF (United Nations Development Programme-Stockholm International Water Institute Water Governance Facility). 2015. *Water Governance in Perspective – Water Governance Facility 10 Years, 2005–2015*. Stockholm, United Nations Development Programme/Stockholm International Water Institute (UNDP/SIWI).

UNDRR (United Nations Office for Disaster Risk Reduction). 2015a. *Sendai Framework for Disaster Risk Reduction 2015–2030*. Geneva, United Nations. www.preventionweb.net/files/43291_sendaiframeworkfordrren.pdf.

_____. 2015b. *Call for Good Practices: Integrating Gender in Early Warning Systems*. UNDRR. eird.org/call-integrating-gender/convocatoria-caribe-centroamerica-eng.pdf.

_____. 2017. *Words into Action Guidelines. National Disaster Risk Assessment: Governance System, Methodologies, and Use of Results*. Geneva, UNISDR. www.unisdr.org/files/52828_nationaldisasterriskassessmentwiagu.pdf.

_____. n.d. Terminology. UNDRR website. www.unisdr.org/we/inform/terminology.

UNDRR/UNFCCC/UN Environment Regional Office for Asia and the Pacific (United Nations Office for Disaster Risk Reduction/United Nations Framework Convention on Climate Change/United Nations Environment Programme Regional Office for Asia and the Pacific). 2019. *SDG Goal Profile: 13, Climate Action: Take Urgent Action to Combat Climate Change and its Impacts*. www.unescap.org/apfsd/6/document/sdgprofiles/SDG13Profile.pdf.

UNECA/ACPC (United Nations Economic Commission for Africa/Africa Climate Policy Centre). 2019. *Climate Research for Development in Africa Programme Strategy (2019–2023)*. Addis Ababa, UNECA/ACPC. www.uneca.org/publications/climate-research-development-africa-programme-strategy-2019%E2%80%932023.

UNECE (United Nations Economic Commission for Europe). 1998. *Convention on Access to Information, Public Participation in Decision-Making and Access to Justice in Environmental Matters*. Aarhus, Denmark, 25 June 1998. www.unece.org/env/pp/treatytext.html.

_____. 2009. *Guidance on Water and Adaptation to Climate Change*. Geneva, United Nations. www.unece.org/index.php?id=11658.

_____. 2015. *Water and Climate Change Adaptation in Transboundary Basins: Lessons Learned and Good Practices*. Geneva, United Nations. www.unece.org/index.php?id=39417.

_____. 2017. *Cost-Benefit Analysis of the Adaptation Measures for the Chu-Talas Basin Based on the Consultations with the Chu-Talas Water Commission and its Dedicated Working Groups within the Project Enhancing Climate Resilience and Adaptive Capacity in the Transboundary Chu-Talas Basin*. Unpublished.

_____. 2018a. *A Nexus Approach to Transboundary Cooperation: The Experience of the Water Convention*. Geneva, United Nations. www.unece.org/fileadmin/DAM/env/water/publications/WAT_NONE_12_Nexus/SummaryBrochure_Nexus_Final-rev2_forWEB.pdf.

_____. 2018b. *Progress on Transboundary Water Cooperation under the Water Convention – Report on implementation of the Convention on the Protection and Use of Transboundary Watercourses and International Lakes*. New York/Geneva, United Nations. www.unece.org/environmental-policy/conventions/water/envwaterpublicationspub/envwaterpublicationspub74/2018/progress-on-transboundary-water-cooperation-under-the-water-convention/doc.html.

_____. n.d. *Transboundary Cooperation in Chu and Talas River Basin*. UNECE website. www.unece.org/env/water/centralasia/chutalas.html#c65768.

UNECE/INBO (United Nations Economic Commission for Europe/International Network of Basin Organizations). 2015. *Water and Climate Change Adaptation in Transboundary Basins: Lessons Learned and Good Practices*. Geneva/Paris, United Nations/INBO. www.unece.org/index.php?id=39417.

UNECE/UNDP (United Nations Development Programme/United Nations Economic Commission for Europe). 2018. *Transboundary Diagnostic Analysis for the Chu-Talas Basin*. Unpublished.

UNECE/UNDRR (United Nations Economic Commission for Europe/United Nations Office for Disaster Risk Reduction). 2018. *Words into Action Guidelines: Implementation Guide for Addressing Water-Related Disasters and Transboundary Cooperation. Integrating Disaster Risk Management with Water Management and Climate Change Adaptation*. Geneva, United Nations. www.unisdr.org/files/61173_ecemp.wat56.pdf.

UNECE/UNESCO/UN-Water (United Nations Economic Commission for Europe/United Nations Educational, Scientific and Cultural Organization/UN-Water). 2018. *Progress on Transboundary Water Cooperation: Global Baseline for SDG Indicator 6.5.2*. New York/Paris, United Nations/UNESCO. www.unwater.org/publications/progress-on-transboundary-water-cooperation-652/.

UNECE/WHO Regional Office for Europe (United Nations Economic Commission for Europe/World Health Organization Regional Office for Europe). 2011. *Guidance on Water Supply and Sanitation in Extreme Weather Events*. Copenhagen, WHO Regional Office for Europe. www.euro.who.int/__data/assets/pdf_file/0016/160018/WHOGuidanceFVLR.pdf.

UNECLAC (United Nations Economic Commission for Latin America and the Caribbean). 2018. *Atlas of Migration in Northern Central America*. Santiago, UNECLAC. www.cepal.org/en/publications/44288-atlas-migration-northern-central-america.

UN Environment. 2017. *Country Questionnaire for Indicator 6.5.1. Degree of Integrated Water Eesources Management Implementation: Bangladesh*. UN Environment. iwrmdataportal.unepdhi.org/IWRMDataJsonService/Service1.svc/getNationalSubmissionFile/Bangladesh.

_____. 2018. *Progress on integrated water resources management. Global baseline for SDG 6 Indicator 6.5.1: degree of IWRM implementation*. Nairobi, UN Environment. www.unwater.org/publications/progress-on-integrated-water-resources-management-651/.

UN Environment/UN-Water. 2018. *Progress on Water-Related Ecosystems – Piloting the Monitoring Methodology and Initial Findings for SDG Indicator 6.6.1*. UN Environment. www.unwater.org/publications/progress-on-water-related-ecosystems-661/.

UNEP (United Nations Environment Programme). 2016. *A Snapshot of the World's Water Quality: Towards a Global Assessment*. Nairobi, UNEP. www.wwqa-documentation.info/assets/unep_wwqa_report_web.pdf.

UNEP/UNECE (United Nations Environment Programme/United Nations Economic Commission for Europe). 2015. *The Strategic Framework for Adaptation to Climate Change in the Neman River Basin*. UNDP. www.unece.org/fileadmin/DAM/env/documents/2016/wat/04Apr_6-7_Workshop/Strategy_of_Adaptation_to_Climate_Change_ENG_for_print.pdf.

UNEP/UNEP-DHI Partnership/IUCN/TNC/WRI (United Nations Environment Programme/UNEP-DHI Partnership/International Union for Conservation of Nature/The Nature Conservancy/World Resources Institute). 2014. *Green Infrastructure Guide for Water Management: Ecosystem-Based Management Approaches for Water-Related Infrastructure Projects*. UNEP. www.unepdhi.org/-/media/microsite_unepdhi/publications/documents/unep/web-unep-dhigroup-green-infrastructure-guide-en-20140814.pdf.

UNESCAP (United Nations Economic and Social Commission for Asia and the Pacific). 2018. *Population Dynamics, Vulnerable Groups and Resilience to Climate Change and Disasters*. Note by the secretariat. UNESCAP Midterm Review of the Asian and Pacific Ministerial Declaration on Population and Development, Bangkok, 26–28 November 2018. ESCAP/APPC/2018/4. United Nations Economic and Social Council (ECOSOC). www.unescap.org/sites/default/files/ESCAP-APPC-2018-4%20%28EN%29.pdf.

UNESCAP/ADB/UNDP (United Nations Economic and Social Commission for Asia and the Pacific/Asian Development Bank/United Nations Development Programme). 2018. *Transformation towards Sustainable and Resilient Societies in Asia and the Pacific*. Bangkok, UNESCAP/ADB/UNDP. www.unescap.org/publications/transformation-towards-sustainable-and-resilient-societies-asia-and-pacific.

UNESCAP/UNESCO/ILO/UN Environment/FAO/UN-Water (United Nations Economic and Social Commission for Asia and the Pacific/United Nations Educational, Scientific and Cultural Organization/International Labour Organization/UN Environment/Food and Agriculture Organization of the United Nations/UN-Water). 2018. *SDG Goal Profile – 6: Clean Water and Sanitation. Ensuring Availability and Sustainable MManagement of Water and Sanitation for All*. UNESCAP/UNESCO/ILO/UN Environment/FAO/UN-Water.

UNESCO (United Nations Educational, Scientific and Cultural Organization). 2017. *Sandwatch: Adapting to Climate Change and Educating for Sustainable Development*. Paris, UNESCO. unesdoc.unesco.org/ark:/48223/pf0000260715.

UNESCO-IHP (United Nations Educational, Cultural and Scientific Organization-International Hydrological Programme). 2015a. *GRAPHIC Groundwater and Climate Change: Mitigating the Global Groundwater Crisis and Adapting to Climate Change; Position Paper and Call to Action*. Paris, UNESCO. unesdoc.unesco.org/ark:/48223/pf0000235713.

_____. 2015b. *GRAPHIC: Groundwater and climate change; Small Island Developing States (SIDS)*. Paris, UNESCO. unesdoc.unesco.org/ark:/48223/pf0000242861.

_____. 2018. *The UNESCO-IHP IIWQ World Water Quality Portal – Whitepaper*. UNESCO-IHP/International Initiative on Water Quality (IIWQ) in partnership with EOMap. www.worldwaterquality.org.

UNESCO-IHP/UNEP (United Nations Educational, Scientific and Cultural Organization-International Hydrological Programme/United Nations Environment Programme). 2016. *Transboundary Aquifers and Groundwater Systems of Small Island Developing States: Status and Trends*. Nairobi, UNEP. www.un-igrac.org/sites/default/files/resources/files/TWAP%20Volume%201%20Transboundary%20Aquifers%20and%20Groundwater%20Systems%20of%20Small%20Island%20Developing%20States.pdf.

UNESCWA (United Nations Economic and Social Commission for Western Asia). 2018. *Outcome Document*. Regional Preparatory Meeting on Water Issues for the 2018 Arab Forum on Sustainable Development and High-Level Political Forum. Beirut, 28-29 March 2018. www.unescwa.org/sites/www.unescwa.org/files/events/files/outcome_document_on_water_issues_for_2018_afsdhlpf_english.pdf.

UNESCWA/ACSAD/FAO/GIZ/LAS/SMHI/UN Environment/UNESCO/UNDRR/UNU-INWEH/WMO (United Nations Economic and Social Commission for Western Asia/Arab Center for the Studies of Arid Zones and Dry Lands of the League of the Arab States/Food and Agriculture Organization of the United Nations/Deutsche Gesellschaft für Internationale Zusammenarbeit GmbH/League of Arab States/Swedish Meteorological and Hydrological Institute/UN Environment/United Nations Educational, Scientific and Cultural Organization/United Nations Office for Disaster Risk Reduction/United Nations University Institute for Water, Environment and Health/World Meteorological Organization). 2017. *Arab Climate Change Assessment Report – Main Report*. Beirut, UNESCWA. www.unescwa.org/publications/riccar-arab-climate-change-assessment-report.

UNESCWA/BGR (United Nations Economic and Social Commission for Western Asia/Bundesanstalt für Geowissenschaften und Rohstoffe). 2013. *Inventory of Shared Water Resources in Western Asia*. UNESCWA/BGR. waterinventory.org/.

UNESCWA/IOM (United Nations Economic and Social Commission for Western Asia/International Organization for Migration). 2017. *2017 Situation Report on International Migration: Migration in the Arab Region and the 2030 Agenda for Sustainable Development*. UNESCWA/IOM. www.unescwa.org/publications/2017-situation-report-international-migration.

UNFCCC (United Nations Framework Convention on Climate Change). 2015. *Paris Agreement*. United Nations. unfccc.int/files/essential_background/convention/application/pdf/english_paris_agreement.pdf.

_____. 2016. *Aggregate Effect of the Intended Nationally Determined Contributions: An Update*. Twenty-second session of the Conference of the Parties. Synthesis report by the Secretariat. FCCC/CP/2016/2. United Nations. unfccc.int/sites/default/files/resource/docs/2016/cop22/eng/02.pdf.

_____. 2017. Report of the Conference of the Parties on its twenty-third session, held in Bonn from 6 to 18 November 2017. Addendum – Part two: Action taken by the Conference of the Parties at its twenty-third session. Decisions adopted by the Conference of the Parties. FCCC/CP/2017/11/Add.1.

_____. 2018. *2018 Biennial Assessment and Overview of Climate Finance Flows: Technical Report*. Bonn, Germany, UNFCCC.

_____. 2019. *Marrakesh Partnership Work Programme for 2019–2020*. unfccc.int/climate-action/marrakech-partnership-for-global-climate-action.

_____. n.d.a. *Glossary of Climate Change Acronyms and Terms*. UNFCCC website. unfccc.int/process-and-meetings/the-convention/glossary-of-climate-change-acronyms-and-terms.

_____. n.d.b. *National Adaptation Plans*. UNFCC website. unfccc.int/topics/adaptation-and-resilience/workstreams/national-adaptation-plans.

UNGA (United Nations General Assembly). 1966. *International Covenant on Economic, Social and Cultural Rights*. United Nations General Assembly resolution 2200A (XXI), 16 December 1966. Treaty Series, vol. 993. United Nations. treaties.un.org/Pages/ViewDetails.aspx?src=TREATY&mtdsg_no=IV-3&chapter=4&clang=_en.

_____. 1992. *Rio Declaration on Environment and Development*. Rio de Janeiro, 3–14 June 1992, United Nations. sustainabledevelopment.un.org/content/documents/1709riodeclarationeng.pdf.

_____. 2015. *Resolution Adopted by the General Assembly on 25 September 2015. Transforming our World: The 2030 Agenda for Sustainable Development*. Seventieth session. www.un.org/en/development/desa/population/migration/generalassembly/docs/globalcompact/A_RES_70_1_E.pdf.

UNGC (United Nations Global Compact)/Goldman Sachs. 2009. *Change is Coming: A Framework for Climate Change — A Defining Issue of the 21st Century*. New York, UNGC. www.unglobalcompact.org/library/126.

UNGC/UNEP (United Nations Global Compact/United Nations Environment Programme). 2012. *Business and Climate Change Adaptation: Toward Resilient Companies and Communities*. New York, UNGC. www.unglobalcompact.org/library/115.

UNGC/UNEP/Oxfam/WRI (United Nations Global Compact/United Nations Environment Programme/Oxfam/World Resources Institute). 2011. *Adapting for a Green Economy: Companies, Communities and Climate Change*. New York, UNGC. www.unglobalcompact.org/library/116.

UNIDO (United Nations Industrial Development Organization). 2017a. *Accelerating Clean Energy through Industry 4.0: Manufacturing the Next Revolution*. Nagasawa, T., Pillay, C., Beier, G., Fritzsche, K., Pougel, F., Takama, T., K., Bobashev, I. Vienna, UNIDO. www.unido.org/sites/default/files/2017-08/REPORT_Accelerating_clean_energy_through_Industry_4.0.Final_0.pdf.

_____. 2017b. *Implementation Handbook for Eco-Industrial Parks*. Vienna, UNIDO. www.unido.org/sites/default/files/files/2018-05/UNIDO%20Eco-Industrial%20Park%20Handbook_English.pdf.

_____. 2019. *Eco-Industrial Parks: Achievements and Key Insights From The Global RECP Programme 2012 – 2018*. Vienna, UNIDO. www.unido.org/sites/default/files/files/2019-02/UNIDO_EIP_Achievements_Publication_Final.pdf.

_____. n.d.a. *Circular Economy*. www.unido.org/sites/default/files/2017-07/Circular_Economy_UNIDO_0.pdf.

_____. n.d.b. *Green Industry Initiative*. UNIDO website. www.unido.org/our-focus/cross-cutting-services/green-industry/green-industry-initiative.

UNIDO/World Bank Group/GIZ (United Nations Industrial Development Organization/World Bank Group/Deutsche Gesellschaft für Internationale Zusammenarbeit GmbH). 2017. *An International Framework for Eco-Industrial Parks*. Washington, DC, World Bank. openknowledge.worldbank.org/handle/10986/29110.

United Nations, 2018a. *Sustainable Development Goal 6: Synthesis Report 2018 on Water and Sanitation*. New York, United Nations. www.unwater.org/publication_categories/sdg-6-synthesis-report-2018-on-water-and-sanitation/.

_____. 2018b. *United Nations Secretary-General's Plan: Water Action Decade 2018-2028*. New York, United Nations. wateractiondecade.org/wp-content/uploads/2018/03/UN-SG-Action-Plan_Water-Action-Decade-web.pdf.

_____. 2019. *The Sustainable Development Goals Report 2019*. New York, United Nations. unstats.un.org/sdgs/report/2019/The-Sustainable-Development-Goals-Report-2019.pdf.

UN News. 2019. *Four Things the UN Chief wants World Leaders to Know, at Key COP24 Climate Conference Opening*. United Nations. news.un.org/en/story/2018/12/1027321.

UN Secretary-General. 2019. *Opening Remarks at Press Encounter at UN Headquarters*. United Nations website. www.un.org/sg/en/content/sg/speeches/2019-08-01/remarks-press-encounter-un-headquarters.

UNU-INWEH (United Nations University Institute for Water, Environment and Health). 2017. *Climate Change Impacts on Health in the Arab Region: A Case Study on Neglected Tropical Diseases*. Regional Initiative for the Assessment of Climate Change Impacts on Water Resources and Socio-Economic Vulnerability in the Arab Region (RICCAR) Technical Report, Beirut, E/ESCWA/SDPD/2017/RICCAR/TechnicalReport.1. digitallibrary.un.org/record/1324395.

UNU-INWEH/UNESCAP (United Nations University-Institute for Water, Environment and Health/United Nations Economic and Social Commission for Asia and the Pacific). 2013. *Water Security & the Global Water Agenda: A UN-Water Analytical Brief*. Hamilton, Ont., Canada, United Nations University (UNU). collections.unu.edu/eserv/UNU:2651/Water-Security-and-the-Global-Water-Agenda.pdf.

UN-Water. 2013. *What is Water Security?* Infographic. UN-Water website. www.unwater.org/publications/water-security-infographic/.

_____. 2014. International Decade for Action, Water for Life 2005–2015 website. www.un.org/waterforlifedecade/scarcity.shtml.

_____. 2019. *Climate Change and Water*. Un-Water Policy Brief. Geneva, UN-Water. www.unwater.org/publications/un-water-policy-brief-on-climate-change-and-water/.

USAID (United States Agency for International Development). 2014. *A Review of Downscaling Methods for Climate Change Projections: African and Latin American Resilience to Climate Change (ARCC)*. USAID. www.ciesin.org/documents/Downscaling_CLEARED_000.pdf.

USDA (Unites States Department of Agriculture). 2019. *Farm Labor*. United States Department of Agriculture. www.ers.usda.gov/topics/farm-economy/farm-labor/.

US EPA (United States Environmental Protection Agency). 2012. *Global Anthropogenic Non-CO2 Greenhouse Gas Emissions: 1990 - 2030*. Revised December 2012. Washington, DC, USEPA. www.epa.gov/global-mitigation-non-co2-greenhouse-gases/global-non-co2-ghg-emissions-1990-2030.

____. n.d. *Understanding Global Warming Potentials*. USEPA website. www.epa.gov/ghgemissions/understanding-global-warming-potentials.

V

Valentine, H. 2017. *Global Potential for Towing Icebergs*. The Maritime Executive. www.maritime-executive.com/editorials/global-potential-for-towing-icebergs.

Van der Hoek, J. P., Duijff, R. and Reinstra, O. 2018. Nitrogen recovery from wastewater: Possibilities, competition with other resources, and adaptation pathways. *Sustainability*, Vol. 10, No. 12, 4605. doi.org/10.3390/su10124605.

Van Etten, J., De Sousa, K., Aguilar, A., Barrios, M., Coto, A., Dell'Acqua, M., Fadda, C., Gebrehawaryat, Y., Van de Gevel, J., Gupta, A., Kiros, A. Y., Madriz, B., Mathur, P., Mengistu, D. K., Mercado, L., Nurhisen Mohammed, J., Paliwal, A., Pè, M. E., Quirós, C. F., Rosas, J. C., Sharma, N., Singh, S. S., Solanki, I. S. and Steinke, J. 2019. Crop variety management for climate adaptation supported by citizen science. *Proceedings of the National Academy of Sciences of the United States of America*, Vol. 116, No. 10, pp. 4194–4199. doi.org/10.1073/pnas.1813720116.

Van Herk, S., Zevenbergen, C., Gersonius, B., Waals, H. and Kelder, E. 2013. Process design and management for integrated flood risk management: Exploring the multi-layer safety approach for Dordrecht, The Netherlands. *Journal of Water and Climate Change*, Vol. 5, No. 1, pp. 100–115. doi.org/10.2166/wcc.2013.171.

Van Loon, A. F., Gleeson, T., Clark, J., Van Dijk, A. I. J. M., Stahl, K., Hannaford, J., Di Baldassarre, G., Teuling, A. J. Tallaksen, L. M., Uijlenhoet, R., Hannah, D. M., Sheffield, J., Svoboda, M., Verbeiren, B., Wagener, T., Rangecroft, S., Wanders, N. and Van Lanen, H. A. J. 2016. Drought in the Anthropocene. *Nature Geoscience*, Vol. 9, No. 2, pp. 89–91. doi.org/10.1038/ngeo2646.

Van Vliet, M., Wiberg, D., Leduc, S. and Riahi, K. 2016. Power-generation system vulnerability and adaptation to changes in climate and water resources. *Nature Climate Change*, Vol. 6, pp. 375–380. doi.org/10.1038/nclimate2903.

Veolia. 2014. *China's Largest Steelmaker Chooses Veolia for its Industrial Wastewater Treatment Facilities in Tangshan, for 390 Million Euros*. Press Release, 21 October 2014. Veolia website. www.veolia.com/en/veolia-group/media/press-releases/china-s-largest-steelmaker-chooses-veolia-its-industrial-wastewater-treatment-facilities-tangshan-390-million-euros.

Verma, S., Kashyap, D., Shah, T., Crettaz, M. and Sikka, A. 2018. *Solar Irrigation for Agriculture Resilience (SoLAR). A New SDC-IWMI Regional Partnership*. Swiss Agency for Development and Cooperation (SDC) and International Water Management Institute (IWMI) Discussion Paper No. 3. Colombo, IWMI. www.iwmi.cgiar.org/iwmi-tata/PDFs/iwmi-tata_water_policy_discussion_paper_issue_03_2018.pdf.

Vermeulen, S. J., Challinor, A. J., Thornton, P. K., Campbell, B. M., Eriyagama, N., Vervoort, J. M., Kinyangi, J., Jarvis, A., Läderach, P., Ramirez-Villegas, J., Nicklin, K. J., Hawkins, E. and Smith, D. R. 2013. Addressing uncertainty in adaptation planning for agriculture. *Proceedings of the National Academy of Sciences of the United States of America*, Vol. 110, No. 21, pp. 8357–8362. doi.org/10.1073/pnas.1219441110.

Von Korff, Y., D'Aquino, P., Daniell, K. A. and Bijlsma, R. M. 2010. Designing participation processes for water management and beyond. Synthesis, part of a special feature on implementing participatory water management: recent advances in theory, practice and evaluation. *Ecology and Society*, Vol. 15, No. 3, pp. 1. doi.org/10.5751/ES-03329-150301.

W

WaCCliM (Water and Wastewater Companies for Climate Mitigation). 2017a. *Our Approach*. WaCCliM website. wacclim.org/our-approach/.

____. 2017b. *Our Impact*. WaCCliM website. wacclim.org/our-impact/.

Wada, Y. and Bierkens, M. F. P. 2014. Sustainability of global water use: Past reconstruction and future projections. *Environmental Research Letters*, Vol. 9, No. 10, 104003. doi.org/10.1088/1748-9326/9/10/104003.

Wada, Y., Van Beek, L. P. H., Van Kempen, C. M., Reckman, J. W. T. M., Vasak, S. and Bierkens, M. F. P. 2010. Global depletion of groundwater resources. *Geophysical Research Letters*, Vol. 37, No. 20, L20402. doi.org/10.1029/2010GL044571.

Wallis, P. J., Ward, M. B., Pittock, J., Hussey, K., Bamsey, H., Denis, A., Kenway, S. J., King, C. W., Mushtaq, S., Retamal, M. L. and Spies, B. R. 2014. The water impacts of climate change mitigation measures. *Climatic Change*, Vol. 125, No. 2, pp. 209–220. doi.org/10.1007/s10584-014-1156-6.

Wang, A., Lettenmaier, D. P. and Sheffield, J. 2011. Soil moisture drought in China, 1950–2006. *Journal of Climate*, Vol. 24, No. 13, pp. 3257–3271. doi.org/10.1175/2011JCLI3733.1.

Wang, J., Schleifer, L. and Zhong, L. 2017. *No Water, No Power*. Washington, DC, WRI. www.wri.org/blog/2017/06/no-water-no-power.

Wang, X., Daigger, G., Lee, D. J., Liu, J., Ren, N. Q., Qu, J., Liu, G. and Butler, D. 2018a. Evolving wastewater infrastructure paradigm to enhance harmony with nature. *Science Advances*, Vol. 4, No. 8, eaaq0210. doi.org/10.1126/sciadv.aaq0210.

Wang, R. Q., Mao, H., Wang, Y., Rae, C. and Shaw, W. 2018b. Hyper-resolution monitoring of urban flooding with social media and crowdsourcing data. *Computers & Geosciences*, Vol. 111, pp. 139–147. doi.org/10.1016/j.cageo.2017.11.008.

Water Reuse Europe. 2018. *Water Reuse Europe: Review 2018*. www.water-reuse-europe.org/news-events/wre-activities/water-reuse-europe-review-2018/.

Water UK. 2011. *Sustainability Indicators 2010-2011*. London.

_____. 2016. *Water Resources Long Term Planning Framework (2015–2065)*. Technical Report. Water UK. www.water.org.uk/publication/water-resources-long-term-planning/.

Watts, N., Adger, W. N., Ayeb-Karlsson, S., Bai, Y., Byass, P., Campbell-Lendrum, D., Colbourn, T., Cox, P., Davies, M., Depledge, M., Depoux, A., Dominguez-Salas, P., Drummond, P., Ekins, P., Flahault, A., Grace, D., Graham, H., Haines, A., Hamilton, I., Johnson, A., Kelman, I., Kovats, S., Liang, L., Lott, M., Lowe, R., Luo, Y., Mace, G., Maslin, M., Morrissey, K., Murray, K., Neville, T., Nilsson, M., Oreszczyn, T., Parthemore, C., Pencheon, D., Robinson, E., Schütte, S., Shumake-Guillemot, J., Vineis, P., Wilkinson, P., Wheeler, N., Xu, B., Yang, J., Yin, Y., Yu, C., Gong, P., Montgomery, H. and Costello, A. 2018. The 2018 report of the *Lancet* Countdown on health and climate change: From 25 years of inaction to a global transformation for public health. *The Lancet*, Vol. 392, No. 10163, pp. 2479–2514. doi.org/10.1016/S0140-6736(17)32464-9.

WBCSD (World Business Council for Sustainable Development). 2009. *Water, Energy and Climate Change: A Contribution from the Business Community*. Geneva, WBCSD. www.wbcsd.org/Programs/Food-Land-Water/Water/Resources/A-contribution-from-the-business-community.

_____. 2017. *Business Guide to Circular Water Management: Spotlight on Reduce, Reuse and Recycle*. Geneva, WBCSD. www.wbcsd.org/Programs/Food-Land-Water/Water/Resources/spotlight-on-reduce-reuse-and-recycle.

WEF (World Economic Forum). 2019. *The Global Risks Report 2019*. Fourteenth Edition. Geneva, WEF. www.weforum.org/reports/the-global-risks-report-2019.

Wendland, C., Yadav, M., Stock, A. and Seager, J. 2017. Gender, women and sanitation. J. B. Rose and B. Jiménez-Cisneros (eds.), *Global Water Pathogen Project. Part 1 The Health Hazards of Excreta: Theory and Control*. East Lansing, Mich., USA/Paris, Michigan State University/UNESCO. doi.org/10.14321/waterpathogens.4.

White, M. 2018. *Watering the Paris Agreement at COP24*. Stockholm International Water Institute (SIWI) blog. www.siwi.org/latest/watering-the-paris-agreement-at-cop24/.

WHO (World Health Organization). 2006. *Guideline for Safe Use of Wastewater, Excreta and Greywater in Agriculture and Aquaculture*. Geneva, WHO. apps.who.int/iris/bitstream/handle/10665/78265/9241546824_eng.pdf;jsessionid=1572CFBF92C0231F2700A0EEF7F4ECE8?sequence=1

_____. 2011. *Guidelines for Drinking-Water Quality*. 4th edition. Geneva, WHO. apps.who.int/iris/bitstream/handle/10665/254637/9789241549950-eng.pdf?sequence=1.

_____. 2012. *Global Costs and Benefits of Drinking-Water Supply and Sanitation Interventions to Reach the MDG Target and Universal Coverage*. Geneva, WHO. www.who.int/water_sanitation_health/publications/2012/globalcosts.pdf.

_____. 2014. *Preventing Diarrhoea through Better Water, Sanitation and Hygiene: Exposures and Impacts in Low- and Middle-Income Countries*. Geneva, WHO. apps.who.int/iris/bitstream/handle/10665/150112/9789241564823_eng.pdf?sequence=1.

_____. 2015a. *Sanitation Safety Planning: Manual for Safe Use and Disposal of Wastewater, Greywater and Excreta*. Geneva, WHO. www.who.int/water_sanitation_health/publications/ssp-manual/en/.

_____. 2015b. *WHO UNFCCC Climate and Health Country Profiles – 2015: A Global Overview*. Geneva, WHO. apps.who.int/iris/bitstream/handle/10665/208855/WHO_FWC_PHE_EPE_15.01_eng.pdf?sequence=1.

_____. 2015c. *Operational Framework for Building Climate Resilient Health Systems*. Geneva, WHO. www.who.int/globalchange/publications/building-climate-resilient-health-systems/en/.

_____. 2016. *Sanitation Safety Planning: Manual for Safe Use and Disposal of Wastewater, Greywater and Excreta*. Geneva, WHO. www.who.int/water_sanitation_health/publications/ssp-manual/en/.

_____. 2017. *Climate-Resilient Water Safety Plans: Managing Health Risk Associated with Climate Variability and Change*. Geneva, WHO. www.who.int/globalchange/publications/climate-resilient-water-safety-plans/en/.

_____. 2018a. *Guidelines on Sanitation and Health*. Geneva, WHO. www.who.int/water_sanitation_health/publications/guidelines-on-sanitation-and-health/en/.

_____. 2018b. *COP24 Special Report: Health and Climate Change*. Geneva, WHO. www.who.int/globalchange/publications/COP24-report-health-climate-change/en/.

_____. 2019a. *Safer Water, Better Health: Costs, Benefits and Sustainability of Interventions to Protect and Promote Health*. Geneva, WHO. apps.who.int/iris/bitstream/handle/10665/43840/9789241596435_eng.pdf?sequence=1.

_____. 2019b. *Climate, Sanitation and Health*. Discussion Paper. Geneva, WHO. www.who.int/water_sanitation_health/sanitation-waste/sanitation/sanitation-and-climate-change20190813.pdf?ua=1.

_____. n.d. *Universal Health Coverage*. WHO Global Health Observatory (GHO). apps.who.int/gho/portal/uhc-overview.jsp.

WHO/DFID (World Health Organization/United Kingdom Department for International Development). 2009. *Summary and Policy Implications Vision 2030: The Resilience of Water Supply and Sanitation in the Face of Climate Change*. Geneva, WHO. apps.who.int/iris/handle/10665/44172.

WHO/UNICEF (World Health Organization/United Nations Children's Fund). 2015. *Progress on Sanitation and Drinking Water: 2015 Update and MDG Assessment*. Geneva/New York, WHO/UNICEF. www.unicef.org/publications/index_82419.html.

_____. 2017. *Progress on Drinking Water, Sanitation and Hygiene: 2017 Update and SDG Baselines*. Geneva/New York, WHO/UNICEF. www.unicef.org/publications/index_96611.html.

_____. 2018. *JMP Methodology: 2017 Updates and SDG Baselines*. washdata.org/sites/default/files/documents/reports/2018-04/JMP-2017-update-methodology.pdf.

_____. 2019. *Progress on household drinking water, sanitation and hygiene 2000–2017. Special focus on inequalities*. New York, UNICEF/WHO. data.unicef.org/resources/progress-drinking-water-sanitation-hygiene-2019/.

Wiggins, E B., Czimczik, C. I., Santos, G. M., Chen, Y., Xu, X., Holden, S. R., Randerson, J. T., Harvey, C. F., Kai, F. M. and Yu, L. E. 2018. Smoke radiocarbon measurements from Indonesian fires provide evidence for burning of millennia-aged peat. *Proceedings of the National Academy of Sciences of the United States of America*, Vol. 115, No. 49, pp. 12419–12424. doi.org/10.1073/pnas.1806003115.

Wilby, R. L. 2011. Adaptation: Wells of wisdom. *Nature Climate Change*, Vol. 1, No. 6, pp. 302–303. doi.org/10.1038/nclimate1203.

Willett, W., Rockström, J., Loken, B., Springmann, M., Lang, T., Vermeulen, S., Garnett, T., Tilman, D., DeClerck, F., Wood, A., Jonell, M., Clarck, M., Gordon, L. J., Fanzo, J., Hawkes, C., Zurayk, R., Rivera, J. A., De Vries, W., Sibanda, L. M., Afshin, A., Chaudhary, A., Herrero, M., Agustina, R., Branca, F., Lartey, A., Fan, S., Crona, B., Fox, E., Bignet, V., Troell, M., Lindahl, T., Singh, S., Cornell, S. E., Reddy, K. S., Narain, S., Nishtar, S. and Murray, C. J. L. 2019. Food in the Anthropocene: The EAT–Lancet Commission on healthy diets from sustainable food systems. *The Lancet*, Vol. 393, No. 10170, pp. 447–492. doi.org/10.1016/S0140-6736(18)31788-4.

Winn, P. 2011. T*ech World Still Shudders after Thai Floods*. Public Radio International (PRI) (16 December 2011). www.pri.org/stories/2011-12-16/tech-world-still-shudders-after-thai-floods.

Winsemius, H. C., Jongman, B., Veldkamp, T., Hallegatte, S., Bangalore, M. and Ward, P. 2015. *Disaster Risk, Climate Change, and Poverty: Assessing the Global Exposure of Poor People to Floods and Droughts*. World Bank Policy Research Working Paper No. 7480. Washington, DC, World Bank. documents.worldbank.org/curated/en/965831468189531165/pdf/WPS7480.pdf.

Wisner, B., Blaikie, P., Cannon, T. and Davis, I. 2003. *At Risk: Natural Hazards, People's Vulnerability and Disasters*. Second edition. London, Routledge.

WMO (World Meteorological Organization). 2015a. *Seamless Prediction of the Earth Systems: From Minutes to Months*. Geneva, WMO. public.wmo.int/en/resources/library/seamless-prediction-of-earth-system-from-minutes-months.

_____. 2015b. *WMO Guidelines on Multi-Hazard Impact-based Forecast and Warning Services*. Geneva, WMO. library.wmo.int/index.php?lvl=notice_display&id=17257#.XfkjgEF7ncs.

_____. 2016. *Use of Climate Predictions to Manage Risks*. Geneva, WMO and World Health Organization (WHO). library.wmo.int/doc_num.php?explnum_id=3310.

_____. 2019. *WMO Statement on the State of the Global Climate in 2018*. Geneva, WMO. library.wmo.int/doc_num.php?explnum_id=5789.

WMO/GWP (World Meteorological Organization/Global Water Partnership). 2016. *Handbook of Drought Indicators and Indices* (M. Svoboda and B. A. Fuchs). Integrated Drought Management Programme (IDMP), Integrated Drought Management Tools and Guidelines Series No. 2. Geneva, WMO/GWP. www.droughtmanagement.info/literature/GWP_Handbook_of_Drought_Indicators_and_Indices_2016.pdf.

Wolf, J., Johnston, R., Hunter, P. H., Gordon, B., Medlicott, K. and Prüss-Ustün, A. 2019. A Faecal Contamination Index for interpreting heterogeneous diarrhea impacts of water, sanitation and hygiene interventions and overall, regional and country estimates of community sanitation coverage with a focus on low- and middle-income countries. *International Journal of Hygiene and Environmental Health*, Vol. 222, No. 2, pp. 270–282. doi.org/10.1016/j.ijheh.2018.11.005.

Wollenberg, E., Richards, M., Smith, P., Havlík, P., Obersteiner, M., Tubiello, F. N., Herold, M., Gerber, P., Carter, S., Reisinger, A., Van Vuuren, D. P., Dickie, A., Neufeldt, H., Sander, B. O., Wassmann, R., Sommer, R., Amonette, J. E., Falcucci, F., Herrero, M., Opio, C., Roman-Cuesta, R. M., Stehfest, E., Westhoek, H., Ortiz-Monastero, I., Sapkota, T., Rufino, M. C., Thorton, P. K., Verchot, L., West, P. C., Soussana, J.-F., Baedeker, T., Sandler, M., Vermeulen, S. and Campbell, B. M. 2016. Reducing emissions from agriculture to meet the 2°C target. *Global Change Biology*, Vol. 22, No. 12, pp. 3859–3864. doi.org/10.1111/gcb.13340.

World Bank. 2016a. *High and Dry. Climate Change, Water and the Economy*. Washington, DC, World Bank. openknowledge.worldbank.org/handle/10986/23665.

_____. 2016b. *Poverty and Shared Prosperity 2016: Taking on Inequality*. Washington, DC, World Bank. openknowledge.worldbank.org/handle/10986/25078. License: CC BY 3.0 IGO.

_____. 2016c. *Blended Financing for the Expansion of the As-Samra Wastewater Treatment Plant in Jordan*. Washington, DC, World Bank. documents.worldbank.org/curated/en/959621472041167619/pdf/107976-Jordan.pdf.

_____. 2017a. *Beyond Scarcity: Water Security in the Middle East and North Africa*. Overview booklet. Washington, DC, World Bank. openknowledge.worldbank.org/bitstream/handle/10986/27659/211144ov.pdf.

_____. 2017b. *Greenhouse Gases from Reservoirs Caused by Biogeochemical Processes*. Washington, DC, World Bank. doi.org/10.1596/29151.

_____. 2017c. *Climate Resilience in Africa: The Role of Cooperation around Transboundary Waters*. Washington, DC, World Bank. openknowledge.worldbank.org/handle/10986/29388.

_____. 2017d. *Results-Based Climate Finance in Practice: Delivering Climate Finance for Low-Carbon Development*. Washington, DC, World Bank Group. documents.worldbank.org/curated/en/410371494873772578/Results-based-climate-finance-in-practice-delivering-climate-finance-for-low-carbon-development.

_____. 2018a. *Assessment of the State of Hydrological Services in Developing Countries*. Washington, DC, World Bank. www.gfdrr.org/sites/default/files/publication/state-of-hydrological-services_web.pdf.

_____. 2018b. *World Bank Group Announces $200 Billion over Five Years for Climate Action*. Press Release, 3 December 2018. www.worldbank.org/en/news/press-release/2018/12/03/world-bank-group-announces-200-billion-over-five-years-for-climate-action.

_____. 2018c. *Launch of the Global Green Bond Partnership: Scaling Finance for Subnational and Corporate Climate Action through Green Bonds*. Press Release, 13 September 2018. www.worldbank.org/en/news/press-release/2018/09/13/launch-of-the-global-green-bond-partnership.

_____. 2019. *Financing Climate Change Adaptation in Transboundary Basins: Preparing Bankable Projects*. Water Global Practice Discussion Paper. Washington, DC, World Bank. documents.worldbank.org/curated/en/172091548959875335/Financing-Climate-Change-Adaptation-in-Transboundary-Basins-Preparing-Bankable-Projects.

World Bank/IFC/MIGA (World Bank/International Finance Cooperation/Multilateral Investment Guarantee Agency). 2016. *World Bank Group Climate Change Action Plan 2016-2020*. Washington, DC, World Bank. openknowledge.worldbank.org/handle/10986/24451.

WRI (World Resources Institute). 2019. WRI Aqueduct website. www.wri.org/aqueduct.

WWAP (World Water Assessment Programme). 2012. *The United Nations World Water Development Report 4: Managing Water under Uncertainty and Risk*. Paris, UNESCO. www.unesco.org/new/fileadmin/MULTIMEDIA/HQ/SC/pdf/WWDR4%20Volume%201-Managing%20Water%20under%20Uncertainty%20and%20Risk.pdf.

_____. 2014. *The United Nations World Water Development Report 2014. Water and Energy*. Paris, UNESCO. www.unesco.org/new/en/natural-sciences/environment/water/wwap/wwdr/2014-water-and-energy/.

_____. 2015. *The United Nations World Water Development Report 2015. Water for a Sustainable World*. Paris, UNESCO. unesdoc.unesco.org/images/0023/002318/231823E.pdf.

_____. 2016. *The United Nations World Water Development Report 2016. Water and Jobs*. Paris, UNESCO. www.unesco.org/new/en/natural-sciences/environment/water/wwap/wwdr/2016-water-and-jobs/.

_____. 2017. *The United Nations World Water Development Report 2017. Wastewater: The Untapped Resource*. Paris, UNESCO. unesdoc.unesco.org/ark:/48223/pf0000247153.

_____. 2019. *The United Nations World Water Development Report 2019: Leaving No One Behind*. Paris, UNESCO. en.unesco.org/themes/water-security/wwap/wwdr/2019.

WWAP/UN-Water (United Nations World Water Assessment Programme/UN-Water). 2018. *The United Nations World Water Development Report 2018. Nature-Based Solutions for Water*. Paris, UNESCO. unesdoc.unesco.org/images/0026/002614/261424e.pdf.

WWC (World Water Council). 2009. *Vulnerability of Arid and Semi-Arid Regions to Climate Change: Impacts and Adaptive Strategies. Perspectives on Water and Climate Change Adaptation*.

_____. 2018. *Ten Actions for Financing Water Infrastructure*. Marseille, France WWC. www.worldwatercouncil.org/en/publications/ten-actions-financing-water-infrastructure.

WWC/GWP (World Water Council/Global Water Partnership). 2018. *Water Infrastructure for Climate Adaptation: The Opportunity to Scale Up Funding and Financing*. Marseille, France WWC. www.worldwatercouncil.org/en/publications/water-infrastructure-climate-adaptation-opportunity-scale-funding-and-financing.

WWC/OECD (World Water Council/Organisation for the Economic Co-operation and Development). 2015. *Water: Fit to Finance? Catalyzing National Growth through Investment in Water Security*. Report of the High Level Panel on Financing Infrastructure for a Water-Secure World. WWC/OECD. www.worldwatercouncil.org/en/publications/water-fit-finance.

WWF (World Wide Fund for Nature). 2018. *Living Planet Report 2018: Aiming Higher*. Gland, Switzerland, WWF. www.worldwildlife.org/pages/living-planet-report-2018.

## Y

Yang, S. and Ferguson, S. 2010. Coastal reservoirs can harness stormwater. *Water Engineering Australia*, Vol. 8, pp. 25–27.

Yeleliere, E., Cobbina, S. J. and Duwieijuah, A. B. 2018. Review of Ghana's water resources: The quality and management with particular focus on freshwater resources. *Applied Water Science*, Vol. 8, Art. 93. doi.org/10.1007/s13201-018-0736-4.

Yuan, X., Wang, L. and Wood, E. F. 2018. Anthropogenic intensification of southern Africa flash droughts as exemplified by the 2015/16 season. *Bulletin of the American Meteorological Society*, Vol. 99, No. 1, pp. S86–S90. doi.org/10.1175/BAMS-D-17-0077.1.

Zandaryaa, S. and Mateo-Sagasta, J. 2018. Organic matter, pathogens and emerging pollutants. J. Mateo-Sagasta, S. Marjani Zadeh and H. Turral (eds.), *More People, More Food, Worse Water? A Global Review of Water Pollution from Agriculture*. Rome/Colombo, Food and Agriculture Organization of the United Nations/International Water Management Institute (FAO/IWMI), pp. 125–138. www.fao.org/3/ca0146en/CA0146EN.pdf.

Zarfl, C., Lumsdon, A. E., Berlekamp, J., Tydecks, L., and Tockner, K. 2015. A global boom in hydropower dam construction. *Aquatic Sciences*, Vol. 77, No. 1, pp. 161–170. doi.org/10.1007/s00027-014-0377-0.

Zgheib, N. 2018. *EBRD and EU to Support Expansion of As Samra Wastewater Treatment Plant in Jordan*. European Bank for Reconstruction and Development (EBRD) website article. www.ebrd.com/news/2018/ebrd-and-eu-to-support-expansion-of-as-samra-wastewater-treatment-plant-in-jordan-.html.

Zou, X., Li, Y., Li, K., Cremades, R., Gao, Q., Wan, Y. and Qin, X. 2013. Greenhouse gas emissions from agricultural irrigation in China. *Mitigation and Adaptation Strategies for Global Change*, Vol. 20, No. 2, pp. 295–315. doi.org/10.1007/s11027-013-9492-9.